供卫生检验与检疫技术、食品检测等相关专业使用

食品理化检验技术

主　编　马少华　石予白

副主编　李　诚　张　茵　卢　金　曹国洲

ZHEJIANG UNIVERSITY PRESS
浙江大学出版社

图书在版编目（CIP）数据

食品理化检验技术 / 马少华，石予白主编. —杭州：
浙江大学出版社，2019.8(2024.7 重印)
ISBN 978-7-308-18632-2

Ⅰ.①食… Ⅱ.①马… ②石… Ⅲ.①食品检验—教
材 Ⅳ.①TS207.3

中国版本图书馆 CIP 数据核字(2018)第 214218 号

食品理化检验技术

马少华　　石予白　主编

责任编辑	王　波
责任校对	王安安
封面设计	姚燕鸣
出版发行	浙江大学出版社
	（杭州市天目山路 148 号　邮政编码 310007）
	（网址：http://www.zjupress.com）
排　　版	杭州青翊图文设计有限公司
印　　刷	广东虎彩云印刷有限公司绍兴分公司
开　　本	787mm×1092mm　1/16
印　　张	18.25
字　　数	456 千
版印次	2019 年 8 月第 1 版　2024 年 7 月第 4 次印刷
书　　号	ISBN 978-7-308-18632-2
定　　价	46.00 元

食品理化检验技术

主　编　马少华　石予白

副主编　李　诚　张　茵　卢　金　曹国洲

编　者　（以姓氏笔画为序）

马少华（宁波卫生职业技术学院）

王艳芳（宁波卫生职业技术学院）

方　辰（宁波卫生职业技术学院）

石予白（宁波卫生职业技术学院）

卢　金（宁波卫生职业技术学院）

史敬军（浙江中通检测科技有限公司）

刘　展（杭州亚检检测技术有限公司）

李　诚（宁波卫生职业技术学院）

张　茵（宁波卫生职业技术学院）

陈树兵（宁波中盛产品检测公司）

秦志伟（宁波卫生职业技术学院）

曹国洲（宁波检验检疫科学技术研究院）

前　言

　　"食品理化检验技术"是卫生检验与检疫、食品检测、食品加工技术等相关专业的一门重要专业课程和职业能力核心课程。为了适应高职学生的特点，编者以本科相关教材为基础，依据国家最新标准，以任务为目标，以行动为导向，结合食品检测的实际工作需求编写完成本项目化教材。

　　本教材以我国国家标准中食品卫生检验方法理化部分为基础，系统地阐明检验方法的原理和实验操作的关键步骤；注重基本理论、基本知识和基本技能的培养，以提高学生的理论水平和实际动手能力。全书内容分为九个项目：食品样品的采集、保存和处理，食品的物理特性检验，食品中一般成分的检验，常见食品的卫生检验，食品微量元素和功效成分的检测，食品添加剂的分析，食品中农药与兽药残留检测，食品接触材料的卫生检验，食品掺伪的检验等项目；每个项目又分为若干个任务。项目与项目之间、任务与任务之间相辅相成，有利于教学的有序开展。此外，本教材将理论教学和实践教学融为一体，以能力拓展的方式将实际操作与理论知识结合在一起，着重培养学生的检测技能。

　　为了使教材更加适用于高职学生的学习，着重强调学生对常规检验方法的掌握；为了拓宽学生的知识面，了解当前食品检测的现状，我们增加了背景知识，使本教材具有启发性和适用性。同时在每个项目前面，增加了有关的知识目标和能力目标，以利于学生把握相关的重点内容；在每个任务后，增加了相关的思考题，以加强学生对知识点的巩固学习和复习。

　　限于编者的水平，书中难免有错误和疏漏，恳请使用本书的读者们批评指正。

编者

2019 年 5 月

目　　录

绪　论

知识目标

1. 掌握食品检验技术的常用规范用语；
2. 熟悉食品检验采用的方法和国家标准；
3. 了解食品检验的任务和内容。

能力目标

1. 能叙述学习本课程的意义和作用；
2. 能知晓基本的实验室卫生与安全知识。

"民以食为天，食以安为先"——食品是维持人类生命和身体健康不可缺少的营养和能量来源，其品质也直接关系到群众的身体健康和生活质量。食品品质的优劣不仅取决于其色、香、味是否符合应有的感官要求，还在于其中所含营养素的种类、组成、构造、性质、数量是否达标，更重要的是食品中是否存在有毒有害的物质，是否会对人体健康造成危害，这就需要采用现代分离、分析技术对食品进行检验。可见，食品理化检验是管控食品行业健康发展的"灯塔"，也是保证和提高食品质量必不可少的关键环节。

一、食品理化检验的概念、任务和发展趋势

（一）食品理化检验的概念、现状和任务

食品理化检验是卫生检验与检疫技术专业中的一门重要专业课程，是以分析化学、预防医学为基础，采用现代分离、分析技术，对食品的原料、辅料、半成品及成品的质量进行检验，从而研究和评定食品品质及其变化，并保障食品安全的一门科学。

由于食品在生产、加工、包装、运输和储存过程中可能受到化学物质、霉菌毒素和其他有害成分的污染，农药和兽药的滥用、添加剂的不合理使用以及环境污染等都使得食品的安全难以得到保障。因此，从食品的生产源头到餐桌，必须对食品的原料、辅料、半

成品及成品的质量进行全面的检验。此外,在开发食品新资源、试制新产品、改革食品生产加工工艺、改进产品包装等各个环节以及进出口食品贸易中,均需对食品进行相关的检验。

因此,食品理化检验的主要任务是:

1. 运用各种技术手段,按照制定的各类食品的技术标准,对加工过程的原料、辅料、半成品及成品进行质量检验,以保证生产出质量合格的产品。

2. 指导生产和研发部门改革生产工艺、提升产品质量以及研发新的食品,提供其原料和添加剂等物料的准确含量,确保新产品的质量和使用安全。

3. 在产品在贮藏、运输、销售过程中,对食品的品质、安全及其变化进行全程监控,以保证产品质量,避免产品食用危害的出现。

(二)食品理化检验的发展趋势

随着科学技术的迅猛发展,特别是在 21 世纪,食品理化检验采用的各种分离、分析技术和方法得到了不断的完善和更新,许多高灵敏度、高分辨率的分析仪器已经越来越多地应用于食品理化检验中。目前,在保证检测结果的精密度和准确度的前提下,食品理化检验正向着微量快速、自动化的方向发展。

在我国的食品卫生标准检验方法中,仪器分析方法所占的比例也越来越大,如气相色谱法、高效液相色谱法、原子吸收光谱法、毛细管电泳法、紫外—可见分光光度法、荧光分光光度法以及电化学方法等已经在食品理化检验中得到了广泛应用。样品的前处理方面也采用了许多新颖的分离技术,如固相萃取、固相微萃取、加压溶剂萃取、超临界萃取以及微波消化等。较常规的前处理方法省时省事,分离效率高。

随着计算机技术的发展和普及,分析仪器自动化也是食品理化检验的重要发展方向之一。自动化和智能化的分析仪器可以进行检验程序的设计、优化和控制,实验数据的采集和处理,使检验工作大大简化,并能处理大量的例行检验样品。例如,蛋白质自动分析仪等可以在线进行食品样品的消化和测定;测定食品营养成分时,可以采用近红外自动测定仪,样品不需进行预处理,直接进样,通过计算机系统即可迅速给出食品中蛋白质、氨基酸、脂肪、碳水化合物、水分等成分的含量;装载了自动进样装置的大型分析仪器,可以昼夜自动完成检验任务。

仪器联用技术在解决食品理化检验中复杂体系的分离、分析中发挥了十分重要的作用。仪器联用技术是将两种或两种以上的分析仪器连接使用,以取长补短、充分发挥各自的优点。近年来,气相色谱—质谱(GC-MS)、液相色谱—质谱(LC-MS)、电感耦合等离子体发射光谱—质谱(ICP-MS)等多种仪器联用技术已经用于食品中微量甚至痕量有机污染物以及多种有害元素等的同时检测:如动物性食品中的多氯联苯、二噁英,酱油及调味品中的氯丙醇,油炸食品中的多环芳烃、丙烯酰胺等的检测。

近年来发展起来的多学科交叉技术——微全分析系统可以实现化学反应、分离检测的整体微型化、高通量和自动化。过去需在实验室中花费大量样品、试剂和长时间才能完成的分析检验,现在只需在几平方厘米的芯片上仅用微升或纳升级的样品和试剂,以很短的时间(数十秒或数分钟)即可完成大量的检测工作。目前,DNA 芯片技术已经用于转基因食品的检测,以激光诱导荧光检测—毛细管电泳分离为核心的微流控芯片技术也将在食品理化检验中逐步得到应用,这将会大大缩短分析时间和减少试剂用量,成为低消耗、低污染、低成本的绿色检验方法。

随着分析科学、预防医学和卫生检验学的不断发展,食品理化检验将为食品营养和食品安全的检测提供更加灵敏、快速、可靠的现代分离、分析技术,将在确保食品安全和保护人民健康领域发挥更加重要的作用。

二、食品理化检验的内容

市面上的食品产品通常可分为六大类:粮谷类,豆类和豆制品类,肉类和鱼类,蛋类和奶类,蔬菜类和水果类,调味品类和饮料类。不同种类的食品因产地、季节和生产厂家不同,其中所含营养成分的种类和含量均不相同。由于食品的种类繁多,组成复杂,污染各异,与食品营养成分和食品安全有关的检测项目,包括从常量分析到微量分析、从定性分析到定量分析、从组成分析到形态分析、从实验室检验到现场快速分析等,所涉及的检验方法多种多样,因此食品理化检验的内容十分丰富,涉及的范围十分广泛。食品理化检验的内容主要包括以下几个方面:

(一)食品营养成分的检验

食品的营养成分包括宏量营养素(蛋白质、脂肪、碳水化合物)、微量营养素(维生素、矿物质)和其他膳食成分(包括膳食纤维、水及食物中的非营养素类物质)三大类。不同的食品所含的营养成分的种类、组成、质量均不相同。一般粮谷类,包括稻米、小麦、玉米、高粱和薯类等富含淀粉等碳水化合物;肉、鱼、蛋和奶类食品主要含蛋白质和脂肪;蔬菜和水果类食品含有较多的维生素和无机盐。通过对食品中营养成分的分析,可以了解各种食品中所含营养成分的种类、质和量,合理进行膳食搭配,以获得较为全面的营养,维持机体的正常生理功能,防止营养缺乏而引起疾病的发生。

近年来,为更好地满足人体对各种营养素的需求,出现了强化食品和保健食品。这些食品被加入多种微量元素、氨基酸和维生素,以改善和提高食品营养成分,满足特定人群对营养素的需求。依据《保健(功能)食品通用标准》以及《功能学评价的程序和检验方法》,对保健食品中的功效成分或标志性成分进行检验,可以确保补充的营养素在合理的摄入量范围内,不会因过量摄入而造成对健康的危害。

对食品中营养成分的分析还可以使人了解食品在生产、加工、贮存、运输、烹调等过程中营养成分的损失情况和人们实际的摄入量。改进这些环节,以减少造成营养素损失的不利因素。此外,对食品中营养成分的分析,还能为食品新资源的开发、新产品的研制、生产工艺的改进以及食品质量标准的制定提供科学依据。

(二)食品添加剂的检验

食品添加剂是指在食品生产中,为了改善食品的感官性状、改善食品原有品质、增强营养、提高质量、延长货架期,满足食品加工工艺需要而加入食品中的某些化学合成物质或天然物质。由于目前所使用的食品添加剂多为化学合成物质,如果滥用,必然会严重危害人们的健康。我国对食品添加剂的使用品种、使用范围及用量均作了严格的规定。因此,必须对食品中的食品添加剂进行检测,监督食品在生产和加工过程中是否合理地使用食品添加剂,以保证食品的安全性。

(三)食品中有毒有害成分的检验

在食品的生产、加工、包装、运输、贮存、销售等各个环节中,由于种种原因,会直接产生或因被污染而产生某些对人体健康有害的成分,如食品中的农兽药残留、不粘锅涂料中全氟辛酸对烹调食品的污染、在食品生产和加工中出现的氯丙醇和丙烯酰胺等致癌物以及一些不法商贩将苏丹红染料用于辣椒、番茄酱等食品的着色等,都对食品安全和人体健康构成了巨大的威胁。世界各国与联合国粮食及农业组织/世界卫生组织(FAO/WHO)对此问题高度重视,相继制定了很多法规。检测这些有害成分,对确保食品安全具有重要的意义。食品中常见的有毒有害成分主要包括:

1.有害元素　　工业三废的排放,食品生产和加工中使用的金属机械设备、管道、容器或包装材料等以及某些地区自然环境中高本底的重金属都会引发食品中砷、镉、汞、铅、铜、铬、锡等元素污染。因此,国际食品法典委员会(Codex Alimentarius Commission,CAC)的标准和我国的食品卫生标准中对谷类、豆类、薯类、蔬菜水果类、肉类、水产品、奶类等都制定了相关有害元素的限量标准。检测食品中有害元素是食品理化检验的重要检测内容之一。

2.农药和兽药残留　　农药和兽药在提高产量、控制病虫害、防止动物疾病以及促进生长等方面发挥了重要的作用。但是农药和兽药使用的种类、使用量或时期不合理都会使农药和兽药残留通过食物链进入人体,危害人类健康。例如,曾在我国长期使用的"六六六"和"滴滴涕"等有机氯农药,虽然在 20 世纪 80 年代已经停止生产和使用,但由于其性质稳定,不易降解,因此在环境、食物链甚至人体中长期残留。迄今为止,在某些食品中还能检出,直接影响了我国的食品安全和出口贸易。食品中农药残留的检测是监督和检查食品是否符合国家卫生标准的重要手段,也是公平进行国际贸易的科学依据。国际食品法典委员会颁布了食品中 200 种农药的残留限量标准,我国也已制定和修订了各类食品中 135 个农药的残留限量标准。根据农药的化学结构不同,在食品理化检验中通常可分为:有机氯农药、有机磷农药、氨基甲酸酯类、拟除虫菊酯类、沙蚕毒素、有机汞和有机砷类等。

近年来,在动物饲料中常添加抗生素类、激素与其他生长促进剂,如果使用不当或长期使用,会造成畜禽肉、蛋等动物性食品的污染,从而危害人类的健康。为此,我国规定了 101 种兽药的使用品种及在靶组织的最高残留限量,并建立了 40 种动物源性食品中兽药残留标准检验方法。

3.霉菌毒素　　黄曲霉毒素是目前发现的毒性和致癌性最强的天然霉菌毒素污染物,较低剂量长期持续摄入或较大剂量的短期摄入,都可能诱发大多数动物的原发性肝癌,还可能造成人类的急性中毒。被霉菌毒素污染最严重的农产品是玉米、花生和小麦。霉菌及霉菌毒素污染食品后,会使其食用价值降低,甚至完全不能食用,造成巨大的经济损失。我国制定了食品中霉菌毒素的限量标准和相应的检测方法。

4.食品生产和加工中产生的有害物质　　在食品腌制、发酵等加工过程中,可能形成亚硝胺;在食品加工、烹调过程中由于蛋白质、氨基酸热解会产生杂环胺;空气污染和直接接触火焰烟熏,使肉类和水产品中的脂肪在高温下裂解而产生具有致癌性的稠环芳烃。氯丙醇是酸水解植物蛋白产生的重要污染物,采用落后的工艺,直接对大豆进行酸水解或者添加酸水解植物性蛋白所生产的酱油等调味品中都会含有浓度相当高的氯丙醇。氯丙醇具有雄性激素干扰活性和肾脏毒性以及潜在致癌性。经过热加工(如煎、炙烤、焙烤)的土豆、谷物产品中会产生丙烯酰胺,国际癌症研究中心已经确认丙烯酰胺为动物的可能致癌物,对人体具有神经生殖内分泌毒性。在食品生产和加工过程中形成或用污染产生的有毒有害物质对人类健康构成的潜在危害,也是影响食品安全的重要因素。因此,我国已经制定了相关的食品卫生标准和相应的分析方法检测这些有害物质。

(四)食品容器和包装材料的检验

使用质量不符合卫生标准的包装材料,其中所含的有害物质,如重金属、聚氯乙烯单体、多氯联苯、荧光增白剂等都会对食品造成污染。近年来的研究表明,食品包装材料中作为抗氧剂、增塑剂、稳定剂等所添加的双酚 A、壬基酚、邻苯二甲酯等化合物具有类雌激素作用,长期食用被这些包装材料污染的食品可能会对人体健康产生影响。因此,进一步研究食品包装材料中有毒有害物质的检测方法也是食品理化检验的内容之一。

(五)化学性食物中毒的快速鉴定

化学性食物中毒是食源性疾病中的重要部分。对于食物中毒的检验,通常需要进行快速定性鉴定,判断是何种毒物引起的中毒,以便及时进行治疗和抢救。为此,首先必须进行卫生学调查,了解有害物质的种类和性质,缩小检验的范围,并结合中毒症状判断可能的毒物种类,然后用准确、可靠的分析方法进行确证。化学性食物中毒中常见的毒物检验主要包括:水溶性毒物、挥发性和非挥发性毒物、农药和灭鼠药以及动植物毒性成分的快速检测等。

(六)转基因食品的检验

近年来,随着转基因生物技术的迅速发展,商品化的转基因食品日益增多,并已进入了人们的食物链。根据我国《农业转基因生物标识管理办法》的要求,对转基因食品及含有转基因成分的食品需要实行产品标识制度,对待检的食品要进行筛选、鉴定和定量。即首先筛选待检的食品样品中是否含有转基因成分;其次应鉴定有何种转基因成分存在,该成分是否为授权使用的品系;最后定量检测所含有的转基因成分,该成分是否符合标签阈值规定。

三、食品理化检验常用的方法

食品理化检验中经常性的工作主要是开展定性和定量分析,几乎所有的化学分析方法和现代仪器分析方法都可以用于食品理化检验,但是每种分析方法都有其各自的优缺点。食品理化检验选择分析方法的原则,首先应选用《中华人民共和国国家标准:食品卫生检验方法——理化检验部分》的分析方法。标准方法中如有两个以上检验方法时,可根据所具备的条件选择使用,以第一法为仲裁方法;未指明第一法的标准方法,与其他方法属并列关系。根据实验室的条件,尽量采用灵敏度高、选择性好、准确可靠、分析时间短、经济实用、适用范围广的分析方法。

食品理化检验中常用的方法可以分为四大类:感官检查法、物理检测法、化学分析法和仪器分析法。

(一)感官检查法

食品的感官检查法是依据人们对各类食品的固有观念,借助人的感觉器官如视觉、嗅觉、味觉和触觉等对食品的色泽、气味、质地、口感、形状、组织结构和液态食品的澄清、透明度以及固态和半固态食品的软、硬、弹性、韧性、干燥程度等性质进行的检验。

感官检验方法简单,但带有一定的人为主观性,易受检验者个人的好恶影响。通常采用群检的方式,组织具有感官检查能力和具有相关知识的专业人员组成食品感官检查小组。检验人员必须保持良好的精神状态、情绪和食欲;检验场所环境应该是安静、温度适宜、光线充足、通风良好、空气清新。检验过程中要防止感觉疲劳、情绪紧张,检验人员应适当漱口和休息。依照不同的试验目的,将样品进行编号,经多人的感官评价,进行统计分析后得出所检食品样品的感官检查结果。

(二)物理检测法

食品的物理检测法是根据食品的一些物理常数,如相对密度、折射率和旋光度等与食品的组成成分及其含量之间的关系进行检测的方法。本方法具有操作简单、方便快捷等特点,适于现场检验。

(三)化学分析法

化学分析法包括定性分析和定量分析两部分,是食品理化检验中最基本的、最重要的分析方法。由于大多数食品的来源及主要待测成分是已知的,一般不必作定性分析,只在需要的情况下才作定性分析。因此,最常做的工作是定量分析。化学分析法适于常量分析,主要包括质量分析法和容量分析法,在食品理化检验中应用较广。例如:食品中水分、灰分、脂肪、纤维素等成分的测定采用质量分析法;容量分析法包括酸碱滴定法、氧化还原滴定法、络合滴定法和沉淀滴定法,其中前两种方法最常用。食品中蛋白质、酸价、过氧化值等的测定采用容量分析法。

(四)仪器分析法

仪器分析法是以物质的物理或物理化学性质为基础,主要是利用物质的光学、电学和化学等性质来测定物质的含量,包括物理分析法和物理化学分析法。食品中微量成分或低浓度的有毒有害物质的分析常采用仪器分析法进行检测。它具有分析速度快、一次可测定多种组分、能减少人为误差、自动化程度高等特点。目前已有多种专用的自动测定仪,如对蛋白质、脂肪、糖、纤维、水分等的测定有专用的红外自动测定仪,用于牛奶中脂肪、蛋白质、乳糖等多组分测定的全自动牛奶分析仪,用于金属元素测定的原子吸收分光光度计,用于农药残留量测定的气相色谱仪,用于多氯联苯测定的 GC-MS,对黄曲霉素测定的薄层色谱仪,用于多种维生素测定的 HPLC 等。

上述各种分析方法都有各自的优点和局限性,并有一定的适用范围。在实际工作中,需要根据检验对象、检验要求及实验室的条件等选择合适的分析方法。随着科学技术的发展和计算机的广泛应用,食品理化检验所采用的分析方法将会不断完善和更新,以达到灵敏、准确和快速简便的要求。

四、食品卫生标准和标准分析方法

(一)我国食品卫生标准的制定

食品卫生标准是规定食品卫生质量水平的规范性文件,由国家主管部门批准,以特定的形式发布,是具有法律效力的规范性文件。制定食品卫生标准的主要目的是控制食品的质量。在制定食品卫生标准时,应将有害物质限制在一定量以下,使人终生食用所致的危险性降低到可以接受的限度内。对食品中存在的有毒有害物质,都应该制定限量标准,同时制定相应的标准检验方法和操作规程。

(二)国内外食品卫生标准简介

食品理化检验的依据是各种标准。根据适用范围的不同,食品质量标准可分为国内标准和国际标准。

1. 国内标准　为了不断提高食品的质量,确保食品安全,我国现行的食品质量标准按效力或标准的权限可分为四级:国家标准、行业标准、地方标准和企业标准。

(1)国家标准　它是由国务院标准化行政主管部门制定的、全国食品工业必须共同遵守的统一标准。国家标准的编号由国家标准代号、发布的顺序号和发行的年号三个部分组成。国家标准又可分为强制性国家标准和推荐性国家标准。强制性国家标准是国家通过法律形式的规定,在相关领域必须执行的标准,违反该标准将被追究法律责任,用"国标"两个汉字拼音的第一个字母"GB"表示,如 2015 年由国家卫生和计划生育委员会发布的腌腊肉制品标准,该国家标准的顺序为 2730,其标准号为 GB 2730—2015。推荐性国家标准是国家鼓励自愿采用的具有指导作用的标准,代号为 GB/T,我国的食品卫生标准中的理化检验部分均为推荐性国家标准,如农产品追溯要求中水产品的标准检验方法为 GB/T 29568—2013。

(2)行业标准　行业标准是针对没有国家标准而又需要在全国食品行业范围内有统一的技术要求这一情况而制定的标准。行业标准由国务院有关行政主管部门制定并发布,并报国务院标准化行政主管部门备案。行业标准是对国家标准的补充,是专业性、技术性较强的标准,一般在国家标准出台后即行废止。行业标准又可分为强制性行业标准和推荐性行业标准,如 SB、SB/T 就分别为商务部颁发的强制性行业标准和推荐性行业标准的标准代号。

(3)地方标准　地方标准是针对没有国家标准和行业标准而又需要在省、自治区、直辖市范围内统一食品工业产品的安全、卫生要求而制定的标准。地方标准由地方标准化行政主管部门制定,并报国务院标准化行政主管部门和有关行政主管部门备案。如 DB33、DB33/T 表示浙江省的地方标准。在公布国家标准或行业标准后,该项地方标准即行废止。

(4)企业标准　企业标准是企业为组织生产所制定的标准,该标准需报当地政府标准化行政主管部门和有关行政主管部门备案。已有国家标准、行业标准或地方标准的,国家鼓励企业制定严于上述标准的企业标准,在企业内部使用。

2.国际标准 为了与国际接轨、参与国际竞争,采用国际标准可以排除因各国的标准不同所造成的贸易障碍。有关国际标准主要有:

(1)国际标准由国际标准化组织(International Standardization Organization,ISO)制定。

(2)CAC标准 由联合国粮农组织(FAO)和世界卫生组织(WHO)共同设立的国际食品法典委员会制定的食品标准。CAC标准主要包括食品/农产品的产品标准、卫生或技术规范、农药/兽药残留限量标准、污染物准则、食品添加剂的评价准则等。我国加入世界贸易组织(WTO)以后,许多食品卫生标准都采纳或参照CAC所制定的标准。这些标准、准则和技术规范已经作为WTO指定的国际贸易仲裁标准,并得到许多国家的认同和采用。但是由于我国食品标准分类系统以及人群膳食结构等的特殊性,目前我国的食品卫生标准在一定程度上还不能与CAC标准完全接轨,在标准制定中甚至还制定了一些国际标准所未包括或严于CAC标准的内容,如食品中亚硝酸盐、苯并芘、亚硝胺和粮食中镉的限量等。

(3)美国分析化学家协会(Association of Official Analytical Chemists,AOAC)标准 AOAC标准是由美国官定分析化学家协会制定的食品分析标准方法,它是全球分析方法校核(有效性评价)的领导者,并为药品、食品行业提供了大量可靠、先进的分析方法。

(三)标准分析方法的制定

目前食品理化检验包括食品中种类繁多的营养成分、保健食品中功效成分或标志性成分的分析以及食品中微量甚至痕量化学污染物的检测任务。对于一系列前所未有复杂的微量、痕量污染物分离、分析问题,传统的检测技术需要不断革新才能逐步满足这些高要求,因此研究新的检测方法是卫生检验学的前沿领域之一。新方法的建立对满足食品理化检验的工作需要,提高检验工作的水平,促进我国标准分析方法的发展具有重要意义。

食品理化检验的过程因分析项目和选用方法不同而异,在标准分析方法确定前,应在查阅国内外有关文献的基础上,了解待测物的理化性质、原有分析方法的原理和优缺点,改进原方法或提出新的分析方法。通常应该对影响分析方法精密度、灵敏度、准确度和方法检出限的主要因素以及样品的前处理条件进行优化。选用优化的分析测试条件和样品前处理步骤,建立新的分析方法,并对所建立方法的性能指标进行评价。

1.检测条件的优化 现以几种常用的分析方法为例说明。

(1)分光光度分析 首先应选择合适的显色反应,并严格控制显色反应条件和测试条件。应选用灵敏度高,即摩尔吸光系数(ε)大、选择性好的显色反应,生成的有色化合物应该组成恒定,化学性质稳定,以保证吸光度值测定的再现性及准确性。此外,显色剂在检测波长处应无明显吸收,使得试剂空白值低,从而降低测定方法的检测限。显色条件的选择主要考虑的因素有:显色酸度、显色剂用量、显色温度和时间等。最佳实验条件的选择需要通过实验来确定,例如反应酸度的选择,可以固定待测组分及显色剂浓度,改变溶液的pH值,测定其吸光度值,制作吸光度值——pH的关系曲线。通常选择吸光度值高且曲线平坦部分所对应的pH值作为测定条件。

(2)气相色谱分析 在对气相色谱测定条件优化时,首先应根据待分离组分的性质,对涂渍不同极性固定液的色谱柱和检测器进行选择；然后对待测组分的分离影响较大的色谱柱温进行优化；其次是对载气的流速以及氢气、空气流速等因素进行选择。同时要考察在所选择的最佳色谱条件下，实际样品中待测组分与样品中干扰组分的分离情况。

（3）高效液相色谱法　优化高效液相色谱测定条件时，首先应根据待分离组分的性质，选择装有不同化学键合固定相的色谱柱，常用的高效液相色谱柱有 C_{18}、C_8 和氨基柱等。对于多数有机物的分析，反相 C_{18} 柱是最常用的。根据待测组分是否有紫外吸收、荧光或是否可以在衍生化后具有光吸收或发射的性质选择检测器，并确定最佳检测波长或最佳激发和发射波长。其次是对流动相的组成、酸度、流速以及柱温等条件进行优化。同时也必须考察在所选择的最佳色谱条件下，实际样品中待测组分与样品的基体以及干扰组分的分离情况。

以上条件的选择可以采用单因素条件试验或正交试验，确定各种影响因素的最佳条件。

2. 校准曲线的绘制　校准曲线是用于描述待测物质的浓度或含量与测量仪器响应值之间定量关系的曲线。在进行测定时，待测物的浓度或含量应在所配制的标准系列的线性范围以内。校准曲线通常包括工作曲线和标准曲线。

标准曲线和工作曲线两者的区别在于标准溶液的处理步骤不同。绘制工作曲线时，标准溶液的分析步骤与样品分析步骤完全相同；而绘制标准曲线时，标准溶液的分析步骤中省略了样品的前处理步骤。校准曲线的绘制可以采用绘图法或用最小二乘法进行线性回归。

3. 样品前处理条件的优化　样品的前处理是建立新分析方法的重要一环，是决定分析成败的关键。样品前处理的目的是使样品能符合分析方法的要求。通常样品的前处理包括样品的消化、提取、分离和净化等步骤。

对于有害金属元素或无机物的检测，可以采用干灰化法或湿消化法处理样品，并对其条件进行优化。对于有机物的检测，首先应对样品中的待测物的提取条件进行优化。在查阅国内外有关文献的基础上，根据样品和待测物的性质，选择合适的提取溶剂和提取方法。通常采用对待测物溶解度大的溶剂，可以采用一种或几种溶剂混合进行提取。提取方法可以选择溶液萃取、超声波萃取、振摇提取以及索氏提取器提取等方法。其中索氏提取器提取通常被认为是提取效率最高的一种方法，常用作对照方法，但该法耗时耗溶剂。提取条件的选择，一般是以待测物的提取效率作为评价指标。常以加标样品或阳性样品，用不同溶剂和不同提取方法进行提取，将样品与标准溶液的测定结果进行比较，计算提取效率。对于阳性样品应以提取效率最高的提取条件和方法为最佳选择。

对于样品的分离和净化，一般可以选用装有不同吸附剂的固相萃取小柱，如 C_{18}、硅镁吸附剂、D_{101} 大孔吸附树脂等小柱，使待测物与样品中的其他杂质分离而得以净化。通常是将样品提取液转移到经活化处理的固相萃取小柱上，用某种溶剂洗除杂质，再用适宜的溶剂将待测物从小柱上洗脱下来。此外，还应对净化条件和洗脱条件进行优化，包括不同洗脱溶剂的选择，并绘制洗脱曲线以确定洗脱液的用量等。

4. 干扰试验　根据食品中可能存在的干扰成分进行试验。例如，在分光光度分析中，应该对本身有颜色的共存离子或可能与显色剂反应生成有色化合物的组分进行干扰实验。色谱分析中应对食品样品中可能存在的与待测组分性质或结构相似的组分进行试验，考察它们是否会对测定产生干扰。通过干扰实验可以确定干扰组分的允许浓度,通常在标准溶液中加入一定量的干扰成分,以测定值变化±10%作为是否产生干扰的判定依据。如果有干扰,则应该采取适当的措施消除。

5.实际样品的测定　采用所建立的新方法检测不同类型、不同基体的实际样品,以说明方法的适用性。

6.方法性能指标的评价　对于所建立的分析方法应给出其线性范围、检出限、定量限、日内精密度与日间精密度以及不确定度等指标,并对方法的准确度进行评价,通常评价的方法包括与现行的国家标准分析方法或公认的分析方法比较或开展加标回收试验等。

对于目前国家尚未制定标准方法的检验项目,应尽可能采用或借鉴国际通用的检验方法,也可以在查阅国内外有关文献资料的基础上建立新的分析方法。所建立的新方法在实践中不断改进完善后,可以申报为国家、部门、地方或行业的标准分析方法。一般国家标准分析方法研制的主要程序包括立项、起草、征求意见和审查四个阶段。

①立项:在调查和查阅有关文献资料的基础上,提出制定的标准项目建议书。

②起草:通过上述新方法研制的实验程序,整理、编制分析方法的标准草案和标准编制说明,形成标准征求意见稿,并由三个以上的检验单位对所提出的方法进行验证。

③征求意见:由标准化主管部门广泛征求意见,标准起草小组根据反馈的意见,修改标准征求意见稿和标准编制说明,形成标准送审稿。

④审查:由标准化主管部门组织会审或函审。根据审查意见,修改标准送审稿和标准编制说明,形成标准报批稿,并整理"意见汇总"。最后将完整的研制报告和意见汇总表等材料上报标准化主管部门,待批准。

五、食品理化检验结果的质量控制

食品理化检验的目的就是通过对食品样品中待测组分的定性、定量分析得出准确、可靠的检测数据。检测数据的质量,直接关系到食品的安全和人民的身体健康、企业乃至国家的经济利益,检验结果和由此得出的结论往往作为执法和决策的重要依据。随着我国国民经济和公共卫生事业的发展,对食品理化检验的质量保证提出了更高的要求。

要保证检测结果能满足规定的质量要求,就必须进行分析质量的控制,采取质量保证措施。这些措施包括:建立质量保证体系和有效的检测方法、实施规定的分析质量控制程序等,即质量保证工作必须贯穿检验过程的始终,包括样品的采集、样品的前处理、分析方法的选择、测定过程以及实验数据的记录、数据处理和统计分析、检验结果的报告等。

(一)分析结果的准确度和精密度

1.准确度　准确度是指测得值与真实值之间相符合的程度,其高低常以误差的大小来衡量,即误差越小,准确度越高。通常用绝对误差或相对误差来表示。

对单次测定值:绝对误差 $= X - X_T$

$$相对误差 = \frac{X - X_T}{X} \times 100\%$$

对一组测定值:绝对误差 $= \overline{X} - X_T$

$$相对误差 = \frac{\overline{X} - X_T}{X} \times 100\%$$

$$\overline{X} = \frac{1}{n} \sum_{i=1}^{n} X_i$$

式中: X——测定值;

X_T——真实值;

$\overline{X}$——多次测定值的算术平均值;

n——测定次数;

X_i——各次测定值, $i = 1, 2, \cdots, n$。

2. 精密度　精密度是指在相同条件下 n 次重复测定结果彼此相符合的程度,是对同一样品的多次测定结果的重现性指标。它表示了各次测定值与平均值的偏离程度,是由偶然误差所造成的。在一般情况下,真实值是不易知道的,故常用精密度来判断分析结果的好坏。精密度一般用绝对偏差、相对偏差、算术平均偏差、标准偏差和变异系数来表示。偏差越小,精密度越高。

$$绝对偏差 = X - \overline{X}$$

$$相对偏差 = \frac{|X - \overline{X}|}{\overline{X}} \times 100\%$$

$$算术平均偏差(d): d = \frac{1}{n} \sum_{i=1}^{n} |X_i - \overline{X}|$$

$$标准偏差(S): S = \sqrt{\frac{\sum (X_i - \overline{X})^2}{n-1}}$$

$$变异系数(C_r): C_r = \frac{S}{\overline{X}} \times 100\%$$

式中: X——测定值;

X_i——各次测定值, $i = 1, 2, \cdots, n$;

$\overline{X}$——多次测定值的算术平均值;

n——测定次数。

3. 准确度与精密度的关系　准确度说明测定结果准确与否,精密度说明的是结果稳定与否。精密度是保证准确度的先决条件,精密度低说明所测结果不可靠,在这种情况下,自然失去了衡量准确度的前提。

表 0-1　三组实验数据及其平均值

	一	二	三	四	平均值
第一组	0.20	0.20	0.18	0.17	0.19
第二组	0.40	0.30	0.25	0.23	0.30
第三组	0.36	0.35	0.34	0.33	0.35

例如,在表 0-1 中,第一组测定结果的精密度很高,但平均值与标准值相差很大,准确度不高,可能存在系统误差;第二组测定结果的精密度不高,测定数据较分散,虽然平均值接近标准值,但这是凑巧得来的,如果只取 2 次或 3 次平均,结果与标准值相差较大;第三次的

测定数据较集中且平均值接近标准值,证明精密度高,准确度也很高。

(二)提高分析结果准确度和精密度的方法

在食品理化分析中,分析结果应具有一定的准确度和灵敏度,因为不准确的分析结果会报废样品,浪费资源,甚至使人得出错误的结论。但是,在分析过程中,即使技术很熟练的人,用同一方法对同一试样仔细进行多次分析,也不能得到完全一致的分析结果,而且分析结果在一定范围内会有波动,分析中的误差是客观存在的。由于各种分析方法所能达到的精确性不同,研究提高分析结果准确度和灵敏度的方法非常必要。

1.选择合适的分析方法　各种分析方法的准确度和灵敏度是不相同的。例如,质量分析法和滴定分析法,灵敏度虽不高,但对于高含量组分的测定,能获得比较准确的结果,相对误差一般是千分之几。例如,用 $K_2Cr_2O_7$ 滴定法测得铁的含量为 40.20%,若方法的相对误差为 0.2%,则铁的含量范围是 40.12%～40.28%。这一试样如果用直接比色法进行测定,由于方法的相对误差约为 20‰,故测得铁的含量范围将在 39.4%～41.0%之间,误差显然大得多。相反,对于低含量组分的测定,质量法和滴定分析法的灵敏度一般达不到,而一般仪器分析法的灵敏度较高,相对误差虽然较大,但对于低含量组分的测定,因允许有较大的相对误差,采用仪器分析法是比较合适的。例如,用比色法测定矿石中铜的含量为 0.50%,若方法的相对误差为 20‰,则分析结果的绝对误差只有 0.02×0.50%＝0.01%,对于低含量铜的测定,这样大小的误差是允许的。

2.正确选取样品量　在食品理化的定量分析中,滴定量或重量过多或过少都会直接影响分析结果的准确度;在比色分析中,含量和吸光度之间往往只在一定范围内呈线性关系,这就要求通过增减样品量或改变稀释倍数,使吸光度尽可能控制在线性较灵敏的范围内,以提高准确度。

3.对各种试剂、仪器、器皿进行鉴定或校正　仪器不准确引起的系统误差,可以通过校准仪器来减少影响。用作标准容量的容器、滴定管或移液管等,在精确分析时,必须进行标定校准,按校正值使用。各种计量测试仪器,如温度计、天平、分光光度计法等,都应按规定定期送至计量管理部门鉴定,以保证仪器的灵敏度和准确度。各种标准试剂应按规定定期标定,以保证试剂的浓度或质量。

4.增加测定次数　一般来说,在消除系统误差的前提下,平行测定次数越多,平均值越接近真实值,这可以减少偶然误差,使结果更可靠。在一般食品理化分析中,对于同一试样,通常要求平行测定 2～4 次,以获得较准确的分析结果。当然,增加更多的测定次数虽可获得更为准确的结果,但也会造成人力、物力和时间的极大消耗,因此也需在实际工作中加以考虑。

5.做空白试验　由试剂和器皿带进杂质所造成的系统误差,可通过做空白试验来扣除,即在不加样的情况下,按照试样分析相同的操作手续和条件进行试验。试验所得结果作为空白值,在试样分析结果中扣除空白值,就可以抵消许多未知因素的影响。空白值一般不应太大,否则扣除空白值时会引起较大的误差。当空白值较大时,需要从提纯试剂或改用其他适当的器皿来解决问题。

6.做对照试验　进行对照试验时,常用已知结果的试样与被测试样一起进行对照试验,或用其他可靠方法进行对照试验,也可由不同人员和不同单位来开展对照试验。标准试样的分析结果较可靠,应尽量选择与试样组成相近的标准试样进行对照分析,以判断试样分析结果有无系统误差。

7. 做回收试验　在样品中加入已知量的标准物质,然后进行对照试验,根据回收率的高低来判断检验分析方法的准确度,并判断分析过程中是否存在系统误差。

(三)食品理化检验报告的撰写

1. 实验的记录　检验原始记录是检验过程和结果的真实体现,应如实反映检验的真实情况,并需要妥善保存,以备事后查验。检验记录应做到如下几点:

(1)实验记录数据必须真实可靠,记录方式应简单明了,实验报告的内容应包括样品来源、名称、编号、采样地点、样品处理方式、包装及保管状况、检验分析项目、采用的分析方法、检验日期、所用试剂的名称与浓度、称量记录、滴定记录、计算记录和计算结果等。表 0-2 为滴定分析法检验某样品的原始记录示例表。

表 0-2　滴定分析法原始记录

项目			
日期	编号		
样品	批号		
方法			
滴定次数	1	2	3
样品质量/g			
滴定管初读数/mL			
滴定管终读数/mL			
消耗滴定剂的体积/mL			
滴定剂的浓度/(mol·L^{-1})			
计算公式			
被测成分质量分数/%			
平均值			

(2)原始记录本应统一编号,专本专用,用钢笔或圆珠笔填写,不得任意涂改、撕页、散失,有效数字的位数应按分析方法的规定填写。

(3)修改错误数字时不得涂改,而应在原数字上画一条横线表示消除,并由修改人签注。

(4)确认对在操作过程中存在问题的检验数据,不论数据好坏,均应舍去,并在备注栏里说明原因。

(5)原始记录应统一管理,归档保存,以备查验;未经批准,不得随意向外提供。

2. 检验报告　检验报告是食品分析检验的最终产物,是产品质量的凭证,也是产品质量是否合格的技术根据,因此其反映的信息和数据必须客观公正、准确可靠,填写要清晰完整。检验报告的内容一般包括样品名称、送检单位、生产日期及批号、取样时间、检验日期、检验项目、检验结果、报告日期、检验员签字、主管负责人签字和检验单位盖章等。

填写检验报告单应做到如下几点：

(1)检验报告必须由考核合格的检验技术人员填报,其他人员不得擅自出具检验结果。

(2)检验结果必须经第二者复核无误后,才能填写检验报告单。检验报告单上应有检验人员、复核人员及科室负责人的签字。

(3)检验报告单一式两份,其中正本提供给服务对象,副本留存备查。检验报告单经签字和盖章后即可报出,但如果遇到检验不合格或样品不符合要求等情况,检验报告单应交给技术人员审查签字后才能报出。

 **思考题**

1.什么是食品理化检验学? 食品理化检验的研究内容主要有哪些?

2.食品理化检验常用的方法有哪些?

3.感官检查有何意义? 感官检查包括哪些内容?

4.测定液体食品的密度有哪些方法? 各有什么优缺点?

5.简述建立新检验方法的主要步骤。

（石予白）

项目一　食品样品的采集、保存和处理

知识目标

1. 了解食品行业现状和食品样品采集的意义；
2. 熟悉食品理化检验的一般程序、样品采集的基本原则和处理方法；
3. 掌握食品样品采集、样品制备与前处理的方法。

能力目标

1. 能正确采集各种状态的食品检测标本并能进行恰当的预处理；
2. 能熟练使用各种采样工具。

食品理化检验的工作必须按一定的程序进行。根据食品检测的要求,应先进行感官检查,再进行理化检验。对于每一项检验,按其检验目的、要求和检验方法的不同都有相应的检测程序。食品理化检验的主要任务是进行定量的检测,因此整个检测程序的每一个环节都必须体现准确的量这一概念。食品理化检验的一般程序为:①食品样品的采集、制备;②样品的预处理,使其符合检测方法的要求;③选择适当的检验方法进行检测;④检测结果的计算,将所获得的数据进行处理或统计分析;⑤按检验目的,报告检测结果。本项目主要介绍食品样品的采集和保存、制备和预处理。

任务一　食品样品的采集和保存

背景知识：

　　地沟油事件　2010年3月18日，国家食品药品监督管理局发布的《关于严防"地沟油"流入餐饮服务环节的紧急通知》指出：近日，有媒体报道不法分子加工"地沟油"。该通知要求迅速组织对餐饮服务单位采购和使用食用油脂情况进行监督检查，严查餐饮服务单位进货查验记录及索证索票制度落实情况。如发现餐饮服务单位采购的食用油脂来源不明，或者采购和使用"地沟油"的，应监督其立即停止使用并销毁，依法严肃查处。情节严重的，吊销许可证。

　　食品检验不可能对所有的材料进行检验分析，只能从待分析的材料中抽取一部分作为代表来开展检测，这部分作为代表而被抽选的分析材料称为样品，抽取这些具有代表性分析材料的操作称为样品的采集，简称采样。而采样通常需建立特定的方式和过程，以随机选择的方式进行，以保证总样品中的每个样品均有同等被选择的机会。如果所采集的食品样品不具有代表性或保存不当，会引起待测成分损失或污染，必然会使检验结果不可靠，甚至还可能导致错误的结论。采集的样品如果不能立即检验，必须加以妥善保存，以保证检验结果的准确性。可见，食品样品的采集和保存是食品理化检验成败的关键步骤。

一、食品样品的采集

　　在食品样品采集前，应根据食品卫生标准规定的检验项目和目的，进行周密的卫生学调查。审查该批食品的有关证件，如标签、说明书、卫生检疫证书、生产日期、生产批号等。了解待检食品的原料、生产、加工、运输、贮存等环节和采样现场样品的存放条件以及包装情况等。对食品样品进行感官检查，对感官性状不同的食品应分别采样、分别检验。在采样的同时，应该详细记录现场情况、采样地点、时间、所采集的食品名称（商标）、样品编号、采样单位及采样人员等事项。根据检验项目，选用硬质玻璃瓶或聚乙烯制品作为采样容器。

（一）采样的原则

　　1.采集的样品要具有代表性　食品样品大多并不均匀，同种食品由于成熟程度、加工及保存条件、外界环境的影响不同，食品中营养成分和含量以及被污染的程度都会有较大的差异；同一分析对象，不同部位的组成和含量亦会有差别。因此，所采集的样品应能够较好地代表待鉴定食品的各方面特性，能反映全部被检食品的组成、质量和卫生状况。

　　2.采集的样品需保证其真实性　采样人员需亲临现场采样，以防在采样过程中作假或伪造样品。采样方法要尽量简单，处理装置尺寸适当，防止带入杂质或污染。

　　3.采集的样品需具有准确性　性质不同的样品必须分开包装，并被视为不同的总体；

采样方法要与分析目的一致,可根据感官性状进行分类或分档采样,采样量应满足检验及留样的需要,并将清晰填有采样记录的采样单紧附于样品上。

4. 采集的样品需具有及时性　食品样品具有较大的易变性,在采样、保存、运输和销售过程中,食品的营养成分和污染状况都有可能发生变化,应及时赴现场采样并尽可能缩短从采样到送检的时间,在采样过程中要设法保持样品原有的理化指标,防止成分逸散(如水分、气味、挥发性酸等)。

(二)食品样品的采集作业

食品采样所用的器材包含开启容器及包装的用具(如锤子、钳子、螺丝刀、剪刀、扳手等)、取样工具(如镊子、刀、铲、勺子、匙子、探管、吸管、棉拭子等)、容器用具(如玻璃瓶、塑料瓶、纸袋、布袋、金属容器和冷冻箱等)和其他辅助工具(如手电筒、胶带、搅拌器和放大镜等)。

食品样品的采集方法有随机采样和代表性取样两种。随机采样是按照随机原则从大批食品中抽取部分样品,抽样时应使所有食品的各个部分都有均等的被采集机会。代表性取样是根据食品中样品的空间位置和时间变化的规律进行采样,使采集的样品能代表其相应部分的组成和质量。如分层取样、在生产过程的各个环节中采样、定期抽取货架上不同陈列时间的食品等。采样时,一般采用随机采样和代表性抽样相结合的方式,具体的采样方法则随分析对象的性质而异。

1. 固态食品

(1)大包装固态食品　按采样件数的计算公式:采样件数＝$\sqrt{总件数/2}$,确定应该采集的大包装食品件数。在食品堆放的不同部位分别采样,取出选定的大包装,用采样工具在每一个包装的上、中、下三层的五点(周围四点和中心)取出样品,将三份样品混合为原始样品后,再缩分到所需的采样量。

对于采集的过多固体样品可以用"四分法"进行缩分(图 1-1)。即将采集的样品,放在清洁的玻璃板或塑料布上,充分混合,压平为厚度为 3cm 以下的规则形状,再划十字线把样品分成四等份,取出其中对角的两份再混匀,重复操作至所剩样品为所需的采样量为止。

(2)小包装食品(如罐头、袋或听装奶粉、瓶装饮料等)　一般按班次或批号随机取样,同一批号取样件数,包装 250g 以上的不得少于 6 个,包装 250g 以下的不得少于 10 个。如果小包装外还有大包装(纸箱等),可在堆放的不同部位抽取一定数量的大包装,打开包装,从每个大包装中按上述"三层、五点"法抽取小包装,再缩减到所需的采样量。

(3)散装固态食品　对散装固态食品如粮食,应自每批食品的上、中、下三层中的五点(周围四点和中心)分别采集部分样品,混合后用"四分法"对角取样,经几次混合和缩分,最后取出有代表性的样品。

第一步

第二步

第三步

图 1-1　四分法缩分操作流程

2.液态及半固态食品(植物油、鲜乳、酒类、液态调味品和饮料等)　对储存在大容器(如桶、缸、罐等)内的食品,应先混合后再采样。采用虹吸法分上、中、下三层采出部分样品,充分混合后再缩分至所需数量的平均样品;对于散(池)装的液体食品,可采用虹吸法在储存池的四角及中心五点分层取样,每层取 500mL 左右,混合后再缩减到所需的采样量。样品量多时可采用旋转搅拌法混匀,样品量少时可采用反复倾倒法。

3.组成不均匀的食品(如肉、鱼、果品、蔬菜等)　对于组成不均匀的肉、鱼、水果和蔬菜等食品,由于本身组成或部位极不均匀,个体大小及成熟程度差异很大,取样时更应注意代表性,可按下述方法取样。

(1)肉类、水产品等　应按分析项目的要求,分别采取不同部位的样品。如检测六六六、滴滴涕农药残留,可以在肉类食品中脂肪较多的部位取样或从不同部位取样,混合以后作为样品;对小鱼、小虾等可随机取多个样品,切碎、混匀后,缩分至所需采样量。

(2)果蔬　个体较小的(如青菜、葡萄等)可随机取若干整体,切碎混匀,缩分到所需采样量;个体较大的(如西瓜、苹果、萝卜、大白菜等)可按成熟度及个体大小的组成比例,选取若干个体,按生长轴纵剖分成 4 或 8 份,取对角 2 份,切碎混匀,缩分至所需的采样量。

4.含毒食物和掺伪食品　应采集具典型性的样品,尽可能采取含毒物或掺伪最多的部位,不能简单混匀后取样。

通常食品样品的所需采集量应该根据检验项目、分析方法和待测食品样品的均匀程度等确定。一般食品样品采集 1.5kg,将采集的样品分为三份,分别供检验、复查和备查或仲裁用。如标准检验方法中对样品数量有规定的,则应按要求采集。

采样完毕后,根据检验项目的要求,将所采集的食品样品装在适当的玻璃或聚乙烯塑料容器中,密封,贴好标签,带回实验室分析。对于某些不稳定的待测成分,在不影响检测的条件下,可以在采样后立即加入适当的试剂,再密封。

(三)采样的注意事项

(1)采样工具应该清洁,不应将任何有害物质带入样品中。如供微生物检验的样品,应严格遵守无菌操作。

(2)样品在检测前,不得受到污染或发生变化。

(3)样品抽取后,应迅速送检测室进行分析。

(4)在感官性质上差别很大的食品不允许混在一起,要分开包装,并注明其性质。

(5)盛样容器可根据要求选用硬质玻璃或聚乙烯制品,容器上要贴上标签,注明样品名称、采样地点、样品批号、采样方法、数量、采样人及检验项目等。

二、食品样品的保存

由于食品中含有丰富的营养物质,有的食品本身就是动植物,在合适的温度、湿度条件下,微生物能迅速生长繁殖,使其组成和性质发生变化。为了保证食品检验结果的正确性,食品样品采集后,在运输、贮存过程中应该避免待测成分损失和污染,保持样品原有的性质和性状,尽快分析。样品保存原则和方法如下:

(一)稳定待测成分

首先应该使食品样品中的待测成分在运输和保存过程中稳定不变。如果食品中含有易挥发、易氧化或易分解的物质,应结合所用的分析方法,在采样后立即加入某些试剂或采取适当的措施,以稳定这些待测成分,避免损失,影响测定结果。例如,β-胡萝卜素、黄曲霉毒素 B_1 和维生素等见光容易发生分解,因此含这些成分的待检样品,通常保存于惰性气体中,并存放于低温暗室或深色瓶子里,也可在不影响分析结果的前提下,加入抗氧化剂以减缓氧化的发生概率。对于含氰化物的食品样品,采样后应加入氢氧化钠,避免在酸性条件下,氰化物生成氢氰酸而挥发损失。

(二)防止污染

采集样品的容器以及取用样品的工具应该清洁,无污染。接触样品时应该用一次性手套,避免样品受到污染。所用材料不得带入待测成分,如测锌的样品不能用含锌的橡皮膏封口;测定苯并芘含量时,不能用含有苯并芘的石蜡封口或蜡纸包。

(三)防止腐败变质

所采集的食品样品应放在密封洁净的容器内,并根据食品种类选择适宜的温度保存,尽量使其理化性质不发生变化。特别是对肉类和水产品等样品,应该低温冷藏,这样可以抑制微生物的生长速度,减缓食品样品中可能的化学反应,防止食品样品的腐败变质。在特殊情况下,样品可加入适量不影响分析结果的防腐剂,防腐剂的使用可根据储存条件、时间和将要进行的分析方法而定;也可将样品置于冷冻干燥器内进行升华干燥保存,即先将样品冷冻到冰点以下,使水变成冰,然后在高真空下使冰升华,样品得到干燥。

(四)稳定水分

食品的水分含量是食品成分的重要指标之一。水分的含量影响到食品中营养成分和有害物质的浓度和比例,直接影响测定结果。对许多食品而言,稳定水分,可以保持食品应有的感官性状。对于含水量较高的食品样品,如不能尽快分析,可以先测定水分,将样品烘干后保存,对后续检测项目的结果可以通过水分含量,折算原样品中待测物的含量。

综上所述,食品样品的保存方法应做到净、密、冷、快。所谓"净"是指采集和保存样品的容器和工具必须清洁干净,不得含有待测成分和其他可能污染样品的成分,这也是防止样品腐败变质的措施。"密"是指所采集的食品样品包装应是密闭的,使水分稳定,防止挥发性成分损失,避免样品在运输、保存过程中受到污染。"冷"是指将样品在低温下运输、保存,以抑制酶活性和微生物的生长。"快"是指采样后应尽快分析,避免食品样品变质。

对于检验后的样品,一般应保存一个月,以备需要时复检。保存时应加封并尽量保持原样,易变质的样品不宜保存。保存环境应清洁、干燥,存放的样品要按日期和批号编号摆放,以便查找。

**思考题**

1. 什么是采样？应如何根据样品分类进行样品采集？通常采样量是多少？
2. 样品采集应该注意哪些事项？
3. "四分法"操作的具体内容是什么？
4. 食品样品保存的原则和所采取的方法主要有哪些？

任务二　食品样品制备与前处理

背景知识：

一滴香事件　2010 年 8 月 31 日，山东媒体曝出"只需一滴，清水就能变高汤"的食品添加剂"一滴香"。市面上打着"滴香"字号的食品调料非常多，"一滴香"麻油、"一滴香"白酒、"一滴香"芝麻酱等随处可见。"一滴香"是通过合成反应及化学品直接调和的方法做出来的有毒物质，长期食用会损伤人体健康。全国工业产品生产许可证(QS)查询机构已经表示，"一滴香"属化学工业制品，食用后对人体健康损害非常大，会损伤肝脏，还能致癌。

一、食品样品的制备

(一)样品制备的原则与步骤

样品的制备是指对采集的样品进行分取、粉碎和混匀等处理工作。由于许多食品各部位的组成差异很大，而且送检的样品量通常较分析所需的样品量多，所以样品在检验之前，必须经过样品制备的过程，使检验样品具有均匀性和代表性，以获得可靠的分析结果。对于不同的食品，样品制备方法也不尽相同，但总的原则是以不破坏样品中所需分析检验的食品成分为主。食品样品制备的一般步骤如下：

1. 去除非食用部分　食品理化检验中用于分析的样品一般是指食品的可食部分。对其中的非食用部分，应该按食用习惯预先去除。对于植物性食品，根据品种不同去除根、皮、茎、柄、叶、壳、核等非食用部分；对于动物性食品，需去除羽毛、鳞爪、骨、胃肠内容物、胆囊、甲状腺、皮脂腺、淋巴结等；对于罐头食品，应注意清除其中的果核与葱和辣椒等调味品。

2. 除去机械杂质　所检验的食品样品应该去除生产和加工中可能混入的机械杂质，如植物种子、茎、叶、泥沙、金属碎屑、昆虫等异物。

3.均匀化处理　食品样品在采集时已经切碎或混匀,但还不能达到分析的要求。通常在实验室检验前,必须进一步均匀化,使检验样品的组成尽可能均匀一致,取出其中任何一部分都能获得无显著性差异的检验结果。

(二)样品制备的方法

制备样品时应选用惰性材料,如不锈钢、聚四氟乙烯塑料等制成的均匀化器械,避免处理过程中食品样品受到污染。在制备过程中,应防止易挥发性成分的逸散及避免样品组成和理化性质的变化。进行微生物检验的样品必须根据微生物学的要求,按照无菌操作制备样品。样品制备除简单的过筛、混合、溶解、压榨和稀释外,常见的方法如下:

1.研磨　经过干燥的样品,利用磨粉机粉碎成一定细度的粉末。锤磨机常用于磨碎豆粕、壳物和大多数粮食;球磨机适用于小样品,将样品装入球形的容器中,当容器持续转动时,对样品具有冲击研磨作用;冷冻球磨机可用于冷冻食品,有助于减少样品的化学变化;湿样品可使用切碎机、绞肉机等细碎成均质试样;柔软的样品可用组织磨碎机磨碎;胶体研磨设备,则可将样品悬浮液倒入夹层以分离颗粒。为了使干燥的固体样品颗粒度均匀,样品粉碎后应通过标准分样筛,一般应通过 20～40 目分样筛,或根据分析方法的要求过筛。过筛时要求样品全部通过规定的筛孔,未通过的部分样品应再粉碎后过筛,不得随意丢弃。

2.搅拌或匀浆　对于液态或半液态样品,如牛奶、饮料、液体调味品等,可用搅拌器充分搅拌均匀。对于含水量较高的水果和蔬菜类,一般先用水洗净泥沙,揩干表面附着的水分,取不同部位的样品,放入高速组织捣碎机中匀浆(可加入等量的蒸馏水或按分析方法的要求加入一定量的溶剂)。

3.干燥　干燥可抑制微生物的繁殖和酵素的活性。

4.冷冻或冷藏　低温储存可保护大多数食品;冷冻(－30～－20℃)可抑制酶的活性,也可抑制微生物的生长。

5.添加化学物质　防腐剂可减缓食品腐败;抗氧化剂可减缓脂质氧化;还原剂可氧化酶并增加蛋白质的溶解度。

6.控气保藏　保存于氮气或其他惰性气体中。

7.脱气　抽真空贮存。

8.添加酶　蛋白酶或糖类水解酶可软化食品的组织,促进分解。

9.蒸馏或浓缩　将待测成分浓缩至测试方法所能分析的浓度范围。

10.萃取　将固体或液体中含有的待测成分,以溶剂溶出的形式使待测物与干扰物分离的方法。

二、常见的食品样品前处理方法

样品的前处理是指食品样品在测定前消除干扰成分,浓缩待测组分,使样品能满足分析方法要求的操作过程。由于食品的成分复杂,待测成分的含量差异很大,有时含量甚微,当用某种分析方法对其中某种成分的含量进行测定时,其他共存的组分常常会干扰测定。为了保证检测的顺利进行,得到可靠的分析结果,必须在分析前去除干扰成分。样品的前处理是食品理化检验中十分重要的环节,其效果的好坏直接关系着分析工作的成败。常用的样品前处理方法较多,应根据食品的种类、分析对象、待测组分的理化性质及所选用的分析方法来确定样品的前处理方法。

(一)无机化处理

无机化处理通常是指采用高温或高温下加强氧化条件,使食品样品中的有机物分解并呈气态逸出,而待测成分则被保留下来用于分析的一种样品前处理方法。这种处理方法主要用于食品中无机元素的测定。根据具体操作条件的不同,可分为湿法消化法和干法灰化法两类。

1.湿法消化法 指在适量的食品样品中,加入氧化性强酸,结合加热来破坏有机物,使待测的无机成分释放出来,并形成各种不挥发的无机化合物,以便进行分析测定。湿法消化法简称消化法,是常用的食品样品无机化处理方法之一。

(1)方法特点 本方法的优点是分解有机物的速度快,所需时间短;加热温度较干法灰化法低,可减少待测成分的挥发损失。本方法的缺点是在消化过程中,会产生大量的有害气体,操作必须在通风橱中进行;试剂用量较大,有时空白值较高;在消化初期,消化液反应剧烈易产生大量泡沫,可能溢出消化瓶,消化过程中也可能出现炭化引起待测成分损失,所以需要操作人员细心看护。

(2)常用的氧化性强酸 常用的氧化性强酸有硝酸、高氯酸、硫酸等,有时还要加一些氧化剂(如高锰酸钾、过氧化氢等)或催化剂(如硫酸钾、硫酸铜、五氧化二钒等)来加速样品的氧化分解。

①硝酸:浓硝酸($65\%\sim68\%$,$14mol/L$)具有较强的氧化能力,能将样品中有机物氧化生成 CO_2 和 H_2O,而本身分解成 O_2 和 NO_2,过量的硝酸容易通过加热除去。硝酸可以以任何比例与水相混合,恒沸点溶液的浓度为 69.2%,沸点为 $121.8℃$。由于硝酸的沸点较低,易挥发,因而氧化能力不持久。在消化液中通常会残存较多的氮氧化物,如对待测成分的测定有干扰时,可以加入一定量的纯水加热,驱赶氮氧化物。在很多情况下,单独使用硝酸不能完全分解有机物,因此常常与其他酸配合使用。几乎所有的硝酸盐都易溶于水,但硝酸与锡和锑易形成难溶的偏锡酸(H_2SnO_3)和偏锑酸(H_2SbO_3)或偏锡酸、偏锑酸的盐。

②高氯酸:高氯酸($65\%\sim70\%$,$11mol/L$)能与水形成恒沸溶液,其沸点为 $203℃$。冷的高氯酸没有氧化能力,热的高氯酸是一种强氧化剂,其氧化能力较硝酸和硫酸强,几乎所有的有机物都能被它分解,高氯酸在加热条件下能产生氧气和氯气:

$$4HClO_4 \xrightarrow{\triangle} 7O_2\uparrow + 2Cl_2\uparrow + 2H_2O$$

除 K^+ 和 NH_4^+ 的高氯酸盐外,一般的高氯酸盐都易溶于水;高氯酸的沸点适中,氧化能力较为持久,消化食品样品的速度快,过量的高氯酸也容易加热除去。

在使用高氯酸时,需要特别注意安全。在高温下高氯酸直接接触某些还原性较强的物质,如酒精、甘油、脂肪、糖类等,会有因反应剧烈发生爆炸的危险。所以,使用高氯酸消化时,应在通风橱中进行操作,便于生成的气体和酸雾及时排除。一般不单独使用高氯酸处理食品样品,而是用硝酸和高氯酸的混合酸分解有机物质。在消化过程中,注意随时补加硝酸,直到样品消化液无炭化现象,颜色变浅为止。

③硫酸:稀硫酸没有氧化性,而热的浓硫酸具有较强的氧化性,对有机物有强烈的脱水

作用，并使其炭化，进一步氧化生成二氧化碳。硫酸受热分解，反应式为：

$$2H_2SO_4 \xrightarrow{\triangle} O_2\uparrow + 2SO_2\uparrow + 2H_2O$$

浓硫酸(98%，18mol/L)可使食品中的蛋白质氧化脱氨，但不能进一步氧化成氮氧化物。硫酸的沸点高(338℃)，不易挥发损失，在与其他酸混合使用，加热蒸发至出现三氧化硫白烟时，可以除去其他低沸点的硝酸、高氯酸、水及氮氧化物。硫酸的氧化能力不如高氯酸和硝酸强；硫酸与碱土金属(如钙、镁、钡、铅)所形成的盐类在水中的溶解度较小，难以挥发。

(3)常用的消化方法　在实际工作中，除单独使用浓硫酸消化法外，经常采取几种不同的氧化性酸配合使用，如硫酸—硝酸、高氯酸—硝酸—硫酸、高氯酸—硫酸、高氯酸—硝酸等，以达到加快消化速度、完全破坏有机物的目的。几种常用的消化方法如下：

①硫酸消化法：仅使用浓硫酸加热消化样品，由于硫酸的脱水炭化作用，可以破坏食品样品中的有机物。由于硫酸的氧化能力较弱，消化液炭化耗时较长，通常可加入硫酸钾或硫酸铜以提高硫酸的沸点，加适量硫酸铜或硫酸汞作为催化剂以缩短消化时间。例如，凯氏定氮法测定食品中蛋白质的含量就是采用硫酸消化法，在消化过程中，蛋白质中的氮转变成硫酸铵留在消化液中，而不会进一步氧化成氮氧化物而损失。在分析某些含有机物较少的样品(如饮料)时，也可单独使用硫酸，或加入高锰酸钾和过氧化氢等氧化剂以加速消化进程。

②硝酸—高氯酸消化法：此法可以采取以下方式进行。一是在食品样品中先加入硝酸进行消化，待大量有机物分解后，再加入高氯酸；二是将食品样品用一定比例混合的硝酸—高氯酸混合液浸泡过夜，次日再加热消化，直至消化完全为止。该法氧化能力强，消化速度快，炭化过程不明显；消化温度较低，挥发损失少。应该注意，这两种酸的沸点不高，当温度过高、消化时间过长时，硝酸可能被耗尽，残余的高氯酸与未消化的有机物剧烈反应，有可能引起燃烧或爆炸。因此，也可加入少量硫酸，以防烧干，同时加入硫酸也可以适当提高消化温度，充分发挥硝酸和高氯酸的氧化作用。某些含有还原性组分如酒精、甘油、油脂和磷酸盐等较多的食品样品，不宜采用此法。

③硝酸—硫酸消化法：在食品样品中加入硝酸和硫酸的混合液，或先加入硫酸，加热使有机物分解、炭化，在消化过程中不断补加硝酸至消化完全。由于此消化法含有硫酸，不宜做食品中碱土金属的分析，因为碱土金属的硫酸盐溶解度较小。此法反应速度适中，对于较难消化的样品，如含较大量的脂肪和蛋白质时，可在消化后期加入少量高氯酸或过氧化氢，加快消化的速度。

上述几种湿消化方法各有优缺点，根据国家卫生标准方法的要求、检验项目的不同和待检食品样品的不同进行选择，并且做法略有差异。加热温度、加酸的次序和种类、氧化剂和催化剂的加入与否，可按要求和经验灵活掌握，同时应做试剂空白试验，以消除试剂及操作条件不同所带来的误差。

(4)消化操作技术　根据湿消化法的具体操作不同，可分为敞口消化法、回流消化法、冷消化法、密封罐消化法和微波消解法等方法。

①敞口消化法：通常在凯氏烧瓶或硬质锥形瓶中进行，是最常用的消化法。凯氏烧瓶是底部为梨形具有长颈的硬质烧瓶(图1-2)，其长颈可以起到回流的作用，减少酸的挥发损失。消化前，在凯氏烧瓶中加入样品和消化试剂，将瓶倾斜呈约45°，然后用电炉或电热板加热，直至消化完全为止。由于有大量消化酸雾和消化分解产物逸出，故应该在通

风橱内进行。为了克服凯氏烧瓶颈长底圆、取样不方便的缺点,常常也采用硬质三角瓶进行消化。

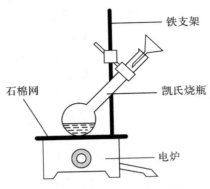

图 1-2　凯氏烧瓶敞口消化装置

②回流消化法:测定含有挥发性成分的食品样品时,可以在回流消化装置中进行。装置上端连接冷凝器,可使挥发性成分随同酸雾冷凝流回反应瓶内,以避免被测成分的挥发损失,同时也可防止烧干。

③冷消化法:又称低温消化法,将食品样品和消化液混合后,置于室温或 37～40℃烘箱内,放置过夜。在低温下消化,可避免易挥发元素(如汞)的挥发损失,但仅适用于含有机物较少的样品。

④密封罐消化法:采用压力密封消化罐和少量的消化试剂,在一定的压力下对样品进行湿化消化。在聚四氟乙烯容器中加入样品和少量的消化试剂置于密封罐内,放入 150℃烘箱中保温 2h。由于在密闭容器中消化液的蒸气不能逸散,产生较高的压力,提高了消化试剂的利用率,使消化时间缩短。消化完成后,冷却至室温,摇匀,开盖后即可用消化液直接进行测定。这种消化法所用的样品量一般小于 1g,仅需加入 30%过氧化氢和 1 滴硝酸,故空白值较低。但该方法要求密封程度高,压力密封罐的使用寿命有限。

⑤微波消解法:在 2450MHz 的微波电磁场作用下,微波穿透容器直接辐射到样品和试剂的混合液中,吸收微波能量后,使消化介质的分子相互摩擦,产生高热。同时,交变的电磁场使介质分子极化,高频辐射使极化分子快速转动,产生猛烈摩擦、碰撞和震动,使样品与试剂接触界面不断更新。微波加热是由内及外,因而加快了消化速度。

微波消解装置由微波炉、消化容器、排气部件等组成。不能采用家用微波炉进行样品的消化,因为消化产生的酸雾难于逸散。金属器皿不能放入微波消解装置中,以免损坏微波发射管。微波消解法与常规湿消化法相比,具有样品消解时间短(几十秒至几分钟)、消化试剂用量少、空白值低的优点。由于使用密闭容器,样品交叉污染少,也减少了常规回流消化法消解产生大量酸雾对环境的污染。

(5)消化操作的注意事项。

①消化所用的试剂(酸及氧化剂)应采用分析纯或优级纯,并同时做消化试剂的空白试验,以扣除消化试剂对测定数据的影响。如果空白值较高,应检查试剂的纯度,并将优质的玻璃器皿经过稀硝酸硝化后再使用。

②为了防止暴沸,可在消化瓶内加入玻璃珠或瓷片。采用凯氏烧瓶进行消化时,瓶口

应倾斜,不能对着自己或他人。加热应集中于烧瓶的底部,使瓶颈部位保持较低的温度,以便酸雾能冷凝回流,同时也能减少待测成分的挥发损失。如果试样在消化时产生大量泡沫,可以适当降低消化温度,也可以加入少量不影响测定结果的消泡剂(如辛醇、硅油等)。最好将样品和消化试剂在室温下浸泡过夜,次日再进行加热消化,可以取得事半功倍的效果。

③在消化过程中需要补加酸或氧化剂时,首先要停止加热,待消化液冷却后,再沿消化瓶壁缓缓加入。切记不能在高温下补加酸液,以免因反应剧烈,致使消化液喷溅,造成对操作者的危害和样品的损失。

2.干法灰化法　指将食品样品放在瓷坩埚中,先在电炉上使样品脱水、炭化,再置于500～600℃的高温电炉中灼烧灰化,使样品中的有机物氧化分解成二氧化碳、水和其他气体而挥发,剩余无机物(盐类或氧化物)供测定用。干法灰化法又称为灼烧,也是破坏食品样品中有机物质的常规方法之一。

(1)干法灰化法的特点　干法灰化法的优点在于操作简便,试剂用量少,有机物破坏彻底;由于基本上不加或加入很少的试剂,因而空白值较低;能同时处理多个样品,适合大批量样品的前处理;很多食品经灼烧后灰分少,体积小,故可加大称样量(可达10g左右),在检验方法灵敏度相同的情况下,能够提高检出率;灰化过程中不需要一直看守,省时省事。本法适用范围广,可用于多种痕量元素的分析。干法灰化法的缺点是敞口灰化时间长,温度高,故容易造成待测成分的挥发损失;其次是高温灼烧时,可能使坩埚材料的结构改变形成微小空穴,使某些待测组分会部分吸留在空穴中而难以溶出,致使回收率降低。

(2)提高干法灰化法回收率的措施　影响干法灰化法回收率的主要因素是待测组分高温挥发损失;其次是被坩埚壁吸留。提高回收率可以采取以下措施:

①采用适宜的灰化温度:在尽可能低的温度下进行样品灰化,但温度过低会延长灰化时间,通常选用500～550℃灰化2h,或在600℃灰化,一般不超过600℃。近年来采用的低温灰化技术是将样品放在低温灰化炉中,先将炉内抽至近真空(10Pa左右),并不断通入氧气,每分钟为0.3～0.8L,用射频照射使氧气活化,在低于150℃的温度下便可将有机物全部灰化。但低温灰化炉价格较贵,目前尚难以普及推广。用氧瓶燃烧法来灰化样品,不需要特殊的设备,较易办到。将样品包在滤纸内,夹在燃烧瓶塞下的托架上,将一定量的吸收液加入至燃烧瓶中,并充满纯氧,点燃滤纸包后,立即塞进燃烧瓶口,使样品中的有机物充分燃烧,再剧烈振摇以便烟气全部吸收在吸收液中,最后取出分析。本法可用于植物种子和叶子等少量固体样品,也适用于少量被测样品及纸色谱分离后的样品斑点分析。

②适当加入助灰化剂:为了加速有机物的氧化,防止某些组分的挥发损失和坩埚吸留,在干法灰化时可以加入适量的助灰化剂。例如,测定食品中碘含量时,加氢氧化钾使碘元素转变成难挥发的碘化钾,减小挥发损失;测定食品中氟含量时,加入氢氧化钙可得到难挥发的氟化钙;测定食品中总砷时,加入氧化镁和硝酸镁,能使砷转成不挥发的焦砷酸镁($Mg_2As_2O_7$),减小砷的挥发损失,同时氧化镁还能起到衬垫坩埚的作用,减少样品与坩埚的接触吸留。

③其他措施:在规定的灰化温度和时间内,如样品仍不能完全灰化变白,可以待坩埚冷却后,加入适量酸或水,改变盐的组成或帮助灰分溶解,解除低熔点灰分对碳粒的包裹。例如,加入硫酸可使易挥发的氯化铅、氯化镉转变成难挥发的硫酸盐;加硝酸可提高灰分的溶

解度。但酸不能加得太多,否则形成的酸雾会对高温炉造成损害。

(二)干扰成分的去除

测定食品中的各种有机成分时,可以采用多种前处理方法,将待测的有机成分与样品基体和其他干扰成分分离后再进行检测。近年来,新颖的样品前处理技术,如固相萃取、固相微萃取、加压溶剂萃取以及超临界萃取等已经逐步在食品理化检验中得到应用。常用待测成分的分离、净化等前处理方法主要有:

1.溶剂提取法　根据相似相溶的原则,用适当的溶剂将某种待测成分从固体样品或样品浸提液中提取出来,而与其他基体成分相分离,是食品理化检验中最常用的提取分离方法之一。溶剂提取法一般可分为浸提法、溶剂萃取法和盐析法。

(1)浸提法　利用样品中各组分在某一溶剂中溶解度的差异,用适当的溶剂将固体样品中的某种待测成分浸提出来,与样品基体分离。对极性较小的成分(如有机氯农药)可用极性小的溶剂(如石油醚、正己烷)提取;对极性大的成分(如黄曲霉毒素 B_1)可用极性大的溶剂(如甲醇和水的混合溶液)提取。溶剂沸点宜选择在 $45\sim80℃$,以避免低沸点溶剂的易挥发性和高沸点溶剂的难浓缩缺陷。此外,溶剂应比较稳定,且不与样品发生化学作用。浸提方法又可分为振荡浸渍法、捣碎法、索氏提取法和超声波提取法。

①振荡浸渍法:将样品切碎,放在合适的溶剂系统中浸渍,振荡一定时间,从样品中提取待测成分。此法简单,但回收率较低。

②捣碎法:将切碎的食品样品放入高速组织捣碎机中,加入溶剂匀浆一定时间,提取待测成分。此法回收率较高,同时干扰杂质也溶出较多。

③索氏提取法:将一定量样品装入滤纸袋,放入索氏提取器中,加入适当溶剂加热回流,将待测成分提取出来。此法提取完全,提取效率高,但操作繁琐费时。

④超声波提取法:将样品粉碎、混匀后,加入适当的溶剂,在超声波提取器中提取一定时间。超声波的作用是使样品中待测物迅速溶入提取溶剂中,该法简便,提取效率高。

(2)溶剂萃取法　利用溶质在两种互不相溶的溶剂中分配系数的不同,将待测物从一种溶剂转移到另一种溶剂中,而与其他组分分离。例如,测定动物油脂中的有机氯农药,可先用石油醚萃取,然后加浓硫酸使脂肪磺化生成极性大的亲水性物质,加水进行反萃取便可除去脂肪,有机氯农药则留在石油醚层。

在有机物的萃取分离中,相似相溶的原则是十分有用的。一般来说,有机物易溶于有机溶剂而难溶于水;但有机物的盐类则易溶于水而难溶于有机溶剂。所以,根据检测的目的,需要改变待测组分的极性,以利于萃取分离。对于酸性或碱性组分的分离,可通过调节溶液的酸、碱性来改变被测组分的极性。例如,鱼肉中的组胺,以盐的形式存在于样品中,需加碱使之生成组胺,才能用戊醇进行萃取,然后再加盐酸,此时组胺以盐酸盐的形式存在,易溶于水,被反萃取至水相,从而与样品中其他组分分离。又如,海产品中无机砷与有机砷的分离,可利用无机砷在大于 $8mol/L$ 盐酸中能被有机溶剂萃取,在小于 $2mol/L$ 盐酸介质中易溶于水中的特性,先加 $9mol/L$ 盐酸于海产品中,以乙酸丁酯等有机溶剂萃取,此时无机砷进入乙酸丁酯层,而有机砷则留在水层。然后在乙酸丁酯层中加入水并调节酸度,振摇进行反萃取,此时无机砷进入水相,干扰成分则留在有机相,即可使无机砷与有机砷分离。

（3）盐析法　向溶液中加入某一盐类物质,大大降低溶质在原溶剂中的溶解度,从而从溶液中沉淀出来,这种方法称为盐析。例如,向蛋白质中加入重金属盐,将形成的蛋白质沉淀进行硝化,即可测定其中的氮含量,据此以判定样品中纯蛋白质的含量。

2.挥发法　利用待测成分的挥发性或通过化学反应将其转变成为具有挥发性的气体,而与样品基体分离,经吸收液或吸附剂收集后用于测定,也可直接导入检测仪测定。这种分离富集方法,可以排除大量非挥发性基体成分对测定的干扰。挥发法包括扩散法、顶空法、蒸馏法、氢化物发生法和吹蒸法等。

（1）扩散法　加入某种试剂使待测物生成气体而被测定,通常在扩散皿中进行。例如,肉、鱼或蛋制品中挥发性盐基氮的测定,在扩散皿内样品中挥发性含氮组分在37℃碱性溶液中释出,挥发后被吸收液吸收,然后用标准酸溶液滴定。

（2）顶空法　顶空分析法常与气相色谱法联用,通常可分为静态顶空分析法和动态顶空分析法。静态顶空分析法是将样品置于密闭系统中,恒温加热一段时间达到平衡后,取出蒸气相用气相色谱法分析样品中待测成分的含量。动态顶空分析法是在样品顶空分离装置中不断通入氮气,使其中挥发性成分随氮气流逸出,并收集于吸附柱中,经热解吸或溶剂解析后进行分析。动态法操作较复杂,但灵敏度较高,可检测痕量低沸点化合物。顶空分析法突出的优点在于能使复杂样品的提取、净化过程一次完成,大大简化了样品的前处理操作,可用于分离测定液体、半固体和固体样品中痕量易挥发组分的检测。

（3）蒸馏法　可分为常压蒸馏法、减压蒸馏法和水蒸气蒸馏法等。通过加热蒸馏或水蒸气蒸馏可使样品中挥发性物质被蒸出,收集馏出液用于分析。蒸馏法具有分离和净化的双重效果,其缺点是仪器装置和操作较为复杂。

当被蒸馏物质受热不发生分解或沸点不太高时,可选择常压下进行蒸馏。加热方式可根据被蒸馏物质的沸点和特性选择水浴、油浴或直接加热。例如,食品中氟化物经高温灰化后,在酸性条件下,使氟变成易挥发的氟化氢气体,被碱溶液吸收后供测定用。

当常压蒸馏容易使蒸馏物质分解,或其沸点太高时,可以选用减压蒸馏,如海产品中无机砷的减压蒸馏分离,在2.67kPa压力下,于70℃进行蒸馏,可使样品中的无机砷在盐酸存在下生成三氯化砷被蒸馏出来,而有机砷在此条件下不挥发也不分解,仍留在蒸馏瓶内,从而达到无机砷和有机砷分离的目的。

某些物质沸点较高,直接加热蒸馏时,因受热不均易发生局部炭化;还有些被测成分加热到沸点时可能发生分解。此时,可选用水蒸气来加热混合液体,使具有一定挥发度的被测定组分与水蒸气成比例地一起蒸馏出来(图1-3)。

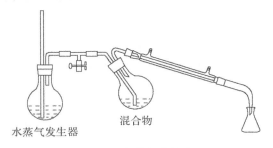

水蒸气发生器　　　混合物

图1-3　水蒸气蒸馏法

(4)氢化物发生法　在一定条件下,用还原剂将待测成分还原成挥发性共价氢化物,从基体中分离出来,经吸收液吸收显色后用分光光度法测定,或直接导入原子吸收光谱仪进行测定。该法可以排除基体的干扰,当与原子吸收光谱联用时,检测灵敏度比溶液直接雾化提高几个数量级。现已广泛用于食品中汞、砷、锗、锡、铅、锑、硒和碲的测定。

(5)吹蒸法　这是 AOAC 农药分册中用于挥发性有机磷农药的分离、净化的方法。用乙酸乙酯提取样品中的农药残留,取一定量样液加入填有玻璃棉、石英砂的 Storherr 管中,将该管加热到 180～185℃,用氮气将农药吹出,经聚四氟乙烯螺旋管冷却后,收集到玻璃管中。样品中的脂肪、蜡质、色素等高沸点杂质仍留在 Storherr 管中,从而达到分离、净化和浓缩的目的。

3.色谱分离法　利用物质在流动相与固定相,相间的分配系数差异,当两相做相对运动时,在两相间进行多次分配,分配系数大的组分迁移速度慢,反之则迁移速度快,从而实现各组分的分离。这种分离方法的最大特点是分离效率高,能使多种性质相似的组分彼此分离,是食品理化检验中一类重要的分离方法。根据操作方式不同,可以分为柱色谱法、纸色谱法和薄层色谱法等。

(1)柱色谱法　将固定相填装于柱管内制成色谱分离柱,在柱内进行分离。常用的固定相有硅胶、氧化铝、硅镁吸附剂和离子交换树脂等。该法操作简便,柱容量大,适用于微量成分的分离和纯化。例如,采用荧光法测定食品中的维生素 B 时,利用硅镁吸附剂柱将维生素 B_2 与杂质分离。

(2)纸色谱法　以层析滤纸作为载体,滤纸上吸附的水作为固定相。将样品液点在层析滤纸的一端,然后用展开剂展开,达到分离目的。例如,纸色谱法可用于食品中人工合成色素分离鉴定。

(3)薄层色谱法(TLC)　将固定相均匀地涂铺于玻璃、塑料或金属板上形成薄层,在薄层板上进行色谱分离的方法。将待测的样液点在薄层板上展开,使待测组分与样品中的其他组分分离。例如,食品中黄曲霉毒素 B_1 测定的国家标准方法(GB/T 5009.22—2003)就是采用薄层色谱法分离后再用荧光法检测。

4.浓缩法　食品样品经提取、净化后,有时净化液的体积较大,在测定前需进行浓缩,以提高被测成分的浓度。常用的浓缩方法有常压浓缩法和减压浓缩法两种。

①常压浓缩法:常用于待测组分为非挥发性样品净化液的浓缩,该法操作快速、简便,常采用蒸发皿直接挥发;若要回收溶剂,则可用一般蒸馏装置或旋转蒸发仪。

②减压浓缩法:主要用于待测组分为热不稳定性或易挥发的样品净化液的浓缩。浓缩时,水浴加热并抽气减压(图1-4)。此法浓缩温度低,速度快,被测组分损失少,适用于农药残留分析中样品净化液的浓缩。

5.化学分离法　常用的方法包含沉淀分离法、磺化法、皂化法和掩蔽法。

①沉淀分离法:利用沉淀反应进行分离的方法。在试样中加入适当的沉淀剂,使被测成分或干扰成分沉淀下

图 1-4　减压蒸发仪装置

来,经过滤或离心达到分离目的。如测定食品中的亚硝酸盐时,先加入碱性硫酸铜或三氯乙酸等沉淀蛋白质,经过滤除去沉淀后,取滤液来分析亚硝酸盐的含量。再如测定冷饮中的糖精含量,可向试剂中加入碱性硫酸铜,将蛋白质等干扰杂质沉淀,经过滤可将可溶性糖精与蛋白沉淀相分离。

②磺化法:本方法采用浓硫酸处理样品提取液,可使样品中的脂肪、色素等发生磺化反应并形成易溶于水的化合物,经水洗涤后即可有效除去脂肪、色素等干扰杂质,从而达到分离净化的目的。这种方法操作简便、快速、净化效果好,在分液漏斗中就可进行。全部操作只是加酸、振摇、静置分层,最后把分液漏斗下部的硫酸层放出,用水洗涤溶液层即可。该过程又称直接磺化,但仅限于在强酸介质中稳定的农药(如有机氯农药"六六六"、DDT 等)提取液的净化,其回收率在 80% 以上。

有时,还可利用经浓硫酸处理的硅藻土作层析柱来磺化样品中的油脂成分。常以硅藻土 10g 加发烟硫酸 3mL,研磨至烟雾消失,随即再加入浓硫酸 3mL,继续研磨,装柱,加入待净化的样品,用正已烷等非极性溶剂洗涤。经此处理后,样品中的油脂就被磺化分离,洗脱液经水洗涤后可继续进行其他的净化或脱水等处理。

③皂化法:此法是用热碱溶液(如氢氧化钾的乙醇溶液)来处理样品提取液,以除去脂肪等干扰杂质。此法仅用于对碱稳定的组分,如维生素 A 和维生素 D 等提取液的净化。

④掩蔽法:此法是利用掩蔽剂与样品中的干扰成分作用,使干扰成分转变为不引起干扰的测定状态。因为此方法可不经过分离干扰成分的操作,可简化分析步骤,在食品分析中常用于金属元素的测定。如用二硫腙比色法测定铅的含量时,在测定条件 pH＝9 时,可加入氰化钾和柠檬酸铵掩蔽 Cu^{2+} 和 Cd^{2+} 等离子对测定的干扰。

6.固相萃取(SPE)　这是一类基于液相色谱分离原理的样品制备技术,实际上属于柱色谱分离方法。在小柱中填充适当的固定相制成固相萃取柱,当样品液通过 SPE 小柱时,待测成分被吸留,再用适当的溶剂洗涤除去样品基体或杂质,然后用一种选择性的溶剂将待测组分洗脱,从而达到分离、净化和浓缩的目的。该方法简便快速,使用的有机溶剂少,在痕量分离中应用广泛。

根据分离原理不同,SPE 可分为吸附、分配、离子交换、凝胶过滤、螯合和亲和固相萃取。其中采用化学键合反应制备的固相材料,如 C_{18} 键合硅胶、C_8 键合硅胶、苯基键合硅胶等填装的固相萃取小柱使用广泛,目前已经有各种类型的商品小柱供选用。例如,保健食品中的总皂苷用水提取后,采用 XAD-2 大孔树脂预柱分离净化后,再用分光光度法测定。此外,已有文献报道将黄曲霉毒素的特异抗体连到载体上制成亲和柱,当食品样液通过亲和柱时,黄曲霉毒素与抗体发生特异性反应而被截留,从而与杂质相分离,然后用适当的溶剂洗脱黄曲霉毒素进行检测。这种免疫亲和小柱的净化和浓缩效果较好,特异性高。

7.固相微萃取法(SPME)　这是根据有机物与溶剂之间"相似者相溶"的原理,利用石英纤维表面的色谱固定液对待测组分的吸附作用,使试样中的待测组分被萃取和浓缩,然后利用气相色谱仪进样器的高温,高效液相色谱或毛细管电泳的流动相将萃取的组分从固相涂层上解吸下来进行分析的一种样品前处理方法。与传统分离富集方法相比,固相微萃取具有几乎不使用溶剂、操作简单、成本低、效率高、选择性好等优点,是一种比较理想的新型样品预处理技术。SPME 可与 GC、HPLC 或 CE 等仪器联用,使样品萃取、富集和进样过程合而为一,从而大大提高了样品前处理、分析速度和方法的灵敏度。

固相微萃取装置(图1-5)类似于微量注射器,由手柄和萃取头两部分组成。萃取头是一根长度为0.5～1.5cm、直径为0.05～1mm涂有不同色谱固定液或吸附剂的熔融石英纤维。将萃取头接在空心不锈钢针上,不锈钢针管用以保护石英纤维不被折断,石英纤维头在不锈钢管内可伸缩,需要时可推动手柄使石英纤维从针管内伸出。固相微萃取通常分为两步:第一步是先将针头插入装有试样的带隔膜塞的固相微萃取专用容器中,推出石英纤维通过其表面的高分子固相涂层,对样品中有机分子进行萃取和预富集,可以向试样瓶中加入无机盐、衍生剂来调节试样的pH值,还可进行加热或磁力搅拌;第二步是将石英纤维收回不锈钢针管内,由试样容器中取出,立即将针头插入色谱进样器

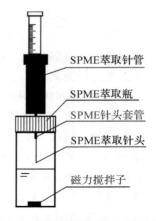

SPME萃取针管

SPME萃取瓶

SPME针头套管

SPME萃取针头

磁力搅拌子

图1-5　固相微萃取(SPME)装置

中,再推出石英纤维完成热解吸或溶剂解吸,同时进行色谱分析。固相微萃取的方式有两种:一种是石英纤维直接插入试样中进行萃取,适用于气体与液体中组分的分离;另一种是顶空萃取,适用于所有基质的试样中挥发性、半挥发性组分的分离。影响固相微萃取灵敏度的主要因素有涂层的种类、待测物和基质的种类、试样的加热、搅拌、衍生化、pH值和盐浓度等。其中涂层的种类和厚度对待测物的萃取量和平衡时间有重要的影响。

8. 超临界流体萃取(SFE)　这是近年来发展的一种样品前处理新技术。超临界流体萃取与普通溶剂萃取法相似,也是在两相之间进行的一种萃取方法,不同之处在于所用的萃取剂为超临界流体。超临界流体是一类只能在温度和压力超过临界点时才能存在的物态,介于气、液态之间。超临界流体的密度较大,与液体相近,故可用作溶剂溶解其他物质;另一方面,超临界流体的黏度较小,与气态接近,传质速度很快,而且表面张力小,很容易渗透进入固体样品内。由于超临界流体特殊的物理性质,使超临界流体萃取具有高效、快速等优点。最常用的超临界溶剂为CO_2,其临界值较低,化学性质稳定,不易与溶质发生化学反应,无臭、无毒、沸点低,易于从萃取后的组分中除去,并适用于对热不稳定化合物的萃取。但CO_2是非极性分子,不宜用于极性化合物的萃取。极性化合物的萃取通常采用NH_3或氧化亚氮作萃取剂。但NH_3化学性质活泼,会腐蚀仪器设备,氧化亚氮有毒,故两者均使用较少。

影响超临界流体萃取最主要的因素是压力和温度。压力的变化会导致溶质在超临界流体中溶解度的急剧变化。在实际操作中,通过适当改变超临界流体的压力可以将样品中的不同组分按其在萃取剂中溶解度的不同而进行萃取。例如,先在低压下萃取溶解度较大的组分,然后增大压力,使难溶物质与基体分离。当温度变化时,超临界流体的密度和溶质的蒸气压也随之改变,其萃取效率也发生改变。

SFE的萃取装置包括:①超临界流体发生源,包括萃取剂贮槽、高压泵或压缩机等,使萃取剂由常温常压态转变为超临界流体;②样品萃取管,萃取剂将被萃取的组分从样品中溶解出来,与样品中的共存干扰组分分离;③减压分离部分,流体和待萃取的组分从超临界态减压、降温转变为常温常压态,超临界流体(CO_2)则挥发逸出,收集被萃取的组分。

超临界流体萃取常与色谱分析联用,如超临界流体萃取—气相色谱(SFE-GC)、超临界流体萃取—超临界流体色谱(SFE-SFC)、超临界流体萃取—高效液相色谱(SFE-HPLC)等,

可以用于食品、生物材料等样品中的稠环芳烃、多氯联苯、农药残留量等有毒有害成分的检测。

9.透析法　利用高分子物质不能透过半透膜,而小分子或离子能通过半透膜的性质,实现大分子与小分子物质的分离。例如,测定食品中的糖精钠含量时,可将食品样品装入玻璃纸的透析膜袋中,放在水中进行透析。由于糖精钠的分子较小,能通过半透膜而进入水中,而食品中的蛋白质、鞣质、树脂等高分子杂质不能通过半透膜,仍留在玻璃纸袋内,从而达到分离的目的。

综上所述,样品的前处理方法很多,可根据样品的种类、待测成分与干扰成分的性质差异等,选择合适的样品前处理方法,以保证样品的分析能获得可靠的结果。

 思考题

1.样品制备的常用方法有哪些?

2.样品前处理有哪些方法?请简述各自的优缺点。

3.简述干法灰化和湿法消化的原理及优缺点。

4.为达化学试剂减废减量的目的,近年来开发了许多种适合微量分析的萃取前处理技术,如固相萃取、液相微萃取、超临界流体萃取等。试说明其原理和特点,并比较三者的差异。

能力拓展　食品样品的前处理

【目的】

掌握食品样品的前处理方法;掌握食品消化处理的原理与方法。

【原理】

湿法消化是用硝酸—高氯酸混合液将样品中的有机质完全分解,剩下无机物质待测。干法消化是用马弗炉在高温下将样品灼烧,剩下无机物质待测。蛋白质是含氮的有机化合物,蛋白质消化是样品与硫酸和催化剂一同加热消化,使蛋白质分解,分解的氨与硫酸结合生成硫酸铵,用于下一步的测定。

【仪器与试剂】

仪器:定氮瓶、电炉、水浴锅、马弗炉。

试剂:硝酸、高氯酸、硫酸、盐酸、氧化镁、硝酸镁、硫酸铜、硫酸钾。所用试剂均为分析纯。

【方法】

1.样品湿法消化

(1)粮食、粉丝、粉条、豆干制品、糕点、茶叶等及其他含水分少的固体食品　称取 5.00g

或 10.00g 粉碎样品,置于 250～500mL 定氮瓶中,先加少许水使之湿润,加数粒玻璃珠和 10～15mL 硝酸—高氯酸混合液(硝酸∶高氯酸＝4∶1),放置片刻,小火缓缓加热,待作用缓和,放冷。沿瓶壁加入 5mL 或 10mL 硫酸,再加热,至瓶中液体开始变成棕色时,不断沿瓶壁滴加硝酸—高氯酸混合液至有机质分解完全。加大火力,至产生白烟,待瓶口白烟冒净后,瓶内液体再产生白烟为消化完全,该溶液应澄明无色或微带黄色,放冷。在操作过程中应注意防止爆沸或爆炸。加 20mL 水煮沸,除去残余的硝酸至产生白烟为止,如此处理两次,放冷。将冷后的溶液移入 50mL 或 100mL 容量瓶中,用水洗涤定氮瓶,洗液并入容量瓶中,放冷,加水至刻度,混匀。定容后的溶液每 10mL 相当于 1g 样品,相当于加入硫酸量 1mL。取与消化样品相同量的硝酸—高氯酸混合液和硫酸,按同一方法做试剂空白试验。

(2)蔬菜、水果　称取 25.00g 或 50.00g 洗净打成匀浆的样品,置于 250～500mL 定氮瓶中,加数粒玻璃珠、10～15mL 硝酸—高氯酸混合液,以下按(1)中自"放置片刻"起依法操作,但定容后的溶液每 10mL 相当于 5g 样品,相当于加入硫酸 1mL。

(3)酱、酱油、醋、冷饮、豆腐、腐乳、酱腌菜等　称取 10.00g 或 20.00g 样品(或吸取 10.00mL 或 20.00mL 液体样品)置于 250～500mL 定氮瓶中,加数粒玻璃珠、5～15mL 硝酸—高氯酸混合液。以下按(1)中自"放置片刻"起依法操作,但定容后的溶液每 10mL 相当于 2g 或 2mL 样品。

(4)含乙醇饮料或含二氧化碳饮料　吸取 10.00mL 或 20.00mL,置于 250～500mL 定氮瓶中。加数粒玻璃珠,先用小火加热除去乙醇或二氧化碳,再加 5～10mL 硝酸—高氯酸混合液,混匀后,以下按(1)中自"放置片刻"起依法操作,但定容后的溶液每 10mL 相当于 2mL 样品。

(5)含糖量高的食品　称取 5.00g 或 10.00g 样品,置于 250～500mL 定氮瓶中,先加少许水使样品湿润,加数粒玻璃珠、5～10mL 硝酸—高氯酸混合液混合后,摇匀。缓缓加入 5mL 或 10mL 硫酸,待作用缓和停止起泡沫后,先用小火缓缓加热(糖分易炭化),不断沿瓶壁补加硝酸—高氯酸混合液,待泡沫全部消失后,再加大火力,至有机质分解完全,发生白烟,溶液应澄明无色或微带黄色,放冷。以下按(1)中自"加 20mL 水煮沸"起依法操作。

(6)水产品　取可食部分样品捣成匀浆,称取 5.00g 或 10.00g(海产藻类、贝类可适当减少取样量),置于 250～500mL 定氮瓶中,加数粒玻璃珠、5～10mL 硝酸—高氯酸混合液混匀后,以下按(1)中自"沿瓶壁加入 5mL 或 10mL 硫酸"起依法操作。

2.样品干法消化

(1)粮食、茶叶及其他含水分少的食品　称取 5.00g 磨碎样品,置于运动坩埚中,加 1.0g 氧化镁及 10mL 硝酸镁溶液(150g/L),混匀,浸泡 4h。于低温或置水浴锅上蒸干,用小火炭化至无烟后移入马弗炉中加热至 550℃,灼热 3～4h,冷却后取出。加 5mL 水湿润后,用细玻棒搅拌,再用少量水洗下玻棒上附着的灰分至坩埚内。放水浴上蒸干后移入马弗炉 550℃灰化 2h,冷却后取出。加 5mL 水湿润灰分,再慢慢加入 10mL 盐酸(1+1),然后将溶液移入 50mL 容量瓶中,坩埚用盐酸(1+1)洗涤 3 次,每次 5mL,再用水洗涤 3 次,每次 5mL,洗液均并入容量瓶中,再加水至刻度,混匀。定容后的溶液每 10mL 相当于 1g 样品,其加入盐酸量不少于(中和需要量除外)1.50mL。按同一操作方法做试剂空白试验。

(2)植物油　称取 5.00g 样品,置于 50mL 瓷坩埚中,加 10.00g 硝酸镁,再在上面覆盖 2.00g 氧化镁。将坩埚置小火上加热,至刚冒烟,立即将坩埚取下,以防内容物溢出,待烟小后,再加热至炭化完全。将坩埚移至马弗炉中,550℃以下灼烧至灰分完全,冷后取出。加5mL水湿润灰分,再缓缓加入15mL盐酸(1+1),然后将溶液移入50mL容量瓶中,坩埚用盐酸(1+1)洗涤5次,每次5mL,洗液均并入容量瓶中,加盐酸(1+1)至刻度,混匀。定容后的溶液每10mL相当于1g样品,相当于加入盐酸量(中和需要量除外)1.5mL。按同一操作方法做试剂空白试验。

(3)水产品　取可食部分样品捣成匀浆,称取5.00g置于坩埚中,加1.00g氧化镁及10.00mL硝酸镁溶液,混匀,浸泡4h。以下按(1)中自"于低温或置水浴锅上蒸干"起依法操作。

3.蛋白质的消化　精密称取0.2~2.0g固体样品或2~5g半固体样品,或吸取10~20mL液体样品(约相当氮30~40mg),移入干燥的100mL或500mL定氮瓶中,依次加入0.2g硫酸铜、3.0g硫酸钾及20mL硫酸,稍摇匀后于瓶口放一小漏斗,将瓶以45°角斜支于有小孔的石棉网上,小火加热,待内容物全部炭化,泡沫完全停止后,加强火力,并保持瓶内液体微沸,至液体呈蓝绿色澄清透明后,再继续加热0.5h。取下放冷,小心地加20mL水,放冷后,移入100mL容量瓶中,并用少量水洗定氮瓶,洗液并入容量瓶中,再加水至刻度,混匀备用。取与样品消化所用的硫酸铜、硫酸钾和硫酸,按同法做试剂空白试验。

【注意事项与补充】

1.样品放入定氮瓶内时,不要黏附颈上。万一黏附可用少量水冲下,以免被检样品消化不完全,使得结果偏低。

2.在整个消化过程中,不要用强火。保持缓和的沸腾,使火力集中在定氮瓶底部。在操作过程中应注意防止爆沸或爆炸。

【观察项目和结果记录】

记录不同食品采用不同消化方法时的现象,比较干法灰化和湿法消化在操作过程中的优缺点。

【讨论】

蛋白质消化时常加入哪些试剂?请分别说明它们的作用。

(石予白)

项目二 食品的物理特性检验

知识目标

1. 掌握相对密度、折射率、黏度、色度和旋光度的概念、感官检验的种类；
2. 熟悉物理特性检验在食品检测中的应用、感官检验的特点；
3. 了解折光仪、黏度计、旋光仪和各种相对密度计的结构原理和使用。

能力目标

1. 能熟练使用折光仪、黏度计、旋光仪和各种相对密度计；
2. 能对常见食品的感官特点进行描述。

食品的物理检测法是根据食品的相对密度、折射率、旋光度等物理常数与食品的组分含量之间的关系进行检测的方法，它也是食品分析及食品工业生产中常用的检测方法之一。

任务一 食品的理化指标检验

背景知识：

相对密度、折射率和比旋光度与物质的熔点和沸点一样，也是物理特性。由于这些物理特性的测定比较便捷，故它们是食品生产中常用的工艺控制指标，也是防止假冒伪劣食品进入市场的监控指标。通过测定液态食品的这些特性，可以指导生产过程、保证产品质量、鉴别食品组成、确定食品浓度、判断食品的纯净程度及品质，是生产管理和市场管理不可缺少的方便而快捷的监测手段。

一、食品相对密度的测定

(一)相对密度

相对密度又称比重,是指一物质的质量与同体积同温度纯水质量的比值,以 d 表示。不同温度下物质的相对密度不同,一般情况下水温为 4℃ 时物质的相对密度最小。

相对密度作为食品的一种物理常数,一般与食品中的固体物含量有一定的对应关系。例如,蔗糖溶液的相对密度随糖液浓度的增加而增大,原麦汁的相对密度随浸出物浓度的增加而增大,而酒中酒精的相对密度却随酒精度的提高而减小,只要测得了它们的相对密度就可以从专门的表格中查出其对应的浓度。

正常的液态食品的相对密度都在一定的范围之内,例如:全脂牛乳为 $1.028\sim1.032$,芝麻油为 $0.913\sim0.929$。当由掺杂、变质等原因引起其组织成分发生异常变化时,会导致其相对密度发生变化,如掺水牛乳相对密度降低,而脱脂乳的相对密度增高,因此可用相对密度法检查牛乳掺水或脱脂与否。检查牛乳是否掺水的较好方法是测试乳清的相对密度,因为乳清的主要成分是含量较恒定的乳糖和矿物质,当乳清的相对密度降至 1.027 以下则有掺杂嫌疑。

对于果汁、番茄汁等这样的液态食品,测定了相对密度便可通过换算或查专用的经验表确定其可溶性固形物或总固形物的含量。

油脂的相对密度通常与所含脂肪酸的不饱和程度和含量成正比,与分子量成反比。也就是说,甘油酯分子中不饱和脂肪酸和羟酸的含量越高,分子量越小,相对密度就越大。游离脂肪酸含量增加时,将使相对密度降低,酸败的油脂将使相对密度增高。

不可忽视的是,即使液态食品的相对密度在正常范围以内,也不能确保食品无质量问题,必须配合其他理化分析,才能保证食品的质量。

(二)相对密度的测定方法

测定液态食品相对密度的方法有密度瓶法、密度计法和密度天平(又称韦氏天平)法等,前两种方法较常用。其中密度瓶法测定结果准确,但耗时;密度计法则简易迅速,但测定结果准确度较差。

1.密度瓶法

(1)仪器　密度瓶是测定液体相对密度的专用精密仪器,其种类和规格有多种,常用的是带温度计的精密密度瓶和带毛细管的普通密度瓶(图 2-1)。常用的密度瓶规格是 25mL 和 50mL 两种。

(2)测定原理　由于密度瓶的容积一定,故在一定温度下,用同一密度瓶分别称量样品溶液和蒸馏水的质量,两者之比即为该样品溶液的相对密度。

(3)测定方法　将带有温度计的精密密度瓶依次用洗液、自来水、蒸馏水、乙醇洗涤后,烘干并冷却,精密称重。取下瓶盖和小帽,装满温度小于 20℃ 的样液,插入温度计后,置入 20℃ 的恒温水浴中,待样液温度达到 20℃ 时保持 20min,用滤纸条吸去毛细管溢出的多余样液,使试样液面与支管口刚好平齐,盖上毛细管上的小帽后,取出密度瓶。用滤纸把瓶外

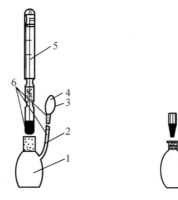

(a) 带温度计的精密密度瓶　　(b) 普通密度瓶

图 2-1　密度瓶

1—比重瓶主体；2—侧管；3—侧孔；4—罩；5—温度计；6—玻璃磨口

液体擦干，置量程为 1/10000g 的分析天平上称重，即可测出 20℃时一定容积样液的质量。将样液倾出，洗净密度瓶后，装入煮沸 30min 并冷却至 20℃以下的蒸馏水，按测定样液的方法同样操作，测出同体积 20℃蒸馏水的质量。

（4）结果计算

试样在 20℃时的相对密度为

$$d_{20}^{20}=\frac{m_2-m_0}{m_1-m_0} \tag{2-1}$$

式中：m_0——密度瓶的质量，单位为 g；

m_1——密度瓶和蒸馏水的质量，单位为 g；

m_2——密度瓶和样液的质量，单位为 g；

d_{20}^{20}——试样在 20℃时的相对密度。

计算结果表示到称量天平的精度的有效数位，在重复性条件下获得的两次独立测定结果的绝对差值不得超过算数平均值的 5%。

（5）说明

①本法适用于测定各种液体食品的相对密度，测定结果准确，但操作较烦琐。

②测定挥发性的样液时，宜使用带温度计的精密密度瓶；测定较黏稠的样液时，宜使用带毛细管的普通密度瓶。

③液体必须装满密度瓶，并使液体充满毛细管，瓶内不得有气泡。

④拿取恒温后带毛细管的普通密度瓶时，不得用手直接接触其球部，应带隔热手套或用工具拿取；天平室温度不得高于 20℃，避免液体受热膨胀流出。

⑤水浴中的水必须清洁无油污，防止污染瓶外壁。

2. 密度计（比重计）法

（1）仪器　密度计法是最便捷实用的测定液体相对密度的方法，但准确度不如密度瓶法。密度计是根据阿基米德原理制成的，其种类很多，结构形式也基本相同：一个封口的玻璃管，中间部分略粗，内有空气，故能浮在液体中；下部有小铅球重垂，使密度计能直立于液体中；中部是胖肚空腔；上部是一细长有刻度的称为"计杆"的玻璃管（图 2-2）。刻度是利用各种不同密度的液体标度的。食品工业中常用的密度计按其标度的方法不同,分为普通密度计、锤度计、波美计、酒精计和乳稠计等。

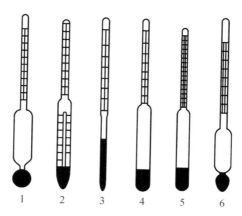

图 2-2　各种类型的相对密度计

1—普通密度计;2—附有温度计的锤度计;3～4—波美计;5—酒精计;6—乳稠计

①普通密度计:普通密度计是直接以 20℃时的密度值为刻度,由几支刻度范围不同的密度计组成一套。密度值小于 1 的(0.700～1.000)称为轻表,用于测定比水轻的液体;密度值大于 1 的(1.000～2.000)称为重表,用于测定比水重的液体。

②锤度计:锤度计是专用于测定糖液浓度的密度计,是以蔗糖溶液的重量百分含量为刻度,以°Bx 表示。标度方法:20℃时,1% 纯蔗糖溶液为 1°Bx,即 100g 糖液中含糖 1g。对于不纯糖液来说,其读数则是溶液中固形物的重量百分含量。若实测温度不是 20℃,则应进行温度校正,校正值可由"糖液观测锤度温度改正值(标准温度 20℃)"(表 2-1)查询得到,当测定温度高于 20℃时要加上校正值,当温度低于 20℃时要减去校正值。

例如:在 19℃测得某糖液的锤度为 21.00°Bx,查表得到该温度下的校正值为 0.06°Bx,则校正后的糖锤度＝21.00－0.06＝20.94°Bx,即该糖液的含糖量是 20.94%。

③波美计:波美计是以波美度(°Bé)来表示液体浓度大小的,常用的波美计刻度刻制的方法是以 20℃为标准,以在蒸馏水中为 0°Bé,在 15%NaCl 溶液中为 15°Bé,在纯硫酸(相对密度为 1.8427)中为 66°Bé,其余刻度等距离划分。波美计亦有轻表和重表之分,分别用于测定相对密度小于 1 和大于 1 的液体。波美度与相对密度之间存在着下列关系:

轻表:$°Bé = \dfrac{145}{d_{20}^{20}} - 145$,重表:$°Bé = 145 - \dfrac{145}{d_{20}^{20}}$

表 2-1　糖液观测锤度温度改正值(标准温度 20℃)

温度/℃	观测糖锤度/%														
	11	12	13	14	15	16	17	18	19	20	21	22	23	24	25
————温度低于 20℃时应减之数————															
10	0.44	0.45	0.46	0.47	0.48	0.49	0.50	0.50	0.51	0.52	0.53	0.54	0.55	0.56	0.57
11	0.41	0.42	0.42	0.43	0.44	0.45	0.46	0.46	0.47	0.48	0.49	0.49	0.50	0.50	0.51
12	0.37	0.38	0.38	0.39	0.40	0.41	0.41	0.42	0.42	0.43	0.44	0.44	0.45	0.45	0.46

续表

温度 /℃	观测糖锤度/%														
	11	12	13	14	15	16	17	18	19	20	21	22	23	24	25
13	0.33	0.33	0.34	0.34	0.35	0.36	0.36	0.37	0.37	0.38	0.39	0.39	0.40	0.40	0.41
14	0.29	0.30	0.30	0.31	0.31	0.32	0.32	0.33	0.33	0.34	0.34	0.35	0.35	0.36	0.36
15	0.24	0.25	0.25	0.26	0.26	0.26	0.27	0.27	0.28	0.28	0.28	0.29	0.29	0.30	0.30
16	0.20	0.21	0.21	0.22	0.22	0.22	0.22	0.23	0.23	0.23	0.23	0.24	0.24	0.24	0.25
17	0.15	0.16	0.16	0.16	0.16	0.16	0.17	0.17	0.17	0.18	0.18	0.18	0.19	0.19	0.19
18	0.10	0.10	0.11	0.11	0.11	0.11	0.11	0.12	0.12	0.12	0.12	0.12	0.12	0.13	0.13
19	0.05	0.05	0.06	0.06	0.06	0.06	0.06	0.06	0.06	0.06	0.06	0.06	0.06	0.06	0.06
＋＋＋＋温度高于20℃时应加之数＋＋＋＋															
21	0.06	0.06	0.06	0.06	0.06	0.06	0.06	0.06	0.06	0.06	0.06	0.06	0.07	0.07	0.07
22	0.11	0.11	0.12	0.12	0.12	0.12	0.12	0.12	0.12	0.12	0.12	0.12	0.13	0.13	0.13
23	0.17	0.17	0.17	0.17	0.17	0.17	0.17	0.18	0.19	0.19	0.19	0.19	0.20	0.20	0.20
24	0.23	0.23	0.24	0.24	0.24	0.24	0.24	0.25	0.26	0.26	0.26	0.26	0.27	0.27	0.27
25	0.30	0.30	0.31	0.31	0.31	0.31	0.31	0.32	0.32	0.32	0.32	0.33	0.33	0.34	0.34
26	0.36	0.36	0.37	0.37	0.37	0.38	0.38	0.39	0.39	0.40	0.40	0.40	0.40	0.40	0.40
27	0.42	0.43	0.43	0.44	0.44	0.44	0.44	0.45	0.45	0.46	0.46	0.46	0.47	0.47	0.47
28	0.49	0.50	0.50	0.51	0.51	0.52	0.52	0.53	0.53	0.54	0.54	0.55	0.55	0.56	0.56
29	0.57	0.57	0.58	0.58	0.59	0.59	0.60	0.60	0.61	0.61	0.61	0.62	0.62	0.63	0.63
30	0.64	0.64	0.65	0.65	0.66	0.66	0.67	0.67	0.68	0.68	0.68	0.69	0.69	0.70	0.70

④酒精计：酒精计是用来测量乙醇浓度的相对密度计。它是用已知浓度的纯乙醇来标定的，将20℃的蒸馏水标为0，将1%（体积比）的乙醇溶液标为1，即100mL乙醇溶液中含乙醇1mL，故从酒精计上可直接读取乙醇溶液的体积分数。当测定温度不在20℃时，也需要根据酒精温度浓度校正表进行校正。

⑤乳稠计：乳稠计是专用于测定牛乳相对密度的密度计，测量相对密度的范围为1.015～1.045。刻度是将相对密度值减去1.000后再乘以1000，以度来表示，符号为°，刻度范围即为15°～45°。若刻度为20，则相对密度为1.020。乳稠计有20℃/4℃和15℃/15℃两种，后者读数为前者读数加2，而相对密度则为 $d_{15}^{15} = d_{4}^{20} + 0.002$。

若实测温度不是20℃，则应进行温度校正，如在测牛乳的相对密度 d_4^{20} 时，每高出1℃要在读数上加0.2℃，低1℃要减去0.2℃。

(2)相对密度计的使用方法　将混合均匀的被测样液沿壁徐徐倒入适当容积的清洁量筒中（一般选用250mL），避免起泡沫。将密度计洗净擦干，缓缓放入样液中，慢慢垂直插入样液至量筒底部，然后待其自然上升，静止并无气泡冒出后，从水平位置读取与液面相交处的刻度值。同时用温度计测量样液的温度，如不是20℃，应加以校正。

(3)说明

①该法操作简便迅速，但准确性较差，需要样液量多，且不适用于极易挥发的样液。

②操作时应注意不要将密度计接触量筒的壁及底部,待测液中不得有气泡。

③读数时应以密度计与液体形成的弯月面的下缘为准。若液体颜色较深,不易看清弯月面下缘时,则以弯月面上缘为准。

3.密度天平法　密度天平(图2-3)是以阿基米德原理制成的特种天平,在20℃时分别测定玻璃锤在水和试样中的浮力,由于玻璃锤所排开的水的体积和排开的试样体积相同,根据水的密度及玻璃锤在水中与试样中的浮力,即可计算出试样的相对密度。

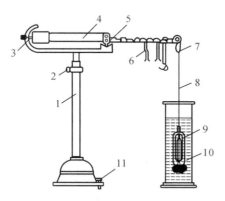

图2-3　密度天平

1—支架;2—调节器;3—指针;4—横梁;5—刀口;6—游码;

7—小钩;8—细白金丝;9—玻璃锤;10—玻璃圆筒;11—调整螺丝

二、食品折射率的测定

(一)折射率

折射率是反映食品均一程度与纯度的指标之一,其大小会因物质的种类、性质、浓度不同而异。对同一物质而言,折射率的大小会随溶液中物质浓度的增加而升高。因此,所有含糖饮料如糖水罐头、果汁和蜂蜜等食品都可利用此关系测定糖度或可溶性固形物含量。它也用于测定物质的纯度,如可以通过测定牛乳中乳清的折射率来判断牛乳中是否加水。正常牛乳乳清的折射率在1.34199～1.34275之间,如低于1.34128则有掺水可能。还可通过测定生长期果蔬的折射率,判断果蔬的成熟度,以进行田间管理。

此外,折射率还可用于油脂和脂肪酸的定性鉴定,因为每种脂肪酸均有其特定的折射率。含碳原子数目相同时,不饱和脂肪酸的折射率比饱和脂肪酸的折射率大得多;不饱和脂肪酸相对分子质量越大,折射率越大;相对密度越大,折射率越大;油脂酸度越高,折射率越小。因此,测定折射率可以用来鉴别油脂的组成和品质。在正常情况下,某些液态食品的折射率有一定的范围,如芝麻油的折射率在1.4692～1.4791(20℃)之间、蜂蜡的折射率在1.4410～1.4430(75℃)之间。当这些液态食品由于掺杂或品种改变等原因引起食品的品质发生改变时,折射率常常会发生变化,故测定折射率可以初步对食品进行定性,以判断食品是否正常。

番茄酱、果酱等食品可通过折光法测定其可溶性固形物含量后,再查特制的经验表得到总固形物含量。但如果食品中的固形物是由可溶性固形物与悬浮物组成时,则不能用折光法来测定,因为悬浮的固体离子不透光而使光散射,测定结果误差极大。

(二)折光法

通过测量物质的折射率来鉴别物质的组成,确定物质的纯度、浓度及判断物质的品质的分析方法称为折光法。

1.折射率与样液浓度的关系　折光仪是利用进光棱晶和折射棱晶夹着薄薄的一层样液,经过光的折射后,测出样液的折射率而间接得到样液的浓度。折射率的大小取决于物质的性质,即不同的物质有不同的折射率;对于同一种物质,其折射率的大小会随着物质浓度的增大而递增。

2.折光仪的结构及原理　折光仪是利用光的全反射原理测出临界角而得到物质折射率的仪器。比较先进的是数字折光仪和自动温度补偿型手提折光仪。数字折光仪是采用光传感器进行自动浓度测量,并通过内置的微信息处理器对温度误差进行自动校正,测量准确度高达±0.2%;自动温度补偿型手提折光仪则是通过内置的机构进行温度补偿。我国食品工业中最常用的是阿贝折光仪和手提式折光计,测定结果须进行温度校正。

阿贝折光仪的光学系统由观测系统和读数系统两部分组成(图2-4)。

观测系统:光线由反光镜(1)反射,经进光棱镜(2)、折射棱镜(3)及其间的被测样液薄层折射后射出。再经色散补偿器(4)消除由折射棱镜及被测样液所产生的色散后,由物镜(5)将明暗分界线成像于分划板(6)上,经目镜(7)、(8)放大后成像于观测者眼中。

读数系统:光线由小反光镜(14)反射,经毛玻璃(13)射到刻度盘(12)上,经转向棱镜(11)及物镜(10)将刻度成像于分划板(9)上,通过目镜(7)、(8)放大后成像于观测者眼中。

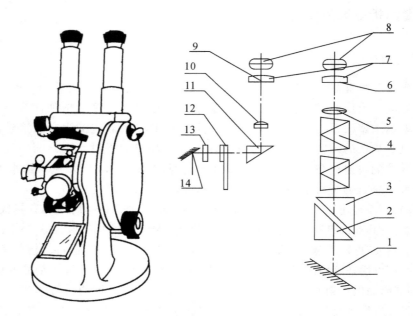

图2-4　阿贝折光仪

1—反光镜;2—进光棱镜;3—折射棱镜;4—色散补偿器;
5—物镜;6—分划板;7—目镜;8—目镜;9—分划板;10—物镜;
11—转向棱镜;12—刻度盘;13—毛玻璃;14—小反光镜

3.影响折射率测定的因素

(1)光波波长的影响　物质的折射率因光波波长而异。波长较长时物质的折射率较小,波长较短时物质的折射率较大。测定时光源通常为白光。当白光经过棱晶和样液发生折射时,因各色光的波长不同,折射程度也不同,折射后分解成为多种色光,这种现象称为色散。光的色散会使视野明暗分界线不清晰,产生测定误差。为了消除色散,在阿贝折光仪观测筒的下端安装了色散补偿器。

(2)温度的影响　溶液的折射率随温度的变化而变化。温度升高则折射率减小;温度降低则折射率增大。折光仪上的刻度是在标准温度20℃时刻制的,若测定温度不是20℃,则应将测定结果进行温度校正(表2-2)。实际测定温度高于20℃则加上校正值,低于20℃则减去校正值。例如:在测定温度为30℃时,测得固体物含量为15%。查表得此时的修正值为0.78,则该成分的准确读数为:15%+0.78%=15.78%。

表 2-2　观测折光锤度温度改正值(20℃)

实测温度 /℃	观测糖锤度/%														
	11	12	13	14	15	16	17	18	19	20	21	22	23	24	25
————温度低于20℃应减之数————															
10	0.59	0.59	0.60	0.60	0.61	0.62	0.62	0.63	0.63	0.64	0.64	0.65	0.65	0.66	0.66
11	0.53	0.53	0.54	0.54	0.55	0.55	0.56	0.57	0.57	0.58	0.58	0.59	0.60	0.60	0.60
12	0.48	0.48	0.49	0.49	0.50	0.50	0.51	0.51	0.52	0.52	0.52	0.53	0.54	0.54	0.54
13	0.42	0.42	0.43	0.43	0.44	0.44	0.45	0.45	0.46	0.46	0.46	0.47	0.47	0.48	0.48
14	0.37	0.37	0.38	0.38	0.39	0.39	0.39	0.39	0.40	0.40	0.40	0.41	0.41	0.41	0.41
15	0.31	0.31	0.32	0.32	0.33	0.33	0.33	0.33	0.34	0.34	0.34	0.34	0.34	0.34	0.34
16	0.25	0.25	0.25	0.26	0.26	0.26	0.26	0.26	0.27	0.27	0.27	0.28	0.27	0.28	0.28
17	0.19	0.19	0.19	0.20	0.20	0.20	0.20	0.20	0.21	0.21	0.21	0.21	0.21	0.21	0.21
18	0.13	0.13	0.13	0.14	0.14	0.14	0.14	0.14	0.14	0.14	0.14	0.14	0.14	0.14	0.14
19	0.06	0.06	0.06	0.07	0.07	0.07	0.07	0.07	0.07	0.07	0.07	0.07	0.07	0.07	0.07
＋＋＋＋温度高于20℃应加之数＋＋＋＋															
21	0.07	0.07	0.07	0.07	0.07	0.07	0.07	0.07	0.07	0.07	0.07	0.07	0.07	0.08	0.08
22	0.14	0.14	0.14	0.14	0.14	0.14	0.14	0.14	0.15	0.15	0.15	0.15	0.15	0.15	0.15
23	0.21	0.21	0.21	0.22	0.22	0.22	0.22	0.22	0.22	0.22	0.22	0.22	0.22	0.23	0.23
24	0.28	0.28	0.20	0.29	0.29	0.29	0.29	0.29	0.30	0.30	0.30	0.30	0.30	0.30	0.30
25	0.36	0.36	0.36	0.37	0.37	0.37	0.37	0.37	0.38	0.38	0.38	0.38	0.38	0.38	0.38
26	0.43	0.43	0.43	0.44	0.44	0.44	0.44	0.44	0.45	0.45	0.45	0.45	0.45	0.46	0.46
27	0.52	0.52	0.52	0.53	0.53	0.53	0.53	0.53	0.54	0.54	0.54	0.54	0.54	0.55	0.55
28	0.60	0.60	0.60	0.61	0.61	0.61	0.61	0.61	0.62	0.62	0.62	0.62	0.62	0.63	0.63
29	0.68	0.68	0.68	0.69	0.69	0.69	0.69	0.70	0.70	0.71	0.71	0.71	0.71	0.71	0.72
30	0.77	0.77	0.77	0.78	0.78	0.78	0.78	0.79	0.79	0.79	0.79	0.80	0.81	0.81	0.82

4.阿贝折光仪的使用方法

（1）仪器应放置在靠近窗口的水平台上，或置于普通白炽灯前，如有恒温系统，则应同时装好20℃恒温系统。光源对准反射镜，使操作人员通过目镜能在视野中看到虹彩和十字线，如看不清，则需调整目镜至清晰为止。

（2）放开棱镜，滴纯水数滴并用擦镜纸清洗棱镜镜面，然后滴1～2滴纯水于棱镜上，合拢。旋转刻度旋钮，使明暗线恰在十字线交叉点上，如有虹彩，则调节补偿旋钮，消除色散干扰，此时即可记录刻度线上的读数，并与校正表对照，如果读数与表中水的折射率不符，则按前述校正方法调整。

（3）仪器经校正后，分开两棱镜，以脱脂棉球蘸取乙醇擦净，待乙醇挥干。滴1～2滴样液于下面棱镜的平面中央，迅速闭合两棱晶，调节反光镜，使两镜筒内视野最亮。

（4）由目镜观察，转动棱镜旋钮，使视野出现明暗两部分。转动色散补偿器旋钮，使视野中只有黑白两色。转动棱镜旋钮，使明暗分界线在十字线交叉点上，随即从读数镜筒中读取折射率或锤度值。

（5）如无恒温系统，则需测定样液的温度，所读数值要查表校正。

（6）操作完毕后，打开棱镜，用蒸馏水、乙醇或乙醚擦净棱镜表面及其他各机件。强酸、强碱和腐蚀性物质不能用本仪器测量。

三、食品旋光度的测定

应用旋光仪测量旋光性物质的旋光度以确定其浓度、含量及纯度的分析方法称为旋光法。

（一）光学活性物质、旋光度与比旋光度

单糖、低聚糖、淀粉以及大多数氨基酸等分子结构中，多存有不对称碳原子，能把偏振光组成的偏振面旋转一定角度，这种现象称为旋光现象。这些能产生旋光现象的物质称为光活性物质。其中能把偏振光的振动面向右旋转的，称为"具有右旋性"，以（＋）号表示；反之，称为"具有左旋性"，以（－）号表示。

偏振光通过光学活性物质的溶液时，其振动平面所旋转的角度叫作该物质溶液的旋光度，以α表示。旋光度的大小与光源的波长、测定温度、光学活性物质的种类、溶液的浓度及液层的厚度有关。对于特定的光学活性物质，在光波长和测定温度一定的情况下，其旋光度α与溶液的浓度c和液层的L成正比。即：

$$\alpha = KcL$$

当光学活性物质的浓度为100g/100mL，液层厚度为1dm时所测得的旋光度称为比旋光度，以$[\alpha]_\lambda^t$表示。由上式可知：

$$[\alpha]_\lambda^t = K \times 100 \times 1, \text{即 } K = \frac{[\alpha]_\lambda^t}{100}$$

故　　　　　　　　　　　　　$$\alpha = [\alpha]_\lambda^t \frac{cL}{100}$$

式中：$[\alpha]_\lambda^t$——比旋光度，°；

　　　t——测定温度，℃；

λ——光源波长，nm；

α——旋光度，°；

L——液层厚度或旋光管长度，dm；

c——样液浓度，g/mL。

比旋光度与光波波长及测定温度有关。通常规定用钠光 D 线（$\lambda=589.3nm$）在 20℃ 时测定，此时，比旋光度用 $[\alpha]_D^{20}$ 表示，为一常数。部分常见糖类 $[\alpha]_D^{20}$ 的比旋光度如下：

蔗糖 $[\alpha]_D^{20}=+66.5°$（浓度在 14％ 以下）；

果糖 $[\alpha]_D^{20}=-92.5°$；

麦芽糖 $[\alpha]_D^{20}=+138.3°$（浓度在 10％ 以下）；

葡萄糖 $[\alpha]_D^{20}=+52.5°$；

乳糖 $[\alpha]_D^{20}=+53.3°$；

糊精 $[\alpha]_D^{20}=+194.8°$；

淀粉 $[\alpha]_D^{20}=+196.4°$。

某些食品的比旋光度值在一定的范围内，如谷氨酸钠的比旋光度 $[\alpha]_D^{20}$ 在 $+24.8°\sim+25.3°$ 之间，通过测定它的比旋光度，可以控制产品质量。蔗糖的糖度、味精的纯度、淀粉和某些氨基酸的含量与其旋光度成正比，故测定了它们的旋光度便可知道它们的结果。

（二）变旋光作用

具有光学活性的还原糖类（如葡萄糖、果糖、乳糖、麦芽糖等）溶解后，其旋光度起初迅速变化，然后渐渐变化缓慢，最后达到恒定值，这种现象称为变旋光作用。这是由于这些还原性糖类存在两种异构体，即 α 型和 β 型，它们的比旋光度不同。因此，在用旋光法测定蜂蜜或商品葡萄糖等含有还原糖的样品时，宜将配成溶液后的样品放置过夜再测定。

（三）淀粉含量的测定原理

淀粉具有旋光性，在一定条件下旋光度的大小与淀粉的浓度成正比。对于面粉中的淀粉，可以采用氯化钙溶液进行提取，使之与其他成分分离，再用氯化锡溶液沉淀提取液中的蛋白质后，测定滤液的旋光度，即可计算出淀粉的含量。

四、食品色度的测定

食品的色泽是构成食品感官质量的重要参考指标，也与食品的质量联系密切。而色度反映的是水中的溶解性物质或胶状物质所呈现的颜色深浅，它也是决定食品质量的关键因素和物理特性之一，如啤酒的色度就是啤酒产品的重要质量检测指标。

（一）饮料用水色度的测定

纯洁的水是无色透明的，但一般的天然水中存在各种溶解物质或不溶于水的黏土类细小悬浮物，使水呈现各种颜色。如含腐殖质或高铁化合物较多的水，常呈黄色；含低铁化合物较高的水呈淡绿蓝色；硫化氢被氧化所析出的硫，能使水呈浅蓝色。水的颜色深浅反映了水质的好坏。有色的水，往往是受污染的水，测定结果是以色度来表示的。色度是指被测水样与特别制备的一组有色标准溶液的颜色比较值。洁净的天然水的色度一般在15°～25°之间，自来水的色度多在5°～10°。

水的色度有"真色"与"表色"之分。"真色"是指用澄清或离心等法除去悬浮物后的色度；"表色"是指溶于水样中物质的颜色和悬浮物颜色的总称。在分析报告中必须注明测定的是水样的真色还是表色。

测定水的色度有铂钴比色法和铬钴比色法，两种方法的精密度和准确度相同，均适用于测定生活饮用水及其水源水的色度。测定前，浑浊的水样需先离心，然后取上清液测定。水样要用清洁的玻璃瓶采集，并尽快进行测定，避免水样在贮存过程中发生生物变化或物理变化而影响水样的颜色。水样的颜色通常随 pH 值的升高而增加，因此，在测定水样色度的同时测定水样的 pH 值，并在分析报告中注明。

1. 铂钴比色法

本法是将水样与已知浓度的标准比色系列进行目视比色以确定水的色度，为测定水色度的标准方法。标准比色系列是用氯铂酸钾和氯化钴试剂配制而成，规定每升水中含 1mg 铂[以 $(PtCl_6)^{2-}$ 形式存在]时所具有的颜色作为一个色度单位，以 1°表示。此法操作简便，色度稳定，标准比色系列保存适宜，可长时间使用，但其中所用的氯铂酸钾太贵，大量使用时不经济。

2. 铬钴比色法

本法是以重铬酸钾代替氯铂酸钾，和硫酸钴配制成与天然水黄色色调相同的标准比色系列，用目视比色法测定，单位与铂钴比色法相同。此法便宜而且宜保存，只是标准比色系列保存时间较短。

(二)啤酒色度的测定

通常将除气后的啤酒注入 EBC 比色计(或 SD 色度仪)的比色皿中，与标准色盘比较，目视读数或自动数字显示出啤酒的色度，色度单位以 EBC 表示。一般淡色啤酒的色度在5.0～14.0EBC 范围内，浓色啤酒的色度在15.0～40.0EBC 范围内。

1. 仪器 EBC 比色计　具有 2.0～27.0EBC 单位的目视色度盘或自动数据处理与显示装置。

2. 试剂和溶液　哈同(Hartong)基准溶液：称取重铬酸钾($K_2Cr_2O_7$)0.100g(精确至0.001g)和亚硝酰铁氰化钠{$Na_2[Fe(CN)_5NO] \cdot 2H_2O$}3.500g(精确至 0.001g)，用水溶解并定容至 1000mL，贮于棕色瓶中，于暗处放置 24h 后使用。

3. 试样的处理　恒温至 15～20℃ 的酒样 300mL 倒入 1000mL 锥形瓶中，盖塞(橡皮塞)，在恒温室内，轻轻摇动，开塞放气(开始有"砰砰"声)，盖塞。反复操作，直至无气体逸出为止(可采用超声波或磁力搅拌法加速除气)，用单层中速干滤纸(漏斗上面盖表面玻璃)过滤。

4. 仪器校正　将哈同溶液注入 40mm 比色皿，用色度计测定。其标准色度应为 15EBC单位；若使用 25mm 比色皿，其标准读数为 9.4EBC。仪器的校正应每周进行一次。

5. 测定　将已制备好的酒样注入 25mm(或 40mm)比色皿中，然后放到比色盒中，与标准色盘进行比较，当两者色调一致时，即可直接读数，作为结果，或使用自动数字显示色度计自动显示，记录结果。

6.计算　如使用其他规格的比色皿,则需要换成 25mm 比色皿的数据。换算式如下:

$$S=\frac{S_1}{H}\times 25$$

式中:S——样品的色度,EBC 单位;

　　S_1——实测色度,EBC 单位;

　　H——使用比色皿厚度,mm;

　　25——换算成标准比色皿的厚度,mm。

测定浓色或黑色啤酒时,需要将啤酒稀释至合适的色度范围,即 2.0～27.0EBC 范围内,然后将实验结果乘以稀释倍数,结果保留 1 位小数。

精密度要求:色度为 2～10EBC 时,要求在重复性条件下,同一样品的两次独立测定值之差不得大于 0.5EBC;色度大于 10EBC 时,稀释样品的平行测定值之差不得大于 1.0EBC。

五、食品黏度的测定

黏度是指液体的黏稠程度,它是液体在外力作用下发生流动时,分子间所产生的内摩擦力。黏度的大小是判断液态食品品质的一项重要物理常数。

黏度有绝对黏度、运动黏度、条件黏度和相对黏度之分。绝对黏度,也叫动力黏度,它是液体以 1cm/s 的流速流动时,在每 cm² 液面上所需切向力的大小,单位为“Pa·s(帕·秒)”。

$$1Pa\cdot s=10g/cm\cdot s$$

运动黏度,也叫动态黏度,它是在相同温度下液体的绝对黏度与其密度的比值,单位为“m²/s”。

$$1m^2/s=10^4cm/s=10^{-3}Pa\cdot s\times m^3/g=10^3Pa\cdot s\times cm^3/g$$

条件黏度是在规定温度下,在指定的黏度计中,一定量液体流出的时间(s)或此时间与规定温度下同体积水流出时间之比。

相对黏度是在 $t℃$ 时液体的绝对黏度与另一液体的绝对黏度之比,用以比较的液体通常是水或适当的液体。

黏度的大小随温度的变化而变化。温度愈高,黏度愈小。纯水在 20℃ 时的绝对黏度为 $10^{-3}Pa\cdot s$。测定液体黏度可以了解样品的稳定性,亦可揭示干物质的量与其相应的浓度。

黏度的测定方法按测试手段分为毛细管黏度计法、旋转黏度计法和滑球黏度计法等。毛细管黏度计法设备简单、操作方便、精度高。后两种方法需要贵重的特殊仪器,适用于研究部门。

1.毛细管黏度计法

(1)原理　毛细管黏度计测定的是运动黏度。由样液通过一定规格的毛细管所需的时间求得样液的黏度。粮食黏度的测定也多采用毛细管黏度计法。方法是将粉碎的试样在微沸状态下充分糊化,过滤后在 50℃ 条件下测定糊化液的黏度。

(2)仪器

①毛细管黏度计(图 2-5):常用的毛细管黏度计的毛细管内径有 0.8、1.0、1.2 和 1.5mm 四种。不同的毛细管黏度计有其不同的黏度常数,可根据被测样液的黏度情况选用。若无黏度常数时,用已知黏度的纯净的 20 号或 30 号机器润滑油标定。

②水银温度计:分度 0.1℃。

③秒表。

（3）试剂　石油醚（60°～90°）或汽油、乙醚、铬酸洗液。

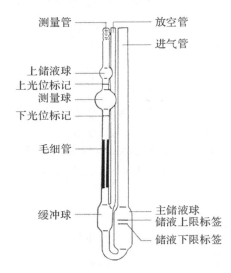

测量管　　　　　放空管
　　　　　　　　进气管
上储液球
上光位标记
测量球
下光位标记
毛细管
缓冲球　　　　　主储液球
　　　　　　　　储液上限标签
　　　　　　　　储液下限标签

图 2-5　毛细管黏度计

（4）操作

①将选用的黏度计用石油醚或汽油洗净。若黏度计沾有污垢，就用铬酸洗液、自来水、蒸馏水和乙醇依次洗涤，然后放入烘箱中烘干，或通过棉花滤过的热空气吹干，备用。

②在毛细管黏度计支管上套上橡皮管，并用手指堵住管身的管口，同时倒置黏度计，将管身插入样液中，用吸耳球从支管的橡皮管中将样液吸到上光位标记处，注意不要使上储液球中的样液出现气泡或裂隙（如出现气泡或裂隙需重新吸入样液），迅速提起黏度计并使其恢复至正常状态，同时擦掉管身的管端外壁所黏附的多余样液，并将橡皮管套在测量管的管端上。

③把盛有样液的黏度计浸入预先准备好的 20±0.1℃恒温水浴中，使其上储液球和测量球完全浸没在水浴中，将其垂直固定在支架上。

④恒温 10min 后，用吸耳球从测量管的橡皮管中将样液吸起，吹下搅拌样液，然后吸起样液使其充满上储液球，使下液面稍高于标线。

⑤取下吸耳球，观察样液的流动情况。当液面正好到达上光位标记线时，立即按下秒表计时，待样液继续流下至下光位标记线时，再按下秒表停止计时。

⑥重复操作 4～6 次，记录每次样液流经上、下标线所需的时间（s）。

（5）计算
$$\nu_{20} = K\tau_{20}$$

式中：ν_{20}——20℃时样液的运动黏度，cm^2/s；

K——黏度计常数，cm^2/s^2；

τ_{20}——样液平均流出时间，s。

2.旋转黏度计法

（1）原理　旋转黏度计（图 2-6）上的同步电机①以一定的速度带动刻度圆盘②旋转，又通过游丝③和转轴带动转子④旋转。若转子未受到阻力，则游丝与刻度圆盘同速旋转；当样液存在时,转子受到黏滞阻力的作用使游丝产生力矩。当两力达到平衡时,与游丝相连的指针⑤在刻度圆盘上指示出一数值,根据这一数值,结合转子号数及转速即可算出被测样液的绝对黏度。

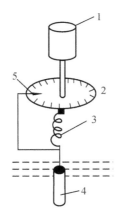

图 2-6　旋转黏度计作用原理

1—同步电机;2—刻度圆盘;3—游丝;4—转子;5—指针

(2)仪器　旋转黏度计:测量范围 0.01~100.00Pa·s。

(3)操作

①将旋转黏度计安装于固定支架上,校准水平。

②用直径不小于 70mm 的直筒式烧杯盛装样液,并保持样液恒温。

③根据估计的被测样液的最大黏度值(表 2-3)选择适当的转子及转子转速,装好转子,调整仪器高度,使转子浸入样液直至液面标志为止。

④接通电源,使转子在样液中旋转。

⑤经多次旋转后指针趋于稳定时或按规定的旋转时间指针达到恒定值时,压下操纵杆,同时中断电源,读取指针所指示的数值。如读数值过高或过低,应改变转速或转子,使读数在 20~90 之间。

表 2-3　不同转子在不同的转速下可测的最大黏度值

(单位:Pa·s)

转子编号	转速(r·min^{-1})			
	60	30	12	6
0	0.01	0.02	0.05	0.10
1	0.10	0.20	0.50	1.00
2	0.50	1.00	2.50	5.00
3	2.00	4.00	10.00	20.00
4	10.00	20.00	50.00	100.00

（4）计算 $$\eta = ks$$

式中：η——绝对黏度，Pa·s；

k——换算系数（表 2-4）；

s——刻度圆盘指针读数。

表 2-4　不同转子在不同转速时的换算系数

（单位：k）

转子编号	转速（m·min⁻¹）			
	60	30	12	6
0	0.10	0.20	0.50	1.00
1	1.00	2.00	5.00	10.00
2	5.00	10.00	25.00	50.00
3	20.00	40.00	100.00	200.00
4	100.00	200.00	500.00	1000.00

3.滑球黏度计法

（1）原理　滑球黏度计（即赫普勒尔黏度计，图 2-7），适于测定黏度较高的样液。它是基于落体原理而设计的。测定方法是在一充满样液的玻璃管（有玻璃夹套）中，将一适宜比重的球体从玻璃管上线落至下线，根据落球时间，再结合被测样液的相对密度、球体的相对密度和球体系数，可以计算出样液的黏度。

图 2-7　滑球黏度计

（2）仪器　球黏度计（附有 9 个从 11.005～15.968mm 不同直径的小玻璃球或钢球，黏度的测定范围为 0.0005～100.0000Pa·s）；超级恒温水浴；秒表。

（3）操作

①将滑球黏度计与超级恒温水浴连接,调节水浴温度,使黏度计玻璃夹套流出的水温准确控制在 20±0.01℃。

②用吸管将预先调温至 20℃的样液从管壁注入玻璃管中,勿使管内有气泡。

③当样液充满玻璃管后,调整仪器在水平位置上。

④将适当的小球放入玻璃管的被测样液中,随即将玻璃管顶端的塞子塞上,旋紧金属盖。

⑤20min 后,将玻璃管旋转 180°。

⑥待小球落到底部,停留约 10min 使管内样液平静下来后,再迅速将玻璃管恢复至原位,此时小球缓缓地沿管壁滑下,用秒表测定小球从上标线下降至下标线的时间。

⑦重复上述操作数次,将相差很小的结果取平均值。

（4）计算
$$\eta = K(\rho_1 - \rho_2)t$$

式中:η——黏度,Pa·s;

$\quad K$——球体系数(适用于特定的球与特定的管);

$\quad \rho_1$——小球的相对密度;

$\quad \rho_2$——被测样液的相对密度;

$\quad t$——小球降落时间,s。

（5）说明

①小球下降速度以 1～3min 下降 5cm 为宜,并据此选择球的大小。

②必须准确地测定黏度计所附小球的 K 值。如将小球用于另一黏度计,则 K 值要另行测定。测定 K 值的方法是将已知黏度的纯甘油或 60～70°Bx 的纯蔗糖溶液装入黏度计的玻璃管中,按测定样液黏度的方法进行测定,然后再计算 K 值:

$$K = \frac{\eta}{(\rho_1 - \rho_2)t}$$

 **思考题**

1.简述密度瓶法测定样液相对密度的基本原理。怎样利用相对密度来判断油脂的质量?

2.怎样利用折射率来对油脂和脂肪酸进行定性鉴定?

3.简述旋光法在食品检验中的作用。

4.简述测定水及样液色度的意义。

5.黏度的测定方法有几种? 各有什么特点?

任务二　食品的感官检验

背景知识：

　　鉴别蜂王浆的真假　蜂王浆又名蜂乳，是青年工蜂咽腺分泌的乳白色胶状物，含有丰富的维生素和二十多种氨基酸，以及多种酶，对人体健康具有良好的功效。蜂王浆的真假鉴别有以下方面：①气味：真蜂王浆，微带花香味，无香味者是假货；如有发酵味并有气泡，说明蜂王浆已发酵变质；如蜂王浆有哈喇味，说明酸败；如有奶味或无味，说明加入了奶粉、玉米粉、麦乳精等；如用碘试验会呈蓝色，说明加入了淀粉。②色泽：真蜂王浆，呈乳白色或淡黄色，有光泽感，无幼虫、蜡屑、气泡等；如果色泽苍白或特别光亮，说明蜂王浆中掺有牛奶、蜂蜜等；如果色泽变深，有小气泡，主要是由于贮存不善，久置空气中，产生腐败变质现象；无光泽的蜂王浆，则为次品。③稠度：真蜂王浆，稠度适中，呈稀奶油状；如果稠度稀，说明其中水分多，或掺有假；如果稠度浓，说明采浆时间太晚或贮藏不当。

　　各种食品都具有各自的内在和外在特征，人们在长期的生活实践中对各类食品的特征形成了固有的概念。食品感官性状包括食品的外观、品质和风味，即食品的色、香、味、形、质，是食品质量的重要组成部分。

一、感官检验的特点

　　食品的感官检验是通过人的感觉——味觉、嗅觉、视觉、触觉等对食品的质量状况做出客观的评价。也就是通过眼观、鼻嗅、口尝、耳听以及手触等方式对食品的色、香、味、形进行综合性鉴别分析，最后以文字、符号或数据的形式做出评判。食品质量的优劣最直接地表现在它的感官性状上。通过感官指标来鉴定食品的优劣和真伪，如果食品的感官检查不合格，或者已经发生明显的腐败变质，则不必再进行营养成分和有害成分的检测，直接判断为不合格食品。可见，感官检查不仅直观实用，而且灵敏度高，也是食品消费、食品生产和质量控制过程中不可缺少的一种简便的检验方法，具有理化检验和微生物检验方法所不可替代的功能。

　　感官检验是一种科学的方法，包括组织、测量、分析和评价等过程。它是基于建立一套合理的程序，例如应在一定的控制条件下制备和处理样品，以随机数编号，并以不同的顺序提供给鉴评员，通过鉴评员按照产品质量的不同用定量的数据予以测量和记录，然后用统计的方法来分析所得数据，最后做出合理的评判的过程。

二、感官感觉的类型

(一)外观

感官检验的工作人员通常对样品的外观非常注意,为减少干扰,应用带有颜色的灯光或者不透明的容器来屏蔽外观的影响。

1.颜色　人类视网膜可以辨识波长介于 $400\sim800nm$ 的辐射能量,如 $400\sim500nm$(蓝色)、$500\sim600nm$(绿色和黄色)、$600\sim800nm$(红色)。

2.大小和形状　指食品的长度、厚度、宽度、颗粒大小、几何形状等。

3.表面质地　指表面的特性,如光泽或暗淡、粗糙或平滑、干燥或湿润、软或硬、酥脆或发艮等。

4.透明度　指透明液体或固体的混浊度或透明度以及肉眼可见的颗粒存在情况。

5.充气情况　指充气饮料、酒类倾倒时的产气情况。

(二)气味/香气/香味

食物的香气是通过口中的嗅觉系统感知到的。

(三)均匀性和质地

1.黏稠性　指液体在某种力的作用下流动的速度,比如重力。

2.均匀性　指液体或半固体的混合状况。

3.质地(固体或半固体)　这是对压力的反应,可以被当作机械能,通过手、指、舌、上颚或唇上的肌肉的动感感应来测定,比如硬度、黏着性、聚合性、弹性、黏性等。

(四)风味——对口腔中的产品通过化学感应而获得的印象

1.香气　由口腔中的产品逸出的挥发性成分引起的通过鼻腔获得的嗅觉感受。

2.味道　由口腔中溶解的物质引起的通过咀嚼获得的感受。

3.化学感觉因素　通过刺激口腔和鼻腔黏膜内的神经末段获得的感受,如涩、辣、凉、麻、金属味道等。

(五)声音

食品断裂发出的声音可以和硬度、紧密性、脆性相联系,声音的持续时间也和产品的特性有关,如强度、新鲜度、韧度、黏性等。

三、感官检验的种类

按检验所利用的感官器官,感官检验可分为视觉检验、嗅觉检验、味觉检验和触觉检验。

（一）视觉检验

视觉检验包括观看产品的外观形态和颜色特征，可用于评价食品的新鲜程度、食品的不良改变程度、水果的成熟度等。视觉鉴别应在白昼的散射光线下进行，以免灯光隐色发生错觉。鉴别时应注意整体外观、大小、形态、块形的完整程度、清洁程度，表面有无光泽、颜色的深浅色调等。在鉴别液态食品时，要将它注入无色的玻璃器皿中，透过光线来观察，也可将瓶子颠倒过来，观察其中有无夹杂物下沉或絮状物悬浮。此外，还需从食品颜色的明度、色调、饱和度等特征进行衡量和比较。

1．明度　即颜色的明暗程度。新鲜的食品常具有较高的明度，光泽度较好。明度的降低，往往意味着食品的不新鲜。例如，因酶致褐变、非酶褐变或其他原因使食品变质时，食品的色泽常发暗甚至变黑。

2．色调　色调是由于食品分子结构中所含发色团对不同波长的光线进行选择性吸收而形成的。由于人眼的视觉对色调的变化较为敏感，色调稍微改变对颜色的影响就会很大。有时可以说完全破坏了食品的商品价值和食用价值。色调的改变可以用语言或其他方式表达出来，如食品的褪色或变色等。

（二）嗅觉检验

食品的正常气味是人们是否能够接受该食品的一个决定因素。食品的气味常与该食物的新鲜程度、加工方式、调制水平有很大关联。人的嗅觉非常灵敏，用仪器分析的方法不一定能检查出来的极轻微变化，用嗅觉鉴别却能够发现。如鱼、肉等食品或食品材料发生轻微的腐败变质时，其理化指标变化不大，但灵敏的嗅觉可以察觉到异味的产生。

食品的气味是一些具有挥发性的物质形成的，它对温度的变化很敏感，因此在进行嗅觉检验时，可把样品稍加热，但最好是在常温下进行，因为食品中的气味挥发物质的多少常随温度的高低而增减。在鉴别食品的异味时，液态食品可滴在清洁的手掌上摩擦，以增加气味的挥发；识别畜肉等大块食品时，可将一把尖刀稍微加热刺入深部，拔出后立即嗅闻气味。

嗅觉试验最方便的方法就是把盛有嗅味物的小瓶置于离鼻子一定距离的位置，用手掌在瓶口上方轻轻煽动，然后轻轻地吸气，让嗅味物气体刺激鼻中嗅觉细胞，产生嗅觉。以被测样品和标准样品之间的相对差别来评判嗅觉响应强度。在两次试验之间以新鲜空气作为稀释气体，使得鼻内嗅觉气体浓度迅速下降。感觉器官长时间接触浓气味物质的刺激会疲劳，因此检验时先识别气味淡的，后鉴别气味浓的，检验一段时间后，应休息一会。在鉴别前禁止吸烟。

（三）味觉检验

通过被检验物作用于味觉器官所引起的感受反映评价食品的方法称为味觉检验。味觉器官不但能品尝到食品的滋味如何，而且对于食品中极轻微的变化也能敏感地察觉。如做好的米饭存放到尚未变馊时，其味道已有相应的改变。基本味觉有酸、甜、苦、咸四种，其余味觉都是由基本味觉组成的混合味觉。舌头各个部分感觉味道的灵敏度有差别，在舌前部容易感觉甜味和咸味，在舌后部苦味感受较为灵敏，而在舌两侧酸味感觉较明显。味觉与温度有关，一般在 10～45℃ 范围内较适宜，以 30℃ 时最为敏锐。影响味觉的因素还与呈味物质所处介质有关联,介质的黏度会影响味感物质的扩散,黏度增加,味道辨别能力降低。味之间的相互作用受多种因素的影响,呈味物质相混合并不是味道的简单叠加,如谷氨酸钠(味精)只有在食盐存在时才呈现出鲜味,是咸味对味精的鲜味起增强作用的结果;食盐和砂糖以相当的浓度混合,砂糖的甜味会明显减弱甚至消失;当尝过食盐后,随即饮用无味的水,也会感到有些甜,这是味的变调现象;另外还有味的相乘作用,例如在味精中加入一些核苷酸时,会使鲜味有所增强。

味觉同样会有疲劳现象,并受身体疾病、饥饿状态、年龄等个人因素影响。味觉的灵敏度存在着广泛的个体差异,特别是对苦味物质。这种对某种味觉的感觉迟钝,也被称作"味盲",苯硫脲(PTC)是最典型的苦味盲物质。苯硫脲中含有硫代酰胺基,苯硫脲味盲者对不含硫代酰胺基的苦味物质如苦味酸等仍可感到苦。

在做味觉检验时,也应按照刺激性由弱到强的顺序,最后鉴别味道强烈的食品。每鉴别一种食品之后必须用温开水漱口,并注意适当的中间休息。

(四)触觉检验

通过被检验物作用于触觉感受器官所引起的反应,评价食品的方法称为触觉检验。触觉检验主要借助手、皮肤等器官的触觉神经来检验食品的弹性、韧性、紧密程度、稠度等。例如,根据鱼体肌肉的硬度和弹性,可以判断鱼是否新鲜或腐败;对谷物,可以用手抓起一把,凭手感评价其水分;对饴糖和蜂蜜,用掌心或指头揉搓时的润滑感可鉴定其稠度。在感官测定食品的硬度、稠度时,要求温度应在15～20℃,因为温度的升降会影响到食品状态的改变。此外,在品尝食品时,除了味觉、嗅觉外,还可评价其脆性、黏度、松化、弹性、硬度、冷热、油腻性和接触压力等触感。

进行感官检验时,通常先进行视觉检验,再依次进行嗅觉、味觉及触觉检验。

由于感官检查有一定的主观性,易受检验者个人的好恶影响。通常采用群检的方式,组织具有感官检查能力和具有相关知识的专业人员组成食品感官检查小组。检验人员必须保持良好的精神状态、情绪和食欲;检验场所应该环境安静、温度适宜、光线充足、通风良好、空气清新。检验过程中要防止感觉疲劳、情绪紧张,适当漱口和休息。依照不同的试验目的,将样品进行编号,经多人的感官评价,进行统计分析后得出所检食品样品的感官检查结果。

 思考题

1. 简述感官检验的特点及感官检验的种类。
2. 掌握对食品(如果汁、火腿肠、牛奶、面包、奶粉)的特点进行描述分析的语言。

能力拓展　鲜奶的卫生质量检查

【目的】

了解我国食品卫生标准中鲜奶卫生检验的基本项目、方法、内容及判定标准,掌握鲜奶

各项卫生学检验的实际意义。

【原理】

鲜奶主要由水、脂肪、蛋白质、碳水化合物（主要是乳糖）、盐类等按一定比例构成，这些成分构成了鲜奶固有的理化性质，如鲜奶的比重（或乳清比重）、折光率等，由于这些指标比较稳定，常将它们作为评价鲜奶卫生质量的指标。

在《中华人民共和国食品卫生标准》（GB 5409—85）中，鲜奶的基本检验程序主要包括以下几个方面：感官检查、比重的测定和酸度的测定。感官检查是鲜奶卫生检验首先进行的步骤，也是日常生活中人们判定鲜奶能否食用的最常用方法。鲜奶比重是用乳比重计（也称乳稠计）进行测定，通常使用的乳比重计有两种：20℃/4℃（即 D420）是 20℃的牛奶重量与同体积 40℃纯水的重量之比；15℃/15℃（即 D1515）是 15℃的牛奶重量与同温度同体积纯水的重量之比。这两种乳稠计以 20℃/4℃应用较多。新鲜牛奶正常酸度为 16—18°T，牛奶酸度（°T）是指中和 100mL 牛奶中的酸所消耗 0.1N 氢氧化钠的毫升（mL）数。牛奶酸度因细菌分解乳糖产生乳酸而增高。酸度是反映牛奶新鲜度的一项重要指标。除上述检验项目外，还可根据不同的检验目的选择检验项目。

【仪器与试剂】

仪器：乳比重计（乳稠计，20℃/4℃或 15℃/15℃）、温度计（0～100℃）、玻璃圆筒（或 200～250mL 量筒）、250mL 或 150mL 锥形瓶、10mL 或 25mL 容量吸管、50mL 或 25mL 碱性滴定管。

试剂：瓶装鲜奶、0.1N 氢氧化钠、1％酚酞指示剂。

【方法】

1. 鲜奶的感官检验

（1）采样　根据检验目的可直接采取瓶装成品鲜奶，也可从牛舍的奶桶中采样，这时应注意先将牛奶混匀，采样器应事先消毒。一般采样量在 200～250mL。

（2）检查　将鲜奶样品摇匀后，倒入一小烧杯中（约 30mL），仔细观察其外观、色泽（是否带有白色、绿色或明显的黄色）、组织状态（如是否有絮状物或凝块）；嗅其气味；且要经煮后尝其味。

（3）评价标准

依据食品卫生检验方法（理化部分）（GB/T 5009—2003），鲜奶应在感官检查中符合以下标准：

①外观及色泽：正常鲜奶为乳白色或稍带微黄色的均匀胶态液体，无沉淀、无凝块、无杂质。

②气味与滋味：鲜奶微甜，具有新鲜牛奶所特有的香味，无异味。

2. 鲜奶比重的测定

（1）测定样品温度　将乳样混匀，用温度计测定其温度，一般应在 10～20℃。

（2）移入量筒　将乳样沿量筒壁小心倒入 200mL 量筒中，注意应尽量不产生泡沫，倒入量以量筒的 3/4 体积为宜。

（3）读数　用手握住乳比重计（20℃/4℃）上端,小心地沉入乳样品中,并让它在样品溶液中自由浮动,但不能与玻璃量筒内壁接触,静止 2～3min 后,读出乳比重计的刻度（以液平凹线为准）。

（4）计算　根据乳比重计的读数和乳样温度,直接查乳温度换算表（表2-5）,将乳比重计读数换算成 20℃时的读数,再按下式计算。

$$\gamma_4^{20} = 1 + \frac{X_1}{1000}$$

式中：γ_4^{20}——样品的比重；

X_1——乳比重计读数。

表 2-5　牛乳温度与相对密度换算关系

乳稠读数	牛乳温度℃															
	10	11	12	13	14	15	16	17	18	19	20	21	22	23	24	25
	换算成20℃时牛乳乳稠计度数															
25.0	23.3	23.5	23.6	23.7	23.9	24.0	24.2	24.4	24.6	24.8	25.0	25.2	25.4	25.6	25.8	26.0
25.5	23.7	23.9	24.0	24.2	24.4	24.5	24.7	24.9	25.1	25.3	25.5	25.7	25.9	26.1		
26.0	24.2	24.4	24.5	24.7	24.9	25.0	25.2	25.4	25.6	25.8	26.0	26.2	26.4	26.6	26.8	27.0
26.5	24.6	24.8	24.9	25.1	25.3	25.4	25.6	25.8	26.0	26.3	26.5	26.7	26.9	27.1		
27.0	25.1	25.3	25.5	25.6	25.7	25.9	26.1	26.3	26.5	26.8	27.0	27.2	27.5	27.7	27..9	28.1
27.5	25.5	25.7	25.8	26.1	26.1	26.4	26.6	26.8	27.0	27.3	27.5	27.7	28.0	28.2		
28.0	26.0	26.1	26.3	26.5	26.6	26.8	27.0	27.3	27.5	27.8	28.0	28.2	28.5	28.7	29.0	29.2
28.5	26.4	26.6	26.8	27.0	27.1	27.3	27.5	27.8	28.0	28.3	28.5	28.7	29.0	29.2		
29.0	26.9	27.1	27.3	27.5	27.6	27.8	28.0	28.3	28.5	28.7	29.0	29.2	29.5	29.7	30.0	30.2
29.5	27.4	27.6	27.8	28.0	28.1	28.3	28.5	28.8	29.0	29.3	29.5	29.7	30.0	30.2		
30.0	27.9	28.1	28.3	28.5	28.6	28.8	29.0	29.3	29.5	29.8	30.0	30.2	30.5	30.7	31.0	31.2
30.5	28.3	28.5	28.7	28.9	29.1	29.3	29.5	29.8	30.0	30.3	30.5	30.7	31.0	31.2		
31.0	28.8	29.0	29.2	29.4	29.6	29.8	30.0	30.3	30.5	30.8	31.0	31.2	31.5	31.7	32.0	32.2
31.5	29.3	29.5	29.7	29.9	30.1	30.2	30.5	30.7	31.0	31.3	31.5	31.7	32.0	32.2		
32.0	29.8	30.0	30.2	30.4	30.6	30.7	31.0	31.2	31.5	31.8	32.0	32.3	32.5	32.3	33.0	33.3

3. 鲜奶酸度的测定（°T）

精确吸取匀质乳样 10mL 于 150mL 锥形瓶中,加 20mL 经煮沸冷却的蒸馏水（去 CO_2）进行稀释,及酚酞指示剂 3 滴,混匀。从碱性滴定管中缓慢滴入 0.1N 氢氧化钠,边滴边摇动锥形瓶,直至出现微红色在 1min 内不消失为止,记录此时消耗 0.1N 氢氧化钠的毫升数。结果计算公式如下：

$$酸度（°T）= \frac{消耗\ 0.1N\ 氢氧化钠的\ mL\ 数}{样品\ mL\ 数} \times 100$$

【注意事项与补充】

(1)鲜奶的比重一般在 1.028～1.034 之间,掺水后比重降低;脱脂或加入无脂干物质(如淀粉)后可使比重升高。如果牛奶既脱脂又加水,则比重可能无变化,这就是牛奶的"双掺假"。因此,单纯正常鲜奶的酸度为 16～18°T,当牛奶不新鲜时,细菌分解其中乳糖,生成乳酸,会使酸度升高。因此,酸度是衡量牛乳新鲜度的一项重要指标。

(2)根据鲜奶比重并不能全面、准确地判定其卫生质量。

【观察项目和结果记录】

从外观及色泽、气味与滋味对鲜奶的感官进行评价描述,并测定该鲜奶的比重和酸度。

【讨论】

1.牛奶的掺杂、掺假有哪些情况? 如何识别?

2.牛奶的卫生问题有哪些?

(石予白)

项目三 食品中一般成分的检验

知识目标

1. 掌握食品中水分、灰分、酸类物质、脂类、糖类物质、蛋白质和氨基酸以及维生素成分检验的原理；

2. 熟悉样品的采集与处理的原则、实验数据处理和结果计算方法；

3. 了解食品中一般成分测定的意义。

能力目标

1. 能正确开展样品的采集与处理；

2. 能熟练配置所需试剂，正确使用和维护实验仪器设备，正确解释实验中的各种现象，能够处理实验中出现的异常现象，写出规范的检验报告。

食品的一般成分是指食品中的主要化合物，包括水分、灰分、酸类物质、脂类、糖类物质、蛋白质和氨基酸以及维生素成分。食品中水分的分析主要是利用水分子在温度达到100℃时会蒸发的特性将水分从样品中移除，因此样品所减少的重量即为水分含量，而剩余的干物质称为无水固形物。无水固形物又可分为灰分和有机物，灰分是将无水固形物放入550～600℃的灰化炉中，将有机物完全燃烧而剩余的无机物。食品中的有机物成分大部分是亲水性，只有脂肪为亲油性，可利用乙醚等有机溶剂将脂肪萃取，测得脂肪含量；蛋白质和氨基酸含有氮原子，可通过分析样品中的总含氮量来估算其含量；糖类组成主要为碳、氢、氧三种元素，一般是将样品中所有组分当作 100%，减去水分、灰分、脂肪和蛋白质等含量，剩余的即为糖类含量；维生素种类较多，可分别依据其结构选择相应的检验方法检测含量。

任务一　食品中水分和灰分的测定

一、食品中水分含量的检验

　　食品中水分含量直接影响着食品的感官性状，也影响着食品中各种营养素及有害物质的浓度。食品中的水分是微生物生长繁殖的重要条件。控制食品的含水量，可防止食品腐败变质和营养成分的水解。过多的水分可加速污染物的扩散，使某些表面的污染物很快渗入食品内部。而对某些食品而言，水分太低可能影响其口感及风味，例如：新鲜面包水分含量若低于 30%，则外形干扁，失去光泽，但若水分含量太高则不易保存。再如面粉厂商生产的面粉含水量若太高，则面粉容易结块生虫；反之，若水分太低则面粉过轻，使产率下降，增加成本。

　　所以，食品中水分含量是食品的重要质量指标。测定食品中水分的含量，可掌握食品的基础数据，确定食品的保存期限，也是检查食品保存质量的依据。水分是国家卫生标准对某些食品的规定测量指标，测定食品中水分的含量，可对其他测定项目的数据进行比较。如国家卫生标准规定，奶油中水分应≤16%，葡萄干中水分应≤20%，方便面中水分应≤8%，肉松中水分应≤20%等。

（一）水在食品中的状态

　　食品中水的存在形式有结合水和游离水两种。

　　1. 游离水　游离水存在于动植物细胞外各种毛细管和腔体中，包括吸附于食品表面的吸附水、湿存水和毛细管水，具有流动性，作为溶剂以溶解食品中的成分，于 0℃会结冰，与微生物繁殖、酶反应及食物腐败有关，干燥时大部分可除去。

　　2. 结合水　结合水是指在食品中与其他成分结合在一起形成食品胶体状态的水，如与蛋白质、淀粉水合作用和膨润吸收的水分，以及某些盐类的结晶水等。压榨不能使它与组织细胞分离，微生物无法利用，冷却不易结冰，在达到水的沸点时，这部分水也不能通过蒸发而脱去。

（二）食品中水分的测定方法

食品中水分的测定一般采用直接干燥法、减压干燥法、真空干燥法、蒸馏法和卡尔—费休法等。

1. 直接干燥法

（1）原理　在常压下，食品样品经加热干燥，使其中的水分蒸发逸出，至食品样品质量达到恒重。根据样品所减少的质量，计算样品中水分的含量。本法适用于不含或含挥发物甚微的食品中水分的测定，不适用于水分含量小于 0.5g/100g 的样品。

（2）样品制备　直接干燥法由于对样品直接加热干燥，样品中容易氧化或易挥发的物质，其含量多寡会影响到测定结果的准确性。因此，油脂、蜂蜜等食品误差会比较大。样品制备可依据样品的水分含量及形态，开展不同的前处理方式。

①液体样品：对黏稠样品如酱类、乳类、含熟淀粉的食物，水分蒸发较慢，应先在蒸发皿内放入酸洗和灼烧过的细砂及一根小玻棒，干燥至恒重。此方法可增加样品加热的表面积，传热迅速。

②固体样品：将样品磨碎，以增加传热速率。

（3）操作方法　将称量瓶洗净、烘干并称重，再精密加入一定量经前处理的试样后并精称，放入烘箱中，依据样品种类不同，选择干燥温度及时间，干燥温度一般为 95～105℃，烘烤时间一般为 2～4h。对易分解或易焦化的样品，应采取较低的烘烤温度和较短的烘烤时间。食品中的挥发性成分在干燥过程中也会减失，如醇类、有机酸和芳香油等。干燥完成后取出，再放入玻璃干燥器冷却至室温后，精称样品，再将样品继续干燥一小时，冷却并精称，重复上述步骤直到样品重量达到恒重。

（4）方法说明

①直接干燥法适宜于干燥温度下不易分解、不易被氧化的食品样品和含较少挥发性物质的样品中水分的测定，如谷物及其制品、豆制品、卤制品、肉制品等。

②操作中应避免样品损失和落入其他物质。在切碎和磨细样品时，操作速度要快，以防止水分损失和吸潮，并要防止处理工具黏附吸水。对含水量较多的样品，应控制水分蒸发的速度，要先低温烘烤至除去大部分水分，然后在较高温度下烘烤，可避免溅出和爆裂，使样品损失，还应防止烘烤过程中异物（如铁锈、灰尘等）落入。

2. 减压干燥法

（1）原理　一般食品中大部分的水分可以轻易地被移除，但其中最后约 1% 的水分要移除则相当困难。而样品在真空减压的环境中，因沸点降低，则较容易将残留水分去除，并可减少对有机物质的破坏。此法适宜易分解的样品以及水分含量较多、挥发较慢的食品，如淀粉制品、蛋制品、罐头食品、油脂、糖浆、味精、水果、蔬菜等。同时该法也不适用于水分含量小于 0.5g/100g 的样品。

（2）分析步骤　粉末和结晶试样直接称取；硬糖果经研钵粉碎；软糖用刀片切碎，混匀备用。准确称取适量试样于已恒重的称量瓶中，放入真空干燥箱内，其内压力一般为 40～55kPa，加热至所需温度（50～60℃），在真空干燥箱内烘烤 4h 后，使空气经干燥装置缓缓通入至干燥箱内，待压力恢复正常后打开干燥箱，取出后称量，并重复以上操作至恒重。

（3）方法说明

①减压干燥法是在真空干燥箱中进行干燥的方法，由于箱体密闭，可以抽气减压，气压降低，水的沸点也降低，加快了水分的蒸发，缩短了分析测定的时间。采用较低温度干燥，使脂肪多的样品，避免高温下氧化；也使含糖量高的样品如糖果、糖浆，特别是高果糖的样品，避免因高温造成脱水和炭化。

②尽量将样品磨细，并采用扁形铝制或玻璃称量瓶（内径 60～70mm，高 35mm），以增加水分的蒸发面积，从而加快蒸发的速度。对于黏稠样品，可在样品中掺入处理过的海砂，使样品疏松透气，增加样品的挥发面和防止表面结痂，提高水分蒸发速度，缩短分析时间。

3. 蒸馏法

（1）原理　在样品中加入某些比水轻且与水互不相溶的有机溶剂，样品中的水分与加入的有机溶剂组成二元体系，在低于各组分沸点的温度下进行蒸馏，水分和有机溶剂共同蒸出，收集馏出液，根据水的体积计算样品中水分的含量。常用的有机溶剂有甲苯和二甲苯等。此法适用于含较多挥发性物质的食品，如油脂、香辛料、人造奶油等水分的测定，不适用于水分含量小于 1g/100g 的样品。

（2）分析步骤　准确称取适量试样（估计含水 2～5mL），置于洁净干燥的水分测定器的锥形瓶中，加入新蒸馏的甲苯或二甲苯至浸没样品，连接冷凝管与水分接收管，从冷凝管顶端注入甲苯或二甲苯，装满水分接收管。缓慢加热，待大部分水分蒸出后，加快蒸馏速度，至接收管内的水分体积不再增加时，从冷凝管顶端加入少量溶剂，以洗下凝结于管壁上的水滴，再蒸馏片刻至接收管上部和冷凝管壁无水滴附着，读取接收管水层的容积（图 3-1）。

（3）方法说明　蒸馏法与干燥法有较大的差别，干燥法是以经烘烤后的减失质量为依据，而蒸馏法则是以通过加热蒸馏收集到的水的质量体积为依据。对于含挥发性物质较多的食品样品，如含有醇类、醛类、有机酸类、挥发性酯类等样品，采用蒸馏法时，挥发性物质溶于有机溶剂并与水分离，得到的含水量更接近真实结果，而采用干燥法时结果往往偏高。因此，蒸馏法适用于含水量较多，又有较多挥发性成分的样品。但由于蒸馏时冷凝的水分呈小珠状黏附在冷凝管上，不能全部进入接收管中会造成读数误差。

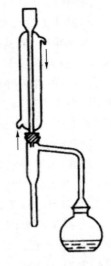

图 3-1　蒸馏法装置

此外，由于甲苯或二甲苯能溶解少量水分，故甲苯或二甲苯应先以水饱和，弃水层后蒸馏，取蒸馏液使用。

4. 卡尔—费休法

卡尔—费休（Karl-Fischer）法是 1935 年卡尔·费休首先提出的一种利用容量分析测定水分的方法。利用碘氧化二氧化硫时，需要定量的水参与反应的原理测定液体、固体和气体中的含水量。将样品分散在甲醇中，用标准卡尔—费休试剂滴定，当试剂中存在过量碘时，为深棕色；当试剂与过量的水反应后，则颜色转变为黄色；若加入数滴甲基蓝，则呈绿色。样品中水分含量可依照滴定量计算得到，反应方程式如下：

$$H_2O + SO_2 + I_2 + 3C_5H_5N \longrightarrow 2C_5H_5N \cdot HI + C_5H_5N \cdot SO_3$$
$$C_5H_5N \cdot SO_3 + CH_3OH \longrightarrow C_5H_5N \cdot HSO_4CH_3$$

在反应中,吡啶能与反应所产生的酸结合,保证滴定反应顺利进行。在测定中,如果没有甲醇共存时,则水或其他任何含活泼氢的化合物都能代替甲醇与中间化合物发生反应,干扰该反应的化学剂量关系。因此,在测定过程中要注意到试剂和滴定底液中是否有足够的吡啶和甲醇。在进行卡尔—费休滴定过程中,空气中的氧、光照以及样品和试剂中的氧化性或还原性物质都会干扰滴定反应,引起测定误差。

卡尔—费休法滴定终点的确定方法有:①观察溶液颜色突变的目视法;②依靠观察电流表偏转突变至一定值并稳定一段时间作为滴定终点的永停终点法。

卡尔—费休试剂的配制是将适量碘溶解在 100mL 无水吡啶中,置于冰中冷却,在溶液中通入二氧化硫直至增重 32.3g 为止,补充无水甲醇至 500mL 后,放置 24h。此试剂中水含量相当于 5.2mg/mL,也可使用市售的卡尔—费休试剂。

本法适用于各类食品样品,尤其是加热或真空状态易产生变化的样品。对于水分少的样品,如干燥蔬果、糖果、咖啡及油脂也有很好的分析效果,也用于发酵面包及蛋糕等含中等水分的样品上。

大部分的有机化合物并不影响该方法的水分测定,但维生素 C 会被卡尔—费休试剂氧化,此时滴定的结果除了含有水分外还含有维生素 C;某些食品中的醛基及酮基会和甲醇反应生成缩醛,并释放出水,影响结果的准确性。此外,样品中的金属氧化物、氢氧化物、铬酸盐、重铬酸盐、硼酸盐、硫化物及碳酸盐等无机物,也会和卡尔—费休试剂反应,影响水分测定的准确性。

二、食品中灰分的测定

(一)概述

食品的组成复杂,除了含有大量的有机物质外,还含有较丰富的无机成分,这些无机成分在维持人体正常生理功能、构成人体组织方面,有着十分重要的作用。食品经高温灼烧时,将发生一系列物理和化学变化,其中的有机成分经燃烧、分解而挥发逸散,无机成分(主要是无机盐和氧化物)则留在灰分中。食品经灼烧后所残留的无机物质就称为灰分,灰分是标示食品中无机成分总量的一项指标。

食品的灰分与食品中原来存在的无机成分在数量和组成上并不完全相同,因为食品在灰化时,C、H、N 等元素与 O_2 结合生成二氧化碳、水和氮的氧化物而散失,某些易挥发元素,如氯、碘、铅等会挥发;有机 P、S 等生成磷酸盐和硫酸盐,质量有所变化;而且不能完全排除食品中混入的泥沙、尘埃及未燃尽的碳粒等。因此,灰分并不能准确地表示食品中原来的无机成分的总量。

食品的灰分除总灰分外,按其溶解性还可分为水溶性灰分、水不溶性灰分和酸不溶性灰分。灰分的测定项目主要包括:

①总灰分:主要是金属氧化物和无机盐类,以及一些其他杂质。

②水溶性灰分:为可溶性的钾、钠、钙、镁等元素的氧化物及可溶性盐类。

③水不溶性灰分:是污染的泥沙和铁、铝等氧化物及碱土金属的碱式磷酸盐。

④酸不溶性灰分:大部分为污染掺入的泥沙和食品中原有的微量二氧化硅。

　　灰分是某些食品重要的质量控制指标,是食品成分分析的项目之一。总灰分含量可说明果胶、明胶等胶质品的胶冻性能;水溶性灰分含量反映果酱、果冻等食品中果汁的含量;酸不溶性灰分的增加则表示可能的污染和掺杂。大部分新鲜食品的灰分含量不高于5%,纯净的油类和脂类的灰分一般很少或不含灰分,而烟熏腊肉制品可含有6%的灰分,干牛肉含有高于11.6%的灰分(按湿基计算)。

(二)灰化的方式

　　灰化的方式可分为干法灰化、湿法灰化、低温等离子灰化和微波灰化。其优缺点比较见表3-1。简介各种灰化方式如下:

　　1.干法灰化　　样品在550~600℃灰化,有机物被灼烧为CO_2与氮的氧化物,大部分的矿物质转化为氧化物、硫酸盐、磷酸盐、氯化物等,称为干法灰化,用于粗灰分分析。

　　2.湿法灰化　　利用酸、氧化剂或两者的混合物,于较低的温度(350℃)形成氧化物的方法称为湿法灰化,又称湿法氧化或湿法分解,用于微量元素分析的前处理。

　　3.低温等离子灰化　　利用电磁场产生的初生态氧,在低真空、低温(低于150℃)下氧化食品的方法,称为低温等离子灰化,用于灰化易挥发性盐类。

　　4.微波灰化　　利用微波结合干法灰化或湿法灰化,以减少灰化时间的方式,称为微波灰化。

表 3-1　不用灰化方式的优缺点

灰化方式	优点	缺点
干法灰化	不加或加入很少的试剂,空白值低; 前处理简单,可同时分析多个样品; 安全性高,操作简单; 有机物分解彻底。	灰化时间长(12~18h); 温度高易致挥发性元素损失; 坩埚对被测成分有吸留作用,使测定结果和回收率低。
湿法灰化	有机物分解快,所需时间短; 加热温度低,减少挥发性元素损失。	不安全,产生有害气体; 初期易产生大量泡沫外溢,要有人看管; 试剂用量大,空白值高; 前处理复杂,不易同时处理多种样品; 必须使用特制的过氯酸通风橱。
低温等离子灰化	温度低,防止元素挥发; 灰化物质的晶体结构保持良好; 可透过灰化室观看灰化速度。	容量小; 设备损耗大。
微波灰化	快速、安全。	一次能处理的样品数量有限。

(三)干法灰化灰分测定法

　　1.操作前的准备

　　(1)坩埚(灰化容器)的准备　　新的石英坩埚或瓷坩埚在使用前须先浸泡于10%的盐酸溶液中,煮沸2h,再移至马弗炉在(550±25)℃下灼烧0.5h,冷却至200℃左右,取出,放入干燥器中冷却 30min,准确称量。重复灼烧至前后两次称量相差不超过 0.5mg 为恒重。

（2）样品的前处理

①样品先应研磨、粉碎或绞碎,使其充分均匀。谷物、豆类等水分含量少的固体样品应先粉碎混匀后炭化;富含脂肪的样品要先提取脂肪,再炭化。

②液态食品（如酱油、醋、饮料等）须于水浴中干燥,目的是先去除水分,否则样品会因沸腾而飞溅,导致样品损失,影响结果。其他水分含量较高的食品（如蔬菜、水果、肉、鱼及其制品）则需先于 100℃的烘箱内充分干燥。

③在灰化时,易膨胀的食品（如糖、果酱等）、精制淀粉、蛋白及部分鱼类可先置于 300℃以下进行炭化至不再膨化后,再进行灰化。

④油脂类食品可先慢慢加热除去水分,再加以强热,使其燃烧至火焰熄灭前,加盖。

⑤试样的取样量应根据样品的种类、性质和灰分含量的高低来决定。灰分大于 10g/100g 的试样称取 2～3g（精确至 0.0001g）,灰分小于 10g/100g 的试样称取 3～10g（精确至 0.0001g）。取样时应考虑称量误差,以灼烧后得到的灰分质量为 10～100mg 为宜。因此,乳粉、麦乳精、大豆粉、调味料、鱼类及海产品等取 1～2g,谷类及其制品、肉及其制品、糕点、牛乳等取 3～5g,蔬菜及其制品、淀粉及其制品、蜂蜜、奶油等取 5～10g,水果及其制品取 20g,油脂取 50g。

（3）马弗炉设定温度　若灰化温度过高,会造成无机物的挥发损失（如 NaCl、KCl 等）,导致 $CaCO_3$ 转变为 CaO,磷酸盐熔融后包住碳粒,使碳粒无法氧化。所以,温度的选择不能过高,待测样品所选择灰化温度为 550～600℃。牛奶、奶粉、奶酪、海味品、水果及水果制品等灰化温度应≤550℃。

（4）灰化时间　一般灰化时间需要 2～5h,灰化至样品呈白色或灰白色即可。若灰化时间过长,往往会造成损失。有些样品即使灰化完全,颜色也达不到灰白色,如铁质含量高的样品,残灰呈蓝褐色;锰、铜含量高的食品,残灰呈蓝绿色。因此,可依据待测样品的种类,由其颜色决定灰化时间。

2.测定步骤

（1）总灰分的测定　炭化样品经预处理后,应先将坩埚置于电炉上,小心加热使样品在空气中逐渐炭化,直至无黑烟产生。灰化炭化后的样品移入马弗炉中,在 550～600℃灼烧 4h。冷至 200℃以下后取出放入干燥器中冷却 30min,在称量前如灼烧残渣有碳粒时,向样品中加入少量水湿润,使结块松散,再灼烧至无碳粒即灰化完全。恒重,前后两次称量相差不超过 0.5mg。

$$总灰分（\%）=\frac{(W_1-W_0)}{S}\times100$$

式中:W_0——坩埚重量,g;

　　　W_1——灰化后坩埚与粗灰分的总重量,g;

　　　S——试样重量,g。

（2）水溶性灰分和水不溶性灰分的测定　在测定总灰分所得的残渣中,加入 25mL 蒸馏水,盖上表面皿,加热至近沸,以无灰滤纸过滤,再用 25mL 蒸馏水洗涤坩埚,将滤纸和残渣移回坩埚中,按测定总灰分方法再进行操作直至恒重。残灰即为水不溶性灰分。总灰分与水不溶性灰分质量之差为水溶性灰分。

在水果制品中,若其水溶性灰分的含量较低,则可推测该产品中添加了过多的糖,此法为衡量果酱或果冻等制品质量的一个指标。

(3)酸不溶性灰分的测定

在水不溶性灰分(或测定总灰分的残留物)中加入 25mL 的 10%稀盐酸,加盖沸腾 5min后,以无灰滤纸过滤并以热蒸馏水冲洗残渣数次,再将不溶物质连同滤纸一并移入坩埚中,灰化后冷却称重,可得酸不溶性灰分的含量。

3.注意事项

(1)为加快灰化过程,缩短灰化周期,可在样品中加入碳酸铵或等量的乙醇等。

(2)若灰化后仍有碳(黑色)存在时,可在坩埚内加入 HNO_3(HNO_3：H_2O＝1：1)或30% H_2O_2 后再次灰化。

(3)恒重是操作的关键。坩埚应重复灼烧至恒重,样品也需灰化完全,才能恒重。

(4)当使用乙酸镁、硝酸镁等作为助灰化剂时,可与试样中过剩的磷酸盐结合,残灰不熔融,避免炭粒被包裹,可大大缩短灰化时间。但此法需要做空白实验,以校正加入的镁盐灼烧后分解产生的 MgO 的量。

 思考题

1.直接干燥法和减压干燥法各适用于哪些食物的水分测定?

2.食品的灰分与食品中原有的无机成分在数量和组成上是否完全相同?

能力拓展　食品中水分的测定——直接干燥法

【目的】

掌握直接干燥法测定食品中水分的原理;熟悉直接干燥法测定食品中水分的操作方法。

【原理】

直接干燥法是采用常压下于 95～105℃烘烤样品,使其中的水分蒸发逸出,直至样品质量达到恒重。根据样品所减失的质量,计算样品中水分的含量。

【仪器与试剂】

仪器:扁形铝制或玻璃称量瓶;电热恒温干燥箱;干燥器;分析天平。

试剂:粉末和晶体试样直接称取;较大块硬糖经研钵粉碎,混匀备用。

【方法】

取洁净铝制或玻璃制的扁形称量瓶,置于 95～105℃干燥箱中,将瓶盖斜支于瓶边,加热 0.5～1.0h 后,取出盖好,置干燥器内冷却 0.5h,称量,并重复干燥至恒重。精密称取

2.00～10.00g切碎或磨细的均匀试样,放入此称量瓶中,试样厚度大约为5mm,加盖,精密称量后,置95～105℃干燥箱中,瓶盖斜支于瓶内,加热2～4h后,盖好取出,放入干燥器内冷却0.5h称量。重复此操作,直至恒重(前后两次质量差不超过2mg)。对黏稠样品如酱类、乳类、含熟淀粉的食物,水分蒸发较慢,则应先在蒸发皿内放入10.0g酸洗和灼烧过的细砂及一根小玻棒,干燥至恒重,然后精密称取5～10g试样(精确至0.001g),置于蒸发皿中,用小玻棒搅匀放在沸水浴上加热,并随时搅拌,尽可能蒸去水分,然后置于95～105℃干燥箱中干燥至恒重。

【计算】

$$X = \frac{m_1 - m_2}{m_1 - m_3} \times 100$$

式中: X 为试样中水分的含量,%;

　　　m_1 为称量瓶(或蒸发皿加细砂、玻棒)和试样的质量,g;

　　　m_2 为称量瓶(或蒸发皿加细砂、玻棒)和试样干燥后的质量,g;

　　　m_3 为称量瓶(或蒸发皿加细砂、玻棒)的质量,g。

【注意事项与补充】

(1)食品中的挥发性成分在干燥过程中也将被减少,因此,直接干燥法适宜测定在干燥温度下不易分解、不易被氧化的样品和含挥发性物质较少的样品。如谷物及其制品、豆制品、卤菜制品、肉制品等。

(2)对容易分解或易焦化的样品,应采取较低的烘烤温度和较短的烘烤时间。

(3)对高脂肪或油脂食品,在开始烘烤过程中其重量是逐渐减轻的,当继续烘烤时,有时反而增重,这是脂肪被氧化所引起的,这时要适当降低干燥的温度和缩短干燥的时间。

【观察项目和结果记录】

称量瓶编号:＿＿＿＿＿＿＿＿＿＿　　盖子编号:＿＿＿＿＿＿＿＿＿＿

$W_0 = $＿＿＿＿＿＿　　　　　　　g(空瓶加盖重)＿＿＿＿＿

$W_1 = $＿＿＿＿＿＿ g(样品重＋空瓶重)　$W_2 = $＿＿＿＿＿＿＿＿＿＿＿ g

$W_3 = $＿＿＿＿＿＿ g　　　　　　　$W_n = $＿＿＿＿＿＿＿＿＿＿＿ g

水分(%)=＿＿＿＿＿＿%

(1)测定待测样品的水分含量。水分含量≥1g/100g,计算结果保留三位有效数字;水分含量<1g/100g时,结果保留两位有效数字。

(2)计算实验结果的精确度。在重复性条件下获得的两次独立测定结果的绝对差值不得超过算术平均值的10%。

【讨论】

食品中水分测定的意义是什么?

任务二 食品酸度的测定

背景知识：

低酸度橄榄油实为勾兑油 按照中国人对传统油脂酸度的认识，酸度代表着油脂中所含脂肪酸的量，所以酸度越低越好。但实际上，橄榄油最初从果子上榨出来时，常规情况下酸度已在 0.6% 左右。在橄榄油密封保存的头 5 个月，酸度基本无变化；但在 5～12 个月会上升近 1 倍。也就是说，在特级初榨橄榄油头一年的保质期内，其酸度可能已上升至 1.2%。但奇怪的是，市场上多数特级初榨橄榄油不但酸度在 0.6% 以下，而且保质期都在 18 个月至 2 年间。在至少一年半时间的保质期内，这些品牌橄榄油如何"保持"低酸度不变？业内人士直指，这是通过添加营养价值极低但同时酸度也极低的精炼橄榄油或精炼果渣油来保持的！由于精炼橄榄油的反式脂肪酸是初榨橄榄油的 5～20 倍，而反式脂肪酸能导致肥胖、心脏肥大等疾病，因此在实施的《橄榄油、油橄榄果渣油》国家标准中，所有的橄榄油产品皆须标示出反式脂肪酸含量，若反式脂肪酸含量超过 0.1%，很有可能掺入了精炼橄榄油。

一、食品酸度的概述

（一）食品酸度的定义

大部分食品中（尤其是植物性食品）都含有特定的酸，或同时含有多种酸。这些酸性物质可能是天然产生的，也有可能是微生物生长时所分泌产生，甚至为因加工所需而添加于食品中的。食品中的酸类物质构成了食品的酸度。酸度可分为总酸度、有效酸度、挥发酸度和牛乳酸度。

1. 总酸度 食品中所有酸性物质的总量，包括解离的和未解离的酸的总和，常用标准碱溶液进行滴定，并以样品中主要代表酸的百分含量来表示，故总酸度又称可滴定酸度。

2. 有效酸度 样品中呈游离状态的氢离子的浓度（准确地说应该是活度），常用 pH 表示。用 pH 计（酸度计）测定。

3. 挥发酸度 易挥发的有机酸，如醋酸、甲酸及丁酸等低碳链的直链脂肪酸，可通过蒸馏法分离，再用标准碱溶液进行滴定。

4. 牛乳酸度 牛乳有如下两种酸度：

（1）外表酸度 又名固有酸度（潜在酸度），是指刚挤出来的新鲜牛乳本身所具有的酸度，是由磷酸、酪蛋白、白蛋白、柠檬酸和 CO_2 等所引起的。外表酸度在新鲜牛乳中约占 0.15%～0.18%。

（2）真实酸度 又名发酵酸度，是指牛乳在放置过程中，在乳酸菌作用下乳糖发酵产生了乳酸而升高的那部分酸度。若牛乳中含酸量超过 0.15％～0.20％，即表明有乳酸存在，因此习惯上将 0.2％以下含酸量的牛乳称为新鲜牛乳，若达到 0.3％就有酸味，达到 0.6％就能凝固。

（二）测定酸度的意义

1.评估蔬果类食品的成熟度　不同种类的水果和蔬菜，酸的含量因成熟度、生长条件而异，一般成熟度越高，酸的含量越低，故通过对酸度的测定可判断原料的成熟度。如番茄在成熟过程中，总酸度从绿熟期的 0.94％下降到完熟期的 0.64％，同时糖的含量增加，糖酸比增大，具有良好的口感。

2.可判断食品的新鲜程度　如新鲜牛奶中的乳酸含量过高，说明牛奶已腐败变质；水果制品中有游离的半乳糖醛酸，说明受到霉烂水果的污染。

3.可作为反映食品质量的指标　食品中有机酸含量的多少，直接影响食品的风味、色泽、稳定性和品质的高低。酸的测定对微生物发酵过程具有一定的指导意义。如：酒和酒精生产中，对麦芽汁、发酵液、酒曲等的酸度都有一定的要求。发酵制品中的酒、啤酒、酱油、食醋等中的酸也是一个重要的质量指标。

4.酸度的其他作用　酸在维持人体体液的酸碱平衡方面起着显著的作用。我们每个人对体液 pH 值也有一定的要求，如果人体体液的 pH 值过大，就要抽筋，过小则又会发生酸性中毒。

二、酸度的测定

（一）总酸度的测定

1.原理　$RCOOH + NaOH \longrightarrow RCOONa + H_2O$

食品中的有机弱酸，如酒石酸、苹果酸、柠檬酸、草酸、乙酸等其电离常数均大于 10^{-8}，可以用强碱标准溶液直接滴定。用酚酞作指示剂，当滴定至终点（溶液呈浅红色，30s 不褪色）时，根据所消耗的标准碱溶液的浓度和体积，可计算出样品中总酸含量。

2.操作方法

（1）样品制备

①固体样品、干鲜果蔬、蜜饯及罐头样品：将样品用粉碎机或高速组织捣碎并混合均匀，取适量样品（按其总酸含量而定），用 15mL 无 CO_2 蒸馏水（果蔬干品须加 8～9 倍无 CO_2 蒸馏水）将其移入 250mL 容量瓶中，在 75～80℃水浴上加热 0.5h（果脯类沸水浴加热 1h），冷却后定容，用干滤纸过滤，弃去初始滤液 25mL，收集滤液备用。

②含 CO_2 的饮料、酒类：将样品置于 40℃水浴上加热 30min，以除去 CO_2，冷却后备用。

③调味品及不含 CO_2 的饮料、酒类：将样品混匀后直接取样，必要时加适量水稀释，若样品混浊，则需过滤。

④咖啡样品：将样品粉碎通过 40 目筛，取 10g 粉碎的样品于锥形瓶中，加入 75mL 80％乙醇，加塞放置 16h，并不时摇动，过滤。

⑤固体饮料：称取 5～10g 样品，置于研钵中，加少量无 CO_2 蒸馏水，研磨成糊状，用无

CO_2 蒸馏水将其移入 250mL 容量瓶中,充分振摇,过滤。

(2)滴定　准确吸取已制备好的滤液 50mL 于 250mL 锥形瓶中,加 3～4 滴酚酞指示剂,用 0.1mol/L NaOH 标准溶液滴定至微红色,30s 不褪色,记录消耗 0.1mol/L NaOH 标准溶液的体积 V_1(mL)。同一被测样品应测定两次。

空白试验:用蒸馏水代替试液,按上述的步骤操作,记录消耗 0.1mol/L NaOH 标准溶液的体积 V_2(mL)。

3. 计算

$$食品中的总酸度(\%)=\frac{(V_1-V_0)\cdot N\cdot K\cdot 5}{W}\times 100$$

式中:N——氢氧化钠标准溶液的当量浓度,mol/L;

V_1——氢氧化钠标准溶液的用量,mL;

V_2——空白试验时氢氧化钠标准溶液的用量,mL;

W——样品的重量,g;

K——换算为适当酸的系数(表示 1mmol 的 NaOH 所相当的酸的质量):苹果酸 0.067;柠檬酸 0.064;柠檬酸(一分子水)0.070;醋酸 0.060;酒石酸 0.075;乳酸 0.090;盐酸 0.036;磷酸 0.049。

计算结果表示到小数点后两位。

4. 说明

(1)样品浸泡、稀释用的蒸馏水应不含 CO_2,因为它溶于水生成酸性的碳酸,影响滴定终点时酚酞的颜色变化。一般做法是分析前将蒸馏水煮沸并迅速冷却,以除去水中的 CO_2。对含有 CO_2 的饮料样品,在测定前须除掉 CO_2。

(2)样液的颜色过深,可脱色或用电位滴定法,也可加大稀释比,按 100mL 样液加 0.3mL 酚酞测定。

(3)样品在稀释时的用水量应根据样品中酸的含量来定,为了使误差在允许的范围内,一般要求滴定时 0.1mol/L NaOH 不少于 5mL,最好应在 10～15mL 内。

(4)因为食品中含有多种有机酸,总酸度测定结果通常以样品含量最多的那种酸表示。例如,一般分析葡萄及其制品时用酒石酸表示,其 $K=0.075$;柑橘以柠檬酸来表示;核仁、核果及浆果类按苹果酸表示;牛乳以乳酸表示。

(5)有些也可用中和 100g(mL)样品所需 0.1mol/L 氢氧化钠的体积(mL)来表示,即平常所说的酸度,用符号 °T 表示。新鲜牛奶的酸度为 16～18°T,面包的酸度为 3～9°T。

(二)挥发酸的测定

挥发酸主要由微生物在发酵过程中所产生。在正常生产的食品中,挥发酸含量较为稳定,但若在生产中使用了不合格的原料,或违反正常的工艺操作而造成糖化酶发酵,会使挥发酸含量增加。因此,挥发酸的含量是某些食品的一项重要质量控制指标。

测定挥发酸的方法有直接法和间接法。直接法是用标准碱液滴定由水蒸气蒸馏或其他方法所得的挥发酸,适用于挥发酸含量比较高的样品;间接法是将挥发酸蒸发除去后,滴定不挥发的残渣的酸度,再由总酸度减去此残渣酸度即得挥发酸含量。若蒸馏液有所损失或被污染,或样品中挥发酸含量较低时,应选用间接法。一般以直接法较为便利,现介绍挥发酸的水蒸气蒸馏测定方法。

1.原理　样品经适当处理,加入适量的磷酸可以使结合的挥发酸游离出来。挥发酸可用水蒸气蒸馏使之分离,再经冷凝收集后,可用标准碱液滴定,根据所消耗的标准碱液的浓度和体积,计算挥发酸的含量。

2.仪器和装置(图3-2)

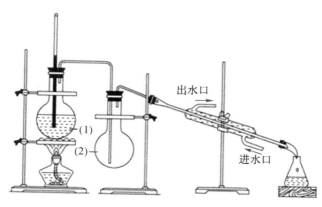

图3-2　水蒸气蒸馏装置
(1)水蒸气发生器　(2)样品瓶

3.样品处理

(1)一般食品和饮料可直接取样。

(2)含 CO_2 的样品需排除 CO_2　取 200mL 样品于烧杯中煮沸 2min,冷却后再用无 CO_2 的水补充至刻度。

(3)固体样品及冷冻、黏稠样品处理　取可食用部分加入一定量无 CO_2 蒸馏水(解冻制品先解冻),用高速组织捣碎机捣碎成浆状,再称取处理样品 10g,加无 CO_2 蒸馏水溶解并稀释至 25mL。

4.操作方法

准确取 25mL 经处理的样液或 2.00~3.00g 处理好的固体样品(挥发酸少的可酌量增加),用 25~50mL 煮沸过的蒸馏水洗入 250mL 烧瓶中。加入 10% 磷酸 1mL。连接水蒸气蒸馏装置(图3-2),加热蒸馏至蒸馏瓶中馏液体积只剩 1/3 为止。在严格的相同条件下做一空白试验(蒸气发生瓶内的水必须预先煮沸 10min,以除去 CO_2)。馏液加热至 60~65℃,加入酚酞指示剂 3~4 滴,用 0.1N 氢氧化钠标准溶液滴定至微红色于 30s 内不褪为终点。

5.计算

$$挥发酸质量分数(以醋酸计) = \frac{N(V_1 - V_2) \times 0.06}{W} \times 100\%$$

式中:N——氢氧化钠标准溶液的当量浓度,mol/L;

　　　V_1——样液滴定时氢氧化钠标准溶液用量,mL;

　　　V_2——空白滴定时氢氧化钠标准溶液用量,mL;

　　　W——样品的重量,g;

　　　0.06——醋酸的毫摩尔质量,g/mmol。

6.注意事项

(1)蒸馏前蒸气发生瓶中的水应先煮沸 10min,以排除其中的 CO_2,并用蒸气冲洗整个蒸馏装置。

(2)整套蒸馏装置的各个连接处应严格密封,切不可漏气。

(3)滴定前将馏出液加热至 60~65℃,使其终点明显,加快反应速度,缩短滴定时间,减少溶液与空气接触的机会,提高测定精度。

(三)有效酸度(pH 值)的测定

有效酸度是指溶液中 H^+ 的浓度,反映的是已解离的那部分酸的浓度,常用 pH 表示。pH 是氢离子浓度的负对数,$pH=-\log[H^+]$。20℃的中性水,其离子积为 $[H^+][OH^-]=10^{-14}$。$pH+pOH=14$。在酸性溶液中 $pH<7,pOH>7$;而在碱性溶液中 $pH>7,pOH<7$;在中性溶液中 pH 和 pOH 为 7。pH 的测定方法有很多,如电位法、比色法和化学法等,常用酸度计(即 pH 计)来测定。

1.电位法(pH 计法)　本方法适用于牛肉、蛋类等食品与各种饮料、果蔬及其制品 pH 的测定。

(1)原理　pH 计由一支能指示溶液 pH 的玻璃电极作指示电极,以甘汞电极作参比电极组成一电池。它们在溶液中产生一个电动势,其大小与溶液中的氢离子浓度有直接关系,即每相差一个 pH 单位就产生 59.1mV 的电极电位,由 pH 计表头上直接读出样品溶液的 pH 值。

(2)操作方法

①pH 计校正:先将 pH 计的电极接好,接通电源,调节补偿温度旋钮后,将电极浸入缓冲溶液中,然后按下读数开关,调节电位调节器使指针调在缓冲溶液的 pH 上。放开读数开关,指针应指在 7,重复上述操作两次以上。

②样品测定:果蔬类样品经捣碎均匀后,可在 pH 计上直接测定。肉、鱼类样品一般在 1:10 的中性水中浸泡、过滤,取滤液进行测定。测定时先用标准 pH 溶液进行校正。但电极需先用水冲洗,用滤纸轻轻吸干,然后再进行测定。pH 直接从表头上读出。样品测定完毕后,将复合电极取下,将电极护帽套上放好,帽内应放少量补充液,以保持电极球泡的湿润。

(3)说明

①玻璃甘汞电极使用后要浸在水中。

②pH 计经标准 pH 缓冲溶液校正后,不能移动校正旋钮。

2.比色法　比色法是利用酸碱指示剂或其他混合物在不同的 pH 范围内显示不同的颜色来指示样品溶液的 pH。根据操作方法的不同,此法又分为试纸法和标准管比色法。

(1)试纸法　将滤纸裁成小片,放在适当的指示剂溶液中,然后取出干燥即可。用一干净玻璃棒沾上少量样液,滴在经过处理的试纸上(有广泛与精密试纸之分)使其显色,在 2~3s 后,与标准色板比较,以测出样液的 pH。此法简便、经济、快速,但结果不甚准确,仅能粗略地测定各类样液的 pH。

(2)标准管比色法　用标准缓冲溶液配制成不同的 pH 标准系列,加入适当的酸碱指示剂使其在不同 pH 下呈不同颜色,形成标准色管。在样液中加入与标准缓冲溶液中相同的酸碱指示剂,显色后与标准色管颜色进行比较,与样液颜色相近的标准色管中缓冲溶液的 pH 即为待测样液的 pH。此法可适用于色度和混浊度甚低的样液的 pH 测定,因其受样液的颜色、浊度、胶体物和各种氧化剂与还原剂的干扰,故测定结果仅能准确到 0.1pH 单位。

 思考题

1.简述食品中总酸度的测定程序。

2.测定酒制品中的挥发性酸,有何重要意义?

能力拓展　滴定法测定牛乳的酸度

【目的】

掌握用滴定法测定牛乳酸度的方法,了解牛乳的新鲜程度与酸度的关系。

【原理】

牛乳中酸度增高,主要是微生物活动的结果,通过测定牛奶的酸度即可确定牛乳的新鲜程度,同时也是反映乳品质量的一项重要指标。牛乳的酸度一般是以中和 100mL 牛乳所消耗的 0.1N 氢氧化钠的毫升数来表示,称为°T,此为滴定酸度,简称为酸度,也可以乳酸的百分含量为牛乳的酸度。此中和反应用酚酞作指示剂,它在 pH 约 8.2 时,就确定了游离酸中的终点。无色的酚酞与碱作用时,生成酚酞盐,同时失去一分子水,引起醌型重排而呈现红色。

$$RCOOH + NaOH \longrightarrow RCOONa + H_2O$$

测定牛奶酸度时,须向其中加入少量蒸馏水。因为牛奶中有碱性磷酸三钙,不加水会使牛奶的酸度高,而加水后磷酸三钙溶解度增加,从而降低了牛奶中的酸度,其溶解形式如下:

$$Ca_3(PO_4)_2 + 2H_2O \longrightarrow 2CaHPO_4 + Ca(OH)_2$$

$CaHPO_4$ 与所加的酚酞指示剂作用呈中性,但 $Ca(OH)_2$ 对酚酞指示剂来说为碱性,因此,加水使滴定酸度降低 2°T,所以一般测定酸度时都是指加水后的酸度。如果在滴定时没加水,那么所得的酸度高 2°T,应该减去 2°T。

【仪器与试剂】

仪器:250mL 锥形瓶;吸量管;碱式滴定管;铁架台;200mL 容量瓶;分析天平。

试剂:0.1mol/L 氢氧化钠;邻苯二甲酸氢钾(化学纯);0.5%酚酞乙醇指示剂(称取酚酞 1g 溶解于 100mL 的 95%乙醇中);纯牛奶。

【方法】

1.0.1mol/L 的 NaOH 标准溶液配制　称取固体 4.0g NaOH 于烧杯中,加 100mL 水溶解,定容至 1000mL 容量瓶中摇匀待用。

2.NaOH 标准溶液浓度的计算　将邻苯二甲酸氢钾于 120℃烘约 1h 至恒重,冷却 25min,称取三份 0.30～0.33g(精确到 0.0001g)邻苯二甲酸氢钾于 250mL 锥形瓶中,加入 100mL 水溶液。加 2～3 滴酚酞指示剂,用 NaOH 溶液滴定至为红色即可。记下数据,计算平均浓度。

3.取 10mL 牛乳样品于 250mL 锥形瓶中,加 20mL 蒸馏水,加 0.5%酚酞指示剂 0.5mL,小心混匀,用 0.1N 氢氧化钠标准溶液滴定,直至微红色在 1min 内不消失为止。滴定三次,取平均值。消耗 0.1N 氢氧化钠标准溶液的毫升数乘以 10,即得酸度。

【注意事项与补充】

1.温度对牛乳的 pH 有影响　因乳中具有微酸性物质,离解程度与温度有关,温度低时滴定酸度偏低,最好在 20±5℃滴定为宜。

2.稀释时的加水量　所加的水的量不一样,滴定值也不一样,主要是碱性磷酸三钙的作用,应按部颁标准,0.5%酚酞 0.5mL,水 20mL。

3.终点确定　要求滴定到微红色,微红色的持续时间有长短。每个人对微红色的主观感觉也有差异,要求 30s 到 1min 内不褪色为终点,视力误差为 0.5～1°T。

【观察项目和结果记录】

	$W_邻$ 前/g	$W_邻$ 后/g	W 差值/g	V_{NaOH}/mL	M_{NaOH}	平均 M_{NaOH}
1						
2						
3						

$$M=W/V×0.2042$$

M 指 NaOH 物质的量浓度,W 指邻苯二甲酸氢钾的克数,V 指消耗 NaOH 的毫升数。氢氧化钠滴定牛乳所消耗 V(mL),滴定三次,取平均值。

V(mL)第 1 次	V(mL)第 2 次	V(mL)第 3 次	V(mL)平均值

$°T=V×10$

【讨论】

1.为什么实验滴定终定为 pH＝8.2,而不是 7?

2.为什么测牛奶酸度一定要加水?

任务三　食品中蛋白质和氨基酸的测定

背景知识：

　　"三聚氰胺"事件　国家质检总局通报全国婴幼儿奶粉三聚氰胺含量抽检结果,河北三鹿等 22 个厂家的 69 批次产品中检出三聚氰胺,被要求立即下架。三聚氰胺俗称"蛋白精",被不法分子作为增加蛋白质含量的添加剂而加在奶粉等食品中,婴幼儿大量摄入会引起泌尿系统疾患。我国制定三聚氰胺在乳与乳制品中的临时管理值:婴幼儿配方乳粉中三聚氰胺的限量值为 1mg/kg,液态奶(包括原料乳)、奶粉、其他配方乳粉中三聚氰胺的限量值为 2.5mg/kg,含乳 15% 以上的其他食品中三聚氰胺的限量值为 2.5mg/kg,高于限量值的产品一律不得销售。

一、蛋白质和氨基酸分析简介

(一)蛋白质和含氮化合物

　　蛋白质是生命的物质基础,是构成机体细胞的重要成分,人体酸碱平衡和水平衡的维持、遗传信息的传递、物质的代谢及转运都与蛋白质有关。食物中的蛋白质主要来源于肉类、豆类、粮谷类等,例如牛肉、鸡肉中蛋白质的含量为 20% 左右;干豆类一般为 15%～24%,其中大豆含量最高;粮谷类蛋白质的含量一般为 6%～10%;果蔬中的蛋白质含量较少。

　　蛋白质可以用酸或酶水解,水解的中间产物是腙、胨、肽等,最终产物为氨基酸,蛋白质在人体中的消化过程也是如此。人体对蛋白质的需要在一个时期内是固定的,一般成人每日应从食品中摄入蛋白质 70g 左右。由于人体不能贮存蛋白质,因此,必须经常从食品中得到补充,如果蛋白质长期缺乏,就会引起严重的疾病。

　　蛋白质如同氨基酸一样,是两性电解质,凡是碱性氨基酸含量较多的蛋白质,其等电点偏碱性;反之,凡是酸性氨基酸含量较多或含有其他酸性基团的蛋白质,其等电点偏酸性。调节溶液的 pH 值至等电点和加入脱水剂时,蛋白质便容易析出,我们可以利用这种性质来分离纯化蛋白质。蛋白质的溶液具有许多高分子化合物溶液的性质,如黏度较大、扩散慢、不能透过半透膜等。

　　蛋白质是由 20 种氨基酸组成的高分子化合物,相对分子量达数万至数百万。多数氨基酸在人体内可以合成,但是有 8 种氨基酸:异亮氨酸、亮氨酸、赖氨酸、苯丙氨酸、蛋氨酸、苏氨酸、色氨酸、缬氨酸在人体内不能合成,称为必需氨基酸,必须从食物中获得。蛋白质是一大类化学结构复杂的有机化合物,不同食品的蛋白质,是由不同种类的氨基酸按不同的比例和组合方式构成。但从蛋白质的组成元素来看,主要有碳、氢、氧、氮四种,有的还含有少量的硫、磷、铁、镁、碘等元素。蛋白质是机体唯一的氮来源,多数蛋白质的平均含氮量为16%,即测得16g氮,便相当于100g蛋白质,6.25为蛋白质的换算因子。

不同的食品,蛋白质含氮量略有差别,因此,不同的食品有不同的换算因子。各种食品的换算因子列于表3-2中。

表 3-2　蛋白质换算因子

食品名称	换算因子
蛋、鱼、肉、玉米、高粱、豆类、复合配方食品	6.25
乳及乳制品	6.38
大米	5.95
大麦、小米、小麦面、黑麦	5.83
面粉	5.70
玉米、高粱	6.24
向日葵、芝麻	5.30

食品中的氮,除了有来源于蛋白质的蛋白氮外,还有非蛋白氮,如来自于游离氨基酸、小肽核酸、磷酸、氨基糖、嘌呤以及某些维生素、生物碱、尿酸、脲、氨基离子等,三聚氰胺也是一种非蛋白氮。

(二)蛋白质分析的方法

1.定性分析　利用蛋白质中不同氨基酸的特性,鉴定蛋白质中特定氨基酸的种类,可采用以下定性方法。

(1)沉淀反应

①强酸的沉淀作用:一般氨基酸的等电点在 pH 4～6 之间,当加入强酸(盐酸、硝酸、硫酸)使溶液的 pH 值降至此范围,蛋白质即会发生沉淀。但若酸性过强,会使蛋白质发生变性,所形成沉淀又会溶解。

②有机溶剂的沉淀作用:在水溶液中,蛋白分子常以水合状态存在,故如加入乙醇、丙酮等亲水性有机溶剂,则会降低蛋白质水溶液的介电常数,使其水和状态被打破而出现沉淀。

③加热的凝固作用:蛋白质溶液加热到某温度即可凝结沉淀的温度为凝集温度。

④中性盐类的盐析作用:高浓度的中性盐溶液离子(NH_4^+、Na^+、K^+ 等)可与蛋白质竞争水分子,从而降低蛋白质的水合能力,而产生盐析作用。

⑤重金属的沉淀作用:在碱性溶液中,氨基酸带负电荷,有助于加强金属离子(如 Zn^{2+}、Ca^{2+}、Hg^{2+}、Fe^{3+}、Cu^{2+} 及 Pb^{2+} 等)对蛋白质的沉淀作用。

(2)呈色反应　如双缩脲反应、米龙试验等(表3-3)。

表 3-3 蛋白质和氨基酸的呈色反应

反应名称	试剂	颜色	参与反应的基团	有反应的氨基酸
茚三酮反应	茚三酮	蓝色 紫红色	证明 α-氨基酸存在	α-氨基酸
双缩脲反应	NaOH 及少量稀硫酸铜液	紫红 紫蓝	两个以上的肽键 －CONH－	所有蛋白质
黄蛋白反应	浓硝酸及氨水	黄色 橘色	苯基	酪氨酸 苯丙氨酸 色氨酸
米龙试验	$HgNO_3$ 及 $Hg(NO_3)_2$、HNO_3 混合物加热	红	酚环	酪氨酸
硫化铅反应	NaOH、$Pb(CH_3COO)_2$	黑色	含硫	胱氨酸 半胱氨酸
Adamkiewicz' 反应	冰醋酸及浓硫酸	紫红色	吲哚环	色氨酸

2.定量分析 定量蛋白质的方法很多,常见的优缺点比较见表 3-4;定量法可分类如下:

表 3-4 常见蛋白质和氨基酸定量法的优缺点

方法	原理	优点	缺点
凯氏定氮法	样品经强酸分解形成铵盐,再经蒸馏将氨气收集于标准酸中,最后用滴定测定含氮量	食品分析中最常使用的方法 操作相对比较简单 成本较低 结果准确	只能测总氮 试验时间长(2h) 精度低于双缩脲法 试剂具腐蚀性
双缩脲比色法	双缩脲在碱性条件下与硫酸铜结合形成紫红色化合物,其 540nm 的吸光值与蛋白质含量成正比	比凯氏定氮法省时、费用低 可快速测得蛋白质含量 比 Lowry 法、紫外线法更少发生颜色偏离	灵敏度较 Lowry 法差;高浓度铵盐会干扰反应;脂肪或糖含量多的样品,最终溶液可能呈乳白色;需用已知浓度的蛋白质或经凯氏定氮法校正
Folin-酚试剂法 （Lowry 法）	蛋白质在碱性条件下与铜离子、酚试剂反应生成蓝色复合物	省时(1~1.5h) 灵敏度高于双缩脲法 50~100 倍以上 灵敏度高于紫外法 10~20 倍	反应产生的颜色比双缩脲法更易因蛋白质种类不同而变化;蔗糖含量高的样品无法测定;还原糖、硫酸铵浓度高会影响呈色
紫外分光光度法	芳香族氨基酸 280nm 的吸收值与蛋白质浓度(3~8mg/mL)呈线性关系;广泛用于层析管柱分离后的蛋白质测定	比凯氏定氮法省时,可快速测蛋白质含量;非破坏性检验,测完蛋白质后还可用于其他分析;反应不受硫酸铵等干扰	不同种类食品的蛋白质中芳香族氨基酸的含量有差异;易受核酸或等于波长 280nm 会吸收杂质的核苷酸影响而产生误差;样品溶液必须纯净无色,混浊会使紫外线吸收增加

(1)测定含氮量　利用含氮量、折射率等测定蛋白质含量,如凯氏定氮法。

(2)比色法　利用特定的氨基酸或特定官能团与特殊溶剂呈色,再用分光光度计比色,如紫外—可见分光光度法。

(3)层析法　蛋白质经水解释放出氨基酸,然后用离子交换层析、反相液相层析和气相层析等技术,或用氨基酸自动分析仪分离并定量。

二、食品中蛋白质的测定方法

(一)凯氏定氮法

1.原理　食品样品与硫酸、硫酸钾、硫酸铜一起加热消化,使蛋白质分解,产生的氨与硫酸结合生成硫酸铵。然后在氢氧化钠作用下,经水蒸气蒸馏使氨游离,用过量的硼酸溶液吸收后,再以盐酸或硫酸标准溶液滴定测定氮含量。本方法测得的含氮量为食品中的总氮量,其中还包括少量的非蛋白氮,如尿素氮、游离氨氮、生物碱氮、无机盐氮等,故由凯氏定氮法测得的蛋白质称为粗蛋白。再与含氮系数进行换算,即可计算出食品中所含的蛋白质含量。反应方程式为:

$$(NH_4)_2SO_4 + 2NaOH \longrightarrow 2NH_3 + 2H_2O + Na_2SO_4$$

$$2NH_3 + 4H_3BO_3 \longrightarrow (NH_4)_2B_4O_7 + 5H_2O$$

$$(NH_4)_2B_4O_7 + 2HCl + 5H_2O \longrightarrow 2NH_4Cl + 4H_3BO_3$$

2.分析步骤

(1)样品消化　准确称取样品于凯氏烧瓶中,加入硫酸铜、硫酸钾及浓硫酸,放置过夜后小心加热,待内容物全部炭化(黑色),泡沫完全停止后,加强火力,并保持瓶内液体微沸,至液体由红棕色转蓝绿色澄清透明后,放冷,用蒸馏水冲洗瓶壁,继续加热至液体呈蓝绿色澄清透明,放冷后(呈淡蓝色)加水定容,作为样品液备用。同时做空白试验。

①浓硫酸　起脱水和氧化作用,使有机物脱水后炭化为碳、氢、氧,碳再氧化为二氧化碳,硫酸则被还原为二氧化硫。二氧化硫使氮还原为氨,本身则氧化为三氧化硫,氨随之与硫酸作用生成硫酸铵而留在酸性溶液中。

②硫酸钾　98%浓硫酸的沸点为340℃,加入硫酸钾可以提高溶液的沸点,使反应温度提高至400℃以上,进而加快有机物的分解。随着消化过程中硫酸不断被分解,水分不断逸出,硫酸钾浓度不断增大,消化液沸点不断增高。但硫酸钾加入量不能太大,否则消化体系温度过高,又会引起已生成的铵盐发生热分解放出氨而造成损失。此外,也可加入硫酸钠、氯化钾等盐类来提高沸点,但效果不如硫酸钾。

③硫酸铜　硫酸铜起催化剂的作用。此外,也可使用氧化汞、汞、硒粉、二氧化钛等作为催化剂,但环境污染较严重,性价比较低。使用时常加入少量过氧化氢、次氯酸钾等作为氧化剂以加速有机物氧化,但不得使用高氯酸,以防氮氧化物生成。硫酸铜的作用机理如下:

$$C + 2CuSO_4 \longrightarrow Cu_2SO_4 + SO_2 \uparrow + CO_2 \uparrow$$

$$Cu_2SO_4 + 2H_2SO_4 \longrightarrow 2CuSO_4 + SO_2 \uparrow + 2H_2O$$

此反应不断进行,待有机物被完全消化后,不再有硫酸亚铜(Cu₂SO₄,褐色)生成,溶液

呈现清澈的 Cu^{2+} 离子的蓝绿色,故硫酸铜除起催化剂作用外,还可指示消化终点,在下一步蒸馏时作为碱性反应的指示剂。

(2)蒸馏 按图 3-3 装好凯氏定氮蒸馏装置,于水蒸气发生瓶内装无氨蒸馏水至约 2/3 处,加入甲基红指示剂数滴及数毫升硫酸,以保持水呈酸性,并加入数粒玻璃珠以防爆沸。向接收瓶内加入适量的硼酸溶液及几滴甲基红—溴甲酚绿混合指示剂,并使冷凝管的下端插入液面下。吸取一定量的样品溶液由小玻璃口流入反应室,并以适量水洗涤小玻璃杯使之流入反应室内,塞紧小玻璃杯的棒状玻璃塞。将饱和氢氧化钠溶液倒入小玻璃杯中,提起玻璃塞使其缓慢流入反应室,立即将玻璃塞盖紧,并加水于小玻璃杯中以防漏气,夹紧螺旋夹,开始蒸馏,反应室呈深蓝色或黑色沉淀,即可释放出氨气。

图 3-3 凯氏定氮蒸馏装置

1—电炉;2—水蒸气发生器(2L 烧瓶);3—螺旋夹;4—小玻璃杯及棒状玻塞;
5—反应室;6—反应室外层;7—橡皮管及螺旋夹;8—冷凝管;9—蒸馏液接收瓶

(3)吸收与滴定 水蒸气通入反应室,使氨通过冷凝管而进入接收瓶内,蒸馏 5min,移动接收瓶,使冷凝管下端离开液面,然后用少量水冲洗冷凝管下端外部,再蒸馏 1min,用硼酸溶液来吸收氨,生成 $(NH_4)_2B_4O_7$。体系颜色逐渐由紫红色转为绿色。取下接收瓶,立即用盐酸标准溶液滴定,至灰色为滴定终点。同时吸取试剂空白溶液,按以上步骤进行操作。

3.方法说明

(1)消化时采用长颈圆底的凯氏烧瓶斜放于电炉上,在通风橱中进行,并使全部样品浸泡于消化液中。消化过程中应注意不断转动凯氏烧瓶,以便利用冷凝酸液将附在瓶壁上的固体残渣洗下并促进其消化完全。

(2)消化时不要用强火,应保持缓和沸腾,以免因黏附在凯氏烧瓶内壁上的含氮化合物在无硫酸存在的情况下未消化完全而造成氮的损失。

(3)样品中若含脂肪或糖较多时,消化过程中易产生大量泡沫,为防止泡沫溢出瓶外,在开始消化时应用小火加热,并时时摇动;或者加入少量辛醇或液状石蜡或硅油消泡剂,并同时注意控制热源强度。

(4)当样品消化液不易澄清透明时,可将凯氏烧瓶冷却,加入 30% 过氧化氢 2~3mL 后再继续加热消化。

(5)有机物如分解完全,消化液呈蓝色或浅绿色,但含铁量多时,呈深绿色。

(6)滴定时也可采用 2g/L 甲基红乙醇溶液与 1g/L 亚甲蓝乙醇溶液的混合液(1∶1),此类混合指示剂颜色为紫红变色为灰色,pH=5.4。或 1g/L 溴甲酚绿乙醇溶液与 1g/L 甲基红乙醇溶液的混合液(5∶1),颜色由酒红色变成绿色,pH=5.1。

(7)蒸馏完毕后,应先将冷凝管下端提离液面清洗冷凝管下端管口,再蒸 1min 后关掉热源,蒸馏过程中不能停止加热断气,否则可能造成吸收液倒吸。

(8)在凯氏定氮过程中,为了防止氨的损失,应注意:

①利用虹吸原理,装置搭建好之后要先进行检漏,加样小漏斗要水封。

②在水蒸气发生瓶中要加甲基橙指示剂数滴及硫酸数毫升以使其始终保持酸性,以防水中氨蒸出。

③加入 NaOH 一定要过量,而且动作要快,要特别注意防止碱液污染冷凝器和吸收瓶。

④硼酸吸收液的温度不应超过 40℃,否则会由于对氨的吸收作用减弱而造成损失,此时可置于冷水浴中使用。

⑤在蒸馏过程中要注意接头处有无松漏现象,防止漏气。

⑥冷凝管下端先插入硼酸吸收液液面以下才能通蒸汽蒸馏。

⑦蒸馏完毕后,应先将冷凝管下端提离液面,再蒸 1min,将附着在尖端的吸收液完全用洗瓶洗入吸收瓶内,再将吸收瓶移开。

4.结果计算

$$X=\frac{(V_1-V_0)\times c\times 0.0140\times F}{m\times V_2/100}\times 100$$

式中:X——试样中蛋白质的含量,g/100g;

V_1——试液消耗硫酸或盐酸标准滴定液的体积,mL;

V_0——试液空白消耗硫酸或盐酸标准滴定液的体积,mL;

V_2——吸收消化液的体积,mL;

c——硫酸或盐酸标准滴定溶液的浓度,mol/L;

0.0140——1.0mL 硫酸[$c(1/2H_2SO_4)=1.000$mol/L]或盐酸[$c(HCl)=1.000$mol/L]标准滴定溶液相当的氮的质量,g;

m——试样的质量,g;

F——氮转算为蛋白质的系数(表 3-2)。

以重复性条件下获得的两次独立测定结果的算术平均值表示,蛋白质含量≥1g/100g时,结果保留三位有效数字;蛋白质含量<1g/100g 时,结果保留两位有效数字。

5.精密度　在重复性条件下获得的两次独立测定结果的绝对差值不得超过算术平均值的 10%。当称样量为 5.0g 时,定量检出限为 8mg/100g。

(二)全自动凯氏定氮仪分析法

1.原理　同凯氏定氮法,但是由改良的消化分解装置及蒸馏装置构成(图 3-4),可以缩短定量蛋白质所需的时间。该法具有灵敏、准确、快速及样品用量少等优点。

2.分析步骤

(1)称取固体样品 0.2～2g、半固体样品 2～5g 或液体样品 10～25g(约相当于 30～40mg 氮),精确至 0.001g,样品置于消化瓶中,加两粒凯氏片(硫酸铜和硫酸钾制成)于消化管中,然后加入 10mL 浓硫酸,将消化瓶置于红外线消化炉中。消化炉分为两组,每行一组共四个消化炉。消化瓶放入消化炉后,用连接管连接密封消化瓶,开启抽气装置,开启消化炉的电源,30min 后 8 个样品消化完毕,消化液完全澄清并呈绿色。

(2)取出消化瓶,移装于全自动凯氏定氮仪中,接连开启加水的电钮、加碱电钮、自动蒸馏滴定电钮,开启电源,大约 12min 后数显装置即可给出样品总氮百分含量,并记录样品总氮百分比。根据样品的种类,选择相应的蛋白质换算系数 F,即可得出样品中蛋白质的含量。

(3)开启排废液电钮及加水电钮,排除废液并对消化瓶清洗一次。大约在 2h 内可完成 8 个样品的蛋白质含量测定工作。

图 3-4　全自动定氮仪

(三)比色法

比色法是利用特定试剂与蛋白质中特有的氨基酸、芳香族等官能团或肽链的呈色反应,再利用分光光度计进行比色测定,例如双缩脲比色法、Lowry 法、紫外分光光度法均属于此类。

1. 双缩脲比色法

(1)原理　双缩脲在碱性条件下,能与 $CuSO_4$ 结合成紫红色的络合物。脯氨酸(pro)分子中含有肽链,与双缩脲结构相似,也呈此反应。本法直接用于测定像小麦粉等固体试样的脯氨酸含量。

(2)试剂配制

①称取 1.5g 五水合硫酸铜与 6g 四水合酒石酸钾钠溶解于 500mL 蒸馏水中,边搅拌边加入 10%氢氧化钠溶液 300mL,再加入蒸馏水定容至 1L(使用棕色瓶盛装)。

②若溶液产生深色沉淀,即代表此试剂变质,不可使用。

(3)操作步骤

①绘制标准曲线,精确吸取不同体积的标准蛋白质溶液(含蛋白质 0.0~10.0mg),加入 4mL 双缩脲试剂,于室温中静置 0.5h,然后在 540nm 测吸光度,绘制出标准曲线图。

②测定样品,精确称取蛋白质样品液 1mL(含蛋白质 1.0～10.0mg),加入 4mL 双缩脲试剂,于室温中静置 0.5h,然后在 540nm 测吸光度,由标准曲线可查得蛋白质量,再除以样品重量,即可得样品中蛋白质的含量(%)。

(4)注意事项

①如反应液不澄清,在测吸光度前可过滤或离心。

②如样品中脂肪含量较高,可加入石油醚、乙醚等溶剂,激烈震荡后再离心,将水层分离出来。

2. Lowry 法

(1)原理 蛋白质在碱性条件下与铜离子产生双缩脲反应呈紫红色,再与 Folin-酚试剂作用将铜还原而成蓝色。本法较双缩脲法灵敏 50～100 倍,较 280nm 紫外吸收法灵敏 10～20 倍。

(2)操作步骤

①绘制标准曲线。

②测定样品,于 750nm 测吸光度。

3. 紫外分光光度法

(1)原理 芳香族氨基酸如酪氨酸、色氨酸、苯丙氨酸在紫外光区(波长 280nm)有一定的吸收,且其吸收值与蛋白质浓度(3～8mg/mL)成直线关系。故可利用凯氏定氮法分析的标准蛋白样品与样品做比较,计算样品中的蛋白质含量。本方法适用于牛乳、糕点等样品中蛋白质的测定,但由于各种蛋白质中所含芳香族氨基酸的含量有差异,因此紫外分光光度法虽可以快速测得蛋白质含量,但是会有误差。

(2)操作步骤 利用事先使用凯氏定氮法测定的标准样品中蛋白质的含量为横坐标,而 280nm 处对应的吸光值为纵坐标作图,并利用标准曲线法找出线性回归方程,然后将样品所测得的吸光度带入方程式中,求得样品中的蛋白质含量。

三、食品中氨基酸的测定

食品中氨基酸的分离和测定最常用的方法为层析法,如薄层色谱法、气相色谱法、高效液相色谱法、氨基酸分析仪法等,其中氨基酸分析仪法为国家标准分析方法。

(一)蛋白质的水解

将蛋白质分子中的肽键切断,游离出氨基酸,称为蛋白质水解。酸、碱和蛋白质水解酶均可将蛋白质水解,各方法的优缺点如表 3-5。

表 3-5 蛋白质不同水解方法的优缺点

水解方法	优缺点
酸	1. 色氨酸全部被破坏,故色氨酸的定量需要碱水解 2. 丝氨酸、羟丁氨酸及酪氨酸部分被破坏 3. 色氨酸分子中的吲哚环与糖类相结合会转变为黑色素 4. 在水解过程中生成醛类

续表

水解方法	优缺点
碱	1. 氨基酸发生消旋作用 2. 部分氨基酸（如丝氨酸、羟丁氨酸）产生脱氨作用 3. 精氨酸转变为鸟氨酸及尿素 4. 胱氨酸及半胱氨酸被破坏
蛋白质 水解酶	优点：不发生消旋作用 缺点：1. 需要较长的时间 　　　2. 通常水解不完全，可判定蛋白质中氨基酸的结合顺序 　　　3. 有酶蛋白本身的水解产物混入 　　　4. 蛋白质水解酶不易得到

（二）氨基酸的层析定量方法

1. 氨基酸分析仪法

（1）原理　食物中的蛋白质经盐酸水解成为游离氨基酸，经氨基酸分析仪的离子交换柱分离后，与茚三酮溶液产生颜色反应，再经分光光度计测定氨基酸的含量。本方法可以同时测定天冬氨酸、苏氨酸、甘氨酸、丙氨酸、丝氨酸、谷氨酸、脯氨酸、缬氨酸、蛋氨酸、异亮氨酸、亮氨酸、酪氨酸、组氨酸、赖氨酸、苯丙氨酸和精氨酸等 16 种氨基酸，最低检出限为 10pmol。

（2）分析步骤

①样品处理　测定样品中各种游离氨基酸含量时，除去样品中的脂肪等杂质后，直接进样分析。测定蛋白质的氨基酸的组成和含量，样品必须经酸水解，使蛋白质完全转变成游离氨基酸后才能进样分析。

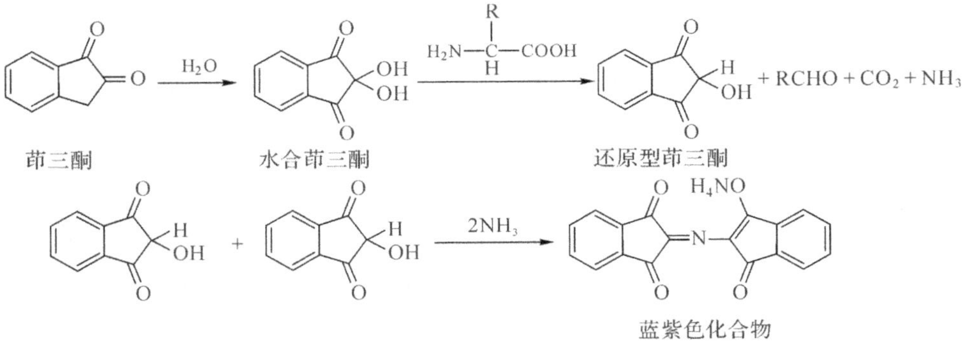

酸水解的方法：称取一定量样品（使样品蛋白质含量在 10～20mg 范围内）放入水解管中，加入盐酸（加酸量视样品中蛋白质含量而定）；含水量高的样品（如牛奶）可加入等体积的浓盐酸，加入新蒸馏的苯酚。将水解管放入冷冻剂中，冷冻 3～5min，抽真空，然后充入高纯氮气，再抽真空充氮气，重复 3 次，在充氮气状态下水解管封口或拧紧螺丝盖。将已封口的水解管放在 110℃的恒温干燥箱内，水解 22h。冷却后，将水解液过滤，水解液全部转移到容量瓶中，以去离子水定容。吸取滤液 1mL 于容量瓶中，用真空干燥器在 40～50℃干燥，

残留物用水溶解,再干燥,反复进行2次,最后蒸干,用缓冲液(pH2.2)溶解后,作为样品溶液供分析用。

②样品分析　取适量混合氨基酸标准溶液和样品溶液,用氨基酸自动分析仪(以Beckman-6300型氨基酸自动分析仪为例)分别进行测定,根据出峰时间确定氨基酸的种类(表3-6),根据峰高和峰面积采用外标法定量分析(缓冲液流量:20mL/h;茚三酮流量:10mL/h;柱温:50、60和70℃;色谱柱:20cm;分析时间:42min)。

表3-6　氨基酸标准出峰顺序和保留时间

序号	出峰顺序	保留时间/min	序号	出峰顺序	保留时间/min
1	天冬氨酸	5.55	9	蛋氨酸	19.63
2	苏氨酸	6.60	10	异亮氨酸	21.24
3	丝氨酸	7.09	11	亮氨酸	22.06
4	谷氨酸	8.72	12	酪氨酸	24.52
5	脯氨酸	9.63	13	苯丙氨酸	25.76
6	甘氨酸	12.24	14	组氨酸	30.41
7	丙氨酸	13.10	15	赖氨酸	32.57
8	缬氨酸	16.65	16	精氨酸	40.75

(3)方法说明

①如果样品中含有脂肪、核酸、无机盐等杂质,必须将样品预先除去杂质后再进行酸水解处理,进样分析。除去杂质的方法有:

a.除脂肪:将样品研碎或匀浆处理,加入丙酮或乙醚等有机溶剂,充分混匀后离心或过滤抽提。

b.除核酸:将样品在100g/L氯化钠溶液中于85℃加热6h,然后用热水洗涤,过滤后将固体物用丙酮淋洗,干燥。

c.除无机盐:样品经水解后含有大量无机盐时,必须用阳离子交换树脂进行去盐处理。其方法是用1mol/L盐酸将装在小柱内的树脂洗成氢型,然后用水洗成中性。将水解样品用水溶解后进行上柱,并不断用水洗涤,直至洗出液无氯离子为止(用硝酸银溶液检验),此时氨基酸全被交换在树脂上,而无机盐被洗去。最后用2mol/L氨水溶液把交换的氨基酸洗脱下来。收集洗脱液进行浓缩、干燥,然后用1mL pH2.2的缓冲液溶解,作为样品溶液供分析用。

②对于一些未知蛋白质含量的样品,水解后必须预先测定氨基酸的大致含量才能分析。

③显色反应必须在pH5.0~5.5,反应时间为10~15min。

④生成的紫色物质在570nm波长下进行比色测定。测定时应按照所用氨基酸分析仪的说明书操作。

2.柱前衍生高效液相色谱法

(1)原理　食品中的蛋白质经盐酸水解成游离氨基酸后,用邻-苯二甲醛和9-芴基甲氧基碳酰氯分别对一级氨基酸和二级氨基酸进行衍生化,再经高效液相色谱反相C_{18}柱分离后,用紫外或荧光检测器检测。本方法最低检出限,紫外检测为50pmol;荧光检测为

5pmol。

（2）色谱条件　流动相 A：取 12.5mmol/L pH7.20 的磷酸盐缓冲液 1000mL＋四氢呋喃 5mL。流动相 B：取 12.5mmol/L 的磷酸盐缓冲液（pH7.20）500mL＋350mL 甲醇＋150mL 乙腈。色谱柱：ODS（125mm×4.0mm，5pm）。流量：1mL/min。柱温：40℃。

检测波长：荧光激发波长 340nm，发射波长 450nm，21min 后激发波长 260nm，发射波长 305nm。紫外 340nm，21min 后 265nm。进样量：自动衍生 1μL；手动衍生 10～20μL。梯度洗脱程序：0～25min 采用流动相 A 为分析程序，氨基酸在 25min 内全部出峰完毕；25～35min 用 100％流动相 B 冲洗柱上的残留杂质；35～45min 用 100％流动相 A 平衡色谱柱，以待下一次分析。

（3）样品处理

①对于水解氨基酸：取适量样品（含蛋白质约 20～80mg）于水解管中，充氮气，加 6mol/L 的盐酸（如液体样品可加等体积的浓盐酸）和几滴新蒸馏的苯酚，再充氮气后封管，置于 110℃烘箱中加热 22h，冷却后过滤并定容，取适量此滤液用水稀释至 25mL，过滤后供分析使用。

②对于游离氨基酸：取适量固体样品加 0.1mol/L 的盐酸，用超声波处理提取氨基酸；为液体样品用水稀释成合适的浓度或用 0.45μm 滤膜过滤直接进样测定，如有蛋白质可加乙醇沉淀除去。取上清液或稀释至合适浓度，用 0.45μm 滤膜过滤后用于分析。

③对于含色氨酸的样品：取相当于 20～80mg 蛋白质的样品，于已充氮的具螺口聚四氟乙烯的塑料管中，加入除氧的 4.2mol/L 的 NaOH，再加入数滴 1-辛醇，于 110℃中水解 20h，冷却后，将水解物转移并过滤到容量瓶中，加适量 6mol/L 的盐酸中和，用水稀释至刻度，再稀释成合适的浓度，用 0.45μm 滤膜过滤后，供 HPLC 分析。

④手动进样：用微量加样器吸取 100μLOPA（邻-苯二甲醛），加 10μL 0.25mol/mL 的混合标准品（或样品），立即计时并迅速混匀，准确计时 2min 后立即加入 10μL 9-芴基甲氧基羰酰氯（FMOC-Cl），再计时，并迅速混匀，准确计时，反应完成后立即进样测定。

⑤标准溶液的色谱峰见图 3-5。

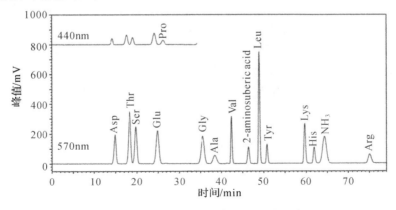

图 3-5　氨基酸的标准图谱（氨基酸分析仪）

注：天冬氨酸（Asp）、苏氨酸（Thr）、丝氨酸（Ser）、谷氨酸（Glu）、甘氨酸（Gly）、丙氨酸（Ala）、缬氨酸（Val）、2-氨基辛二酸（2-aminosuberic acid）、亮氨酸（Leu）、酪氨酸（Tyr）、赖氨酸（Lys）、组氨酸（His）、精氨酸（Arg）、脯氨酸（Pro）

（4）方法说明

①邻-苯二甲醛（OPA）/巯基丙酸与一级氨基酸在 pH10.4 的介质中能生成有较强荧光和紫外吸收的异吲哚衍生物，但不与二级氨基酸反应，如果需要同时测定二级氨基酸时，可在 OPA 与一级氨基酸反应后，再加入 FMOC-Cl 与二级氨基酸反应。过量的 OPA 不出峰，过量的 FMOC-Cl 及其分解产物的出峰时间在最后被洗脱出的二级氨基酸之后，也不干扰测定。

②此方法用普通的反相柱可分离氨基酸的 OPA 衍生物，所以较柱后衍生法有分析时间短、分离效果及重现性好、操作简单、酸水解后又省去了除酸处理步骤等优点。由于样品溶液的离子强度及盐类对衍生和分离没有影响，所以样品酸水解后只要稀释成合适的浓度或酸度就可直接进样测定。

③该法的操作关键是蛋白质的衍生浓度和衍生时间，应保证 OPA 衍生化试剂过量 10 倍以上。OPA 与氨基酸的最佳反应条件为 pH10.4，反应产物在 2min 时达到最大值，2min 后氨基酸的衍生率会有不同程度的下降，因此要严格控制反应时间，最好用自动进样器在线自动衍生，用手动衍生进样难以获得良好的重现性。

④本法应选用柱效高的色谱柱，如果柱效下降，某些氨基酸的分离比较差，所以可用苏氨酸与组氨酸的分离度来判断柱效的性能高低，如果更换新柱或溶剂，应再用标准液来定位。

⑤手动衍生时，应加羟基丙酸（3-MPA）使异吲哚衍生物的疏水性降低，能更好地控制氨基酸的出峰时间，使过量的 FMOC-Cl 及其分解产物的出峰时间在最后被洗脱出的二级氨基酸之后，而不干扰分析结果。

⑥本法赖氨酸出两个峰，可能是因为赖氨酸有两个氨基而形成两种衍生物的原因，但两个峰的峰面积与赖氨酸的进样量均有着良好的线性关系，所以可用总的峰面积或取其中的某一个峰面积定量。本法不能做胱氨酸定量，因胱氨酸结构中有巯基，会受 OPA 试剂中的巯基丙酸干扰，可适用于牛磺酸等氨基酸测定。

3. OPA 柱后衍生—高效液相色谱法

（1）原理　蛋白质经盐酸水解成游离氨基酸，经氨基酸分析专用柱（钠型离子交换柱），在流动相的梯度洗脱下，随着流动相的 pH 逐渐增高，氨基酸逐渐失去正电荷，与离子交换树脂间的结合逐渐减弱，从树脂上被洗脱下来。由于各种氨基酸的结构和性质不一样，对树脂的亲和力就不一样，从而达到分离的目的。分离后的氨基酸再由次氯酸将二级胺氧化成一级胺，在 β-巯基乙醇存在下用邻-苯二甲醛衍生，荧光检测器检测。反应方程式如下：

邻苯二甲醛，OPA

（2）色谱条件　色谱柱为氨基酸分析专用柱（250mm×4.6mm）。荧光检测波长为：激发波长 338nm，发射波长 425nm。柱温：62℃。进样量：10～20μL。流速：0.4mL/min。柱后泵：0.4mL/min。梯度程序：0～48min 采用流动相 A，48～75min 采用流动相 B，75～105min 采用流动相 A。

（3）样品处理　取一定量的蛋白质样品充氮，并加 6mol/L 盐酸及几滴新蒸馏的苯酚，于 10℃ 条件下酸水解 22h 后，冷却，将水解液过滤到容量瓶中并定容，取部分样液于小试管中在 5℃ 下减压蒸干，用流动相 A 溶解。为了除去水解样品中的高分子蛋白质等杂质干扰，用 sep-pakC$_{18}$ 小柱处理。

（4）分析步骤

①用流动相 A 平衡柱子，运行一次梯度程序冲洗柱子，然后分别注入标准液及样品液。

②标准液的检测及出峰顺序　用流动相 A 将标准液稀释 10 倍进样测定。出峰顺序为天冬氨酸、苏氨酸、丝氨酸、谷氨酸、脯氨酸、甘氨酸、丙氨酸、胱氨酸、缬氨酸、甲硫氨酸、异亮氨酸、亮氨酸、酪氨酸、苯丙氨酸、组氨酸、色氨酸、赖氨酸、精氨酸。

（5）方法说明

①此方法为柱后衍生的高效液相色谱法，样品必须进行除酸处理，否则影响柱的使用寿命和组分的出峰时间。流动相的 pH 精度要求比较高，要准确到小数点后两位，一般控制在第一个天冬氨酸的出峰时间 15～18min 为好。

②柱后衍生剂要临用新配，用高纯度试剂和超纯水可使游离氨峰变小，如溶剂不纯使游离氨峰变大甚至出现平顶峰时，精氨酸的出峰时间就会推迟，并在 81～85min 之间变异，但只要精氨酸峰能与游离氨峰分开，对定量就无影响。

4. 气相色谱法（GC）

（1）原理　利用样品与固定相及移动相之间吸引力的不同，从而达到将样品中不同成分分离的目的。由于注入 GC 的样品需具挥发性，因此氨基酸需经过正丁醇与三氟乙酸酐的酯化作用及酰基化作用，注入 GC 中分析，反应方程式如下：

$$
\underset{\text{氨基酸}}{R-\overset{\overset{\text{H}}{|}}{\underset{\underset{\text{NH}_2}{|}}{C}}-\overset{\overset{\text{O}}{\|}}{C}-OH} + \underset{\text{正丁醇}}{C_4H_9OH} \xrightarrow[100℃]{HCl} \underset{\text{酯化物}}{R-\overset{\overset{\text{H}}{|}}{\underset{\underset{\text{NH}_3^+Cl^-}{|}}{C}}-\overset{\overset{\text{O}}{\|}}{C}-OC_4H_9} + H_2O
$$

$$
\underset{\text{酯化物}}{R-\overset{\overset{\text{H}}{|}}{\underset{\underset{\text{NH}_3^+Cl^-}{|}}{C}}-\overset{\overset{\text{O}}{\|}}{C}-OC_4H_9} + \underset{\text{三氟乙酸酐}}{(CF_3C)_2O} \longrightarrow \underset{\text{酰化物}}{R-\overset{\overset{\text{H}}{|}}{\underset{\underset{\text{HN}-\overset{\overset{\text{O}}{\|}}{C}-CF_3}{|}}{C}}-\overset{\overset{\text{O}}{\|}}{C}-OC_4H_9}
$$

（2）操作方法　样品放入定量瓶中，置于 100℃ 的沙浴上，吹入高纯度的氮气，蒸发水分，加入二氯甲烷，再放置于 100℃ 的沙浴上，吹入高纯度的氮气，蒸发水分和二氯甲烷。加入正丁醇，使用超声波振荡器混合均匀，加速氨基酸溶解，放入沙浴静置 35min 后，吹入高纯度的氮气，蒸发水分及正丁醇。最后加入三氟乙酸酐，使用超声波振荡器混合均匀，于室温下静置 2h，注入 GC 中分析。GC 管柱的选择与分析条件依照氨基酸的特性而不同。

（3）定量分析　利用内标法测定。选择一化合物，其滞留时间、理化性质和预定量的氨基酸样品相似，所需要定量氨基酸样品的标准品及内在标准品依照不同重量比例配置，在相同分析条件下，将此溶液注射入 GC 中，将氨基酸标准品与内在标准品的重量比值与两者积分面积比做线性回归。然后将内在标准品加入氨基酸样品中，并一起注射入 GC 中，利用面积比可以计算样品浓度。

**思考题**

1. 简述凯氏定氮法测定蛋白质的步骤及注意事项(至少6点)。

2. 样品经消化进行蒸馏前,为什么要加入 NaOH? 加入 NaOH 后溶液发生了什么变化? 如果没有变化,说明什么问题? 需采用什么措施解决?

3. 简述凯氏定氮法的蛋白质测定过程中,每一步颜色的变化。

4. 在凯氏定氮过程中,怎样防止氨的损失?

能力拓展　食品中蛋白质的测定

(GB 5009.5—2010 食品安全国家标准　食品中蛋白质的测定)

【目的】

掌握凯氏定氮法的原理和方法;熟悉蛋白质换算系数及意义;了解蛋白质的消化和蒸馏装置。

【原理】

蛋白质是含氮的有机化合物,食品中的蛋白质在催化加热条件下被分解,分解产生的氨与硫酸结合生成硫酸铵,然后碱化蒸馏使氨游离,用硼酸吸收游离的氨后,再用硫酸或盐酸标准溶液滴定。根据酸的消耗量求得样品中的含氮量,再乘以蛋白质换算系数,即为蛋白质的含量。

【仪器与试剂】

仪器:凯氏定氮蒸馏装置(图 3-3)、可调电炉、电子天平。

试剂:所有试剂均为分析纯(AR)。硫酸铜($CuSO_4 \cdot 5H_2O$);硫酸钾(K_2SO_4);硫酸(密度 1.84g/L);20g/L 硼酸(H_3BO_3)溶液;400g/L 氢氧化钠溶液;混合指示剂(1 份 1g/L 甲基红乙醇溶液与 5 份 1g/L 溴甲酚绿乙醇溶液,临用时混合;也可用 2 份 1g/L 甲基红乙醇溶液与 1 份 1g/L 亚甲基蓝乙醇溶液,临用时混合);0.0250mol/L 硫酸标准溶液;0.0500mol/L 盐酸标准溶液。

【方法】

1. 样品处理

称取充分混匀的固体样品 0.20～2.0g 或半固体样品 2～5g 或吸取 10～20mL 液体样品(约相当于 30～40mg 氮),精确至 0.001g,移入干燥的 100mL 或 500mL 定氮瓶中,加入 0.2g 硫酸铜、3g 硫酸钾及 3～5mL 硫酸,摇匀后于瓶口放一小漏斗,将瓶以 45°角斜支于石棉网上。小火加热,待内容物全部炭化,泡沫完全停止后,加大火力,并保持瓶内液体微沸,待液体呈蓝绿色澄清透明后,再继续加热 0.5h。取下冷却,小心加入 20mL 水。冷却后,移入 100mL 容量瓶中,用少量水洗涤定氮瓶 2～3 次,洗液合并于容量瓶中。再加水至刻度,混匀备用。取样品消化所用的硫酸铜、硫酸钾和硫酸,按同法做试剂空白试验。

2．测定

(1)蒸馏　按图示(图 3-3)安装好定氮蒸馏装置,向水蒸气发生器内装水至约 2/3 处,加入几粒玻璃珠以防止暴沸,加入甲基红乙醇溶液数滴及数毫升硫酸,以保持水呈酸性。调节好火力,加热并煮沸水蒸气发生器内的水并保持沸腾。

(2)吸收　向接收瓶内加入 20g/L 硼酸溶液 10mL 及混合指示剂 1 滴,并使冷凝管下端插入液面下。准确吸取 10.0mL 样品消化处理稀释液由进样口注入反应室,并以 10mL 水洗涤进样口使之注入反应室内,将已准备好的 10.0mL 的氢氧化钠溶液(400g/L)倒入进样口,立即塞紧棒状玻塞,并加入少量纯水密封进样口。夹紧进样口下端的螺旋夹,开始蒸馏。当蒸气进入反应室时,开始计时,反应产生的氨气通过冷凝管进入吸收瓶内,蒸馏 5min 后,移动吸收瓶,使冷凝管下端离开液面,再蒸馏 1min,然后用少量纯水冲洗冷凝管下端外部,取下吸收瓶。

(3)滴定　用 0.0250mol/L 的硫酸溶液或 0.0500mol/L 的盐酸标准溶液滴定吸收液至灰绿色。同时吸取 10.0mL 试剂空白消化液按样品消化液操作方法进行蒸馏和滴定。

3．计算

试样中蛋白质的含量按下式计算

$$X = \frac{(V_1 - V_0) \times c \times 0.0140 \times F}{m \times 10.0/100} \times 100$$

式中:X——样品中蛋白质的含量,单位为克每百克(g/100g);

V_1——样品消化液消耗硫酸或盐酸标准滴定液的体积,单位为 mL;

V_0——试剂空白消化液消耗硫酸或盐酸标准滴定液的体积,单位为 mL;

c——硫酸或盐酸标准滴定液的浓度,单位为 mol/L;

m——样品的质量,单位为 g;

0.0140——0.5mol/L 硫酸或 1mol/L 盐酸标准滴定液 1.0mL 相当的氮的克数;

F——氮换算为蛋白质的系数(不同食品换算系数有所不同)。

【注意事项与补充】

(1)食品与硫酸和催化剂硫酸铜一同加热消化,使蛋白质分解,分解产生的氨与硫酸结合生成硫酸铵。

在消化过程中,添加少量的硫酸钾与硫酸反应生成硫酸氢钾,可以提高反应的温度,加速其消化。此外,也可以加入硫酸钠或氯化钾等盐类提高沸点。

为了加快反应速度,加入硫酸铜、氧化铜或氧化汞等作催化剂,通常用的是硫酸铜,反应式为:

$$2CuSO_4 \longrightarrow Cu_2SO_4 + SO_2 \uparrow + O_2 \uparrow$$

产生的氧气可与有机物分解的碳和氢反应,生成二氧化碳和水。

$$Cu_2SO_4 + 2H_2SO_4 \longrightarrow 2CuSO_4 + SO_2 \uparrow + 2H_2O$$

如在消化过程中不易消化完全,可将定氮瓶取下放冷后,缓缓加入 30% 过氧化氢 2～3mL,促进消化,但不能加入高氯酸,以免生成氮氧化物,使结果偏低。

(2)加入的氢氧化钠是否足量,可根据硫酸铜在碱性情况下生成的褐色沉淀或深蓝色的铜氨配离子判断,若溶液的颜色不改变,则说明所加的碱不足。

(3)蒸馏时,蒸气发生均匀、充足,蒸馏中途不得停火断气,否则易发生倒吸。加碱要足量,动作要快,防止生成的氨气逸散损失。还应防止碱液污染冷凝管及吸收瓶,如发现碱液污染,应立即停止蒸馏样品,待清洗干净后,再重新蒸馏。冷凝管出口一定要浸入吸收液中,防止氨挥发损失。蒸馏结束后,应先将吸收液离开冷凝管口,以免发生倒吸,再蒸馏1min;蒸馏是否完全,可用精密 pH 试纸测试冷凝管口的冷凝液来确定。

(4)滴定通常用混合指示剂,以 0.1％甲基红乙醇溶液与 0.1％溴甲酚绿乙醇溶液按1∶5的体积混合,酸性为酒红色,碱性为绿色,变色点为 pH5.1;用2份 0.1％甲基红乙醇溶液与1份 0.1％亚甲基蓝乙醇溶液混合,酸性为紫红色,碱性为灰色,变色点为 pH5.4。

【观察项目和结果记录】

记录实验数据,并计算食品中蛋白质含量。

注:以重复性条件下获得的两次独立测定结果的算术平均值表示,蛋白质含量≥1g/100g时,结果保留三位有效数字;蛋白质含量＜1g/100g 时,结果保留两位有效数字。

【讨论】

1.食品中蛋白质消化时常加入哪些试剂?请分别说明它们的作用。

2.通过查阅资料,总结蛋白质的测定还有哪些方法。

任务四　食品中脂肪的测定

背景知识:

地沟油事件　"地沟油"又称为"毛油",其来源主要有:下水道中的油腻漂浮物;将宾馆、酒楼的剩饭、剩菜经过简单加工、提炼出的油;用于油炸食品的油使用次数超过规定要求;或是劣质猪肉、猪内脏、猪皮加工以及提炼后产出的油。由于不法商贩将"地沟油"收集后经过水油分离、过滤、加热脱水、脱色等程序,使消费者不能从感官上鉴别,实验室常规指标也检测不出来。目前可采用紫外光谱分析等方法对精炼过的"地沟油"中的有机物,特别是极性物质的组分和含量进行鉴别。

一、概述

食物中的脂类包括脂肪和一些类脂质,由于食物中的脂肪大部分为中性脂肪,类脂质是少量的,所以将食物中的脂类统称为脂肪。人类膳食的脂肪主要来源于动物的脂肪组织和肉类,以及植物的种子(如葵花籽、花生、芝麻和黄豆)。动物脂肪含饱和脂肪酸和单不饱和脂肪酸较多,而含有的多不饱和脂肪酸较少;植物油则含不饱和脂肪酸较多。脂肪既存在于动物性食品中,也存在于植物性食品中。按脂肪含量,可把食品分为高脂食品(如肥肉、食用油等)、低脂食品(如水果、蔬菜等)和无脂食品(如甜菜糖等)。一些食品中的脂肪含量见表3-7。

表 3-7 一些食品中的脂肪含量

动物性食品	脂肪含量/%	植物性食品	脂肪含量/%
猪油	99.5	食油	99.5
奶油	80～82	黄豆	12.1～20.2
牛乳	3.5～4.2	生花生仁	30.5～39.2
全脂乳粉	26～32	核桃仁	63.9～69.0
全蛋	11.3～15.0	葵花籽(可食部分)	44.6～51.1
蛋黄	30.0～30.5	稻米	0.4～3.1
肥肉	72.8	蛋糕	2～3

人体所需的总能量的10%～40%是由脂肪所提供的。脂肪的主要功能是供给热量,1g脂肪可释放9.3千卡的热能,其所供热量较相同重量的蛋白质和碳水化合物多一倍。此外,还提供人体所需的"必需脂肪酸"。脂肪酸的种类很多,可分饱和、单不饱和与多不饱和脂肪酸三大类。多不饱和脂肪酸中的亚油酸、亚麻酸和花生四烯酸在动物和人体内不能合成,必须取自食物,故称"必需脂肪酸",缺少它们就会产生一系列缺乏症状,如生长迟缓、皮炎等。脂肪的主要生理作用有:

(1)供给热能,脂肪是营养素中产热量最高的一种。

(2)脂肪中的磷脂和胆固醇是人体细胞的主要成分,在脑细胞和神经细胞中含量最多。一些固醇则是制造体内固醇类激素(如肾上腺皮质激素、性激素等)的必需物质。

(3)脂肪是所有细胞结构的重要组成部分。其主要用于磷脂的合成,可保持皮肤微血管正常通透性。此外,对精子形成和前列腺素的合成均有一定的作用。

(4)增加食欲,脂肪性食物可增加风味,还可促进脂溶性维生素 A、D、E、K 的吸收与利用。

(5)调节体温和保护内脏器官,防止热能散失。脂肪分布填充在各内脏器官间隙中,可使其免受震动和机械损伤,并维持皮肤的生长发育。

(6)增加饱腹感,脂肪在胃内消化较缓、停留时间较长,使人不易感到饥饿。

测定食品中脂肪的含量,可以掌握食品的基础数据。脂肪是食品中重要的营养成分之一,不同的食品其脂肪含量不同,食品中脂肪含量直接影响食品的感官性状。食品中脂肪含量的测定可为食品的营养价值评定提供科学依据。脂肪在食品加工中对色、香、味起着重要作用,所以脂肪含量也是各类食品加工质量的重要检测指标之一。

为了保证食品的卫生质量,我国食品卫生标准规定了一些食品脂肪含量标准。例如,酸牛奶的脂肪含量应≥3.0%,鸡全蛋粉的脂肪含量应≥42.0%,鸡蛋黄粉的脂肪含量应≥60.0%,硬质干酪的脂肪含量应≥25.0%。

二、脂类的基本分类

脂类依性状可分为固体脂和液体脂两类,其他区分方式如下所示。

(一)以化学组成区分

1.游离态脂类　脂肪酸与醇类结合而成的酯类化合物,如三羧酸甘油酯、蜡等。游离态脂肪可被有机溶剂提取,有的食品,如乳类脂肪也属游离脂肪,但因脂肪球被乳中酪蛋白钙盐包裹,并处于高度分散的胶体中,不能直接被有机溶剂萃取,需经氨水等碱水解处理后才能被萃取。

2.结合态脂类　除脂肪酸与醇外,又与磷酸、糖类、蛋白质等基团结合而成的磷脂、糖脂及脂蛋白。结合态脂类只有在一定条件下进行水解转变成游离脂肪后,才可被有机溶剂萃取。

3.衍生脂类　由游离态脂类或结合态脂类衍生或水解而来,如脂肪酸、高级醇、固醇或脂溶性维生素。

(二)以碘价区分

100g 的油脂能够吸收的卤化碘(ICl 或 IBr)量以碘的克数表示的值,称为碘价(IV)。可由碘价来判定油脂干性、半干性与不干性的性质,另外也可由碘价来估计油脂的双键数。

1.干性油　碘价在 130 以上者,如红花籽油、深海鱼油等。

2.半干性油　碘价在 100～130 者,如大豆油、玉米油、棉籽油等。

3.不干性油　碘价在 100 以下者,如动物油脂、棕榈油、椰子油等。

(三)以脂肪酸饱和度区分

1.饱和脂类　脂肪酸中不含有不饱和的双键,如月硅酸、肉豆蔻酸、软脂酸、硬脂酸。

2.不饱和脂类　脂肪酸中含有不饱和的双键,如棕榈油酸、油酸、亚麻油酸等。

三、脂肪的定性分析

1.丙烯醛反应　甘油与硫酸氢钾混合加热,会分解产生具有浓厚刺激性臭味的丙烯醛气体。因油脂里含有甘油,取 3mL 样品加入 0.5g 硫酸氢钾,在 230℃ 油浴中加热,若有白烟产生且可闻到刺激性臭味,即代表该样品中含有脂肪。

2.脂肪酸呈色反应　取分离的脂肪酸置于坩埚中,加入乙酰氯的乙醇饱和溶液 2 滴,再加入 1mol/L NaOH 乙醇溶液至呈碱性,加热使其反应,然后加 0.5mol/L 的稀盐酸酒精溶液至酸性,并加 1% 氯化铁溶液,则呈红褐色。

3.简易检测法　将苏丹试剂(取苏丹Ⅲ或苏丹Ⅳ试剂 0.1g 溶于 100mL 乙醇)滴在供检验的餐具或容器上,慢慢回转使其扩散至全面后,用水轻轻冲洗,如有油脂残留,则呈现红色斑点。

四、食品中脂肪的定量分析

食品中脂肪含量的测定,通常是先用有机溶剂将脂肪提取后,再用重量法进行定量。用有机溶剂在索氏(Soxhlet)提取器中直接提取食品中的脂肪时,因少量脂溶性成分,如脂肪酸、高级醇、固醇、蜡质、色素等与脂肪混在一起,故称为粗脂肪。一般食品中脂溶性成分实际含量很少,可忽略不计。如果在用有机溶剂萃取以前,先加酸或碱进行处理,使食品中结合脂肪游离出来,再用有机溶剂萃取后所测得的脂肪,称为总脂肪。

(一)索氏提取法

1.原理　在索氏脂肪提取器(图 3-6)中,以有机溶剂如乙醚、石油醚等提取食物中脂肪,再蒸发除去有机溶剂,称残留物的质量,即可测得样品的脂肪含量。该法主要用于粗脂肪的检验。

2.分析步骤　称取适量测过水分的干燥样品(未测水分的应先烘烤除去水分后方能进行以下步骤)放入滤纸袋内,称重。将封好的样品袋包放入索氏提取器的提取筒内,滤纸袋的高度不要超过提取筒之虹吸管,加无水乙醚(或石油醚)约至接收瓶容积的 2/3,然后装上冷凝器,置 60~70℃ 水浴上加热,控制乙醚回流速率为每小时为 6 次,萃取至少 8h 后,将滤纸袋取出,烘到恒重,计算脂肪含量。

3.方法说明

(1)用于食品中脂肪测定的有机溶剂通常是无水乙醚或石油醚。乙醚的沸点低,溶解脂肪的能力比石油醚强。其缺点是乙醚可饱和约 2% 的水分,含水的乙醚也将会同时提取水溶性的非脂成分,因此,必须采用无水乙醚作提取剂,且被测样品必须事先烘干。石油醚与乙醚相比,具有较高的沸点,用作脂肪提取

图 3-6　索氏脂肪提取器
①冷凝管　②索氏提取器
③阀门　④圆底烧瓶
⑤虹吸回流管

剂时,没有胶溶现象,不会夹带胶态的淀粉、蛋白质等物质,所以用石油醚提取的成分比较接近食品中所含的脂类。

(2)所用的乙醚不应含有过氧化物。过氧化物会导致脂肪氧化,在烘烤时也有爆炸的危险。乙醚中的过氧化物主要是在贮存过程中,由于空气、光线和温度的作用,由乙醚缓慢氧化而形成。在使用前,应按下列方法检查是否有过氧化物存在:取乙醚,加碘化钾溶液,用力振摇,放置 1min,若出现黄色,则证明有过氧化物存在。含过氧化物的乙醚应进行处理后再使用:取乙醚加亚硫酸钠,加盐酸酸化,振摇,静置分层后,弃去水层,再用水洗至中性,用无水氯化钙或无水硫酸钠脱水后,再进行恒重。重蒸馏时可放入少量无锈铁丝或铝片,蒸馏后,再用无水硫酸钠脱水,取上层清液使用。

(3)检验果汁、酱油等液状而不容易蒸发干涸的样品,采用有中管的萃取器。

(4)检验黏质、糊状,不易成粉末,且含糖分多的样品(如微胶囊食品等),须另经如下前处理:精确称取 5~10g 样品,置于烧杯中,加水约 200mL,充分混合均匀,视样品种类,有时

须于低温水浴中加温,放冷后加入 10mL 硫酸铜试液(硫酸铜 69.3g 溶于水使成 1000mL),再以 0.25mol/L NaOH 溶液调成为中性,再搅拌混合使之充分沉淀,经过滤后,将滤纸及其上的沉淀物于 98～100℃的烘箱中干燥约 2h,移入圆筒滤纸内,再置入索氏提取器的抽出管中,并将残留有少许沉淀物的原烧杯充分干燥后,加入适量乙醚清洗烧杯内部,洗液注入圆筒滤纸中反复清洗至所附着的脂肪完全溶解,且其乙醚量超过烧瓶容量的 1/2。以下步骤同上述操作。

(二)快速萃取法

1.原理　原理同索氏提取器,采用脂肪含量检测仪(图 3-7)将样品直接浸泡在沸腾的溶剂中,增加样品与溶剂接触的面积,利用萃取溶剂将脂肪从样品中萃取出来。由于增加了油脂溶解速率,因此相较索氏提取法可缩短萃取时间,可在 30～40min 将脂肪萃取完成。

图 3-7　脂肪含量检测仪

2.操作方法

(1)样品装置　将预处理过的样品称重,放入圆筒滤纸中,用脱脂棉花塞住洞口,避免样品在萃取过程中损失。将装有样品的圆筒滤纸直立在烧杯中,置于温度 100～105℃的烘箱中干燥 3h。若是样品中有水分存在,样品中水溶性物质也会在萃取的过程中溶解出来,影响分析结果。

(2)萃取溶剂装置　铝杯洗涤干净并放入温度 100～105℃的烘箱内干燥 1h,然后放入玻璃干燥器中冷却至室温,称重。在铝杯中加入约为其容积四分之三的萃取溶剂。

(3)萃取　干燥后的圆筒滤纸放入萃取管中,将装有萃取溶剂的铝杯放入仪器中,打开加热器及冷凝装置开始萃取,萃取时间依照脂肪的多少而定,一般为 30～40min。

(4)蒸发溶剂　脂肪被萃取完全后,按下蒸发键,回收溶剂。溶剂完全回收后,拆下铝杯,并将铝杯浸入沸腾的热水浴中,充分蒸发残留的萃取溶剂。最后将铝杯放入温度 100～105℃的烘箱内干燥 1h,然后放入干燥器中冷却至室温,称重,反复依照此方法进行干燥、冷却、称重等步骤,直至达到恒重为止。铝杯内剩余的油脂即为样品中的脂肪含量。

（三）酸水解法

某些食品（如面粉及其焙烤制品）中的脂肪包裹在组织内部，乙醚不能充分渗入样品颗粒内部，或者脂类以糖脂、脂蛋白等结合态脂形式存在，特别是一些容易吸潮、结块和难以烘干的食品，用索氏提取法不能将其中的脂类完全提取出来，这时用酸水解法效果就比较好。在强酸、加热条件下，蛋白质和糖类被水解，使脂类游离出来，然后再用有机溶剂提取。

1.原理　食品样品经酸水解后，使其中的结合脂肪转变成游离脂肪，再用乙醚萃取，除去溶剂即可得到总脂肪的含量。

2.分析步骤

（1）水解　精密称取样品，加水混匀后再加盐酸，放入 70～80℃水浴中，每隔 5～10min 用玻璃棒搅拌一次，至样品水解完全为止，约 40～50min。

（2）萃取　在水解液中加入乙醇混合，用乙醚分次提取脂肪，待静置分层后，取出上清液于已恒重的锥形瓶内。加入乙醇混合，用乙醚萃取并用石油醚—乙醚等量混合液冲洗容器壁上附着的脂肪，静置待分层清晰后，吸出上清液于已恒重的锥形瓶内。再加一定量的乙醚于具塞量筒内，振摇，静置分层后，将上层乙醚吸出，放入原锥形瓶内。

（3）称重　将锥形瓶置水浴上蒸干，置于 95～105℃烘箱中干燥，取出放干燥器内冷却后称量，恒重。

3.方法说明

（1）加入一定量的乙醇，使能溶于乙醇的物质进入水相，减少一些非脂成分进入醚层。但由于乙醇既能溶于水也能溶于乙醚，会影响分层，加入石油醚，可降低乙醚的极性，促进乙醇进入水层，使乙醚能与水层分离。若出现混浊，可记录醚层体积后，将其取出加入无水硫酸钠脱水，过滤后，取出一定体积，烘干称重。

（2）溶剂挥发完后，残留物中如有黑色焦油状杂质，是分解物和水混入所致，将使测定值增大，造成误差，可用等量乙醚及石油醚溶解后过滤，再次让溶剂挥发完全。

本法适用于大多数食品中总脂肪含量的测定，对固体、半固体、黏稠液体或液体食品，容易吸湿、结块，不易烘干的食品，还有不能采用索氏抽提法测定的食品，用此法都能获得较理想的结果。但含磷脂较多的食品或含糖量较高的食品不宜采用本方法，因为磷脂在强酸中加热，几乎完全分解为脂肪酸和碱，使测定结果偏低，而且糖类遇强酸易炭化，影响测定结果。

（四）乳脂肪巴氏法

1.原理　市售牛乳大部分经过均质处理，均质的目的是使脂肪球变小，乳蛋白质均匀分散于脂肪球上作为乳化剂使用，避免脂肪上浮，影响牛乳品质。因此，牛乳中的脂肪无法直接利用有机溶剂萃取，需要先用硫酸破坏牛乳中的乳化，溶解附着于脂肪球上的酪蛋白钙盐，降低吸附力，再用离心的方式使脂肪球分离并上浮，利用特殊的乳脂肪计读取乳脂肪含量。

2.仪器构造　乳脂肪巴氏法所需的仪器包括乳脂瓶、牛乳专用吸管、硫酸专用吸管以及乳脂专用离心机。

（1）乳脂瓶　为一特殊构造的容器，专供测定牛乳脂肪使用，并可直接由瓶颈上的刻度读取脂肪含量。依照乳制品脂肪的多少,可以选择不同的乳脂瓶(图 3-8)。

(2)牛乳专用吸管:为 17.6mL。

(3)硫酸专用吸管:为 17.5mL。

(4)乳脂专用离心机:专门放置乳脂瓶,分离乳脂肪的离心机(图 3-9)。

图 3-8　乳脂瓶　　　　　　　　图 3-9　乳脂专用离心机

3. 操作方法　用牛乳专用吸管吸取 17.6mL 牛乳样品放置于乳脂瓶中,再用硫酸专用吸管加入硫酸(比重为 1.82~1.83,15℃)17.5mL,旋转使之充分混合均匀。由于此反应为强烈放热反应,混合的过程需十分小心,避免内容物溅出。用离心机以 700~1000 转/min 的速度离心 5min。加入温度 60℃以上的蒸馏水至瓶颈,使内容物浮出。再离心 2min,加入温度 60℃以上的蒸馏水至刻度顶端,最后离心 1min,然后将乳脂瓶浸泡在 60℃的温水中,读取脂肪层读数。

(五)皂化法

1. 原理　食物中的脂肪在碱性溶液中会被皂化成为肥皂,利用此特性,可计算脂肪含量。皂化法所使用的碱性溶剂为氢氧化钾,而非氢氧化钠,因为氢氧化钾所生成的钾肥皂较氢氧化钠所生成的钠肥皂更容易溶解于水中。其化学反应方程式如下:

$$C_3H_5(RCOO)_3 + 3KOH \longrightarrow 3RCOOK + C_3H_5(OH)_3$$

生成的钾肥皂会被盐酸酸化水解产生脂肪酸,剩余的氢氧化钾则被酸中和产生水及盐类。其化学反应方程式如下:

$$RCOOK + HCl \longrightarrow RCOOH + KCl$$

$$KOH + HCl \longrightarrow KCl + H_2O$$

样品经过皂化及酸化水解所产生的游离脂肪酸则利用石油醚萃取,蒸发除去石油醚,然后以中性的乙醇溶解脂肪酸,用氢氧化钾标准溶液滴定,根据滴定量,计算脂肪含量。

在一定的温度和压力之下,溶液萃取时,溶质分别溶解于互不相溶的两种溶剂(水—石油醚),达成平衡后,两种溶剂中所含此溶质的浓度比例为一个常数,这称为分配定律。利用石油醚萃取样品中脂肪酸时,由于分配定律的影响,部分脂肪酸会残留于乙醇层中,因此需校正,此校正系数称为 Colffon 系数。

2.操作方法 精称样品放置入烧瓶中,加入 33% 氢氧化钾溶液及乙醇溶液,以回流装置皂化脂肪 30min。充分冷却后,慢慢加入盐酸酸化水解。待冷却后加入定量石油醚,加盖剧烈震荡,使脂肪酸完全被萃取至石油醚层,移至分液漏斗中,待分层后移去水层,取出定量石油醚层置入烧杯。烧杯放入沸腾水浴中,将石油醚挥发移除(剩游离脂肪酸),然后加入中性乙醇及酚蓝指示剂,用 0.1mol/L 的氢氧化钾标准溶液滴定至蓝色为终点。

3.计算方法 依据脂肪酸在石油醚及乙醇的分配率,约有 4% 的脂肪酸残留于乙醇层中无法被萃取,因此需利用 1.04 的 Colffon 系数作校正。

$$脂肪含量 = \frac{NV \times 284 \times 1.04}{W \times V_1/V_2 \times 1000} \times 100$$

式中:N——氢氧化钠标准溶液当量浓度,mol/L;

V——氢氧化钠标准溶液滴定量,mL;

284——食品中所含脂肪酸的平均摩尔质量;

1.04——Colffon 系数;

W——样品重量,g;

V_1——吸取石油醚层的量,mL;

V_2——加入石油醚的量,mL。

五、脂肪酸的层析法

(一)脂肪酸的薄层层析法

将食品涂布硅胶板,以展开剂进行逆向展开,经铅盐—硫化铵法呈色后,可以利用 Rf 值判定含有哪些脂肪酸。

(二)脂肪酸的气相层析法

1.原理 气相色谱法(GC)是利用样品与固定相及移动相之间吸引力的不同达到将样品分离的目的。由于脂肪酸极性小,一般以反相层析操作,也就是极性较强的短链脂肪酸先分离出,而极性较弱的长链脂肪酸后分离出。

2.样品处理 脂肪酸以 GC 法分析前需先将脂肪皂化处理,以有机溶剂去除非皂化物,再用酸水解得到游离脂肪酸,最后将游离脂肪酸甲基化生成脂肪酸甲酯,虽然操作过程较为复杂,但准确度高。

(1)脂肪的皂化,使甘油酯、固醇酯、磷脂及蜡中的脂肪酸游离出来。

(2)以乙醚去除不皂化物,如固醇、萜烯、脂溶性色素及维生素等。

(3)皂化所得的脂肪酸盐,以酸分解,可得到游离脂肪酸混合物。

$$RCOOK + HCl \longrightarrow RCOOH + KCl$$

(4)甲醇与游离脂肪酸反应可得较易挥发的脂肪酸甲酯,即可以 GC 进行分析:

$$RCOOH + CH_3OH \longrightarrow RCOOCH_3 + H_2O$$

3. 仪器构造　可分为分离管柱、载气及检测器三大部分。

(1)分离管柱　GC 的分离管柱,以其内径尺寸不同,主要可以分为填充柱及毛细管柱两种。毛细管柱由于分离效果佳,较常用。

(2)载气　GC 的载气为流动相,主要是携带样品进入分离管柱将样品中的化学成分分离。氦气是最理想的载气,因为氦气是惰性气体,不会和任何样品或是分离管内所填充的固定相作用,而且不易燃、危险性低。由于氦气的热传导系数高,使用氦气作载气可以大幅提高热传导度检测器的敏感度。但是氦气价格昂贵,因此实验上常常使用其他较便宜的气体取代。氮气是最常使用的载气之一,其价格便宜,化学安定性佳,不会和任何样品或是分离管内所填充的固定相作用,可以取代氦气作为载气。脂肪酸分析主要以氮气作为载气。

(3)检测器　常使用于 GC 的检测器主要有热导检测器(TCD)、火焰离子化检测器(FID)、电子捕获检测器(ECD)。热导检测器是应用最普遍、价格最便宜的检测器,但是由于载气的分子量大小和导热有极大的关系,分子量愈小,热能传导愈佳,而氮气的分子量较大,较不适合作为热导检测器的载气。盐酸、氯、氟等卤化物会损害热导检测器,需避免使用。火焰离子化检测器敏感度高,可以适用于会燃烧的无机物和所有的有机物,而载气一般使用氮气,但此种检测器较为昂贵。一般脂肪酸分析多使用火焰离子化检测器。电子捕获检测器是敏感度最高、价格最昂贵的检测器,对卤代烷、共轭基化合物、有机金属特别敏感,但是对脂肪类及环烷碳氢化合物不能使用。

4. 操作方法　分为脂肪酸萃取、脂肪酸甲基反应和仪器操作三个步骤。

(1)脂肪酸萃取　将样品称重、皂化及酸化水解后,利用萃取溶剂(氯仿:甲醇=2:1,V/V)置入分液漏斗振摇数分钟,然后以 3000 转/min 离心 5min。取下层氯仿层,加入氯化钠溶液,使氯仿与甲醇分层。

(2)脂肪酸甲基反应　取下层氯仿层置于样品瓶中,加脂肪酸甲基酯化剂于 60℃水浴,进行酯化反应后,注射入气相色谱仪分析。

(3)仪器操作　选择适当分析管柱接于气相色谱仪,并设定载气流速、样品注入温度、检测口温度及管柱上升温度。将火焰离子化检测器点火,等基线稳定后,将样品注射入仪器中。

5. 计算方法

(1)定性分析　定性分析可以利用滞留时间比对法及质谱仪(MS)来判别。

①滞留时间比对法:将脂肪酸标准品与样品滞留时间比较,滞留时间相同,则代表为相同成分,最好使用二支管柱进行确认,减少误差。

②质谱仪:使一群碎片离子通过电场或磁场后,因不同质量而分开,可以推测分子结构式,若配合红外光谱、紫外光谱及核磁共振光谱,可以鉴定复杂的有机分子结构式。

(2)定量分析　利用内标法选择一个化合物,其滞留时间、物理化学性质和预定量的脂肪酸样品相似。所要定量脂肪酸样品的标准品及内在标准品依照不同重量比例配置,在相同分析条件之下,将此溶液注射入 GC 中。将脂肪酸样品标准品与内在标准品的重量比值与两者积分面积比值作线性回归。将内在标准品加入脂肪酸样品中,并一起注射入气相层析仪,利用面积比值可以计算样品的浓度。

六、油脂的物理性质分析

自然界油脂中组成甘油三酯的脂肪酸种类很多,使油脂中同质多晶化更加复杂,影响食品物理性质。脂质的物理性质影响食品的加工,因此若能充分了解油脂的物理特性,就能够控制食品的质量。在脂质的物理性质变化中,以测定比重、熔点、折射率及色度最为重要。

(一)脂质比重测定

1.原理 脂肪的比重受组成甘油三酯的脂肪酸种类影响,脂肪酸分子量越大,脂肪的比重越小;而脂肪酸的饱和度越小,比重越小。温度也会影响脂肪密度,温度高,体积膨胀,比重下降。

脂肪比重的测定是利用比重瓶,先在瓶内装满蒸馏水,测定瓶内水的重量。由于水的密度为1,因此水的重量就等于水的体积,可得到比重瓶的体积。使用相同的比重瓶,在相同温度下倒入待测的油脂,称重后,将油脂重量除以瓶子的体积则可换算出密度。

2.仪器构造 测定比重需使用比重瓶(图2-1)。比重瓶上的毛细管有助于正确量测体积。有的比重瓶附有温度计,可以方便得知瓶内温度。

3.操作方法 将比重瓶以重铬酸溶液充分洗涤,干燥后精确称瓶重。再放入经煮沸后冷却至5℃以下的蒸馏水,插上毛细管盖,使水分溢出。置于恒温槽中,达到规定温度后(一般为25℃),利用毛细管上的刻度正确量取水量,将水量调整至毛细管上的标线,如水量过多则用滤纸吸出。从恒温槽中将比重瓶取出,用布将外围水分拭干,精称重量。将水取出,烘干比重瓶。冷却后放入样品,插上毛细管盖,放入恒温槽中,达到规定温度后(一般为25℃),利用毛细管上的刻度正确量取样品量,将样品量调整至毛细管上的标线,从恒温槽中将比重瓶取出,用布将外围水分拭干,精称重量。

4.计算方法 油脂比重计算是利用蒸馏水得到比重瓶的体积,再称重得到相同体积时的油脂重量,将重量除以体积可得到比重。

$$油脂的比重 = W_s/W_w$$

式中:W_s——样品的重量(样品加上比重瓶的重量减去空的比重瓶重),g;

W_w——蒸馏水的重量(因水的密度为1,即等于比重瓶的体积),g。

若是于室温为非液体的样品(固态油脂),则需提高测试温度,但玻璃的膨胀率则需考虑,因此需使用下列计算方程式:

$$油脂的密度\ t_1/t_2(g/cm^3) = A/\{B[1+[0.000025×(t_1-t_2)]]\}$$

式中:A——t_1℃时样品的重量,g;

B——t_2℃时样品的重量,g;

0.000025——普通玻璃膨胀系数。

(二)脂质熔点测定

1.原理 油脂中的脂肪酸组成是影响油脂熔点的主要因素,减少脂肪酸的碳链长度、增加不饱和脂肪酸双键间的距离或增加甲基支链都可降低油脂的熔点。一般而言,熔点范围较窄的油脂可以作为点心、糖果的加工,例如巧克力糖;而熔点范围大的油脂,则可应用于食品加工中的酥油。

油脂熔点的测定是将样品依照规定的方法加热,并记录开始熔解到完全熔解的温度。

2.操作方法

(1)样品装置　将样品完全熔融后,干燥去除水分。再利用滤纸过滤,移除样品中的不溶性物质。准备一支内径 1mm,外径 3mm,长 50～80mm,两端开口的玻璃毛细管,将毛细管的一端浸泡入完全熔融的液体样品中。待样品因毛细原理上升 10mm,立刻取出放在冰上 1h,使样品迅速固化,然后移入 10℃ 以下的冰箱放置 16h。

(2)测定熔点　从冰箱中取出样品,利用橡皮筋将毛细管与温度计固定在一起,毛细管的样品需与温度计水银球高度相同。将上述装置放入试管内,但两者底部需距离试管底部 3cm 的高度。将试管放入装水的烧杯中,水温调整至样品熔点的 8～10℃ 以下,开始水浴加热,并用搅拌器搅拌,使加热温度均匀。开始加热时,每分钟温度上升 1℃,待接近熔点后,减缓加热速度,每分钟温度上升 0.5℃,直到毛细管内的油脂融化,从混浊变为透明,观察融化时的温度,即为样品的透明熔点。

3.脂质的同质多晶现象　将固态油脂缓缓加热至熔融,继续加热再行冷却则油脂恢复凝固,若再加热则发现在更高温度下才会再行融解,若此时快速冷却,则在较原先凝固点为低的温度才能凝固,此种固态油脂分子在空间中的不同排列情形所造成熔点(或凝固点)的变异现象,称为同质多晶现象。

(三)油脂折射率的测定

1.原理　油脂的折射率随着脂肪酸的组成不同而改变,脂肪酸的链长增加,折射率增加;不饱和度增加,折射率也增加。因此,当油脂进行氢化反应时,可以通过测定折射率,了解氢化反应(饱和度增加,折射率减少)进行的状态。

光由空气进入样品中速度改变,发生折射现象,将物质光线入射角的正弦与折射角正弦的比值称为折射率。在相同温度下,相同物质有一定的折射率,可以用来判别物质纯度。折射率的测定可以使用阿贝折射计。

2.仪器构造　阿贝折射计主要是由两个三棱镜、望远镜及标尺所组成。

3.操作方法　利用沾有乙醚的脱脂棉擦拭置放样品的三棱镜,将样品滴在样品三棱镜上,调整旋扭,直接读取折射率。一般样品测试温度维持在 20℃ 或 25℃,而固态油脂则提高温度至 40℃ 或 60℃。

(四)油脂色度的测定

1.原理　油脂愈纯,其颜色和气味愈淡,纯净的油脂应是无色、无味、无臭的。通常,油脂受提炼、贮存的条件和方法等因素的影响,具有不同程度的色泽。一般商品油脂都带有色泽,例如:羊油、牛油、硬化油、猪油、椰子油等为白色至灰白色;豆油、花生油和精炼的棉籽油等为淡黄色至棕黄色;蓖麻油为黄绿色至暗绿色;骨油为棕红色至棕褐色等。

测定色泽的方法有:铂-钴分光光度法、FAC 比色计法等,条件不具备也可用肉眼观察,做粗略的评定。FAC 比色计法测定脂肪颜色是利用 FAC 色价比色仪,将无机盐调配的标准颜色溶液放置入 10mm 的容器中,与放置于相同容器中的油脂样品的颜色比较。

2.仪器构造　FAC色价比色仪主要由比色架、光源及 FAC 标准色价三个部分组成。标准色价主要有 24 个不同颜色的单数连号的标准颜色及三个重复的号码,分别为标准色、绿色、红色。

3.操作方法　精称样品后,放入小烧杯中,在低于 65℃ 的温度下将油脂样品熔融成透明无色的液体,并用滤纸过滤。将处理过的样品放置入比色玻璃管中,然后放置在 FAC 色价比色仪的比色架上,与标准颜色作比较,记录与样品颜色相同的号码。

七、油脂的品质检查

油脂的氧化作用是造成食品变质的主要因素,尤其是不饱和脂肪酸最容易产生氧化作用,产生异味,破坏必需脂肪酸,改变脂质的风味及颜色。脂质的氧化受到脂肪酸不饱和程度、光线、温度、水活性及氧气含量等因素的影响。因此,在食品工业中,油脂质量的鉴定是非常重要的工作。

(一)劣质油的物性检查法

1.发烟点　在油脂加热过程中,刚起薄烟时的温度,称为发烟点。每种油脂有其固定的发烟点范围,油脂氧化时,由于分解作用,产生了许多小分子物质,如游离脂肪酸,油脂氧化程度越大,小分子浓度越大,发烟点就越低。因此,可以通过测发烟点,来判断油劣质与否,油炸用油的发烟点低于 170℃ 时须换油。

2.泡沫试验　油脂受热至某些温度时,在油脂的表面会形成气泡。但油脂遭到氧化后,黏度加大更易起泡。依据泡沫的多寡,测定油脂氧化的程度,称为泡沫试验。当泡沫面积超过油炸锅的二分之一以上时,需更换油炸用油。

3.油色　油脂氧化后,油色会越来越深,可用来当作测定油脂劣变的指标,可采用色度仪来测定色泽的变化。

4.黏度　油脂加热后会产生聚合、氧化、水解及异构化等作用,导致油脂变得较黏稠。因此,黏度常被用来当作判断油脂劣变的指标,黏度值可用黏度计测得。

5.紫外吸光度　含有两个以上双键的脂肪酸氧化形成的过氧化物,其双键会移动形成共轭二烯,其在波长 233nm 处有明显的吸收峰。另外,形成的二乙烯酮在波长 268nm 也有明显吸收峰。

6.介电常数　介电常数与油脂中的极性物质有关,油脂分解物质增加,会使介电常数相应增加。因此,氧化程度越高的油脂,其介电常数越大。本法利用仪器,测定方法简单,但缺点是使用不同的油或食物,结果的差异性较大。

(二)酸价

1.原理　酸价是指中和 1g 油脂中的游离脂肪酸所需氢氧化钾的毫克数,代表油脂因水解所产生游离脂肪酸的多寡。

其化学反应式如下:$RCOOH + KOH \longrightarrow RCOOK + H_2O$

2.操作方法　精称样品 5～10g 放入烧杯中。加入中性醇醚混合溶液(95% 乙醇:乙醚=2:1,V/V),并加入酚酞指示剂,用 0.1mol/L 氢氧化钾标准溶液滴定至淡红色且

1min 不会消失为止。此外,对于颜色较深的油脂,可以采用电位法(pH 计法)以 pH 滴定终点来确定。

　　3.计算方法　将氢氧化钾的当量浓度乘以氢氧化钾滴定时所消耗的量,再乘上 1mol/L 碱溶液 1mL 所含氢氧化钾的含量(56.11mg),最后除以油脂样品重量所得即为酸价。

$$酸价 = [N \times V \times 56.1 \times F]/W$$

式中:N——氢氧化钾的当量浓度,mol/L;

　　　　V——氢氧化钾滴定时所消耗的量,mL;

　　　　56.1——1mol/L 碱溶液 1mL 所含氢氧化钾的含量;

　　　　F——1mol/L 碱溶液的力价系数;

　　　　W——油脂样品重量,g。

　　4.注意事项

　　(1)油脂预期酸价与采样量可参考表 3-8,在室温为固体的样品在加入混合溶剂之前应先于水浴锅上温热溶化。

　　(2)当 0.1mol/L 氢氧化钾标准溶液的滴定数大于 20mL 时,应改用 0.5mol/L 的氢氧化钾标准溶液滴定。若滴定数过低,也可采用 0.01mol/L 的氢氧化钾标准溶液滴定。

表 3-8　油脂酸价测定的采样量

酸价	0~1	1~4	4~15	15~75	75 以上
采样率/g	20	10	2.5	0.5	0.1

(三)过氧化值

　　1.原理　过氧化值是代表 1 千克油脂样品中所含过氧化物的毫克当量数,其原理是利用化学反应的氧化还原作用。油脂氧化的初级产物为氢过氧化物,此化合物会氧化碘离子,使碘离子成为碘分子。其化学反应式如下:

$$2KI + CH_3(CH_2)_{n1}CH(OOH)CH = CH(CH_2)_{n2}COOH \longrightarrow$$
$$I_2 + K_2O + CH_3(CH_2)_{n1}CH(OH)CH = CH(CH_2)_{n2}COOH$$

　　再利用硫代硫酸钠与碘分子的氧化还原作用作为油脂氧化的指标,其化学反应式如下:

$$2Na_2S_2O_3 + I_2 \longrightarrow Na_2S_4O_6 + 2NaI$$

　　过氧化值是最常被用作判别油脂氧化程度的方法,但过氧化物为油脂氧化的初级产物,容易裂解生成其他氧化产物,因此若样品过氧化值低,并不一定代表此油脂样品无酸败氧化现象。

　　2.操作方法　三角锥瓶中加入 10mL 氯仿,通入二氧化碳置换瓶中的空气,并同时加入精称后的样品 1g,震荡容器使样品溶解于氯仿中。加 15mL 冰醋酸及 1mL 碘化钾(KI)饱和溶液,震荡 1min 后,静置暗处。加入蒸馏水 75mL 塞上瓶塞,剧烈震荡(KI→I_2),滴入淀粉溶液作为指示剂,利用硫代硫酸钠($Na_2S_2O_3$)滴定至无色为滴定终点。另外,用相同条件测试空白试验。

3.计算方法
$$过氧化值(meq/kg)=[N\times(V_2-V_1)\times126.9/W]\times1000$$
式中：N——$Na_2S_2O_3$ 的摩尔浓度，mol/L；

　　　V_1——空白试验中，$Na_2S_2O_3$ 标准溶液滴定量，mL；

　　　V_2——滴定样品时，$Na_2S_2O_3$ 标准溶液滴定量，mL；

　　　126.9——1mol/L $Na_2S_2O_3$ 1mL 相当于碘的克数；

　　　W——油脂样品重量，g。

（四）羰基含量测定

1.原理　在油脂氧化酸败的过程中，会产生许多低分子量含羰基的化合物（如醛类及酮类），羰基含量测定是由 2,4-二硝基苯肼与这类化合物作用后所产生的衍生物，在碱性中呈褐红色，于波长 440nm 有最大的吸光值，可以计算油脂的羰基含量，了解其酸败程度。

2.操作方法　精称 0.5g 样品，放入 25mL 定量瓶中，用苯稀释至刻度，混匀。取 5mL（0.1g）混匀后溶液放入试管中，加入 3mL 三氯乙酸溶液及 5mL 2,4-二硝基苯肼溶液，混匀。在 60℃ 水浴中加热，冷却后加入 10mL 氢氧化钾—乙醇溶液，塞上塞子，剧烈震荡后，静置 10min。使用分光光度计，在 440nm 测定吸收值。用相同的方法测定空白对照试验。

3.计算方法
$$羰基含量(mg/kg)=[C/(0.854\times W)]\times100$$
式中：C——吸光值（波长 440nm）；

　　　W——5mL 中样品重量，g；

　　　0.854——标准羰基化合物吸光度平均值。

 思考题

1.简述索氏提取法测定脂肪的原理。

2.酸水解法萃取脂肪时为什么要选用乙醇？

能力拓展　食品中脂肪的测定
（GB/T 5009.6—2003　食品中脂肪的测定）

【目的】

掌握索氏提取法测定脂肪的原理；熟悉索氏提取法测定脂肪的操作方法。

【原理】

在索氏脂肪提取器中，用无水乙醚或石油醚等溶液提取食物中的脂肪，根据样品减少的重量，即可得出样品中脂肪的含量。用本法提出的脂肪称为粗脂肪，因为除脂肪外，还含有色素、挥发油、游离脂肪酸、蜡、甲醇、树脂等脂溶性物质。

【仪器与试剂】

仪器:索氏脂肪提取器(图 3-6)、分析天平、干燥器、铝碟(或平底烧瓶)、恒温水浴箱(或电热板)、脱脂过滤纸袋及大头针。

试剂:无水乙醚或石油醚。

【方法】

(1)将铝碟(放有事先用乙醚浸泡过的滤纸袋一个及大头针一根)置于 100～105℃的烘干箱内烘至恒重。

(2)精密称取测过水分的干燥样品 2g(未测水分的样品应先烘烤除去水分后才能进行下一步骤)放入滤纸袋内,用大头针别好后放入铝碟中称重。

(3)将封好的样品包放入索氏脂肪提取器滤筒内,滤纸包的高度不要超过滤筒的虹吸管,加入约 2/3 接收瓶容积的无水乙醚,然后装上冷凝管,置于水浴锅上加热,控制加热温度使乙醚不过度沸腾,提取时间一般需进行 4～16h。

(4)提取结束后将滤纸袋取出放回原称样铝碟内,100～105℃的烘干箱内烘至恒重。

(5)计算:试样中脂肪含量按下式计算:

$$X = \frac{a-b}{m} \times 100$$

式中:X——样品中脂肪的含量,%;

a——提取前铝碟+样品质量,g;

b——提取后铝碟+样品质量,g;

m——样品质量,g。

【注意事项与补充】

(1)滤纸袋的高度不应超过索氏脂肪提取器滤筒的虹吸管。

(2)含糖或糊精较多的食品,应先进行冷水处理,干燥后再连同滤纸一起投入抽提器中,抽提的温度控制在每小时回流 6～12 次为宜。

(3)在抽提时,冷凝管上端连接氯化钙或塞一个脱脂棉球,以防止乙醚挥发和空气中水分的进入。

【观察项目和结果记录】

记录实验数据,并计算食品样品中脂肪的含量。

【讨论】

通过查阅资料,总结还有什么方法可以测定食品中脂肪的含量,并叙述其原理。

任务五　食品中碳水化合物的测定

背景知识：

　　食糖　人们经常食用的是白糖、红糖和冰糖,这三种糖其实都是蔗糖。制糖方法并不复杂,把甘蔗或甜菜压出汁,滤去杂质,再往滤液中加适量的石灰水,中和其中所含的酸(因为在酸性条件下蔗糖容易水解成葡萄糖和果糖),再过滤,除去沉淀,将滤液通入二氧化碳,使石灰水沉淀成碳酸钙,再重复过滤,所得到的滤液就是蔗糖的水溶液。将蔗糖水放在真空器里减压蒸发、浓缩、冷却,就有红棕色略带黏性的结晶析出,这就是红糖。将红糖溶于水,加入适量的骨炭或活性炭,将红糖水中的有色物质吸附,再过滤、加热、浓缩、冷却滤液,一种白色晶体——白糖就出现了。白糖比红糖纯得多,但仍含有一些水分,再把白糖加热至适当温度除去水分,就得到无色透明的块状晶体——冰糖。可见,冰糖的纯度最高,也最甜,理所当然的,价格也最贵。

一、概述

　　碳水化合物又称糖类,是由碳、氢、氧三种元素组成的一大类化合物,为机体提供主要的膳食热量,也是机体重要的构成成分之一,如结缔组织中的黏蛋白、神经组织中的糖脂及细胞膜表面具有信息传递功能的糖蛋白等都是一些寡糖复合物;脂肪在体内的正常代谢必须有糖类存在;当摄入足够的碳水化合物时,可以防止体内的蛋白质转变成葡萄糖,起到节约蛋白质的作用;碳水化合物中纤维素和果胶虽不能被人体消化吸收,但能刺激胃肠蠕动,有助于正常的消化和排便机能,并且具有降低血糖及血胆固醇的作用;另外,摄入富含纤维素膳食的人群,出现结肠炎和结肠癌的机会较少。

　　膳食中糖类的主要来源是谷类和根茎类,其中淀粉类约占碳水化合物总量的90%左右。蔬菜和水果除含少量淀粉和糖外,也是纤维素和果胶的主要来源。糖赋予食品许多特性,包括容积、性状、黏度、乳化稳定性和气泡性、持水能力、风味、香味和所需的质构(从松脆到滑爽、柔软)。同时,糖类的含量是食品营养价值高低的重要标志。分析、检验食品中糖类物质的含量具有重要意义。

(一)分类

　　食物中的碳水化合物一般分为单糖、双糖和多糖。碳水化合物的化学通式是 $C_m(H_2O)_n$,此处的 m、n 是整数。单糖的化学式为 $C_6H_{12}O_6$,双糖为 $C_{12}H_{22}O_{11}$,多糖为 $(C_6H_{10}O_5)_n$。

　　1.食物中的单糖主要有葡萄糖、果糖和半乳糖,这是糖的最基本单位。

　　2.双糖是由两分子单糖缩合而成的产物。常见的天然存在于食品中的双糖有蔗糖、乳糖和麦芽糖等。蔗糖是由一分子葡萄糖与一分子果糖以 a-键连接而成,日常食用的白糖就是蔗糖,是由甘蔗或甜菜中提取出来的;乳糖为一分子葡萄糖与一分子半乳糖以β键连接而成,主要存在于奶及奶制品中;麦芽糖由两分子葡萄糖缩合而成,游离的麦芽糖在自然界中不存在,通常由淀粉水解产生。

3.由多个单糖分子缩合而成的高分子化合物称为多糖,如淀粉、纤维素等。人体可利用的多糖主要是淀粉。

(二)理化性质

1.溶解性   单糖和双糖均可溶于水,有甜味,微溶于醇,不溶于醚。多糖不溶于水、醇和醚,没有甜味。

2.水解性   单糖是最基本的糖类,不能再水解;双糖在一定条件下能水解成两分子单糖;多糖中的淀粉,在酶和酸的作用下,最终水解成多分子的葡萄糖;纤维素在通常条件下不能水解。

3.还原性   单糖分子因含有游离醛基或酮基而具有还原性,麦芽糖、乳糖分子中含有潜在的游离醛基也具有还原性,统称为还原糖。还原糖能被弱氧化剂氧化。多糖和双糖中的蔗糖没有还原性,属于非还原糖。

(三)测定方法

单糖和低聚糖的测定方法有物理法、化学法、色谱法和酶法。物理法包括相对密度法、折光法和旋光法等,这些方法比较简便,但分析结果不很准确,常用于生产过程监控。化学法是一种被广泛采用的常规分析法,它包括还原糖法(斐林试剂法、高锰酸钾法、铁氰酸钾法等)、碘量法等。化学法测得的多为糖的总量,不能确定糖的种类及每种糖的含量。利用色谱法可以对样品中各种糖类进行分离和定量。

二、还原糖的测定

还原糖的测定一般是利用它们的醛基或酮基在碱性溶液中将铜盐还原为氧化亚铜,再根据氧化亚铜的量测定糖量,因此还原糖可直接进行测定。测定方法很多,最常用的有直接滴定法和高锰酸钾滴定法,都是国家标准分析方法。

(一)直接滴定法

1.原理   将一定量的斐林试剂碱性酒石酸铜甲液(由硫酸铜和次甲基蓝混合配制)和乙液(由酒石酸钾钠、氢氧化钠和亚铁氰化钾混合配制)等量混合,硫酸铜与氢氧化钠作用立即生成蓝色的氢氧化铜沉淀,很快再与酒石酸钾钠反应,生成深蓝色的可溶性酒石酸钾钠铜配合物。在加热条件下,以次甲基蓝作为指示剂,用还原糖标准溶液标定碱性酒石酸铜溶液,再用已除去蛋白质的样品溶液直接滴定标定过的碱性酒石酸铜溶液,样品中的还原糖与酒石酸钾钠铜反应,生成红色的氧化亚铜沉淀。达到终点时,稍微过量的还原糖将蓝色的次甲基蓝还原为无色,根据样液消耗体积,计算还原糖量。反应式如下:

$$CuSO_4 + 2NaOH \longrightarrow Cu(OH)_2 + Na_2SO_4$$

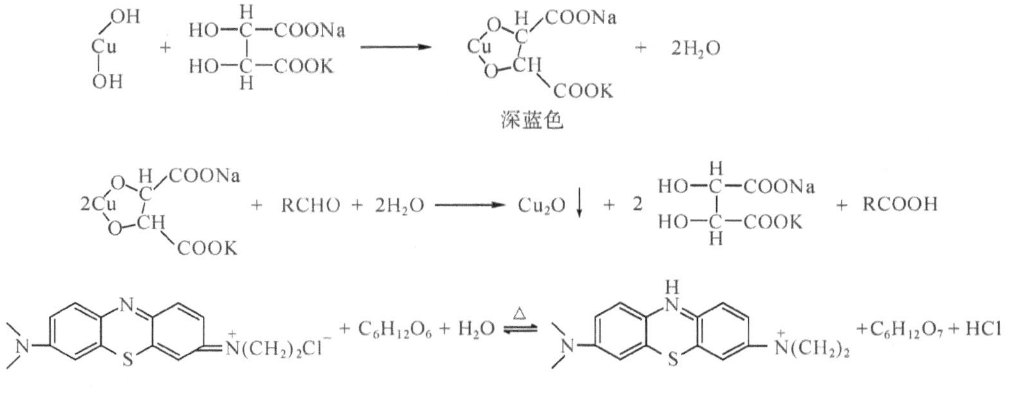

2. 样品处理

(1) 提取液的制备　利用还原糖的水溶性,加水提取样品。含脂肪的食品,通常先加乙醚脱脂后再加水进行提取;含有大量淀粉和糊精的食品,用水提取会使部分淀粉、糊精溶出,影响测定,宜采用 $70\%\sim75\%$ 的乙醇溶液提取,淀粉和糊精沉淀后离心去除,提取液再蒸发除去乙醇。

(2) 提取液的澄清　提取液中除含有单糖和低聚糖等可溶性糖类外,还含有少量影响测定的杂质,如色素、蛋白质、可溶性果胶、可溶性淀粉、氨基酸等,测定前必须加澄清剂沉淀这些干扰物质。常用的澄清剂有:

① 中性醋酸铅是最常用的澄清剂,铅离子能与很多离子结合,生成沉淀,同时吸附除去部分杂质,但澄清后的样液中残留的铅离子必须加草酸钠等除去。

② 乙酸锌和亚铁氰化钾溶液,利用乙酸锌与亚铁氰化钾反应生成的亚铁氰酸锌沉淀来吸附干扰物质。这种澄清剂清除蛋白质的能力较强,适用于乳制品、豆制品等蛋白质含量高的样液的澄清。

③ 在碱性条件下,铜离子可使蛋白质沉淀,但用直接滴定法测定还原糖时,铜离子含量是定量的基础,因此不能用硫酸铜和氢氧化钠溶液作为澄清剂处理样液,否则会在样液中引入铜离子,影响测定结果的准确性。

④ 氨基酸可利用离子交换树脂分离。

3. 测定方法

(1) 样液预测　准确吸取碱性酒石酸铜甲液和乙液各 5.0mL,置于 250mL 锥形瓶中,加水 10mL,加入玻璃珠。加热使其在 2min 内沸腾,趁热用还原糖标准溶液滴定,直到溶液颜色刚好褪去,以此为终点,记录样液消耗的体积。

(2) 样液测定　操作同样液预测(1),但在滴定管中加入比预测定时少 1mL 的样液,趁热以 0.5 滴/秒的速度滴定,直到溶液颜色刚好褪去,以此为终点,记录样液消耗体积。平行操作 3 次,取平均值。

4. 方法说明

(1) 为消除氧化亚铜沉淀对滴定终点观察的干扰,在碱性酒石酸铜乙液中加入少量亚铁氰化钾,使它与红色的氧化亚铜发生配合反应,形成可溶性的无色配合物,使滴定终点变色更明显。

（2）斐林试剂碱性酒石酸铜甲液和乙液应分别配制和储存，测定时才混合。

（3）样液测定前需做浓度预测。本法对样液中还原糖浓度有一定要求（0.1％左右），每次滴定消耗样品液体积应与标定碱性酒石酸铜试剂时所消耗的葡萄糖标准液的体积相近，约为 10mL。如果样品液中还原糖浓度过大或过小，应加以调整，以减小测定误差。

（4）影响测定结果的主要因素是反应液的碱度、滴定时溶液是否保持沸腾、煮沸时间、锥形瓶规格和滴定速度等，因此应严格掌握滴定的操作条件，以保持平行。

（二）高锰酸钾滴定法

1. 原理　样品经除蛋白质后，其中的还原糖将铜盐（斐林试剂）还原成氧化亚铜，加入过量的酸性硫酸铁溶液将沉淀溶解，而三价铁盐被定量地还原为亚铁盐，以高锰酸钾标准溶液滴定生成的亚铁盐，根据高锰酸钾溶液消耗量，计算氧化亚铜含量，再查糖量表得出相当的葡萄糖、果糖、乳糖、转化糖质量。

还原糖与斐林试剂的反应同直接滴定法，其他反应式如下：

$$Cu_2O + Fe_2(SO_4)_3 + H_2SO_4 \longrightarrow 2CuSO_4 + 2FeSO_4 + H_2O$$

$$10FeSO_4 + 2KMnO_4 + 8H_2SO_4 \longrightarrow 5Fe_2(SO_4)_3 + K_2SO_4 + 2MnSO_4 + 8H_2O$$

2. 样品处理　样品提取液的制备和澄清同直接滴定法。

3. 测定方法　吸取经处理后的样液 50.00mL 于 400mL 烧杯中，加入碱性酒石酸铜甲、乙液各 25mL，盖上表面皿，在电炉上加热，使其在 4min 内沸腾，再准确沸腾 4min，趁热用铺好石棉的古氏坩埚抽滤，并用 60℃热水洗涤烧杯及沉淀，至洗液不呈碱性为止。将坩埚放回原 400mL 烧杯中，加入硫酸铁溶液和水各 25mL，用玻璃棒搅拌，使氧化亚铜完全溶解，以高锰酸钾标准溶液滴定至微红色终点，记录高锰酸钾标准溶液消耗量。另取水 50mL 代替样液，按上述方法做空白试验，记录空白试验的高锰酸钾标准溶液消耗量。

4. 方法说明

（1）测定必须严格按规定的操作条件进行。还原糖与碱性酒石酸铜试剂作用，必须在加热沸腾条件下进行，而且保证在 4min 内加热至沸，否则测定误差较大；可先取与样液和试剂同体积的水，调整电炉温度，进行预试，以保证 4min 内沸腾，再做样品。

（2）此法所用碱性酒石酸铜溶液是过量的，以保证把所有的还原糖全部氧化后，还有过剩的 Cu^{2+} 存在，所以煮沸后的溶液应保持蓝色，如果煮沸后溶液蓝色完全消失，则表示样品中还原糖含量过高，应将样品溶液稀释后重做。

（3）本法适用于各类食品中还原糖的测定。方法准确度和重现性都优于直接滴定法，但由于操作时需使用抽滤装置，因而操作复杂、费时。

（4）本法以测定反应过程中产生的定量的 Fe^{2+} 为计算依据，因此澄清剂不能用乙酸锌和亚铁氰化钾溶液，以免引入 Fe^{2+}。

三、蔗糖的测定

蔗糖是葡萄糖和果糖组成的双糖，没有还原性，不能直接用碱性铜盐试剂测定，需在一定条件下水解为葡萄糖和果糖，才可用测定还原糖的方法测定蔗糖的含量。

1. 原理　样品经乙醚脱去脂肪后，利用蔗糖的水溶性，用水提取，提取液经澄清处理除去蛋白质、淀粉、纤维素等固形物,再用盐酸进行水解,使蔗糖水解为葡萄糖和果糖,经调节pH后,再按还原糖的测定方法分别测定水解前后样液中还原糖含量,两者的差值为由蔗糖水解产生的还原糖量,乘以换算系数即为蔗糖含量。

2.样品处理　样品液的提取与澄清同直接滴定法。标准溶液的水解方法为:吸取两份样品澄清液,其中一份加盐酸(1+1),在68~70℃水浴中加热15min,冷却后调pH为中性,定容;另一份直接加水稀释,不进行水解。

3.测定方法　按直接滴定法分别测定水解前后两份样品液中的还原糖含量。

4.方法说明

(1)蔗糖要求的水解条件,如酸度、温度、水解时间等比其他双糖要求低。在蔗糖发生水解的条件下,其他双糖和淀粉等的水解作用很小,可忽略不计。

(2)蔗糖的水解反应为:

$$C_{12}H_{22}O_{11} + H_2O \longrightarrow C_6H_{12}O_6(葡萄糖) + C_6H_{12}O_6(果糖)$$

蔗糖的分子量为342,葡萄糖和果糖的分子量均为180。蔗糖水解产物中增加了一分子水,因此计算时换算系数为0.95。

$$蔗糖含量 = 还原糖含量 \times \frac{342}{180+180} = 还原糖含量 \times 0.95$$

$$蔗糖含量的计算公式为: X = (R_2 - R_1) \times 0.95$$

式中:X——样品中蔗糖含量,g/100g;

　　　R_1——不经水解处理的还原糖量,g/100g;

　　　R_2——水解处理后还原糖量,g/100g;

　　　0.95——还原糖(以葡萄糖计)换算为蔗糖的系数。

四、淀粉的测定

淀粉以颗粒形式存在于植物中,结构比较紧密,常温下不溶于水。淀粉在酸或酶的作用下能水解为葡萄糖,通过测定还原糖进行定量,因此测定淀粉的方法有酶水解法和酸水解法。

(一)酶水解法

1.原理　样品经乙醚除去脂肪,乙醇除去可溶性糖类后,在淀粉酶的作用下,使淀粉水解为低分子糊精和麦芽糖,再用盐酸进一步水解,得到最终水解产物葡萄糖,然后按还原糖的测定方法进行测定,乘以校正因子0.90,即可得到淀粉的含量。

2.样品处理　样品先用乙醚或石油醚洗去脂肪,再用85%乙醇洗去可溶性糖类。加淀粉酶使淀粉水解成麦芽糖,加酸进一步水解为葡萄糖。

3.测定方法　按还原糖测定法进行测定。

4.方法说明

(1)因为淀粉酶有严格的选择性,它只会水解淀粉而不会水解其他多糖,水解后可过滤除去其他多糖,所以该法不受纤维素、果胶等多糖的干扰,分析结果准确。

(2)淀粉在酸或酶中水解程序和与碘的呈色反应如下:

水解程序:淀粉——蓝糊精——红糊精——消失糊精——麦芽糖——葡萄糖

呈色反应:紫蓝色　　蓝色　　　红色　　　无色　　　　无色　　　无色

(3)样品中加入乙醇溶液后,混合液中乙醇的浓度应大于 80％,以防止淀粉随可溶性糖类一起被洗掉。

(4)淀粉水解反应如下:

$$(C_6H_{10}O_5)_n + nH_2O \longrightarrow nC_6H_{12}O_6$$

因此,在淀粉含量的计算中校正系数为 0.90。

(二)酸水解法

1.原理　样品经除去脂肪及可溶性糖类后,其中淀粉用酸水解成具有还原性的单糖,然后按还原糖测定法进行测定,并折算成淀粉含量。

2.样品处理

(1)提取　样品粉碎后,用乙醚洗去样品中的脂肪,并用 85％乙醇洗去其中的单糖和低聚糖,用水将样品转移到 250mL 锥形瓶。

(2)水解　于上述锥形瓶中加入 6mol/L 盐酸溶液,置沸水浴中回流 2h,冷却至室温,加入甲基红指示剂,先用氢氧化钠溶液调至黄色,再用盐酸溶液调至刚好变为红色。加入适量醋酸铅溶液,摇匀后放置 10min,以沉淀蛋白质、果胶等杂质,再加适量硫酸钠溶液,除去过多的铅。摇匀后用水定容,过滤,滤液供测定用。

3.测定方法　按还原糖测定法进行测定,并同时做试剂空白试验。

4.方法说明

(1)盐酸水解淀粉的专一性不如淀粉酶,它可同时将样品中半纤维素、果胶质水解,生成一些具有还原性的物质,使测定结果偏高。

(2)水解条件如样液量、所用酸的浓度、加入量及水解时间等应严格控制,以保证淀粉水解完全,并避免加热时间过长使葡萄糖失去还原性。

(3)因水解时间较长,应使用回流装置,以保证水解过程中盐酸浓度不发生较大改变。

五、纤维的测定

纤维是指食用植物细胞壁中的碳水化合物和其他物质的复合物。纤维包括纤维素、半纤维素、果胶质、木质素等,是人类膳食中不可缺少的重要物质之一。粗纤维的概念是 19 世纪 60 年代德国科学家首次提出的,它表示食物中不能被稀酸、稀碱、有机溶剂所溶解,不能为人体消化利用的物质。它包括食品中部分纤维素、半纤维素、木质素及少量非蛋白含氮物质,不能代表食品中纤维的全部内容。

从营养学的观点,近年来提出了膳食纤维的概念,它是指存在于食物中不能被人体消化的多糖类和木质素的总和,包括纤维素、半纤维素、戊聚糖、果胶质、木质素和二氧化硅等。

(一)粗纤维的测定

1.原理　在稀硫酸的作用下,样品中的糖、淀粉、果胶质和半纤维素等物质经水解后去除,再用碱处理,使蛋白质溶解、脂肪皂化而除去。然后用乙醇和乙醚分别洗涤,除去色素及残余的脂肪,残渣于 105℃烘箱中烘干至恒重,即为含有灰分的粗纤维量。将残渣再移入

550℃高温炉中灼烧至恒重,使含碳的物质全部灰化后,再称重。所损失的量即为粗纤维的含量。恒重要求:烘干<1.0mg,灰化<0.5mg。

2.操作方法　称取已经由乙醚萃取法去除脂肪的样品约2g置于500mL的三角瓶,加入1.25%硫酸溶液200mL,以加热回流煮沸30min,使用减压抽气装置过滤除去酸液,再用热水洗涤至三角瓶内溶液不呈酸性,再以1.25%氢氧化钠溶液冲洗过滤器,洗液回流至三角瓶内,三角瓶重复加热回流30min。同样使用过滤器除去碱液,亦用热水洗涤至滤液呈中性,最后用95%乙醇20mL洗涤,置于110℃干燥1h后称重,反复操作至恒重。最后移入550℃的灰化炉中灰化1h,稍冷却后移入干燥器内冷却后称重,反复操作至恒重。

3.计算

$$粗纤维(\%) = \frac{W_1 - W_2}{S} \times 100$$

式中:W_1——第一次干燥后重量(g,包括过滤器、粗纤维及灰分重);

　　　W_2——第二次灰化后重量(g,包括过滤器及灰分重);

　　　S——样品重(g)。

(二)膳食纤维的测定

膳食纤维又分为不溶性膳食纤维和可溶性膳食纤维两类。不溶性膳食纤维相当于植物细胞壁,它包括了样品中全部的纤维素、半纤维素、木质素和二氧化硅,这些成分不溶于水,也不被中性洗涤剂溶解;可溶性膳食纤维来源于水果的果胶、海藻的藻胶、某些植物的黏性物质等,可溶于水。可溶性膳食纤维含量较少,所以不溶性膳食纤维的量接近食品中膳食纤维的真实含量。

样品经中性洗涤剂消化后,残渣用热蒸馏水充分洗涤,样品中的糖、淀粉、蛋白质、果胶等物质被溶解除去,然后加入α-淀粉酶溶液分解结合态的淀粉,再用丙酮洗涤,除去残存的脂肪、色素等,残渣于110℃烘干至恒重,即为不溶性膳食纤维量。不溶性膳食纤维量中包括不溶性灰分,可灰化后扣除。

 思考题

1.用直接滴定法测定还原糖时,为什么要加次甲基蓝和亚铁氰化钾?

2.高锰酸钾法测定食品中还原糖的原理是什么,在测定过程中应注意哪些问题?

3.测定蔗糖和淀粉时,为什么分别要用0.95和0.90的系数进行计算?

4.什么是粗纤维和膳食纤维?在测定方法上有何不同?

能力拓展　食品还原糖的测定——直接滴定法

(GB/T 5009.7—2008　食品中还原糖的测定)

【目的】

掌握直接滴定法测定食品中还原糖的基本原理;熟悉直接滴定法的操作。

【原理】

食品样品去除蛋白质后,在加热条件下,以次甲基蓝为指示剂,滴定标定过的碱性酒石酸铜溶液(用还原糖标准溶液标定碱性酒石酸铜溶液),根据样品液消耗的体积,计算还原糖含量。

【仪器与试剂】

仪器:可调电炉(带石棉网)、25mL 酸式滴定管(或碱式滴定管)、分析天平、水浴锅。

试剂:(1)盐酸(AR)。

(2)碱性酒石酸铜溶液甲液:称取 15.00g 硫酸铜($CuSO_4 \cdot 5H_2O$)及 0.05g 次甲基蓝,溶于纯水中并稀释至 1000mL。

(3)碱性酒石酸铜溶液乙液:称取 50.00g 酒石酸钾钠、75.00g 氢氧化钠,溶于纯水中,再加入 4.00g 亚铁氰化钾,完全溶解后,用水稀释至 1L,贮存于橡胶塞玻璃瓶中。

(4)乙酸锌溶液:称取 21.90g 乙酸锌,加 3mL 冰乙酸,加纯水溶解并稀释至 100mL。

(5)亚铁氰化钾溶液:称取 10.60g 亚铁氰化钾,加纯水溶解并稀释至 100mL。

(6)葡萄糖(还原糖)标准溶液:准确称取 1.0000g(精确至 0.0001g)经过 96±2℃ 干燥 2h 的纯葡萄糖,加纯水溶解后加入 5.00mL 盐酸,并以纯水稀释至 1000mL(此溶液每毫升相当于 1.0mg 葡萄糖)。

【方法】

1. 样品处理

(1)一般食品:称取固体 2.5～5g(精确至 0.001g),或液体 25～50mL。置于 250mL 容量瓶中,加纯水 50mL(难溶的样品要适当水浴,并时时振摇,溶解后冷却)。慢慢加入 5.00mL 乙酸锌溶液和 5.00mL 亚铁氰化钾溶液,加纯水至刻度。混匀,沉淀,静置 30min,用干燥滤纸过滤,弃去初滤液,取续滤液备用。

(2)含大量淀粉的食品:称取试样 10～20g(精确至 0.001g),置于 250mL 容量瓶中,加纯水 200mL,在 45℃水浴中加热 1h,并时时振摇。冷却后,静置,沉淀,用干燥滤纸过滤于 250mL 容量瓶中,向滤液中慢慢加入 5.00mL 乙酸锌溶液和 5.00mL 亚铁氰化钾溶液,加纯水至刻度。混匀,静置 30min,沉淀,干燥滤纸过滤,弃去初滤液,取续滤液备用。

(3)酒精性饮料:吸取 100mL 试样,置于蒸发皿中,用氢氧化钠溶液(40g/L)中和至中性,在水浴上蒸发至原体积的 1/4 后,移入 250mL 容量瓶中,加纯水定容至刻度。

(4)汽水等含有二氧化碳的饮料:吸取 100mL 试样置于蒸发皿中,在水浴上除去二氧化碳后,移入 250mL 容量瓶中,并用纯水洗涤蒸发皿 2～3 次,洗液并入容量瓶中,再加水至刻度,混匀,备用。

2. 标定碱性酒石酸铜溶液

吸取 5.0mL 碱性酒石酸铜甲液及 5.0mL 碱性酒石酸铜乙液,置于 150mL 锥形瓶中,加纯水 10mL,加入 2 粒玻璃珠,从滴定管中滴加约 9mL 葡萄糖标准溶液,控制在 2min 内将锥形瓶加热至沸腾,趁热以每 2 秒一滴的速度继续滴加葡萄糖标准溶液,直至溶液蓝色刚好褪去为终点,记录消耗葡萄糖标准溶液的总体积,平行测定 3 次,取平均值,计算每 10mL

(甲、乙液各 5mL)碱性酒石酸铜溶液相当于葡萄糖的质量(mg)。

3.样品溶液预测

吸取 5.0mL 碱性酒石酸铜甲液及 5.0mL 碱性酒石酸铜乙液,置于 150mL 锥形瓶中,加纯水 10mL,加入 2 粒玻璃珠,控制在 2min 内将瓶内溶液加热至沸腾,趁沸以先快后慢的速度从滴定管中滴加试样溶液,并保持溶液沸腾状态,待溶液颜色变浅时,以每 2 秒一滴的速度继续滴定,直到溶液蓝色刚好褪去为终点,记录样液体积(预测体积)。

当样液中还原糖浓度过高时(滴定时样液消耗体积大大低于 10mL),应适当稀释后再滴定,使滴定消耗的样液体积在 10mL 左右。

当样液中还原糖浓度过低时,应直接加入 10mL 样品溶液,免去加水 10mL,再用还原糖标准溶液滴定至终点,记录消耗的体积与标定时消耗的还原糖标准溶液体积之差相当于 10mL 样液中所含还原糖的量。

4.样品溶液测定

吸取 5.0mL 碱性酒石酸铜甲液及 5.0mL 碱性酒石酸铜乙液,置于 150mL 锥形瓶中,加纯水 10mL,加入 2 粒玻璃珠,从滴定管中加入比预测体积少 1mL 的试样溶液至锥形瓶中,使锥形瓶中溶液在 2min 内加热至沸腾,保持每 2 秒一滴的速度滴定,直到溶液蓝色刚好褪去为终点,记录样品溶液消耗的体积,平行测定 3 次,取平均值。

5.计算:以下式计算还原糖含量:

$$X = \frac{A}{m \times 1000 \times \dfrac{V}{250}} \times 100$$

式中:X——每百克样品中还原糖的含量(以葡萄糖计),g/100g;

A——碱性酒石酸铜溶液(甲、乙液各半)相当于还原糖的质量,mg;

m——食品样品的质量,g;

V——测定时平均消耗样品溶液的体积,mL。

【注意事项与补充】

1.甲液与乙液应分别贮存,用时才混合,否则酒石酸钾钠铜配合物长期在碱性条件下会慢慢分解析出氧化亚铜沉淀,使试剂有效浓度降低。

2.滴定必须在沸腾的条件下进行,其原因一是加快还原糖与 Cu^{2+} 的反应速度;二是亚甲基蓝的变色反应是可逆的,还原型的亚甲基蓝遇空气中的氧时会再被氧化成氧化型。此外,氧化亚铜也极不稳定,易被空气中的氧所氧化。保持反应液沸腾可防止空气进入,避免亚甲基蓝和氧化亚铜被氧化而增加消耗量。

3.滴定时不能随意摇动锥形瓶,更不能把锥形瓶从热源上取下来滴定,以防止空气进入反应溶液中。

4.本方法测定的是一类具有还原性质的糖,包括葡萄糖、果糖、乳糖、麦芽糖等,只是结果用葡萄糖的方式表示,所以不能误解为还原糖等于葡萄糖或其他糖。但如果已知样品中只含有某一种糖,如乳制品中的乳糖,则可以认为还原糖就是某糖。

5.此实验必须在碱性条件下进行,原因主要是在酸性条件下,还原糖会形成酯(不具有氧化性或氧化性不强的含氧酸,如乙酸)、有机酸(如被硝酸氧化),样液中的二糖及多糖与淀粉会水解成还原糖,会对结果造成很大的影响。

6.影响实验结果的主要因素为:

(1)反应液碱度　碱度越高,反应速率越快,样液消耗也越多,故样品测定时样液的滴定体积要与标准相近,这样误差要小。

(2)锥形瓶规格　不同体积的锥形瓶会致使加热的面积及样液的厚度有变化,同时瓶壁的厚度不同影响传热速率,有时甚至同一规格的但不同批次的锥形瓶也会引起误差。

(3)加热功率　加热的目的一是加快反应速率,二是防止次甲基蓝与滴定过程中形成的氧化亚铜被氧气氧化,使结果偏高。加热功率不同,样液沸腾时间不同,时间短,样液消耗多,同时反应液蒸发速度不同,即时碱度的变化也就不同,故实验的平行性也就受到影响。

(4)滴定速度　滴定速度越快,样液消耗也越多,结果会偏低。

7.滴定终点有时不显无色而显暗红色,是由于样液中亚铁氰化钾量不够,不能有效配合氧化亚铜成无色的缘故。故可在反应液中适量添加亚铁氰化钾,标准与样液添加量一样。

【观察项目和结果记录】

记录实验数据,并计算食品样品中还原糖的含量。

【讨论】

1.分析实验中可能导致误差的原因及应对措施。

2.通过查阅资料,了解还原糖测定的其他方法。

3.通过查阅资料,了解蔗糖、淀粉的测定原理和方法。

任务六　食品中维生素的测定

背景知识:

维生素功能饮料　维生素功能饮料,是指通过调整饮料中营养素(营养成分为各种维生素组成)的成分和含量比例,在一定程度上调节人体功能的饮料,现在消费者也称为维生素饮料。大多数含维生素C等物质的饮料都是透明瓶包装,但是,包括维生素C、维生素B_2、维生素B_6在内的多种维生素却是比较怕光的,所以饮料的储藏时间越长,其中的维生素含量就逐渐变得越低。更需注意的是,维生素在长时间储存中,还会产生一些降解产物,而这些降解产物可能因保存不当产生一定毒性,让饮料变得有害健康。因此,在购买含维生素的饮料时,一定要注意看一下饮料的出厂日期。

一、概述

(一)维生素的分类

维生素的种类很多,按其溶解性质可分为脂溶性维生素和水溶性维生素两大类。脂溶性维生素是指不溶于水而溶于脂肪及有机溶剂中的维生素,包括维生素 A(胡萝卜素)、维生素 D、维生素 E 和维生素 K 等,维生素 A、维生素 D 在鱼油中含量较多,维生素 E 在植物油中含量较多。水溶性维生素是指可溶于水的维生素,包括 B 族维生素和维生素 C,B 族维生素在粮谷类的外皮和动物内脏中含量较高,维生素 C 主要来源于新鲜的水果和蔬菜。

(二)检测食品中维生素的意义

维生素是维持机体生命活动过程所必需的一类低分子有机化合物。维生素的种类很多,与人体健康有关的就有 20 余种。维生素参与机体重要的生理过程,是生命活动不可缺少的物质,它在能量产生的反应中以及调节机体物质代谢过程中起着十分重要的作用:①抗氧化,如维生素 E、抗坏血酸及一些类胡萝卜素具有抗氧化作用;②机体内各种辅酶或辅酶前体的组成部分,如维生素 B_6、烟酸、生物素、泛酸、叶酸等;③遗传调节因子,如维生素 A、维生素 D 等;④具有某些特殊功能,如与视觉有关的维生素 A、与凝血有关的维生素 K 等。由于大多数维生素在体内不能合成或合成量不能完全满足机体的需要,也不能大量存于机体组织中,因此虽然机体对其需求量很少,但必须由食物供给。当膳食中某些维生素长期缺乏或摄入量不足时会引起代谢紊乱,影响正常生理功能,在初期尚无临床表现时称为维生素不足症,进而产生维生素缺乏病。

食品中各种维生素的含量主要取决于食品的品种,通常某种维生素相对集中于某些品种的食品中。由于许多维生素不稳定,在食品加工与贮藏过程中,维生素的含量会大大降低,因此,测定食品中维生素的含量具有现实的营养学意义。

二、水溶性维生素的测定

(一)概述

水溶性维生素广泛存在于动植物组织中,所以饮食来源比较充足。但是由于它们的水溶性,体内多余量的水溶性维生素会从尿中排出。因此,为了满足人体生理、生化的需求,必须经常从食物中摄取。

水溶性维生素都易溶于水,不溶于苯、乙醚、三氯甲烷等大多数有机溶剂,在酸性介质中很稳定,加热也不破坏;但在碱性介质中不稳定,易分解,特别在加热情况下,可大部分或全部被破坏,同时易受空气、光、热、酶、金属离子等的影响。

根据水溶性维生素在食品中存在的形式(游离态或结合态),需分别采用不同的样品处理方法。水溶性维生素的分析方法通常有分光光度法、分子荧光法、高效液相色谱法和微生物法等。分光光度法和分子荧光法的样品前处理一般较复杂,且干扰物质多,测定误差较大,而高效液相色谱法测定水溶性维生素,样品前处理简单,样品用量少,分离速度快,可同时分析多种水溶性维生素。

(二)维生素 C 的测定

维生素 C(抗坏血酸)是一种较强的还原剂,水溶液呈酸性。在酸性条件下,维生素 C 较稳定,在中性和碱性条件下不稳定,加热容易破坏。维生素 C 对氧敏感,氧化后的产物称为脱氢型抗坏血酸,仍然具有生理活性,当进一步水解为 2,3-二酮古洛糖酸后,便失去生理功能。在食品中维生素 C 以这三种形式存在,但主要是前两者,故许多国家的食品成分表均以抗坏血酸和脱氢抗坏血酸的总量表示维生素 C 的含量。

还原型抗坏血酸　　　　脱氢型抗坏血酸　　　　2,3二酮古洛糖酸

测定维生素 C 常用的方法有 2,6-二氯靛酚滴定法、苯肼分光光度法、荧光法和高效液相色谱法等。采用 2,6-二氯靛酚滴定法可以测定还原型抗坏血酸的含量,用荧光法和苯肼分光光度法则是测定总抗坏血酸的含量。

1.还原型抗坏血酸的测定

(1)原理　还原型抗坏血酸分子中有烯二醇结构,因而具有较强的还原性,在中性或弱酸性条件下能还原 2,6-二氯靛酚染料,而本身被氧化成脱氢抗坏血酸。2,6-二氯靛酚染料在中性或碱性溶液中呈蓝色,在酸性溶液中呈红色,被还原后颜色消失。滴定时,还原型抗坏血酸将 2,6-二氯靛酚还原为无色,终点时,稍过量的 2,6-二氯靛酚使溶液呈现微红色。

(2)测定方法　水果和蔬菜样品经捣碎混匀后,用偏磷酸—乙酸提取,过滤或离心后,上清液供测定用。滴定前,配制的 2,6-二氯靛酚溶液要用已知浓度的抗坏血酸标准溶液标定;滴定时,用已标定的 2,6-二氯靛酚溶液滴定样品的上清液至微红色,并在 15s 内不消失,即为终点。同时作空白平行测定。根据滴定时所使用的已标定的 2,6-二氯靛酚溶液的容积,可计算样品中还原型抗坏血酸的含量。

2.总抗坏血酸的测定

(1)荧光法　样品中还原型抗坏血酸经活性炭氧化为脱氢抗坏血酸后,与邻苯二胺(OPDA)反应生成有荧光的喹喔啉衍生物,其荧光强度与抗坏血酸的浓度在一定条件下成正比,以此测定食品中抗坏血酸和脱氢抗坏血酸的总量。硼酸与脱氢抗坏血酸结合生成硼酸脱氢抗坏血酸配合物,而不与邻苯二胺反应生成荧光物质,因此可以消除试样中荧光杂质产生的干扰。本方法检出限为 $0.022\mu g/mL$,线性范围为 $5\sim20\mu g/mL$。

称取一定量新鲜样品,加偏磷酸—乙酸溶液,匀浆,用百里酚蓝指示剂调节酸度(pH1.2),过滤,滤液备用。分别取滤液及标准使用液,加适量活性炭,振摇过滤,分别收集滤液,即为试样氧化液和标准氧化液。各取一份试样氧化液和标准氧化液作为空白,分别加入硼酸—乙酸钠溶液,混合摇动,在 4℃冰箱中放置 $2\sim3h$。再分别取试样氧化液和标准氧化液各一份,加入乙酸钠溶液,备用。

取上述溶液于暗室中迅速加入邻苯二胺溶液,混合后在室温下反应 35min,于激发光波长 338nm、发射光波长 420nm 处测定荧光强度。用抗坏血酸含量为横坐标,对应的标

准液的荧光强度减去标准空白荧光强度为纵坐标,绘制标准曲线并计算样品中抗坏血酸含量。

　　方法说明:①邻苯二胺溶液在空气中颜色变暗,影响显色,应临用前配制。②活性炭对抗坏血酸的氧化作用,是基于其表面吸附的氧进行界面反应,加入量过少,氧化不充分,定量结果偏低;加入量过多,对抗坏血酸有吸附作用,使结果也偏低。③影响荧光强度的因素很多,各次测定条件很难完全再现,因此,标准曲线最好与样品同时做。④样品提取液中抗坏血酸浓度为 1mg/mL 左右,应根据此浓度酌情取样。⑤当食物中含有丙酮酸时,可与邻苯二胺反应生成一种荧光物质,干扰测定,可加入硼酸,而硼酸与脱氢抗坏血酸结合不与丙酮酸反应,以此消除样品中丙酮酸产生的荧光干扰。

　　(2)2,4-二硝基苯肼分光光度法　样品中维生素 C 用草酸提取,加入活性炭使提取液中还原型抗坏血酸氧化成为脱氢抗坏血酸,再与 2,4-二硝基苯肼作用生成红色的脎;在 85% 硫酸溶液的脱水作用下,可转变为橘红色的无水化合物,在硫酸溶液中显色稳定,其吸光度值与总抗坏血酸的总量成正比,在最大吸收波长 520nm 处比色定量。本法操作简便、不需特殊仪器,适用于各种食品。

(三)维生素 B₁(硫胺素)的测定

　　维生素 B₁ 又称硫胺素、抗神经炎素。人体每日需要量为 1～2mg。它参与糖代谢及乙酰胆碱的代谢,维持胆碱能神经的正常传导,促进消化功能。维生素 B₁ 缺乏可引起神经系统病变,表现为神经衰弱,如全身无力、焦虑不安、记忆力减退、食欲缺乏等,严重的可出现中枢神经系统内某些神经核退化,周围神经运动纤维变性,影响神经系统正常功能,引起多发性周围神经炎,维生素 B₁ 缺乏还可引起心血管系统病变。

　　硫胺素是由嘧啶环和噻唑环通过亚甲基相连而成的一类化合物,各种结构的硫胺素均具有维生素 B₁ 的活性。维生素 B₁ 易溶于水和正丁醇、异丁醇、异戊醇等有机溶剂,所以样品处理时可用正丁醇萃取。

　　食品中维生素 B₁ 的测定方法主要有硫色素荧光法、高效液相色谱法、荧光分光光度法等。荧光分光光度法的灵敏度和准确度较差,适用于测定维生素 B₁ 含量较高的食品样品;硫色素荧光法与高效液相色谱法适用于食品中微量维生素 B₁ 的测定。国家标准分析方法为荧光分光光度法。

　　1.原理　硫胺素在碱性铁氰化钾溶液中被氧化成硫色素,硫色素在紫外线照射下,发出荧光。在一定的条件下,其荧光强度与硫色素浓度成正比,即与溶液中硫胺素含量成正比。如样品中所含杂质过多,应经过离子交换剂处理,使之与硫胺素分离,测定样液中硫色素的荧光强度,与标准比较定量。

硫胺素　　　　　　　　　　　　　　　硫色素

　　本方法检出限为 0.05μg,线性范围为 0.2～10.0μg。

2.样品处理　样品采集后,粉碎或匀浆于低温冰箱中保存,测定前解冻。

(1)提取　准确称取一定量的样品(约含硫胺素 10～30pg),加稀盐酸溶解,在高压锅(121℃)中加热水解,加淀粉酶和蛋白酶于 45～50℃酶解过夜,过滤得提取液。

(2)净化　将提取液加入人造浮石交换柱中,硫胺素被吸附,用热蒸馏水冲洗交换柱,洗去杂质,再加入热的酸性氯化钾洗脱硫胺素,收集滤液。

(3)氧化　分别取两份上述净化液,在避光条件下分别加入氢氧化钠溶液和碱性铁氰化钾溶液,振摇后加入正丁醇,振摇,静置分层,弃下层碱性溶液。有机相加无水硫酸钠脱水。取两份标准溶液与样品同样操作,同时作样品和试剂空白。

3.测定方法　荧光测定条件:激发波长 365nm;发射波长 435nm。依次测定样品空白和标准空白的荧光强度,样品和标准溶液的荧光强度,根据硫色素的荧光强度,计算样品中硫胺素的含量。

4.方法说明

(1)一般样品中的维生素 B_1 有游离型的,也有结合型的,所以需进行酸水解和酶水解反应,使结合型的维生素 B_1 成为游离型的,然后测定。

(2)紫外线会破坏硫色素,因此硫色素形成后要迅速测定,尽量避光操作。

(3)取两份净化液,一份加入氢氧化钠溶液破坏硫胺素,另一份加入碱性铁氰化钾溶液将硫胺素氧化成硫色素,生成的黄色至少应保持 15s,否则应补加 1～2 滴,碱性铁氰化钾溶液用量不够,硫胺素氧化不完全,测定结果偏低,但碱性铁氰化钾溶液过量又会破坏硫色素。氧化是测定的关键步骤,操作中应保持加入试剂的速度一致。

(四)维生素 B_2 的测定

维生素 B_2 即核黄素,呈黄色,由核糖醇和二甲基异咯嗪两部分组成。维生素 B_2 易溶于水,在中性或酸性溶液中稳定,但在碱性溶液中较易分解。游离核黄素对光敏感,易被光线破坏。核黄素在中性或酸性溶液中经光照射可产生黄绿色荧光,因此测定核黄素常用荧光法。维生素 B_2 的定量方法主要有:荧光分析法、分光光度法和高效液相色谱法;生物学定量法有微生物法、酶法和动物实验法。

1.原理　核黄素在 440～500nm 波长光照射下产生黄绿色荧光,在稀溶液中其荧光的强度与核黄素的浓度成正比,在 525nm 发射波长处测定其荧光强度;同时在样品液中加入连二亚硫酸钠,将核黄素还原成无荧光的物质,再测定溶液中荧光杂质的荧光强度,两者之差即为食品中核黄素所产生的荧光强度。

有荧光的核黄素　　　　　　　　　　　　无荧光的物质

本方法检出限为 $0.006\mu g$,线性范围为 $0.1～20.0\mu g$。

2.样品处理

(1)提取　准确称取一定量的样品(约含 1.0～2.0μg 核黄素),加入稀盐酸水解,再加淀粉酶或木瓜蛋白酶于 37%～40% 酶解约 16h，过滤后得提取液。

（2）氧化去杂质　取一定量提取液及标准使用液（约含 1～10μg 核黄素），加入高锰酸钾溶液，氧化去除杂质；加过氧化氢数滴，使高锰酸钾颜色褪去；剧烈振摇，使氧气逸出。

（3）吸附和洗脱　将氧化后的样液及标准溶液通过硅镁吸附柱后，用热水洗去杂质，用丙酮＋冰乙酸＋水（5∶2∶9）洗脱样品中的核黄素。

3. 测定方法　于激发光波长 440nm、发射光波长 525nm 处，测定样品管及标准管的荧光强度，并在各管的剩余液中加入连二亚硫酸钠溶液，立即混匀，在 20s 内测定样品还原前后的荧光强度，两值相差即为样品中核黄素的荧光强度。

4. 方法说明

（1）核黄素暴露于可见光或紫外光中极不稳定，因此整个过程最好在避光条件下进行。

（2）核黄素可被连二亚硫酸钠还原为无荧光物质，但摇动后很快又被氧化成荧光物质，所以要立即测定。

（3）样品酸解后，加入一定量的淀粉酶或木瓜蛋白酶酶解，有利于结合型的核黄素转化成游离型的核黄素。

（五）其他 B 族维生素的测定

1. 维生素 B_6 的测定　维生素 B_6 指的是在性质上紧密相关，具有潜在维生素 B_6 活性的三种天然存在的化合物：吡哆醇、吡哆醛和吡哆胺。测定维生素 B_6 的方法主要有微生物法、荧光分析法、气相色谱法和高效液相色谱法。

荧光分析法的原理是将样品经硫酸加压水解，采用 CGS 树脂的柱层析分离，以氯化钾的磷酸缓冲液洗脱。洗脱液在二氧化锰和乙醛酸钠溶液存在下，可使维生素 B_6 的混合物即吡哆醇、吡哆醛、吡哆胺都转化为吡哆醛。吡哆醛在氰化钾作用下生成强荧光物质——吡哆醛氰醇衍生物，在激发波长 355nm、发射波长 434nm 处，测定其荧光强度，就可计算出样品中维生素 B_6 的总量。

2. 维生素 B_{12} 的测定　维生素 B_{12} 是具有氰钴胺素相似维生素活性的化合物的总称。维生素 B_{12} 呈深红色，易溶于水和醇，受强碱、强酸和光照作用而分解。

测定维生素 B_{12} 的方法主要有分光光度法、离子交换层析法和原子吸收分光光度法。维生素 B_{12} 的分子中含有钴离子，占维生素 B_{12} 的 4.35%，采用原子吸收分光光度法可以测定其钴含量，再换算成维生素 B_{12} 的含量。

原子吸收分光光度法原理：样品用维生素 B_{12} 提取液（无水磷酸氢二钠 1.3g ＋柠檬酸 1.2g ＋无水焦亚硫酸钠 1.0g 加水至 100mL）提取，滤液中加入 EDTA，用氨水调 pH 至 7，再加入活性炭，振摇，用定量滤纸过滤，维生素 B_{12} 被吸附在活性炭上，在 600℃ 下灰化，用稀硝酸将残渣溶解，以原子吸收分光光度法测定钴的含量。从钴换算为维生素 B_{12} 的换算系数为 22.99。

3. 高效液相色谱法测定 B 族维生素　B 族维生素的检测方法很多，如维生素 B_1 可以采用荧光法，烟酸、烟酰胺采用分光光度法，维生素 B_6 采用微生物法等。上述 B 族维生素的测定方法费时，多数是针对某个单一维生素进行的。高效液相色谱法分析速度快、灵敏度高、准确性好、样品量需用量少，可以同时测定多种 B 族维生素。下面简要介绍同时测定保健食品中的维生素 B_2、烟酸和烟酰胺的高效液相色谱法，该方法是国家卫生标准方法(GB/T 5009.197—2003)。

(1)实验原理　样品经甲醇、水和磷酸的混合液(100∶400∶0.5)提取,滤膜过滤后,以1-癸烷磺酸钠—乙腈—磷酸为流动相,用 C_{18} 柱分离,紫外 280nm 检测,以保留时间定性,峰高或峰面积定量。

(2)样品处理　称取适量研磨混匀的样品,加入甲醇、水和磷酸的混合液(100∶400∶0.5)超声提取 5min,3000r/min 离心 5min,上层清液经滤膜过滤后即可进样。

(3)色谱条件　C_{18} 柱(150mm×4.6mm,5μm),流速为 1mL/min,柱温室温,检测波长为 280nm。流动相为 1-癸烷磺酸钠溶液(0.22g 1-癸烷磺酸钠溶解于 850mL 水中)＋乙腈＋磷酸(850∶150∶1)。

(4)方法说明

①可通过调节流动相的 pH 值来控制维生素的电离,从而调节其保留时间和分离度。流动相中加入 0.1‰磷酸,可降低维生素的离子化,改善峰形,减缓峰的拖尾现象。

②在检测多种 B 族维生素时,可以在测定过程中变换检测波长,以提高检测灵敏度,如维生素 B_1、烟酸、烟酰胺最大吸收波长为 254nm,维生素 B_2、维生素 B_6、叶酸为 280nm。

③由于 B 族维生素在水中可以解离为带电荷的离子,在流动相中加入一种与上述电荷相反的离子对试剂,使其形成中性离子对,即可于反相色谱中进行分离。B 族维生素测定中主要选择烷基磺酸盐,可得到令人满意的分离效果。

三、脂溶性维生素的测定

(一)概述

脂溶性维生素具有以下理化性质:

1.溶解性　脂溶性维生素不溶于水,易溶于脂肪、苯、三氯甲烷、乙醚、乙醇、丙酮等有机溶剂。

2.耐酸碱性　维生素 A、D 对酸不稳定,对碱稳定;维生素 E 对酸稳定,对碱不稳定,但在抗氧化剂存在下也能经受碱的煮沸。脂溶性维生素在脂肪酸败时可引起严重破坏。

3.耐热性、耐氧化性　维生素 A、D、E 耐热性好,能经受煮沸;维生素 A 易被空气、氧化剂所氧化,也能被紫外线分解;维生素 D 化学性质比较稳定,不易被氧化,但过量辐射可形成有毒化合物;维生素 E 在空气中能被慢慢氧化,光、热、碱能促进其氧化作用。

测定脂溶性维生素的方法较多,其中常见的方法有:薄层色谱法、分光光度法、气相色谱法、高效液相色谱法、GC-MS、LGMS 等,在众多的方法中高效液相色谱法因具有快速、高效、高灵敏度等优点,是我国卫生标准分析方法之一。

(二)维生素 A 和维生素 E 的同时测定

维生素 A 是由 β-紫罗酮环与不饱和一元醇组成的一类化合物及其衍生物的总称,包括维生素 A_1(视黄醇)和 A_2(3-脱氢视黄醇)及其各类异构体和衍生物,都具有维生素 A 的作用,总称为类视黄素。维生素 A 的量可用国际单位(IU)表示,每一个国际单位等于 0.3μg 维生素 A(醇)、0.344μg 乙酸维生素 A(酯)。

维生素 A 的测定方法有三氯化锑比色法、紫外分光光度法、荧光法和高效液相色谱法等。国家标准中食品卫生检验方法的第一法是高效液相色谱法,可同时测定维生素 A 和维生素 E,第二法是三氯化锑分光光度法测定维生素 A。

维生素 E 是所有具有 a 生育酚生物活性的苯并二氢呋喃衍生物的统称,属于酚类化合物。目前自然界中确认存在的维生素 E 有 8 种异构:α、β、γ、δ-生育酚和 α、β、γ、δ-三烯生育酚,其差别仅在于甲基的数目和位置不同。在较为重要的 α、β、γ、δ-生育酚中,以 α-生育酚的生理活性最强,一般所说的维生素 E 即指 α-生育酚。

维生素 E 的测定方法有分光光度法、荧光法、薄层色谱法、气相色谱法和高效液相色谱法等。高效液相色谱法具有简便、快速、分辨率高等优点,可在短时间内完成同系物的分离测定,并可以同时测定维生素 A 和维生素 E。

1. 原理　样品经皂化处理后,用有机溶剂提取其中的维生素 A 和维生素 E,用高效液相色谱法 C_{18} 反相色谱柱将维生素 A 和维生素 E 分离,经紫外检测器检测,以保留时间定性,内标法定量。

本方法最小检出量分别为:维生素 A:0.8ng;α-生育酚:91.8ng;γ-生育酚:36.6ng;δ-生育酚:20.6ng。

2. 样品处理

(1)皂化　准确称取一定量的样品(含维生素 A 约 $3\mu g$,维生素 E 各异构体约 $40\mu g$)于皂化瓶中,加入氢氧化钾—乙醇溶液,沸水浴中回流 30min,使皂化完全。维生素 A 和维生素 E 容易被氧化,皂化处理过程中需加抗氧化剂(如抗坏血酸)保护。同时加入一定量的内标物苯并 a 芘。

(2)提取　将皂化后的样品移入分液漏斗中,加入乙醚分次提取,弃水层。

(3)洗涤　用水洗涤乙醚层,用 pH 试纸检验直至水层不呈碱性。

(4)浓缩　将乙醚提取液经过无水硫酸钠脱水后,于 55℃ 水浴中减压蒸馏,浓缩至约 2mL 乙醚时,立即用氮气吹干乙醚并加入 2.00mL 乙醇,溶解提取物。离心,上清液供色谱分析用。

3. 测定方法　色谱参考条件为预柱:ODS,4.5cm × 4mm,$10\mu m$;分析柱:ODS 柱,25cm×4.6mm,$5\mu m$;流动相:甲醇：水＝98：2;检测波长:300nm;进样量:$20\mu L$;流速:1.7mL/min。用标准溶液色谱峰的保留时间定性,根据标准和样品中待测维生素峰面积与内标物峰面积的比值,计算其含量。

4. 方法说明　维生素 A 和 E 的标准溶液临用前需用紫外分光光度法标定其准确浓度。本方法不能将 β-生育酚与 γ-生育酚分开。

(三)β-胡萝卜素的测定

胡萝卜素是一种广泛存在于有色蔬菜和水果中的天然色素,有多种异构体和衍生物,包括 α、β、γ-胡萝卜素,玉米黄素,还包括叶黄素、番茄红素,总称为类胡萝卜素。其中 α、β、γ-胡萝卜素,玉米黄素在分子结构中含有 β-紫罗宁残基,在肝脏、小肠黏膜或其他组织中可转变为维生素 A,故称为维生素 A 原。在类胡萝卜素中,以 β-胡萝卜素效价最高,每 1mg β-胡萝卜素约相当于 $167\mu g$(或 560IU)维生素 A。在胡萝卜素酶的作用下,1mol β-胡萝卜素可以转化成 2mol 维生素 A,但由于 β-胡萝卜素的吸收率低,就生理活性而言,$6\mu g$ β-胡萝卜素才相当于 1μg 维生素 A,故测得 β-胡萝卜素含量除 6 才等于维生素 A 含量。

胡萝卜素天然存在于植物性食品中,为着色而添加胡萝卜素的食品也含有胡萝卜素。胡萝卜素对热、酸和碱比较稳定,但紫外线和空气中的氧可促进其被氧化破坏。因其也属于脂溶性维生素,故可用有机溶剂从食物中提取。

胡萝卜素本身是一种色素,在 450nm 处有最大吸收,因此只要能与样品中的其他成分完全分离,便可定性和定量分析。在植物中 β-胡萝卜素经常与叶绿素、叶黄素等共存,提取时这些色素也可能被有机溶剂同时提取,因此在测定前,必须将 β-胡萝卜素与色素分离。常用的测定方法有柱色谱法、薄层色谱法、高效液相色谱法及纸色谱法等,国家标准方法规定食品中胡萝卜素的测定方法为后两种。

1. 高效液相色谱法

(1)原理　样品中的 β-胡萝卜素,用丙酮和石油醚(20∶80)混合液提取,经三氧化二铝柱纯化,采用高效液相色谱法,以 C_{18} 柱分离,紫外检测器检测,以保留时间定性,峰面积定量。

本方法最低检出限为 5.0mg/kg,线性范围为 0～100mg/kg。

(2)样品处理

①提取　称取或吸取一定量的样品,加入石油醚＋丙酮(80∶20)反复提取,直至提取液无色,合并提取液,于旋转蒸发器上蒸发至干(水浴温度为 30～40℃)。

②纯化　样品提取液用少量石油醚溶解,通过三氧化二铝层析柱分离。先用丙酮＋石油醚(5∶95)洗脱液淋洗层析柱,然后再加入样品提取液,用丙酮＋石油醚(5∶95)洗脱 β-胡萝卜素。洗脱流速控制为 20 滴/min,收集于 10mL 容量瓶中,用洗脱液定容至刻度,样液用 0.45μm 微孔滤膜过滤,待测定。

③测定方法　色谱参考条件为 C_{18} 柱:4.6mm×15cm;流动相:甲醇∶乙腈＝90∶10;紫外检测器波长:448nm;流速:1.2mL/min。

(3)方法说明

①层析柱中所装的三氧化二铝(100～120 目)需预先于 140℃ 活化 2h,取出放入干燥器备用(层析柱为 4cm×1.5cm)。

②配制 β-胡萝卜素的标准溶液时,准确称量的标准品先用少量三氯甲烷溶解,再用石油醚溶解并洗涤烧杯数次,用石油醚定容。

2. 纸色谱法

(1)原理　样品经过皂化后,用石油醚提取食品中的胡萝卜素及其他植物色素,以石油醚为展开剂进行纸色谱分离。由于胡萝卜素极性小,移动速度快,与其他色素分离,剪下含胡萝卜素的区带。洗脱后于 450nm 波长下测定吸光度值。本方法最低检出限为 0.11μg,线性范围为 1～20ng。

(2)样品处理

①皂化　取适量样品(含胡萝卜素约 20～80μg),加乙醇—氢氧化钾溶液,回流加热 30min,然后用冰水使之迅速冷却。用石油醚提取,直至提取液无色。

②洗涤　将样品提取液用水洗涤到中性,用无水硫酸钠脱水。

③浓缩　洗涤后的提取液于 60℃ 水浴蒸发至约 1mL,用氮气吹干,立即加入 2.00mL 石油醚定容,供层析用。

（3）测定方法　在18cm×30cm的滤纸上点样，于石油醚饱和的层析缸中展开，待胡萝卜素与其他色素完全分开后，取出滤纸，待石油醚自然挥发干，将Rf值与胡萝卜素标准相同的层析带剪下，立即放入盛有石油醚的具塞试管中，振摇，使胡萝卜素完全溶入试剂中。以石油醚调零点，于450nm波长下测定吸光度值，与标准系列比较定量。

（4）方法说明　操作需在避光条件下进行。乙醇使用前需经脱醛处理。如果标准品不能完全溶解于有机溶剂中，必要时应先将标准品皂化，再用有机溶剂提取，经洗涤、浓缩、定容后，再进行标定。

(四)维生素 K 的测定

维生素 K 又称抗出血维生素，是一类 2-甲基-1,4-萘醌的衍生物。叶绿醌（维生素 K_1）存在于植物组织中，在菠菜、甘蓝、花椰菜和卷心菜等绿色蔬菜中含量较多。

维生素 K 的分析方法有紫外分光光度法、气相色谱法和高效液相色谱法等。目前测定绿色蔬菜中维生素 K_1 的常用方法是高效液相色谱法。

1.原理　蔬菜中的维生素 K_1 经石油醚提取后，用氧化铝色谱柱净化，除去干扰物。收集含维生素 K_1 的淋洗液，浓缩定容后用高效液相色谱 C_{18} 柱分离，用紫外检测器，在 248nm 处测定，以外标法计算试样中维生素 K_1 的含量。

本方法检出限为 $0.5\mu g$，线性范围为 $1\sim100\mu g/mL$。

2.样品处理

（1）样品提取　准确称取一定量样品（维生素 K_1 含量不低于 2pg），加入丙酮，振摇提取。将上清液分别加入丙酮和石油醚多次萃取，萃取液于 80℃ 水浴中蒸发至约 1mL，用氮气吹干后，用石油醚溶解定容，供柱色谱分析用。

（2）净化　将提取液加入氧化铝柱中，先用石油醚洗涤，后用洗脱液（石油醚：乙醚＝97：3）洗脱。浓缩、吹干后用正己烷定容，上清液供色谱分析。

3.测定方法　色谱参考条件为预柱：ODS，4.5cm × 4mm，$10\mu m$；分析柱：ODS 柱，25cm×4.6mm，$5\mu m$；流动相：甲醇：正己烷＝98：2；紫外检测器波长：为 248nm；进样量：$20\mu L$；流速：1.5mL/min。

4.方法说明

（1）柱色谱用中性氧化铝需经磷酸盐处理、碱活化并检验柱效后，方可使用。洗脱时，流速为每秒 1 滴。

（2）维生素 K 易分解，紫外线照射会加速分解。因此，提取样品中的维生素 K 不采用皂化法，而是用有机溶剂直接提取。一般植物样品经干燥后，将其置于有机溶剂如乙醚、丙酮、石油醚中剧烈振摇，把维生素 K 提取出来。动物组织样品要预先干燥，再用有机溶剂提取。整个测定过程应避免强光的照射。

思考题

1.说明测定食品中维生素 A、B_1、B_2 的原理和方法要点。

2.说明测定食品中维生素 C 的原理和方法要点。

能力拓展 1　荧光分光光度法测定食品中维生素 B_2 的含量

【目的】

掌握荧光分光光度法测定食品中核黄素的基本原理和方法;熟悉荧光分光光度计的原理及使用方法。

【原理】

核黄素在酸性介质中经紫外光照射,可产生黄绿色荧光,当浓度较低时,其荧光强度与浓度成正比。先测定样液的荧光强度,加入低亚硫酸钠($Na_2S_2O_4$,也称连二亚硫酸钠),使核黄素还原为无荧光的二氢核黄素,再测定样液的荧光强度,两次读数的差值即是样液中核黄素的实际荧光强度,与标准比较定量。

【仪器与试剂】

仪器:荧光分光光度计、分析天平。

试剂:所用试剂均为分析纯(AR),所用水为纯水。

(1)0.1mol/L 乙酸。

(2)0.1mol/L 乙酸钠。

(3)0.1mol/L 盐酸。

(4)低亚硫酸钠($Na_2S_2O_4$)固体。

(5)核黄素标准贮备液:精确称取核黄素 5.0mg 溶解于 50% 冰乙酸中,若不溶解,以超声波助溶,并以 50% 冰乙酸定容于 50mL 容量瓶中。此溶液每毫升含有 $100.0\mu g$ 核黄素。

(6)核黄素标准应用液:将核黄素标准贮备液稀释成 $10.0\mu g/mL$ 的应用液。

(7)pH4.6 的乙酸-乙酸钠缓冲溶液:0.1mol/L 36% 乙酸与 0.1mol/L 乙酸钠等比例混合。

【方法】

1. 样品处理

吸取牛奶 5.0mL 于 50mL 容量瓶中,加入 0.1mol/L 盐酸 10mL,摇匀,放在暗处静置 10min,用 pH4.6 的乙酸-乙酸钠缓冲溶液定容至刻度。充分振摇,静置数分钟后经快速定性滤纸过滤至小三角烧瓶中,开始 5mL 左右滤液弃去,收集后面的滤液作为样品分析液待测。

2. 滤光片的选择

用纯水将核黄素标准应用液稀释成浓度为 $1.0\mu g/mL$ 的核黄素溶液。

(1)激发滤光片的选择:调节荧光分光光度计到适当的灵敏度,取波长为 420nm 截止型滤光片(红字)作为发射滤光片,固定此发射滤光片不变,分别以 360、400、480、530nm 的带通型滤光片(蓝字)作激发滤光片,依次测定浓度为 $1.0\mu g/mL$ 的核黄素溶液的荧光强度,然后加入约 10mg 的低亚硫酸钠于比色皿中,迅速摇匀,再立即测定在各激发滤光片波长下荧光消失后的荧光强度。选用加入低亚硫酸钠前后的荧光强度差值较大的激发滤光片中波长较短的滤光片作为激发滤光片。

（2）截止型滤光片的选择：固定激发滤光片不变，分别以大于激发波长的截止型滤光片（红字）作发射滤光片，依次测定加入低亚硫酸钠前后的荧光强度，选用荧光强度差值较大的截止型滤光片作为发射滤光片。

3.测定

分别用纯水将核黄素标准应用液稀释成浓度为 0.10、0.30、0.50、0.70、0.90μg/mL 的核黄素标准溶液，分别测定标准应用液和样液加入低亚硫酸钠前后的荧光强度差值。根据核黄素溶液的实际荧光强度（即荧光消失前后荧光强度的差值），以核黄素标准应用液的浓度为横坐标，相应的荧光强度差值为纵坐标，绘制标准曲线，或求出回归方程。计算样液中核黄素的含量。

4.计算：样品中核黄素的含量用下式计算：

$$X = \frac{c \times V_0}{V_1}$$

式中：X——样品中维生素 B_2 的含量，$\mu g/mL$；

　　　c——标准曲线上查出的维生素 B_2 的浓度，$\mu g/mL$；

　　　V_0——样品的定容体积，mL；

　　　V_1——用于分析的样液体积，mL。

【注意事项与补充】

1.核黄素对光敏感，标准溶液及样品处理后应立即测定。

2.核黄素可被低亚硫酸钠还原为无荧光型，但摇动后很快就被空气氧化成有荧光物质，所以要尽快测定。

【观察项目和结果记录】

记录实验数据，并计算维生素 B_2 的含量。

【讨论】

1.分析实验中可能导致误差的原因及应对措施。

2.通过查阅资料，了解维生素 A、维生素 E 等的测定原理和方法。

能力拓展 2　食品中维生素 C 的含量测定

【目的】

掌握高效液相色谱法测定食品中维生素 C 的含量的原理；熟悉高效液相色谱仪的结构与操作。

【原理】

样品用 0.5% 草酸超声波提取，以 0.010mol/L NH₄Ac-HAc 缓冲溶液（pH4.5）作流动相,反相 C_{18} 液相色谱柱分离,紫外检测器于 262nm 波长下测定维生素 C 的吸光度值。样液经 $0.45\mu m$ 滤膜过滤后进行高效液相色谱分析。在一定浓度范围内,吸光度值与维生素 C 的含量成正比。根据保留时间定性,用标准曲线法定量。

【仪器与试剂】

仪器:高效液相色谱仪附紫外检测器、C_{18} 色谱柱($5\mu m$, $4.6mm\times250mm$)、超声波清洗器、酸度计、$0.45\mu m$ 滤膜、组织捣碎机。

试剂:所用试剂除指明外,均为分析纯(AR),所用水均为超纯水。

(1)1mg/mL 维生素 C 标准贮备液:准确称取 50mg 维生素 C,用 5g/L 草酸溶液溶解,定容至 50mL,配成浓度为 1.00mg/mL 的标准贮备液,须临用时新配。

(2)0.01mol/L NH_4Ac-HAc 缓冲溶液(pH4.5):称取 3.854g NH_4Ac 于 500mL 容量瓶中,用 300mL 左右的水溶解,然后用 HAc 调节 pH 至 4.5,用水定容至刻度。

(3)5g/L 草酸溶液。

【方法】

1.样品处理

(1)饮料:直接吸取一定量饮料经 $0.45\mu m$ 滤膜过滤后直接进样分析即可。

(2)保健食品:称取一定量粉碎、混匀的保健食品样品,用 5g/L 草酸溶液溶解,超声波提取 15min 后,用 5g/L 草酸溶液定容至 50mL,经 $0.45\mu m$ 滤膜抽滤后进样分析。

(3)蔬菜和水果样品:称取一定量样品加入 5g/L 草酸溶液 50mL,匀浆,取部分上清液经 $0.45\mu m$ 滤膜抽滤后进样分析。

2.测定

色谱条件: C_{18} 色谱柱($5\mu m$, $4.6mm\times250mm$);流动相为 0.01mol/L NH_4Ac-HAc 缓冲溶液(pH4.5),检测波长为 262nm,流速为 1.0mL/min,进样量为 $10\mu L$,20℃柱温。

分别取 0.10、0.20、0.50、1.00mL 维生素 C 标准贮备液,用 5g/L 草酸溶液稀释并定容至 10.0mL,配成不同浓度的标准溶液。在优化的色谱条件下,分别测定标准溶液和样液中维生素 C 的色谱峰面积,以标准溶液的浓度为横坐标,相应的峰面积为纵坐标,绘制标准曲线或进行线性回归。

3.计算

用标准曲线法进行定量,以样品的峰面积在标准曲线上查出相应的维生素 C 含量,再根据称样量和稀释倍数计算出样品中的含量。

$$X=\frac{c\times V_0}{m}$$

式中:X——样品中维生素 C 的含量,$\mu g/kg$;

c——标准曲线上查出的维生素 C 的浓度,$\mu g/mL$;

V_0——样品的定容体积,mL。

m——样品的质量,kg;

【注意事项与补充】

1. 维生素 C 极易被氧化,因而在操作过程中标准溶液的配制和样品处理均用具有还原性的草酸溶液,标准溶液和处理后的样液应放在冰箱内保存,并尽快测定。

2. 该方法在 $0.050 \sim 1000.000 \mu g/mL$ 浓度范围内线性良好,检出限为 $50ng/mL$。

【观察项目和结果记录】

记录实验数据,并计算食品中维生素 C 的含量。

【讨论】

1. 分析实验中可能导致误差的原因及应对措施。

2. 通过查阅资料,了解维生素 B_1 以及其他 B 族维生素的测定原理和方法。

(石予白 王艳芳)

项目四　常见食品的卫生检验

知识目标

1.掌握粮食、酒、肉及肉制品、水产品等常见食品卫生理化检验的测定方法；
2.熟悉常见食品的主要理化指标和检测项目；
3.了解常见食品卫生检验的主要流程。

能力目标

1.能融会贯通常见食品的卫生理化检验流程；
2.能对常见食品各项卫生检验指标的操作指标和注意事项进行描述。

　　从种植或养殖到制成食品的各个环节中,食品和各种材料接触,都有可能受到微生物或有害物质的侵染,从而出现各种卫生问题。因此,各个国家都对食品制定了严格的检测标准,规定了明确的指标及测定方法。本章针对几类常见食品的卫生特点,选择性地介绍相关理化指标的测定。

任务一　粮食及其制品的卫生检验

背景知识：

　　过度抛光大米　只经过初加工而没有抛光的大米有一层白色的粉末，看上去颜色不均匀，部分米上有半透明、白色甚至米糠的浅黄色等颜色掺杂，甚至容易让人误以为是发霉的大米。而经过抛光的大米则呈现均匀的半透明色，美观了很多。绝非外观特别漂亮的大米就是优质大米，因为大米的外面有富含微量元素的一层膜，如果抛光过度的话就会把这层膜给磨掉，降低了大米营养成分。此外，过度抛光的大米还有可能是发霉大米通过过度打磨将霉变部分去除，再以次充好。

一、粮食及其制品的主要卫生问题

　　粮食及其制品的主要卫生问题有真菌和真菌毒素的污染、有害金属的污染、农药（包括粮食熏蒸剂）残留、混杂有毒种子及仓库害虫等。

　　粮食在贮存过程中，可滋生多种害虫。已发现粮仓中有近300种害虫，我国常见的仓储害虫有螨虫、甲虫、蛾类等50多种。防治仓储害虫，常常使用熏蒸剂。常用的粮食熏蒸剂有磷化物、溴甲烷、马拉硫磷、甲基毒死蜱等。熏蒸剂熏蒸处理后的粮食，会有少量的残留。当残留量较大时，对人体可产生危害。国家《食品安全国家标准　粮食》（GB 2715—2016）规定了几种常见熏蒸剂最大残留限量，见表4-1。

表4-1　粮食中常见熏蒸剂最大残留限量

（单位：mg/kg）

项　目	最大残留量	项　目	最大残留量
磷化物（以 PH_3 计）	≤0.05	马拉硫磷（大米）	≤0.1
溴甲烷	≤5	氯化苦（以原粮计）	≤2

二、磷化物的测定

　　磷化物主要指磷化铝、磷化锌、磷化钙等，这些磷化物遇水和酸放出磷化氢气体（PH_3），磷化氢气体无色，有类似臭鱼的恶臭，剧毒，加热易分解，密度大于空气。少量吸入磷化氢气体后，即可表现出头晕、头痛、恶心、乏力、食欲减退、胸闷及上腹部疼痛症状，严重者有中毒性精神症状、脑水肿、肺水肿、肝、肾及心肌损害、心律失常；当空气中浓度达到 $550\sim830\text{mg/m}^3$ 时，人接触 $0.5\sim1.0\text{h}$ 即发生死亡；当空气中浓度达到 2798mg/m^3 时，可迅速致死。

　　《粮油检验　粮食中磷化物残留量的测定　分光光度法》（GB/T 25222—2010）中采用钼

蓝分光光度法测定粮食中磷化物的残留量。

1.原理　磷化物遇水和酸放出磷化氢,蒸发出后吸收于酸性高锰酸钾溶液中,被氧化成磷酸,再与钼酸铵作用生成磷钼酸铵,钼酸铵用氯化亚锡还原成蓝色化合物钼蓝,与标准系列比较定量。当取样量为50g时,方法检出限为0.020mg/kg。

$$P^{3-}+3H^+ \longrightarrow PH_3 \uparrow$$

$$5PH_3+8KMnO_4+12H_2SO_4 \longrightarrow 5H_3PO_4+4K_2SO_4+8MnSO_4+12H_2O$$

$$2H_3PO_4+24(NH_4)_2MoO_3+21H_2SO_4 \longrightarrow 2[(NH_4)_3PO_4 \cdot 12MoO_3]+21(NH_4)_2SO_4+24H_2O$$

$$(NH_4)_3PO_4 \cdot 12MoO_3+2SnCl_2+7HCl \longrightarrow 3NH_4Cl+2SnCl_4+2H_2O+\underset{钼蓝}{(Mo_2O_3 \cdot 4MoO_3)_2 \cdot H_3PO_4}$$

2.仪器与试剂

(1)仪器　可见分光光度计、移液管、吸收管。

(2)试剂　0.1mol/L 高锰酸钾溶液、0.02mol/L 高锰酸钾溶液、1mol/L 硫酸溶液、3mol/L 硫酸溶液、饱和亚硫酸钠溶液、氯化亚锡盐酸溶液、50mg/mL 钼酸铵溶液、磷化物标准溶液、3mol/L 盐酸、饱和硝酸汞溶液、饱和硫酸肼溶液、酸性高锰酸钾溶液。

3.分析步骤　按图 4-1 安装磷化氢发生装置。在三个串联的气体吸收管中,分别加入适量高锰酸钾溶液和硫酸。在二氧化碳发生瓶中装入大理石碎块,用分液漏斗向二氧化碳发生瓶中滴加适量盐酸,让产生的二氧化碳气体依次经过装有饱和硝酸汞溶液、酸性高锰酸钾溶液、饱和硫酸肼溶液的洗气瓶,洗涤后进入反应瓶。通二氧化碳 5min 后,打开反应瓶,将称好的样品装入反应瓶,从分液漏斗向反应瓶中滴加硫酸和适量的水,反应瓶置于沸水浴中沸腾加热 30min,继续通入二氧化碳。等反应完毕后,先取下吸收管的进气口,再除去抽气管端口,然后取下三个吸收管,分别滴加饱和亚硫酸钠溶液,使高锰酸钾溶液褪色,合并三个吸收管中的吸收液,置于比色管中,用少量水洗涤吸收管,洗液合并到比色管中,然后加入适量硫酸、钼酸铵溶液混匀,然后进行标准溶液和样品的测定。

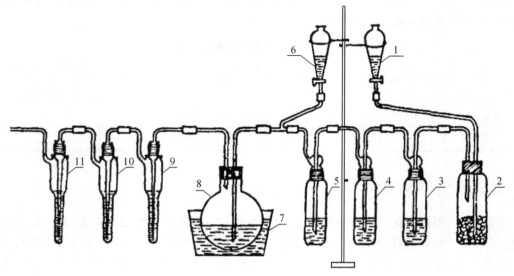

图 4-1　磷化氢发生装置

1、6—分液漏斗;2—二氧化碳发生瓶;3、4、5—洗气瓶;

7—水浴;8—发生瓶;9、10、11—气体吸收瓶。

4.注意事项

(1)磷化铝、磷化锌、磷化钙等磷化物不稳定,不宜用来配制标准溶液,常用磷酸二氢钾配制标准溶液。

(2)大理石中往往含有硫化物等,在酸性条件下可能产生硫化氢等影响氧化还原反应的气体,需通过洗气过程消除。

(3)钼蓝显色的酸度是 0.78～0.93mol/L,酸度过高时,不显蓝色;酸度过低时,氯化亚锡有可能还原钼酸铵而显假阳性。

三、粮食中马拉硫磷的测定

马拉硫磷又名马拉松,纯品为无色或浅黄色油状液体,带蒜臭味,微溶于水,易溶于二氯甲烷、三氯甲烷、四氯化碳等有机溶剂,难溶于石油醚。其在酸和水中能缓慢水解产生巯基琥珀酸二乙酯,在碱性水溶液中水解较快。

马拉硫磷的测定常用气相色谱法及铜络合物分光光度法。

(一)气相色谱法

1.原理　马拉硫磷等有机磷农药经有机溶剂提取后,色谱柱分离,进入火焰光度检测器,在富氢火焰上燃烧,分解成 HPO 碎片,同时发射出波长 526nm 的特征光,通过滤光片选择后,由光电倍增管接收,转换成电信号,经放大后,被记录下来。比较样品与标准品的峰高或峰面积,计算出样品中马拉硫磷的含量。

2.样品处理与测定　取适量磨碎后过 20 目筛的样品,加入中性氧化铝、活性炭及二氯甲烷,振摇后过滤。如样品中农药残留量过低,可将滤液浓缩。分别吸取标准溶液及样液注入气相色谱仪中,测得峰高或峰面积,与标准比较定量。

3.色谱参考条件　色谱柱:玻璃柱,内径 3mm,长 1.5～2.0m;固定相:60～80 目Chromosorb WAW DMCS 为担体,涂以 OV-17 和 SE-30(或 OV-17,或 OV-101)混合固定液;氮气流速 80mL/min,空气流速 50mL/min,氢气流速 180mL/min;温度:进样口 220℃,检测器 240℃,柱温 180℃。

4.说明　火焰光度检测器对含磷和含硫的化合物具有很高的灵敏度,当测定马拉硫磷等有机磷农药时,选择测磷的滤光片最大吸收波长为 526nm。

(二)铜络合物分光光度法

1.原理　马拉硫磷用有机溶剂提取,经氢氧化钠水解后,生成二甲基二硫代磷酸酯,再与铜盐生成黄色络合物,与标准系列比较定量。当取样量为 20g 时,方法检出限为 1.25mg/kg。

2.样品处理与测定　称取经粉碎并全部通过 20 目筛的样品,加入四氯化碳,振荡后过滤。吸取滤液,加二硫化碳—四氯化碳混合液和酸性硫酸钠溶液,振摇提取,静置分层后,弃水层。

于样品提取液中加入无水乙醇和氢氧化钠溶液,剧烈振摇水解 1min,立即加入硫酸钠溶液,混匀,用盐酸调 pH 至 3～4,再加三氯化铁溶液,振摇 1min,静置分层,弃四氯化碳层。在水层中准确加入四氯化碳和硫酸铜溶液,准确振摇 1min。静置分层后将四氯化碳层通过脱脂棉滤入比色皿中,于波长 415nm 处测吸光度。标准溶液同样操作,绘制标准曲线,计算样品中马拉硫磷含量。

3. 说明

(1)凡水解后能产生 O,O-二甲基二硫代磷酸酯的有机磷农药(如乐果)都有类似反应,这可能干扰马拉硫磷的测定。

(2)加入二硫化碳主要是除去样品中可能存在的铜离子,防止 O,O-二甲基二硫代磷酸酯损失,并防止其氧化。其原理是二硫化碳与下一步水解时加入的乙醇和氢氧化钠反应生成乙基黄原酸钠,与样品中可能存在的铜离子生成稳定的配合物,溶于四氯化碳而除去。反应式为:

$$C_2H_5OH + CS_2 + NaOH \longrightarrow C_2H_5O-\overset{\overset{\textstyle S}{\|}}{C}-S-Na + H_2O$$

$$2\,C_2H_5O-\overset{\overset{\textstyle S}{\|}}{C}-S-Na + Cu^{2+} \longrightarrow \left[C_2H_5O-\overset{\overset{\textstyle S}{\|}}{C}-S-\right]_2 Cu + 2Na^+$$

(3)样品提取液中加入酸性硫酸钠溶液,可洗去四氯化碳提取液中水溶性杂质。

(4)应严格控制水解时间不少于 1min,否则水解不完全,但也不能超过 2min,以免水解产物被氧化,使回收率降低。O,O-二甲基二硫代磷酸酯不稳定,操作时需动作迅速,中途不能停止。

(5)加入三氯化铁的作用是氧化样液中的还原性物质,可防止二价铜被还原成一价铜,而一价铜可以与 O,O-二甲基二硫代磷酸酯生成无色配合物,导致结果偏低。

(6)水解后生成的 O,O-二甲基二硫代磷酸酯溶于水层,杂质留在四氯化碳层而被除去。

(7)水层中 O,O-二甲基二硫代磷酸酯与铜离子反应,生成的铜配合物转入四氯化碳层,但在四氯化碳中不稳定,应在 20min 内完成比色测定。

四、粮食中氯化苦的测定

氯化苦,化学名为三氯硝基甲烷,为无色或微黄色油状液体,沸点 111.9℃,冰点 −69.2℃,相对密度 1.66,其蒸气较空气重 4.7 倍,难溶于水,易溶于有机溶剂。其化学性质稳定,一般酸碱物质均不能使其分解。氯化苦是催泪性很强的有毒物质,人吸入其蒸气可出现咳嗽、呼吸困难、气喘和全身无力等症状,重者可中毒死亡。

测定粮食中氯化苦残留量常用分光光度法及气相色谱法,前者为我国国家标准检验方法。

(一)分光光度法

1. 原理　氯化苦被乙醇钠分解生成亚硝酸盐,在弱酸性溶液中与对氨基苯磺酸进行重氮化,然后再与 N-1-萘基-乙二胺盐酸偶合生成紫红色化合物,在 538nm 波长处测吸光度,与标准系列比较定量。当取样量为 20g 时,方法检出限为 0.050mg/kg。反应式如下:

$$CCl_3NO_2 + 4C_2H_5ONa \longrightarrow C(OC_2H_5)_4 + 3NaCl + NaNO_2$$

2.说明

（1）金属钠与乙醇作用放出氢气,配制乙醇钠时应远离火源,戴好防护眼镜和手套。金属钠遇水激烈反应产生氢气,一般保存于煤油中,切勿与水相遇,避免引起着火,用剩的金属钠与切下的碎片应放回原煤油液中保存。

（2）配制氯化苦标准溶液时,应将氯化苦加入盛有适量乙醇溶剂的容量瓶中,用增重法求出氯化苦的质量,再稀释为一定浓度的标准使用液;无氯化苦标准品时,可用亚硝酸钠代替。

(二)气相色谱法

1.原理　残留在粮食中的氯化苦,在通氮气的条件下吹蒸出来后,吸收于石油醚中。经气相色谱分离,利用电子捕获检测器对电负性化合物有较高测定灵敏度的特点进行检测。根据保留时间定性,外标法定量。

2.色谱参考条件　色谱柱:玻璃柱,长 1.5m,内径 3mm,Chromosorb W 60～80 目担体,涂以 10% DC-200;柱温度:100℃;汽化室温度:150℃;检测室温度:200℃;载气流速:氮气 10mL/min。

3.说明　本法可同时分离测定二硫化碳、溴甲烷、碳、氯化苦、四氯化碳。

思考题

常用的粮食熏蒸剂有哪些? 分别说明其测定方法与原理。

（马少华　秦志伟）

任务二　酒的卫生标准及检验

背景知识：

　　真假啤酒鉴别　不少人喜爱喝扎啤，然而，这些清凉爽口的啤酒，却可能是由有毒的工业二氧化碳气体灌充而成。我们可从色泽、泡沫、香气和口味对啤酒进行鉴别。色泽上，优质啤酒浅黄色带绿，不呈暗色，有醒目光泽，清亮透明，无明显悬浮物；劣质啤酒色泽暗而无光或失光，有明显悬浮物和沉淀物，严重者液体混浊。泡沫上，优质啤酒倒入杯中时起泡力强，泡沫达二分之一至三分之二杯高，洁白细腻，挂杯持久（4分钟以上）；劣质啤酒倒入杯中稍有泡沫但消散很快，有的根本不起泡沫，起泡者泡沫粗黄，不挂杯，似一杯冷茶水状。香气上，优质啤酒有明显的酒花香或麦芽香，无老化味及其他异味；劣质啤酒无酒花香气，有怪异气味。口味上，优质啤酒口味纯正，香味明显，无任何异杂滋味，酒质清冽，协调柔和，杀口力强，苦味细腻、微弱，无后苦，有再饮欲；劣质啤酒味不正，有明显的异杂味、怪味，如酸味或甜味过于浓重，有铁腥味、苦涩味或淡而无味。

　　酒，是人类各民族民众在长期的历史发展过程中创造的一大饮料。地球上最初的酒，应是落在地上的野果自然发酵而成的。世界上最古老的实物酒是伊朗撒玛利出土的葡萄酒，距今3000多年，仍芳醇迷人；在我国，酒的酿造已有相当悠久的历史。中国最古老的实物酒是西安出土的汉代御酒，据专家考证系粮食酒（也有专家认证为黄酒），至今仍然香气怡人。

一、酒的分类

　　酒是含酒精饮料的统称，也是人们常用的饮料之一。其基本生产原理是富含糖或淀粉的原料在酶的作用下，变成可发酵糖（糖化过程），然后在酵母菌所产生的一系列酶的作用下发生复杂的反应，最后分解为酒精等成分（发酵过程）。酒的品种繁多，根据其生产工艺不同可分为三大类。

　　1. 发酵酒　又称酿造酒，系指以粮食、水果等含糖或含淀粉的物质为原料，经糖化、发酵、除去固形物后制得的酒，如啤酒、葡萄酒、黄酒、清酒、果酒等。发酵酒的酒精度较低，一般酒精含量为4%～18%。

　　2. 蒸馏酒　系指以含糖或含淀粉的物质如粮食等为原料，经糖化、发酵、蒸馏制得的酒，如白酒、伏特加、威士忌、白兰地等。这类酒的酒精度较高，酒精含量大多在40%以上，其他固形物含量极少，刺激性较强。

　　3. 配制酒　系指以发酵酒或蒸馏酒作为酒基，配加一定比例的可食用辅料如着色剂、甜味剂、香精、花果、药材等而制成的酒，如桂花酒、橘子酒、人参酒、玫瑰酒及汽酒等。这类酒含有糖分、色素以及不同量的固形物，酒精含量大多在15%～40%。

二、酒类主要的卫生检测项目

酒中原料成分不达标,或者在生产过程中与某些材料接触,常会导致酒类中含有甲醇、杂醇油、醛类、氰化物、铅、锰等。这些物质的超标,会对人体造成严重的伤害,也是酒类的主要卫生检测项目。

1.甲醇　　主要来自原料中果胶,果胶发酵水解时生成甲醇。用果胶含量高的水果或薯类酿酒,容易水解产生较多的甲醇。现在很多人自酿葡萄酒,处理不当的时候,酒液中甲醇含量都较高。饮用这种酒,少量时都会让人头疼。甲醇对人体有强烈毒性,因为甲醇在人体新陈代谢中会氧化成比甲醇毒性更强的甲醛和甲酸(蚁酸),因此饮用含有甲醇的酒可导致失明、肝病,甚至死亡。误饮 4mL 以上就会出现中毒症状,超过 10mL 即可因对视神经的永久破坏而导致失明,30mL 能致人死亡。

2.杂醇油　　杂醇油是指碳原子数大于 2 的脂肪醇的混合物,杂醇油是谷类发酵产生的除乙醇外的副产物,是由蛋白质、氨基酸和糖在发酵过程中分解产生的,包括正丙醇、异丁醇、异戊醇、活性戊醇、苯乙醇等。杂醇油使得酒的成分复杂化,呈现出特有的风味,但杂醇油具有毒性,可破坏中枢神经系统,甚至引起剧烈头痛。例如,杂醇油高级醇可形成啤酒的香气和风味。但啤酒中高级醇含量过高时,将影响啤酒的口感和风味,饮后头疼。通常啤酒中杂醇油含量为 100～150mg/L,优质啤酒中杂醇油含量为 90～110mg/L。

3.醛类　　酒中的醛类,也是发酵过程中产生的。酒中的醛类主要有甲醛、乙醛、丁醛、戊醛等。醛类的毒性比相应的醇高,其中毒性最大的是甲醛,甲醛不仅可使蛋白质变性,而且具有致癌作用,10g 甲醛可使人致死。在发生急性中毒时,饮用者会出现咳嗽、胸痛、灼烧感、头晕、意识丧失及呕吐等现象。在白酒生产中,少用谷糠、稻壳,可减少醛类的产生。在蒸馏时,严控蒸馏酒温度,掐头去尾,可大大降低酒中醛类含量。

4.氰化物　　酒类中的氰化物主要是在原料发酵过程中产生的。一般来说,当含有氰苷的木薯、青冈籽作为原料发酵时,容易产生氰化物。原因主要是这些原料中含有氰苷,氰苷水解产生氢氰酸。氢氰酸是剧毒化学品,可以抑制呼吸酶,造成细胞内窒息,少量即可致死。

5.有害金属　　英国的研究人员发现,欧洲的部分红、白葡萄酒中至少含有七种有毒重金属。酒中的金属离子大多数为钒、铜、锌、镍、铬、铅。酒中有害金属来源有两种途径:一是原料生长地被重金属污染,导致原料中含有重金属;二是发酵池、蒸馏器、冷凝器、贮酒容器及输酒管道可能含有能够迁移的重金属。

此外,为避免真菌毒素的污染、微生物繁殖而加入的防腐剂如二氧化硫等都可能带来酒类的卫生问题。

三、酒的卫生标准

我国制定的酒类相关的标准多达 20 项,主要的国家标准有:《蒸馏酒及配制酒卫生标准》(GB 2757—2006)、《浓香型白酒》(GB/T 10781.1—2006)、《发酵酒卫生标准》(GB 2758—2005)等。酒类常检的理化指标见表 4-2。

表 4-2　酒类常检的理化指标

酒类	检测项目	酿酒原料或酒种类	指标
蒸馏酒、配制酒	甲醇,g/100mL	谷类	≤0.04
		薯干及代用品	≤0.12
	杂醇油(以异丁醇和异戊醇计),g/100mL		≤0.20
	氰化物(以 HCN 计),g/100mL	木薯	≤5.00
		其他代用品	≤2.00
	铅(以 Pb 计),mg/L		≤1.00
	锰(以 Mn 计),mg/L		≤2.00
发酵酒	总二氧化硫,mg/L	葡萄酒、果酒	≤250.00
	甲醛,mg/L	啤酒	≤2.00
	铅(以 Pb 计),mg/L	啤酒、黄酒	≤0.50
		葡萄酒、果酒	≤0.20
	展青霉素,μg/L	葡萄酒、苹果酒、山楂酒	≤50.00

(一)酒中甲醇和高级醇类的同时测定

气相色谱法可同时测定酒中甲醇和高级醇类,是我国国家标准检验方法第一法,也是目前最常用的方法,操作简便,灵敏度高。

甲醇和高级醇类属于中等极性或弱极性化合物,可形成氢键,故可选择中等极性或易形成氢键的固定相制备色谱柱,常用高分子多孔微球-102(ODX-102),或用涂有聚乙二醇-2万(polyethylene glycol-20M,PEG-20M)的 GDX-102 作为色谱固定相填充色谱柱。

1.原理　酒样注入气相色谱仪汽化后,酒中甲醇和高级醇类经气相色谱柱分离,由载气携带进入火焰离子化检测器检测,与标准比较,根据保留时间定性,由峰高定量。最低检出限:正丙醇、正丁醇 0.2ng;异戊醇、正戊醇 0.15ng;仲丁醇、异丁醇 0.22ng,

2.色谱参考条件　色谱柱:长 2m,内径 4mm,玻璃柱或不锈钢柱;固定相:GDX-102,60~80 目;温度:气化室 190℃,柱温 170℃,检测器 190℃;流速:载气(N_2)40mL/min,氢气(H_2)40mL/min,空气 450mL/min;进样量 0.5μL。

3.说明　杂醇油结果以异戊醇和异丁醇总量计算,按现有卫生标准执行;应测定蒸馏酒、配制酒经蒸馏后的乙醇浓度,当乙醇浓度低于 60 度时,测定结果乘以 60/n,n 为样品实测得的乙醇浓度(度)。

(二)酒中甲醇的测定

酒中甲醇的测定方法还有品红亚硫酸分光光度法、变色酸分光光度法及酒醇速测仪法等。酒醇速测仪法适用于80 度以下蒸馏酒、酒精配制酒中甲醇的现场快速测定。品红亚硫酸分光光度法是我国国家标准检验方法第二法,下面对该方法作详细的介绍。

　　1.原理　　甲醇在酸性条件下,被高锰酸钾氧化成甲醛,过量的高锰酸钾及在反应中生成的二氧化锰用草酸还原除去,甲醛与品红亚硫酸作用生成蓝紫色化合物,在最大吸收波长590nm处测定吸光度值,与标准比较计算出酒样中甲醇的含量。方法检出限为0.02g/100mL。

　　2.样品处理　　发酵酒和配制酒应采用全玻璃蒸馏器蒸馏,取馏出液进行分析。如样品中含有甲醛,应预先除去之后再测定甲醇。除甲醛的方法:吸取100mL酒样于蒸馏瓶中,加入50g/L硝酸银溶液5mL、5g/L氢氧化钾溶液0.1mL,放置片刻,加50mL水,蒸馏,收集馏出液100mL供测定。反应式如下:

$$AgNO_3 + KOH \longrightarrow AgOH + KNO_3$$
$$2AgOH \longrightarrow Ag_2O + H_2O$$
$$Ag_2O + HCHO \longrightarrow HCOOH + 2Ag$$

　　3.说明

　　(1)如果样品有色、浑浊或含有甘油、果胶等氧化后能生成甲醛的物质,则影响测定结果。

　　(2)配制品红亚硫酸溶液时,亚硫酸钠的加入量要适当,过量会降低显色反应的灵敏度。品红亚硫酸溶液宜在冰箱中保存。如果试剂变红,不可再用。

　　(3)配制标准溶液及调节溶液乙醇浓度时,需用无甲醇的乙醇。无甲醇乙醇的制备方法:取95%乙醇300mL,加入少许高锰酸钾,蒸馏,收集馏出液。取1.0g硝酸银溶于水、1.5g氢氧化钠溶于水,将两者加入馏出液中,混匀,取上层清液蒸馏,收集中间馏出液约200mL备用。

　　(4)甲醇显色反应的灵敏度与溶液中乙醇浓度相关,乙醇浓度过低或过高,均会导致显色灵敏度下降。溶液中的乙醇浓度以5%~6%为宜。测定时须确保样品管与标准管中乙醇浓度一致。

　　(5)加入草酸—硫酸溶液后,溶液中产生热量,此时应适当冷却,待溶液降温后,再加入品红亚硫酸溶液,以免显色剂分解。

　　(6)酒中其他醛类与品红亚硫酸作用也显色,但在一定浓度的硫酸酸性溶液中,除甲醛可形成经久不褪的蓝紫色外,其他醛类所显的颜色会在一定的时间内褪去,故应于20~30℃显色30min。

(三)酒中杂醇油的测定

　　对二甲胺基苯甲醛分光光度法是测定酒中杂醇油的我国国家标准分析方法第二法。

　　1.原理　　酒中杂醇油成分复杂,包括正丙醇、异丙醇、正丁醇、异丁醇、正戊醇、异戊醇等,它们在硫酸作用下,脱水生成相应的烯,再与对二甲胺基苯甲醛作用显橙黄色,于波长520nm处测定吸光度值,与标准系列比较定量。方法检出限为0.03g/100mL(以异丁醇和异戊醇计)。

　　2.说明

　　(1)不同醇类显色灵敏度不同,异丁醇>异戊醇>正戊醇,正丙醇、异丙醇、正丁醇等的显色灵敏度极差,而且酒中杂醇油成分极为复杂,比例不一。根据醇类的显色灵敏度和酒中杂醇油成分分析,本法采用异丁醇和异戊醇(1+4)作为杂醇油标准。

（2）无杂醇油的乙醇制备：取 0.1mL 乙醇，按分析步骤测定，不得显色。如显色需进行处理：取乙醇 200mL，加入 0.25g 盐酸间苯二胺，加热回流 2h，用分馏柱控制温度进行蒸馏，收集中间馏出液 100mL。

（3）对二甲胺基苯甲醛应临用现配，如变杏黄色就不能使用。

（4）除蒸馏酒外，其他的酒都需蒸馏后取馏出液进行分析。

（5）显色随时间延长而变浅，故显色后宜及时比色。

（四）酒中氰化物的测定

氰化物的测定是将各种形态的氰转化成 CN⁻ 形式进行定量分析的一种方法。分析方法有异烟酸—吡唑酮分光光度法、吡啶—巴比妥酸分光光度法、气相色谱法等。前者为我国国家标准检验方法。

1. 异烟酸—吡唑酮分光光度法

（1）原理　酒样中的氰化物在酸性条件下蒸馏出来，并吸收于碱性溶液中，在 pH7.0 溶液中，氯胺 T 能将氰化物转变为氯化氰，氯化氰再与异烟酸—吡唑酮作用，生成蓝色化合物，与标准系列比较定量。

（2）说明

①异烟酸—吡唑酮试剂，宜临用现配。异烟酸溶于 20g/L NaOH 溶液后再加水稀释，吡唑酮溶于二甲基甲酰胺中，临用时等体积混合两液。

②醇对本法有干扰，可使吸光度值严重降低，故应去掉醇后再测定氰化物含量。可将蒸馏液在碱性条件下，置水浴中蒸除醇类。

③必须严格控制显色的 pH 及温度，在 35～40℃ 显色 30min，吸光度值接近最大，在此后 20min 内稳定。

2. 气相色谱法

氰化物在酸性溶液中与溴作用生成溴化氰，多余的溴用亚砷酸钠除去，然后用乙醚萃取。取适量注入气相色谱仪，经色谱柱分离，用电子捕获检测器检测。根据保留时间定性，记录峰高或峰面积，以外标法定量。

参考色谱条件为色谱柱：长 2m，内径 4mm，不锈钢螺旋柱，填充 Porapak QS，80～100 目；温度：气化室 220℃，柱温 210℃，检测器 265℃；流速：载气（高纯氮）91mL/min。

（五）酒中锰的测定

我国国家标准规定，酒中锰的测定采用原子吸收分光光度法和过碘酸钾分光光度法。

过碘酸钾分光光度法的原理是：样品经消化后，其中的锰便成为二价锰，在酸性条件下二价锰被过碘酸钾氧化成七价锰而呈紫红色，与标准比较定量。方法的检出限为 0.50mg/L。

如样品含锰量较低，测定时在加入过碘酸钾后，可加少量硝酸银，以促进氧化，也可通过巯基棉富集再测定。

 **思考题**

酒中主要有害物质有哪些？说明分光光度法及气相色谱法测定酒中甲醇和杂醇油的原理及方法，并比较它们的优缺点。

能力拓展1　白酒中甲醇含量的测定——亚硫酸品红比色法

【目的】

掌握白酒中甲醇测定的基本方法；熟悉白酒中甲醇的卫生限量标准；进一步认识白酒中甲醇的危害；加强实验基本技能的训练，提高标准曲线的制备水平。

【原理】

白酒中甲醇来自酿酒原辅料（薯干、马铃薯、水果、糠麸等）中的果胶，在蒸煮过程中果胶中的半乳糖醛酸甲酯分子中的甲氧基分解成甲醇。

酒中甲醇在磷酸溶液中被高锰酸钾氧化成甲醛，过量的高锰酸钾及在反应中产生的二氧化锰用硫酸草酸溶液除去，甲醛与品红亚硫酸作用生成蓝紫色醌型色素，与标准系列比较即可定量测出。

1. 氧化

$$5CH_3OH+2KMnO_4+4H_3PO_4 \Longrightarrow 5HCHO+2KH_2PO_4+2MnHPO_4+8H_2O$$

2. 去除有色物质

$$5H_2C_2O_4+2KMnO_4+3H_2SO_4 \Longrightarrow 2MnSO_4+K_2SO_4+10CO_2\uparrow+8H_2O$$

$$H_2C_2O_4+MnO_2+H_2SO_4 \Longrightarrow MnSO_4+2CO_2\uparrow+2H_2O$$

3. 显色反应

品红与亚硫酸形成非醌型无色化合物，甲醛与品红亚硫酸作用生成蓝紫色醌型色素。

【仪器与试剂】

仪器：可见光分光光度计。

配制以下试剂：

1. 高锰酸钾—磷酸溶液　称取 3g 高锰酸钾，加入 15mL 85% 磷酸溶液及 70mL 水的混合液中，待高锰酸钾溶解后用水定容至 100mL。贮于棕色瓶中备用。

2. 草酸—硫酸溶液　称取 5g 无水草酸（$H_2C_2O_4$）或 7g（$H_2C_2O_4 \cdot 2H_2O$），溶于 1∶1 冷硫酸中，并用 1∶1 冷硫酸定容至 100mL。混匀后，贮存于棕色瓶中备用。

3. 品红亚硫酸溶液　称取 0.1g 研细的碱性品红，分次加水（80℃）共 60mL，边加水边研磨使其溶解，待其充分溶解后滤于 100mL 容量瓶中，冷却后加 10mL（10%）亚硫酸钠溶液，1mL 盐酸，再加水至刻度，充分混匀，放置过夜。如溶液有颜色，可加少量活性炭搅拌后过滤，贮于棕色瓶中，置暗处保存。溶液呈红色时应弃去重新配制。

4.甲醇标准溶液　准确称取 1.000g 甲醇(相当于 1.27mL)置于预先装有少量蒸馏水的 100mL 容量瓶中,加水稀释至刻度,混匀。此溶液每毫升相当于 10mg 甲醇,置低温保存。

5.甲醇标准应用液　吸取 10.0mL 甲醇标准溶液置于 100mL 容量瓶中,加水稀释至刻度,混匀。此溶液每毫升相当于 1mg 甲醇。

6.无甲醇无甲醛的乙醇制备　取 300mL 无水乙醇,加高锰酸钾少许,振摇后放置 24h,蒸馏,最初和最后的 1/10 蒸馏液弃去,收集中间的蒸馏部分即可。

7.10％亚硫酸钠溶液。

【方法】

1.根据待测白酒中含乙醇多少适当取样(含乙醇 30％取 1.0mL;40％取 0.8mL;50％取 0.6mL;60％取 0.5mL)于 25mL 具塞比色管中。

2.精确吸取 0.00、0.20、0.40、0.60、0.80、1.00mL 甲醇标准应用液(相当于 0、0.2、0.4、0.6、0.8、1.0mg 甲醇)分别置于 25mL 具塞比色管中,各加入 0.5mL 60％的无甲醇的乙醇溶液。

3.于样品管及标准管中各加水至 5mL,再依次加入 2mL 高锰酸钾—磷酸溶液,混匀,放置 10min。

4.各管加 2mL 草酸—硫酸溶液,混匀后静置,使溶液褪色。

5.各管再加入 5mL 品红亚硫酸溶液,混匀,于 20℃以上静置 0.5h。

6.以 0 管调零点,于 590nm 波长处测吸光度,与标准曲线比较定量。

【注意事项与补充】

1.亚硫酸品红溶液呈红色时应重新配制,新配制的亚硫酸品红溶液放冰箱中 24～48h 后再用为好。

2.白酒中其他醛类以及经高锰酸钾氧化后由醇类变成的醛类(如乙醛、丙醛等),与亚硫酸品红溶液作用也显色,但在一定浓度的硫酸酸性溶液中,除甲醛可形成经久不褪的紫色外,其他醛类则历时不久即行消退或不显色,故无干扰。因此,操作中时间条件必须严格控制。

3.酒样和标准溶液中的乙醇浓度对比色有一定的影响,故样品与标准管中乙醇体积要大致相等。

【观察项目和结果记录】

项目	0	1	2	3	4	5	样 1	样 2
甲醇标准液/mL	0.0	0.2	0.4	0.6	0.8	1.0	—	—
酒样/mL	—	—	—	—	—	—		
甲醇含量/mg	0.0	0.2	0.4	0.6	0.8	1.0		
吸光度值								

1.绘制标准曲线,计算回归方程,计算样品管中甲醇的含量(mg)。

2.计算样品中甲醇的含量(g/100mL)

$$X = \frac{M}{V \times 100} \times 100$$

式中：X——样品中甲醇的含量，g/1000mL；

　　M——测定样品中所含甲醇相当于标准的毫克数，mg；

　　V——样品取样体积，mL。

3.精密度　在重复性条件下获得的两次独立测定结果的绝对差值不得超过算术平均值：含量$\geqslant$0.10g/100mL，精密度$\leqslant$15%；含量<0.10g/100mL，精密度$\leqslant$20%。

【讨论】

1.影响白酒中甲醇测定结果准确性的因素有哪些？

2.白酒中甲醇的测定方法还有哪些？

能力拓展2　啤酒中苦味质的测定

【目的】

掌握啤酒中苦味质含量检测的方法和最佳实验条件，熟悉国标 GB/T 4928—2008 的相关规定。

【原理】

苦味是啤酒区别于其他酒类的重要特征之一。啤酒中的苦味质来自啤酒花中的 α-酸，其赋予了啤酒清爽的香气和爽口的苦味。但麦汁在煮沸过程中，啤酒花中的 α-酸在沸水中会转化为异 α-酸，啤酒中的苦味质主要是异 α-酸。这种苦味质是啤酒中的一种风味物质，它对啤酒的口味、质量起着重要作用。

啤酒苦味质检测主要指检测啤酒中异 α-酸的含量。苦味质的测定方法有重量法、旋光法、电位滴定法、电导法、紫外分光光度法。常用的检测方法是国家标准 GB/T 4928—2008 方法，即用 20mL 异辛烷从 10mL 被酸化的啤酒中将苦味质萃取出来，经过离心用分光光度计在 275nm 波长下测出吸光度，再由吸光度计算出啤酒的苦味质含量。

准确测定啤酒中苦味质，可以准确计算啤酒花的添加量，保证啤酒苦味的均一性和爽口性。

【仪器与试剂】

仪器：紫外分光光度计、石英比色皿、离心机、离心试管、电动振动器、移液管、碘量瓶子。

试剂：3mol/L 盐酸、辛醇（色谱纯）、异辛烷（色谱纯）、啤酒、二次蒸馏水。

【方法】

1.用尖端带有一滴辛醇的移液管，吸取已经处理好的冷（小于 10℃）未除气的啤酒样品 10.00mL（应保证在进行样品处理时，没有损失泡沫）于 50mL 离心管中，加入 3mol/L 的盐酸溶液 1mL 和 20.0mL 异辛烷,加入 2 颗玻璃球珠,拧上塞子,在电动振动机上震荡 15min(异辛烷提取液应呈乳状)。

2. 然后将离心管移入离心机上,以 3000 转/min 的速度离心 15min,使其分层。

3. 尽快吸出上层清液(异辛烷层),用 1cm 石英比色皿,在波长为 275cm 处,以异辛烷做空白对照,测其吸光度。

【注意事项与补充】

1. 异辛烷最好使用色谱纯,如果使用分析纯的,用 10mm 石英比色皿,在波长 275nm 下,测其吸光度应接近重蒸馏水或不高于 0.005 才能使用。

2. 异辛烷要垂直于分液漏斗内溶液表面加入。加入异辛烷后,需加入几颗玻璃球珠,并立即用手振摇分液漏斗内的溶液,使样品混合均匀后再置于振荡器上进行振荡操作。

3. 检测的样品只有清亮无混浊,才能保证检测结果的准确性。因此,检测前必须对样品进行处理,一般采用离心处理后的上清液进行检测。

4. 样品在乳化时,先加入 3mol/L 盐酸溶液 1mL,在加入异辛烷的同时轻轻振摇离心管,使得乳化效果更好。只有在啤酒酸化后,异辛烷才能彻底地萃取啤酒中的苦味质。

5. 加辛醇的目的是抑制泡沫的产生,因为泡沫中存在苦味质,如果泡沫残留在瓶壁上,就会造成检测结果偏低。

【观察项目和结果记录】

测定参数	第 1 次	第 2 次
吸取样品的体积/mL	10.0	10.0
测得的吸光度 A		
样品中苦味质的含量/BU		

啤酒中苦味质的含量为:

$$X = A_{275} \times 50$$

式中:X——试样中苦味质的含量,以"BU"单位表示;

A_{275}——在 275cm 波长下,测得试样的吸光度;

50——吸光度与苦味质的换算系数。

所得结果保留一位数字。

【讨论】

1. 简述紫外分光光度法测定啤酒中苦味质的步骤。

2. 在测定啤酒中苦味质时,进行样品处理,为什么不能损失泡沫?

(马少华　曹国洲)

任务三 肉与肉制品的卫生检验

背景知识：

　　发光猪肉 部分消费者发现，某地所售猪肉在夜晚会发出淡蓝色的光。引起猪肉发光的原因很多，比如猪肉内存在的蛋白质发生变质，或猪肉上携带类似荧光假单胞杆菌等，都有可能引起猪肉"发光"。在正常情况下，新鲜猪肉不会发光，很可能是在屠宰、运输、保存等过程中，猪肉受到污染，引发上述情况。

　　动物性食品在国内外都容易发生重大食品安全事故，如公众都比较熟悉的疯牛病、禽流感、瘦肉精、二噁英、丙烯酰胺等。肉与肉制品的安全性一直是世界各国关注的重点。

一、肉与肉制品常见的卫生问题

　　肉与肉制品常见的卫生问题主要有：添加剂超标、含有非法添加剂、畜禽疾病、腐败变质、兽药残留、化学性污染等。肉类的腐败变质是肉类在生产、加工、运输、贮存、销售等过程中，由于保存不当，受到微生物的污染，发生腐败变质，甚至腐烂，在此过程中，肉类中的蛋白质分解产生有机酸、硫化氢、氨、腐胺、尸胺、甲胺、二甲胺等，其中腐胺、尸胺会产生恶臭，其他胺类会造成人的过敏反应和中毒反应。肉类中分解产物的含量多少，与肉类的新鲜程度密切相关，因此，通过检测相关分解产物的含量，可以判断肉类的新鲜度。本节重点介绍肉类的腐败变质及其相关指标挥发性盐基氮、三甲氨氮等的测定。

二、挥发性盐基氮的测定

　　目前，采用检测挥发性盐基氮（TVBN）的含量来确定肉类物质的新鲜程度。挥发性盐基氮是肉类食品在腐败过程中，在酶和细菌的作用下，分解蛋白质，产生的氨和胺类等碱性含氮物质的总量。氨和胺类等碱性含氮物质在碱性溶液中，挥发出氨气，吸收氨气后，用标准酸溶液滴定即可计算氨和胺类等碱性含氮物质总含量。国标《鲜（冻）畜、禽产品》（GB 2707—2016）中规定，挥发性盐基氮不得超过 15mg/100g。

　　挥发性盐基氮的测定常用半微量定氮法和微量扩散法。它们的样品前处理方法相同：将样品除去脂肪、骨及肌腱后，切碎搅匀，称取适量，加 10 倍质量无氨蒸馏水浸渍 30min，振摇，过滤，滤液置冰箱备用。

（一）半微量定氮法

　　1. 原理　挥发性盐基氮在弱碱性条件下（氧化镁）被蒸馏出来，吸收于硼酸溶液中生成硼酸铵，使吸收液由酸性变为碱性，混合指示剂由紫色变为绿色。再用标准酸溶液滴定，根

据消耗酸标准溶液的体积,计算挥发性盐基氮的含量。反应式为:

$$2NH_3 + 4H_3BO_3 \longrightarrow (NH_4)_2B_4O_7 + 5H_2O$$

$$(NH_4)_2B_4O_7 + 2HCl + 5H_2O \longrightarrow 2NH_4Cl + 4H_3BO_3$$

2.说明

(1)实验前依次用蒸馏水、水蒸气充分洗涤半微量定氮装置,操作结束后依次用稀硫酸溶液、蒸馏水并通入水蒸气洗净内室残留物。

(2)取 2g/L 的甲基红乙醇溶液与 1g/L 的次甲基蓝乙醇溶液,临用前等体积混合配制混合指示剂。变色点为 pH5.4 显蓝紫色。

(3)氧化镁混悬液的作用:一是提供碱性环境,在它的作用下,只有铵类物质才能生成氨而被游离出来,从而被蒸汽带出,被硼酸吸收;二是可以起到消泡剂的作用。

(二)微量扩散法

1.原理　挥发性盐基氮可在 37℃饱和碳酸钾溶液中释出,挥发后吸收于硼酸溶液中,用标准酸溶液滴定,计算含量。

2.测定方法　在扩散皿(图 4-2)的边缘涂上水溶性胶,在皿中央内室加硼酸吸收液及混合指示剂。在外室一侧加入样品滤液,另一侧加饱和碳酸钾溶液,立即盖好。密封后轻轻转动,使样品滤液与碱液混合,然后于 37℃温箱内放置 2h。用盐酸或硫酸标准溶液滴定,终点呈蓝紫色。同时做试剂空白试验。

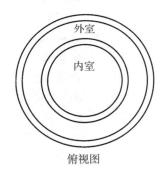
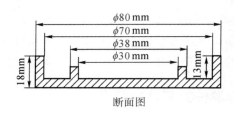

图 4-2　微量扩散皿

3.说明

(1)水溶性胶的制备:称取 10g 阿拉伯胶,加 10mL 水,再加 5mL 甘油及 5g 无水碳酸钾(或无水碳酸钠),研匀。

(2)加盖密封前,勿使外室两侧溶液接触,以防挥发性含氮物质的挥发损失。

(3)扩散皿洗涤时,先经皂液煮洗再经稀酸液中和,蒸馏水冲洗,烘干后才能使用。

三、三甲氨氮的测定

三甲氨氮[$(CH_3)_3N$]是肉类食品中含有的氧化三甲胺[$(CH_3)_3NO$]在细菌及酶的作用下还原而产生的。火腿中三甲胺的含量增高,说明原料变质或者加工不当,天热时切片暴露太久,或细菌生长而引起变质。《腌腊肉制品卫生标准》(GB 2730—2005)规定肉制品中三甲氨氮的含量应小于或等于 2.5mg/100mg。

由于三甲氨氮是挥发性碱性含氮物质,其测定原理是将此物质抽提于无水甲苯中,与苦味酸作用,形成黄色的苦味酸三甲胺盐,然后与标准管同时比色,即可测得试样中三甲氨氮的含量。

思考题

什么是挥发性盐基氮？请说明其测定意义、原理及方法。

（马少华　陈树兵）

任务四　水产品的卫生检验

背景知识：

进口水产品实行准入制度　目前,国家质检总局对进口水产品实行准入制度,首先,要获得输华检验检疫准入资格或已在输华贸易的国家（地区）及水产品品种目录范围内；其次,国外的企业必须在质检总局公布的水产品准入企业名单内。若未满足这两项条件,进口的水产品将被检验检疫部门实施销毁或退运处理。国内进口企业在进口水产品前,应及时向当地检验检疫部门咨询进口水产品相关检验检疫政策,并提前办理好进口食品指定监管场所的备案工作,以免造成不必要的经济损失或耽误水产品的顺利进口。

一、水产品存在的卫生问题

水产品包括鱼类、贝类、甲壳类等鲜品及其加工制品,其因脂肪含量少、蛋白质含量高、味道鲜美,深受世界各国人民的喜爱。近年来,随着国内水产品海捕资源日益匮乏,越来越多的水产品加工企业将目光投向了国外,以一般贸易或远洋自捕等方式进口的水产品逐渐增多,由于很多发达国家的近海因为特殊原因出现了污染情况,所以受污染的这片海中出产的海鲜一般也会存在重金属超标、含违禁药品等质量安全问题。水产品存在的卫生问题主要表现为药物残留超标、环境污染、含有致病微生物与寄生虫和生物毒性物质中毒等方面。

（一）药物残留超标

我国《食品动物禁用的兽药及其他化合物清单》将孔雀石绿、氯霉素、硝基呋喃列为禁用渔药；《农产品安全质量无公害水产品安全要求》(GB 18406.4—2001)中要求不得检出氯霉素、硝基呋喃,甲醛为限用渔药；《无公害食品　水发水产品》(NY 5172—2002)中规定合格的甲醛含量为≤10.0mg/kg。但在养殖、销售过程中,违规使用饲料、药物、水质改良剂、消毒剂、保鲜剂、防腐剂等不法行为仍然存在,因此,水产品质量安全事件的主要表现是药物残留超标。目前常见的残留超标主要有氯霉素、孔雀石绿、硝基呋喃类代谢物和甲醛等。

(二)环境污染

随着工业发展,工业三废——废气、废渣、废水不经处理或处理不彻底排入水体后,三废中的某些有害物质通过食物链和水产品的生物富集作用,在水产品中会富集,达到使人中毒的剂量。水生生物对污水中的汞、镉、铜、锌、铅、砷等有毒重金属离子和有机氯的富集作用非常强,所以重金属、有机氯含量是水产品卫生检测的重点项目。海洋赤潮期间,人体摄入富集藻类毒素的鱼贝类会导致贝类毒素的暴发,浙江、广东等地都曾发生过贝类中毒事件。有些化学污染物的毒性与其存在的形态密切相关,不同形态的毒性相差悬殊,如三价砷的毒性大于五价砷,无机砷的毒性大于有机砷,有机汞的毒性大于无机汞。因此,对水产品中这些有害物不仅要监测总量,更重要的是进行不同形态的分离测定。

(三)含有致病微生物与寄生虫

某些鱼类、螺类、虾蟹中存在寄生虫,并且富集了能够引起甲肝、霍乱和副溶血性中毒的甲肝病毒、霍乱弧菌和副霍乱弧菌等致病菌。副溶血性弧菌是水产品引起食物中毒的主要致病菌,在微生物引起的暴发事件中,副溶血性弧菌居各种病因之首。致病性大肠埃希菌污染水产品后引起食物中毒的案件也有报道。

(四)生物毒性物质中毒

绝大部分水产品不含天然毒素,只有极少数水产品含有天然毒素,如河豚含河豚毒素,文蛤、贻贝及石房蛤等含岩蛤毒素等。另外,青皮红肉鱼体中含有较多的组氨酸,腐败变质时,组氨酸脱羧生成组胺。少量组胺即使人产生皮肤潮红、眼结膜充血、头痛、心跳加快、血压下降等过敏症状,组胺过敏严重时,可致人死亡。

二、水产品的卫生检测

我国制定了水产品的卫生管理办法、卫生标准及其分析方法。《鲜、冻动物性水产品卫生标准》(GB 2733—2005)规定的理化项目有挥发性盐基氮、组胺、铅、无机砷、甲基汞、镉多氯联苯,部分理化指标见表 4-2。本节重点讨论组胺、甲基汞及无机砷的分离测定。

表 4-2　鲜、冻动物性水产品部分理化指标

项目	指标	项目	指标
组胺* ,mg/100mg		甲基汞,mg/kg	
鲐鱼	≤100	食肉鱼(旗鱼、金枪鱼等)	≤1.0
其他鱼类	≤100	其他动物性水产品	≤0.5
无机砷(以 As 计),mg/kg			
鱼类	≤0.1		
其他动物性水产品	≤0.5		

* 不适用于活的水产品

（一）水产品中组胺的测定

水产品的腐败变质与肉类相似，特别是有些青皮红肉鱼体中含有较多的组氨酸，腐败变质组氨酸脱羧形成大量的组胺。反应式为：

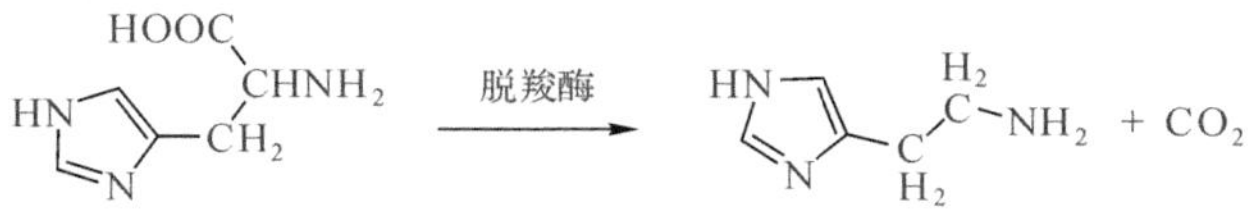

组胺分子式为 $C_5H_9N_3$，属于生物碱，溶于水及乙醇等极性溶剂，可引起过敏性中毒，表现出皮肤潮红、眼结膜充血、头痛、心跳加快、血压下降等症状。

水产品中组胺的测定方法有生物学法、荧光法、分光光度法、高效液相色谱法等，我国国家标准推荐使用分光光度法进行检验。

1.分光光度法

（1）原理 组胺可溶解于正戊醇中，因此，样品中的组胺用正戊醇提取。提取后的组胺在弱碱性条件下与重氮盐发生反应，生成橙色的偶氮化合物，与标准系列比较定量。此方法检出限为 $50mg/kg$。反应方程式如下：

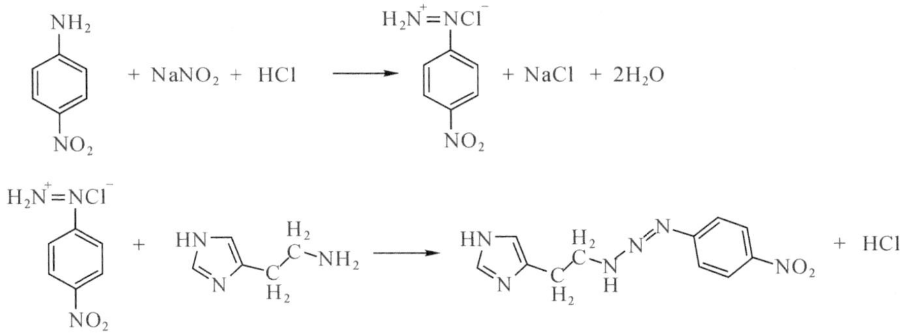

（2）样品处理 绞碎样品并混匀，加入三氯乙酸溶液浸泡，提取组胺并沉淀蛋白质，过滤。吸取适量滤液，用氢氧化钠溶液调至碱性，使组胺游离，用正戊醇萃取游离组胺。吸取适量正戊醇提取液，加盐酸至酸性，使组胺成为盐酸盐而易溶于水溶液，被反萃取至盐酸溶液中，合并盐酸提取液并稀释定容。

（3）测定 将样品的盐酸提取液及组胺标准溶液分别调至弱碱性，各加偶氮试剂，于 $480nm$ 波长处测吸光度，绘制标准曲线，计算样品中组胺的含量。

2.高效液相色谱法

组胺还可采用柱前或柱后衍生高效液相色谱法测定，方法灵敏度优于分光光度法。

用甲醇/水直接提取水产品中组胺，柱前衍生后，用反相高效液相色谱分析。或用三氯乙酸提取样品中组胺，经阳离子交换树脂（Na^+ 型）柱净化，高效液相色谱分离后，与邻苯二甲醛反应生成强荧光衍生物，最后用荧光检测器进行检测，与标准比较，根据保留时间定性，峰高定量。

柱后衍生高效液相色谱参考条件为，色谱柱：填充剂 Partisil，10SCX，$4mm \times 200mm$；流动相：柠檬酸盐缓冲液，pH6.4，$1.0mL/min$；反应液：$1g/L$ 邻苯二甲醛溶液，pH12.0，

0.5mL/min;荧光检测器:激发波长 360nm,荧光波长 455nm。

(二)水产品中无机砷的分离测定

水产品中无机砷的分离测定采用酸提取直接测定法、减压蒸馏法及溶剂萃取法。国家标准检验方法(GB 5009.11—2014)为液相色谱-原子荧光光谱法及液相色谱-电感耦合等离子质谱法,两种方法都采用酸提取后直接测定,方法简便。

1.酸提取直接测定法

样品在 6mol/L 盐酸溶液中,经水浴加热后,无机砷以氯化物的形式被提取,实现无机砷和有机砷的分离。然后在 2mol/L 盐酸条件下用氢化物原子荧光光度法或银盐法测定总无机砷,这两种方法的检出限分别为 0.04mg/kg 和 0.1mg/kg,可加辛醇消除泡沫的影响。氢化物原子荧光光度法仪器参考设置条件为:光电倍增管负高压:30V;砷空心阴极灯电流:40mA;原子化器高度:9mm;载气流速:600mL/min;读数延迟时间:2s;读数时间:12s;读数方式:峰面积;标准溶液或试样加入体积:0.5mL。

2.减压蒸馏法

样品中五价砷经碘化钾还原为三价砷,与盐酸作用生成三氯化砷,经减压蒸馏,三氯化砷能挥发逸出,冷凝并吸收于水中,而有机砷既不分解也不挥发逸出,以达到分离的目的。然后按银盐分光光度法测定无机砷的含量。

3.溶剂萃取法

样品中五价砷经碘化钾还原为三价砷,在 8mol/L 以上酸性介质中被乙酸丁酯或苯等有机溶剂所萃取,此时有机砷不被萃取。利用无机砷在小于 2mol/L 酸性介质中易溶于水的性质,将有机溶剂萃取液加水稀释,有机溶剂中三价砷被反萃取于水中,然后用银盐法测定无机砷的含量。

(三)水产品中甲基汞的分离测定

1.酸提取巯基棉法

(1)原理　样品加氯化钠研磨后,加入铜盐置换出与组织结合的甲基汞,用盐酸(1+11)完全萃取后,经离心或过滤,将上层清液调至 pH3.0～3.5,过巯基棉柱,此时有机汞和无机汞均被载留在巯基棉上,用 pH3.0～3.5 的水洗去杂质,然后用盐酸(1+5)选择性地洗脱甲基汞。以苯萃取甲基汞,用带电子捕获检测器的气相色谱仪分析。或用碱性氯化亚锡将甲基汞还原成汞蒸汽,随载气输入测汞仪进行测定。

(2)色谱参考条件　Ni 电子捕获检测器:柱温 185℃,检测器温度 260℃,汽化室温度 215℃;氚源电子捕获检测器:柱温 185℃,检测器温度 190℃,汽化室温度 185℃;载气:高纯氮,流量为 60mL/min;色谱柱:内径 3mm,长 1.5m 的玻璃柱,内装涂有 7%丁二酸乙二醇聚酯(PEGS),或 1.5%OV-17 和 1.95% QF-1,或涂有 5%丁二乙酸二乙二醇酯(DEGS)固定液的 60～80 目 Chromosorb WAW DMCS。

(3)说明

①巯基棉是带有巯基的棉花,巯基棉上的巯基在特定的条件下能与多种金属及其化合物结合,在一定的条件下又能被洗脱,因此,巯基棉常用于金属及其化合物的分离、净化和富集。巯基棉的制备:棉花是葡萄糖的聚合物,含有很多羟基,在乙酸、乙酸酐和硫酸的存

在下,能与硫代乙醇酸缩合,而带上巯基。反应式为:

$$ROH + H_2C{-}COOH \longrightarrow RO{-}C{-}CH_2SH + H_2O$$

（上式中左侧 H_2C 上方为 SH，右侧 C 上方为 O）

②样品加入等量氯化钠研磨,既有助研磨,又可盐析样品中的蛋白质,还可提供足够的氯离子,使甲基汞稳定。

③巯基棉对汞的吸附效率受 pH 值影响很大,在 pH3.0～3.5 时,对汞的吸附效率最大。

2.半胱氨酸气相色谱法

样品经含有氯化钠和硫酸铜的酸性混合液研磨成糊状,用苯萃取其中甲基汞,加入半胱氨酸乙酸盐溶液,甲基汞与半胱氨酸结合,在半胱氨酸溶液中加入 6mol/L HCl,再用苯萃取甲基汞,注入带电子捕获检测器的气相色谱仪进行测定,外标法定量。色谱参考条件为色谱柱:涂有 2% OV-17 及 1.5% QF-1 固定液的 Chromosorb WAW DMCS（60～80目）;温度:柱温 185℃,检测器温度 195℃,汽化室温度 200℃;载气:高纯氮 60mL/min。

3.溶剂萃取—测汞仪法

在 L-抗坏血酸和碘化钾共存下,使甲基汞形成碘化甲基汞,能被苯所萃取,还原剂 L-抗坏血酸可防止生成游离碘,以免游离碘影响甲基汞的萃取,使回收率明显提高。然后用测汞仪定量,根据峰高求出样品中汞的含量。

思考题

简述水产品中组胺的来源和测定原理及方法。

（马少华　曹国洲）

项目五　食品微量元素和功效成分的检测

知识目标

1. 了解食品中微量金属元素测定的意义；
2. 熟悉食品中金属元素的含量、功效成分；
3. 掌握食品样品中铜、铁、锌、铅、砷的测定方法。

能力目标

1. 能学会食品样品中常见金属元素的测定；
2. 能学会食品样品功效成分的测定。

任务一　食品中微量元素的测定

背景知识：

　　功能性大米多无国标　　多数功能性大米没有相关的国标,目前涉及功能性大米的只有《富硒稻谷》的国家标准(GB/T 22499—2008),规定富硒稻谷是生长过程中自然富积而非收获后添加硒,加工成符合《大米》标准(GB 1354)规定的三级大米中硒含量在0.04～0.30mg/kg的稻谷。硒是人体必需的微量元素,长期食用符合国家规定的富硒稻谷的确会对身体有好处,但富硒稻谷与普通大米从外观看无差别,消费者很难区分,消费者选择富硒大米还是首选大品牌。而对于高铁米、益糖米、高锌米等宣传疗效的功能性大米,其所含的微量元素不能确定是自然富集还是人为添加的,也不能确定是否符合国家标准。选购大米要遵循选贵的不如选对的原则,可以通过看、摸、闻、尝、查标识来辨别是否是优质大米。看:米粒饱满、光滑、圆润,富有胶质光泽,米粒大小均匀,无虫。摸:抓在手里,有一定的硬度,手感细腻,无沙石,还有凉爽感。闻:好米有淡淡的清香味,无异味。尝:咀嚼有微微的甜味,无异味。查标识:有详细的产品名称、产品说明、净含量、制造者名称和地址、生产日期、保质日期、质量等级、生产批号、"QS"标识及标号。

　　食品中除含有大量有机物外,还含有丰富的矿物质,即灰分。其中含量在0.01%以上的称为常量元素,有钙、镁、钾、钠、硫、磷、氯等7种,约占灰分总量的80%;含量低于0.01%的称为微量元素或痕量元素,有锌、铜、铁、锰、钴、钼、铬、镍、锡、钒、碘、硒、硅和氟等14种,并皆已被确证是人体所必需的元素,在维持人体正常生理功能、构成人的机体组织方面起着非常重要的作用。由于食物中矿物质含量较丰富,一般情况下都能满足人体需要,但若摄入量过多,也会引起中毒。为了保障人体健康、确保饮食安全,对食品中元素进行监测是十分必要的。另外,食品在生产、加工及运输过程中可能会被有害物质污染,比如,铅、镉、砷等,因此也需要对这些有害微量元素进行限量检查。

　　元素的测定方法很多,常用的有化学分析法、分光光度法、原子吸收分光光度法、极谱法、离子选择电极法及荧光分光光度法等。20世纪60年代发展起来的原子发射光谱法具有分析灵敏度高、干扰少、线性范围宽、可进行多元素同时分析等优点,目前已被广泛使用。

一、食品中微量有益元素的测定

(一)食品中锌测定

　　锌(Zn)是许多酶的活性中心,在人体内已确定的含锌酶大约有70余种,参与体内的大多数的新陈代谢过程,是正常生长发育及维持正常性功能所必需的。锌缺乏时,可表现为味觉和嗅觉异常、厌食、小儿发育欠佳、骨成熟延缓、肝脾肿大、性功能减退、生长减慢等。

为了预防儿童缺锌,1986年卫生部已批准锌可作为营养强化剂使用,但摄入过量会引起急性肠炎和呕吐等中毒现象。目前食品中锌测定已列为临床生化检验项目,因此锌的摄入量必须综合全面评价,例如肉类和海产品中本身锌含量就比较高。

食品中锌的测定方法有原子吸收分光光度法和二硫腙分光光度法,前者已成为国家食品卫生检验方法。下面介绍原子吸收分光光度法的应用:

1.原理　样品消化处理后,加入原子吸收分光光度计,原子化,213.8nm处吸收,其吸收值与锌含量成正比,与标准系列比较定量。本方法检出限为0.4mg/kg。

2.样品处理　样品需去除杂质及尘土,磨碎,过40目筛,混匀。蔬菜、瓜果及豆类样品取可食部分洗净晾干,混匀,称取适量加稀磷酸;禽、蛋、水产及乳制品混匀后称取适量于坩埚中,炭化,然后将样品移入马弗炉中500±25℃灰化8h,放冷后加入少量混合酸,加热直至残渣中无炭粒,以稀盐酸定容,待测。

3.测定方法　将处理好的样品溶液、试剂空白液及标准溶液分别导入火焰原子化器中进行测定。测定参考条件:灯电流6mA,波长213.8nm,狭缝0.38nm,空气流量10L/min,乙炔流量2.3L/min,灯头高度3mm,氘灯背景校正。

4.方法说明

(1)一般食品经过样品处理后,水溶液可直接喷雾进行原子吸收测定,但当食盐、碱金属、碱土金属以及磷酸盐大量存在时,需用适当的溶剂将锌萃取出来,排除共存盐类的干扰。对含锌较低的样品,如蔬菜、水果等,也可采用溶剂萃取法,提高测定的灵敏度。常用吡咯烷二硫代氨基甲酸铵(APDC)将金属元素螯合,然后用4-甲基-2戊酮(MIBK)萃取,在pH5～10的介质中,锌能与APDC生成配合物被MIBK萃取。

(2)应做空白实验,以检查水、器皿及试剂的锌污染情况。

(二)食品中铜测定

铜(Cu)是机体内蛋白质和酶的重要组分,如铜蓝蛋白、细胞色素C氧化酶等,是生物系统中的一种很独特的催化剂。许多关键的酶,需要铜的参与和活化,对机体的代谢过程产生作用,促进人体的许多功能。缺乏铜会影响人体健康,容易引起营养不良、贫血、中性生长迟缓、情绪容易激动、冠心病等疾病。一般食物都含铜,动物内脏、肉、鱼、螺、牡蛎、蛤蜊、豆类、核桃、栗子、花生、葵花子、芝麻、蘑菇、菠菜、香瓜、柿子、杏仁、白菜等是铜的良好来源。所以,人体很少缺铜,但经常食用含铜高的食品,会因蓄积而中毒,引起肝脏的损害。

食品中铜的测定方法包括二乙基二硫代氨基甲酸钠法和原子吸收分光光度法。国家食品卫生检验方法之第一法是原子吸收分光光度法。下面介绍原子吸收分光光度法的应用:

(1)原理　样品消化处理,进行原子吸收分光光度计测定,原子化,在324.8nm吸收最大,吸收值与铜含量成正比,标准曲线法定量。样品中高含量的铜可选择火焰原子化法测定,方法检出限:1.0mg/kg;低含量的铜可选用石墨炉原子化法测定,方法检出限:0.1mg/kg。

(2)石墨炉原子化法测定参考条件:灯电流3～6mA,波长324.8nm,光谱带宽0.5nm,保护气体15L/min(原子化阶段停气)。操作参数:干燥90℃,20s;灰化20s升至800℃,20s;原子化2300℃,4s。有其他物质干扰时,可在进样前加基体改进剂或进样后(石墨炉法)再加入与样品等量的基体改进剂。常用基体改进剂有硝酸铵或磷酸二氢铵。

（三）食品中铁的测定

铁（Fe）是人体内不可缺少的微量元素，是血红蛋白的主要成分。缺铁可引起低血色素性贫血，又称缺铁性贫血。同时，铁是与能量代谢有关酶的成分，人体每日必须摄入一定量的铁。动物肝脏、肉、蛋及果蔬等含有丰富的铁，可以满足人体的需要。如果体内储存过多的铁，可能导致胰腺纤维化或功能不良，还会干扰体内铬的代谢，使色素代谢紊乱。加工及贮藏食品时铁的含量会发生变化，并影响食品营养成分。如三价铁离子具有氧化性，能破坏维生素，并引起食品褐变或产生金属味。因此，食品中铁的含量测定除有营养学意义，还可监督食品的污染或变质程度，控制食品的质量。

铁的测定常用原子吸收分光光度法和邻二氮菲分光光度法。

1. 原子吸收分光光度法

（1）原理　样品经湿法消化后，进入原子吸收分光光度计，经火焰原子化，吸收 248.3nm 的共振线，吸收值与铁含量成正比，用标准系列定量。

（2）样品处理　精确称取一定量样品，加入一定量混合酸（硝酸＋高氯酸），加热消化完全；加入少量去离子水，加热除去多余硝酸，加水定容，待测。样品处理也可选用干灰化法。

（3）测定方法　灯电流、仪器狭缝、气体流量等均按使用的仪器说明调至最佳状态。

（4）方法说明

①鲜、湿样（如蔬菜、水果等）用自来水冲洗干净后，还要用去离子水洗净；干粉样品取样后立即装入容器保存，防止空气中灰尘污染和吸潮。

②由于铁在自然界普遍存在，在制备和分析样品时应特别注意防止各种污染，所用设备如匀浆机、打碎机、绞肉机等必须是不锈钢制品。

2. 邻二氮菲分光光度法

邻二氮菲（又称邻菲罗啉）是测定微量铁较好的显色剂，在 pH 值为 2～9（一般控制 pH 值为 5～6）的介质中，与 Fe（Ⅱ）形成橙红色配合物，在一定浓度范围内，Fe（Ⅱ）浓度与吸光度值遵守光吸收定律，在 510nm 处有最大吸收值，比色测定。

若样品中有 Fe（Ⅲ），用还原剂（如盐酸羟胺）将其还原成 Fe（Ⅱ），通过本方法可测出总铁含量。反应方程式如下：

$$4Fe^{3+} + 2NH_2OH \cdot HCl \longrightarrow 4Fe^{2+} + 6H^+ + N_2O + H_2O + 2Cl^-$$

本方法选择性高，相当于铁含量 40 倍的 Mg^{2+}、Zn^{2+}、Sn^{2+}、Al^{3+}、Ca^{2+}、SiO_3^{2-}，20 倍的 V^{5+}、PO_4^{3+}、Cr^{3+}、Mn^{2+}，5 倍的 Cu^{2+}、Co^{2+} 等均不干扰测定。

（四）食品中钙的测定

钙是人体中含量最丰富的矿物元素，是构成机体骨骼、牙齿的主要成分，钙可以促进血液凝固、控制神经兴奋，对心脏的正常收缩与弛缓有重要作用。我国推荐每日膳食中钙的供给量为 800～1000mg。长期缺钙会影响骨骼和牙齿的生长发育，严重时产生骨质疏松，或发生软骨病；血液中钙含量过低，会产生手足抽搐现象。牛奶、新鲜蔬菜、豆类和水产品等食物是钙的最好来源。

人体对食品中钙的吸收受到体内草酸等摄入量的影响。由于草酸、植酸或磷酸盐能与钙生成不溶性沉淀，所以，摄入草酸含量较高的韭菜、菠菜等会影响钙的吸收，导致有效钙量为负值。

$$有效钙量 = \left(\frac{钙量}{钙相对原子质量} - \frac{草酸量}{草酸相对分子质量}\right) \times 钙相对原子质量$$

钙的测定方法主要有原子吸收分光光度法和 EDTA 滴定法。

1. 原子吸收分光光度法

样品消化处理,火焰原子化,吸收 422.7nm 共振线,吸收值与钙含量成正比,用标准曲线定量。值得注意的是,在样品消化后,需用氧化镧溶液定容,将钙存在形式从结合型变为游离型。检出限为 $0.1\mu g$,线性范围为 $0.5\sim2.5\mu g$。

2. EDTA 滴定法

钙含量高时用 EDTA 滴定法测定,线性范围为 $5\sim50\mu g$。

EDTA(乙二胺四乙酸)是一种氨羧配合剂,在不同 pH 值下可以与几十种金属离子反应,生成稳定的配合物。当 pH 为 $12\sim14$ 时,钙与 EDTA 作用定量生成稳定的 EDTA-Ca 配合物,可直接滴定。根据 EDTA 标准溶液的使用量,可计算钙的含量。

终点指示剂为钙红指示剂,其水溶液 pH>11 时为纯蓝色,可与钙结合成酒红色的配合物,其稳定性比 EDTA-Ca 小,滴定过程时 EDTA 首先与游离钙结合,接近终点时 EDTA 夺取钙红指示剂 Ca 中的 Ca,溶液颜色从紫红色变成纯蓝色,即为滴定终点。

样品处理同原子吸收分光光度法。在本反应中,Cu、Co、Zn、Ni 会产生干扰,主要是对指示剂起封闭作用,可加入 KCN 或 Na_2S 掩蔽,Fe 可用柠檬酸钠掩蔽。

二、食品中微量有害元素的测定

食品中有毒有害的金属元素主要是铅、镉、铬、砷、汞等重金属。其主要是来源于工业"三废"、食品加工原辅料、化学农药等方面的污染。污染食品后随食物进入人体将危害人的健康,甚至使人终身残疾或死亡,因此必须对食品中有害元素进行测定。了解食品中有害元素的种类及含量,既能防止有害元素危害人的健康,又能给食品生产和卫生管理提供科学依据。

(一)食品中铅的测定

铅(Pb)常温下呈灰蓝色固体,原子量207.2,密度11.34,熔点327℃,沸点为1525℃,当加热到 $400\sim500℃$ 时可产生大量铅烟。铅的化合物主要有铅氧化物和铅盐,其中硝酸铅在水中溶解度最大,20℃时,硝酸铅在 100.0g 水中的溶解度为 52.2g。

铅在自然界中的分布及用途广泛。食品中铅的来源主要有三个方面:一是通过植物根部直接吸收土壤中溶解状态的铅;二是在生产、加工、包装、运输过程中食品接触到的设备、工具、容器及包装材料都可能含有铅;三是工业"三废"污染环境,从而污染食品。

铅不是人体的必需元素,可在体内有蓄积,损伤脑组织、造血器官和肾脏,危害较大。主要中毒症状表现为胃肠炎、头晕、失眠、口腔金属味、齿龈金属线、贫血、便秘及腹痛,严重时会造成共济失调和瘫痪。铅可使染色体及 DNA 断裂,还可引起胚胎发育迟缓和畸形。同时,铅是一种潜在致癌物。特别值得关注的是,铅会严重影响婴幼儿和少年儿童的生长和智力的发育。

我国对各类食品都规定了铅的卫生标准,例如,皮蛋、茶叶、赤砂糖、干食用菌、银耳

≤2.0mg/kg,乳类(鲜)≤0.05mg/L。

食品中铅的测定方法很多。我国国家标准食品卫生检验方法(GB 5009.12—2017)规定了四种方法,其中石墨炉原子吸收法灵敏度高,但样品基体成分复杂,对测定会产生严重干扰。第二法"电感耦合等离子体质谱法"灵敏度高,易于推广应用,是一种较好的测定方法。下面介绍石墨炉原子吸收光谱法测定食品中的铅。

1.原理　样品经干灰化或湿消化后,注入石墨炉,高温原子化后在283.3nm处吸收最大,在一定浓度范围内,吸光度值与铅浓度呈正比,标准曲线法定量。

2.样品处理　可以根据样品和实验室条件,选择相应的处理方法。

(1)压力消解罐消解法　取适量混匀样品于聚四氟乙烯内罐,加硝酸浸泡,过夜。再加过氧化氢,盖好内盖,旋紧不锈钢外套,放入恒温干燥箱120～140℃加热3～4h,冷却至室温,将消化液倒入容量瓶中,用水定容,混匀备用,同时做试剂空白。

(2)干法灰化　取适量样品于瓷坩埚中,先小火在电热板上炭化至无烟,再移入马弗炉500℃灰化6～8h,冷却。如个别样品灰化不彻底,加入硝酸—高氯酸在电炉上小火加热,反复多次,直到消化完全,放冷,用稀硝酸溶解灰分,将样品消化液倒入容量瓶中,用水洗涤并定容,混匀备用,同时做试剂空白。

(3)过硫酸铵灰化法　取适量样品于瓷坩埚中,加硝酸浸泡1h以上,先小火炭化,冷却后,加过硫酸铵盖于上面,继续炭化至不冒烟,转入马弗炉,500℃恒温2h,升至800℃,保持20min,取出冷却,加稀硝酸溶解残渣,将样品消化液倒入容量瓶中,用水洗涤、定容,混匀备用。同时做试剂空白。

(4)湿消化法　取适量样品于三角瓶中,加玻璃珠几粒,加硝酸—高氯酸混合酸,加盖浸泡过夜,瓶口加一小漏斗起回流作用,电炉上消解,如变棕黑色,再加混合酸,直至冒白烟、消化液呈无色透明或略带黄色,放冷,将样品消化液倒入容量瓶中,用水洗涤、定容,混匀备用。同时做试剂空白。

3.测定

(1)仪器条件　波长283.3nm;狭缝0.2～10nm;灯电流5～7mA;干燥温度120℃,20s;灰化温度450℃,15～20s;原子化温度1700～2300℃,4～5s;背景校正为氘灯。

(2)测定　取铅标准应用液10.0～80.0mg/mL,经消化处理的样品液和试剂空白液各10μL分别注入石墨炉,测其吸光值,根据标准曲线,求出样品中铅含量。

4.注意事项

本法检测限:5μg/kg。对于成分复杂、基体干扰严重的样品,可加入适量基体改进剂20g/L磷酸铵溶液5～10μL,以消除干扰。注:在绘制标准曲线时也要加入与样本等量的基体改进剂。所有玻璃仪器都要用稀硝酸浸泡。

(二)食品中砷的测定

砷(As)是有金属光泽的暗灰色固体,质脆,密度5.73g/cm³,熔点814℃(3647.6kPa),615℃升华,但高于180℃就开始挥发。单质砷不溶于水。砷的化合物As_2O_3和AsH_3是剧毒化合物。As_2O_3为两性氧化物,但其酸性大于碱性,故易溶于碱液,不溶于水和酸液。AsH_3为气体,具有强还原性,遇热会分解,据此可建立砷的测定方法。

食品中砷的主要来源有:含砷农药的使用,如砷酸钙、砷酸铅、三氧化二砷和亚砷酸钠等;在食品加工时,使用某些含砷化学物质作原料,如食用色素或其他添加剂,使所加工的食品受到污染;工矿企业排放的"三废"常含有大量砷。水生生物对砷有强富集能力,所以海产品中砷含量较高。

单质砷毒性小,但砷化合物都有毒,尤其是无机砷,常为剧毒物,会引起人体急、慢性中毒。急性中毒会引起重度胃肠道损伤和心脏功能失常,表现为剧烈昏迷、腹痛、惊厥直至死亡。慢性中毒主要表现为皮肤色素沉着、神经衰弱、四肢血管堵塞等。国际癌症研究机构确认,无机砷可引起人类肺癌和皮肤癌。

食品中砷的卫生标准:干甲壳类制品、鲜贝类、鲜甲壳类、其他鲜海产品(以鲜重、无机砷计)≤1.0mg/kg;干藻类(以干重、无机砷计)≤2mg/kg;其他食品如水果、蔬菜、肉类、鱼、蛋、酒(以总砷计)≤0.5mg/kg。

食品中砷的测定方法较多,化学分析法如重量法、容量法,仪器分析法如原子吸收光度法、阳极溶出伏安法、极谱法、原子荧光光度法、色谱法等。我国国家标准食品卫生检验方法(GB 5009.11—2014)中规定了三种方法:氢化物发生原子荧光光谱法、银盐法、硼氢化物还原光度法。

1.氢化物发生原子荧光光谱法

(1)原理　样品湿消化或干灰化,加硫脲使五价砷还原为三价砷,加入硼氢化钾使三价砷还原成砷化氢,由氩气导入原子化器中,高温下分解原子态砷,在砷空心阴极灯的发射光激发下产生原子荧光,其荧光强度与被测溶液中砷的浓度成正比,标准曲线法定量。

(2)样品处理

①湿消化:取适量样品,加硝酸、硫酸,放置过夜,次日加热消化至完全,除氮氧化合物,冷却,加入硫脲,用水定容。同时做试剂空白。

②干灰化法:取适量样品,加硝酸镁溶液混匀,低热蒸干。将 MgO 盖于其上,先炭化,再 550℃下灰化 4h,冷却,加入稀盐酸,以中和 MgO 并溶解灰分。移入容量瓶中,加硫脲,另用稀硫酸分次洗涤坩埚后倒入容量瓶,定容。同时做试剂空白。

(3)测定

①仪器条件:光电倍增管电压 400V;灯电流 35mA;原子化器温度 820～850℃,高度 7mm;氩气流速 600mL/min。

②测定方式:荧光强度或浓度直读方式;读数方式:峰面积;读数延时 1s,读数时间 15s;硼氢化钠加入时间 5s;加样体积 2.0mL。

③测定:清洗进样器,先用"0"管测试作空白,使读数回零,然后依次进标准系列,再测试剂空白和样品,记录荧光强度。

(4)说明

①本法灵敏度高,检出限为 2ng/mL,若取样量以 5g 计,则对样品的最低检出浓度为 0.01mg/kg。线性范围为 0～200ng/mL。干扰少,实验结果显示,6 倍锑、20 倍铅、30 倍锡、200 倍的铜和锌无干扰。

②样品湿消化时应防止炭化,碳可能把砷还原为元素态而造成损失。干灰化时,加入硝酸镁加热分解产生氧,可促进灰化作用。氧化镁除保湿传热外,还能防止砷挥发损失的作用。因此,在灰化前用 MgO 粉末仔细覆盖全部样品的表面。

③此法测定的是样品中总砷的含量,也可用来测定样品中无机砷含量,只是样品处理

的方式不同。

2.银盐法

(1)原理　样品经消化后,以 KI 和 SnCl₂ 存在。将高价砷还原为三价砷,然后与锌和酸反应生成的新生态氢反应生成砷化氢,经银盐溶液吸收后,形成红色胶态银,于 520mm 处测吸光度,用标准曲线定量。反应式如下:

$$H_3AsO_4 + 2KI + H_2SO_4 \longrightarrow H_3AsO_3 + I_2 + K_2SO_4 + H_2O$$
$$I_2 + SnCl_2 + 2HCl \longrightarrow 2HI + SnCl_4$$
$$H_3AsO_3 + 3Zn + 3H_2SO_4 \longrightarrow AsH_3 + 3ZnSO_4 + 3H_2O$$
$$AsH_3 + 6AgDDC \longrightarrow 6Ag + 3HDDC + As(DDC)_3$$

(2)样品处理

①湿消化法:称适量样品,加 HNO₃—HClO₄—H₂SO₄ 消化完全,除去氮氧化合物,定容。同时做试剂空白。

②干灰化法:称适量样品于坩埚中,加氧化镁及硝酸镁溶液,混匀,浸泡 4h,低温蒸干。在 550℃ 下灰化 3～4h,冷却,加水湿润、蒸干后,灰化 2h。加稀盐酸溶解残渣,加水定容。同时做试剂空白。

(3)测定　取一定量的样品消化液和同样量的试剂空白液及砷标准溶液,加水,加硫酸使酸度一致。如果是灰化法处理的消化液,加盐酸使酸度一致。各加 KI 和酸性 SnCl₂,混匀,静置。加锌粒,立即塞上装有乙酸铅棉花的导气管,并使导气管尖端插入盛有银盐吸收液的离心管液面下,常温下反应 45min。以空白调零,于 520mm 处测定吸光度值,绘制标准曲线,计算样品中砷含量。

(4)说明

①样品湿消化时,若为含水分少的固体样品应粉碎过筛,混匀再称量。若为蔬菜、水果或水产品,应匀浆后再称量。若为酒精性或含二氧化碳饮料,应先称量,微火加热去除乙醇或二氧化碳后再消化。

②湿消化法处理样品应在消化后加水煮沸处理两次,除去残留的硝酸,以免影响反应、显色和测定,使结果产生误差。

③样品中的硫化物在酸性溶液中形成 H₂S,随 AsH₃ 一起挥发出来,进入吸收液,与Ag-DDC 反应生成 Ag₂S 沉淀,影响显色和测定。所以,在导气管中装入乙酸铅棉花以消除其影响。

④吸收液的组成为 2.5g/L Ag-DDC,18mL/L 三乙醇胺,三氯甲烷为溶剂。其中三乙醇胺的作用是中和反应生成的 HDDC,也是胶态银的保护剂。

⑤反应后,有机溶剂可能挥发损失,应取下离心管,用三氯甲烷补足至 4mL。

⑥吸收液为有机相,被还原的单质银在其中呈红色胶态分布,微量的水会使吸收液浑浊。因此,所有玻璃器皿必须干燥。

3.硼氢化物还原光度法

样品经消化后,当溶液中氢离子浓度大于 1.0mol/L 时,加入碘化钾—硫脲并结合加热,将五价砷还原为三价砷,用硼氢化钾将三价砷还原为砷化氢,用硝酸—硝酸银—聚乙烯醇—乙醇为吸收液,砷化氢将 Ag⁺ 还原为单质银,使溶液呈黄色,在波长 400nm 处测定吸光度值,标准曲线法定量。本法比银盐法灵敏,最低检出限为 0.05mg/kg。

该法是在银盐法的基础上发展起来的分光光度法。吸收液中聚乙烯醇(聚合度 1700～1800)对胶态银有良好的分散作用,但通气时会产生大量气泡,故加入乙醇作为消泡剂。但乙醇太多,溶液会出现浑浊,一般以 50% 为宜。由于在中性条件下,Ag^+ 不稳定,生成的胶态颗粒大,故在吸收液中加适量的硝酸。

实验时,要求温度在 15～30℃以内。用柠檬酸—柠檬酸铵使溶液的氢离子浓度为 1mol/L。碘化钾除起还原作用以外,还可消除 Bi^{3+}、Zn^{2+}、Cr^{6+} 的干扰。硫脲保护碘化钾不被氧化。另加入维生素 C 消除 Fe^{3+} 的干扰。

能力拓展 1　　油脂食品中锌和铜含量的测定

【目的】

掌握原子吸收光度法测定食品中锌和铜的测定原理及最佳测定条件的选择方法;了解火焰原子吸收光谱仪的基本构造。

【原理】

通常原子处于基态,原子由基态跃迁到激发态吸收一定的能量,这种特定的能量就是该元素的特征谱线。待测试液引入火焰原子吸收仪中,先经喷雾器将试液变为细雾,再与燃气混合载入燃烧器干燥、熔化、蒸发、原子化,待测元素变为基态气态原子。原子吸收光谱法用于定量分析,它是基于从光源中辐射出波长与待测元素的特征谱线波长相同的光(锌是 213.8nm,铜是 324.8nm)通过试样的原子蒸气时,被蒸气中待测元素的基态原子所吸收,使透过的谱线强度减弱。在一定的条件下,其吸收程度与试液待测元素的浓度成正比,即 $A=Kc$。

食品样品经硝酸或硫酸湿消化后,有机物被破坏,其中的锌和铜转变成离子状态。残渣用稀酸溶解并稀释后,分别在锌 213.8nm 和铜 324.8nm 波长下,进行原子吸光光谱测定。本实验采用标准曲线法测定油脂食品中锌和铜的含量,即先测定已知浓度的各待测离子标准溶液的吸光度,绘制成吸光度—浓度标准曲线。再于同样条件下测定食品样品中待测离子的吸光度,从标准曲线上即可查出食品样品中各待测离子的含量。

【仪器与试剂】

原子吸收分光光度计(附火焰原子化器和锌铜空心阴极灯);电炉。

$1000\mu g/mL$ 锌标准储备液:用 5～10mL 盐酸溶解 1.000g 纯锌,蒸发至近干,用水稀释至 1L。

$50\mu g/mL$ 锌标准应用液:由标准储备液稀释得到。

$1000\mu g/mL$ 铜标准储备液:用 20mL 硝酸将 1.000g 纯铜溶解,放冷后,用水稀释至 1L。

$50\mu g/mL$ 铜标准储备液:由标准储备液稀释得到。

混合标准溶液:于 100mL 容量瓶中,用硫酸(1+49)配成一系列含 0、0.1、0.3、0.5、0.7 和 1.0μg 锌和铜的混合标准溶液。

硫酸(1+49)。

【方法】

1.样品处理　称取 2.0g 混匀的食用油样品,加热融成液体,置于 100mL 锥形瓶中,加 10mL 石油醚,用硫酸(1＋49)提取 2 次,每次 5mL,振摇 1min,合并水相于 50mL 容量瓶中,用水定容,混匀。同时做消化试剂空白。

2.参考测定条件

锌:灯电流 6mA,波长 213.8nm,狭缝 0.38nm,空气流量 10L/min,乙炔流量 2.3L/min;铜:灯电流 3～6mA,波长 324.8nm,狭缝 0.5nm,空气流量 9L/min,乙炔流量 2L/min。

3.测定　调节仪器至最佳状态,测定样品液和混合标准溶液的吸光度值,每次读数后用水喷洗燃烧头,并检查零点。根据锌或铜的浓度和相应的吸光度值绘制标准曲线,从标准曲线上查得样品中锌(或铜)的浓度(μg/mL)。

4.计算　样品吸光值代入标准曲线所得方程求得 A_1、A_0:

$$X = \frac{(A_1 - A_0) \times V_1 \times 10^3}{m \times 10^3}$$

式中:X——样品中铜(或锌)的含量,mg/kg 或 mg/L;

　　　A_1——待测样品中铜(或锌)的含量,μg/mL;

　　　A_0——试剂空白液中铜(或锌)的含量,μg/mL;

　　　V_1——样品处理后的总体积,mL;

　　　m——样品质量(体积),g 或 mL。

计算结果保留两位有效数字,试样含量超过 10mg/kg 时保留三位有效数字。

【注意事项与补充】

1.所有玻璃器皿及玻璃珠在使用前应以稀硝酸浸泡或热稀硝酸彻底清洗。

2.通过狭缝和负高压调光束能量 S 为 90 左右。

3.测量完成后,吸喷几次蒸馏水再熄灭火焰;熄灭火焰时先关乙炔气,再关空气。

【讨论】

1.简述原子吸收分光光度计的基本原理。

2.原子吸收分光光度分析为何要用待测元素的空心阴极灯做光源?能否用氢灯或钨灯代替?为什么?

能力拓展 2　石墨炉原子吸收光谱法测定茶叶中的铅

【目的】

掌握样品的湿消化、干灰化及萃取分离等操作;熟练掌握原子吸收光谱仪的使用方法。

【原理】

铅是一种毒性很强的重金属,不是人体必需的微量元素,食品中铅主要是通过原料污染和生产工艺、容器、包装、储存和运输等环节污染,很早以前世界卫生组织即把铅确定为食品污染物而加以控制,人体摄入铅就会引起急性中毒。铅中毒具有蓄积性、持久性、不可逆性,特别是对儿童认知发育的损害,一旦发生即难以逆转。

随着我国加入世界贸易组织,各茶叶进口国对我国茶叶出口的"绿色壁垒"不断增多,茶叶的卫生质量问题直接关系到我国茶叶产业的前景。当前我国茶叶重金属超标问题已经成为继茶叶农药残留之后又一必须认真面对和研究的课题。铅就是其中的一种,鉴于各地土壤结构、气候条件、茶树品种的不同,茶叶中铅含量也会有较大差别。为此,国家制定了各种食品中铅的允许标准,其中 GB 9679—88 规定:茶叶中铅的允许量≤2mg/kg。而一些茶叶中的铅含量却往往大于该界限。因此,在茶叶卫生指标的测定中,科学而准确地测定茶叶中铅的含量显得颇为重要。

茶叶样品经灰化或湿消化处理后,有机物被破坏,其中的铅转变成铅离子。铅离子在一定 pH 条件下与二乙基二硫代氨基甲酸钠(DDTC)形成配合物,经 4-甲基戊酮萃取分离,导入原子吸收光谱仪中,石墨炉原子化后,吸收 283.3nm 共振线,其吸收量与铅含量成正比,标准曲线法定量。

【仪器与试剂】

原子吸收分光光度计;铅空心阴极灯;容量瓶;瓷坩埚。

硝酸—高氯酸(4＋1);300g/L 硫酸铵溶液;250g/L 柠檬酸铵溶液;1g/L 溴百里酚蓝水溶液;50g/L 二乙基二硫代氨基甲酸钠(DDTC)水溶液;氨水(1＋1);4-甲基戊酮(MIBK);10μg/mL 铅标准溶液。

本实验用水均为超纯水,试剂为分析纯或优级纯。

【操作方法】

1. 样品处理　称取 5.00g 粉碎的茶叶样品于 50mL 瓷坩埚中,小火炭化至无烟,移入马弗炉中 500℃灰化 6~8h,冷却。加入 1mL 混合酸(硝酸:高氯酸＝4:1),低温加热,但不使之干涸,如此重复几次,直到残渣中无碳粒,放冷。用 10mL 盐酸(1＋11)溶解残渣,将溶液过滤到 50mL 容量瓶中,用少量水多次洗涤坩埚,洗液并入容量瓶中并定容至刻度,混匀备用。同时做试剂空白试验。

2. 萃取分离

精密吸取 25~50mL 上述制备的样液及试剂空白剂,分别置于 125mL 分液漏斗中,补加水至 60mL。加 2mL 柠檬酸铵溶液,溴百里酚蓝指示剂 3~5 滴,用氨水(1＋1)调 pH 至溶液由黄变蓝,加硫酸铵溶液 10mL,DDTC 溶液 10mL,摇匀。放置 5min 左右,加入 10.0mLMIBK,剧烈振摇提取 1min,静置分层后,弃去水层,将 MIBK 层放入 10mL 带塞刻度管中,备用。

分别吸取铅标准使用液 0.00、0.25、0.50、1.00、1.50、2.00mL(相当于 0.0、2.5、5.0、10.0、15.0、20.0μg 铅)于 125mL 分液漏斗中,以下操作同试样萃取。

3. 测定

将上述样品处理液和标液直接进行测定。仪器参考条件为:空心阴极灯电流 8mA;共振线 283.3nm;狭缝 0.4nm;空气流量 8L/min;燃烧器高度 6nm。

4.计算

$$X = \frac{(c_1 - c_0) \times (V_2/V_1) \times V \times 100}{m \times 100}$$

式中:X——样品中铅的含量,mg/kg 或 mg/L;

    c_1——测定用样品液中铅的含量,$\mu g/mL$;

    c_0——试剂空白液中铅的含量,$\mu g/mL$;

    V_1——萃取用样品液的总体积,mL;

    V_2——测定用样品萃取液的总体积,mL。

    V——样品处理液的总体积,mL;

    m——样品质量或体积,g 或 mL;

【注意事项与补充】

1.所使用玻璃仪器均需以硝酸(1+5)浸泡过夜,用水反复冲洗,最后用去离子水冲洗干净。

2.样品灰化时,温度不能太高(<500℃),否则会造成铅的损失。

【讨论】

1.实验前为什么所有玻璃器皿均要用稀硝酸浸泡过夜?

2.测量过程中为何要加基体改进剂,其作用如何?

能力拓展3 分光光度法测定食品中总砷

【目的】

掌握 Ag-DDC 银盐分光光度法测定总砷的原理,熟悉砷化氢发生瓶的使用。

【实验原理】

样品经消化后,用碘化钾、氯化亚锡将高价砷还原为三价砷,然后与新生态氢生成砷化氢,经二乙氨基二硫代甲酸银盐(Ag-DDC)溶液吸收后,形成红色胶态物,与标准系列比较定量。

【仪器与试剂】

分光光度计;测砷装置。

酸性氯化亚锡溶液:称取 40g 氯化亚锡($SnCl_2 \cdot 2H_2O$)加盐酸溶解并稀释至 100mL,加入数颗金属锡粒;乙酸铅棉花:用 10% 乙酸铅溶液浸透脱脂棉后,压除多余溶液并使疏松,在 100℃ 以下干燥后,贮存于玻璃瓶中。

二乙氨基二硫代甲酸银—三乙醇胺—三氯甲烷溶液:称取 0.25g 二乙氨基二硫代甲酸银($C_2H_5)_2NCS_2Ag$ 置于乳钵中,加少量三氯甲烷研磨,移入 100mL 量筒中,加入 1.8mL 三乙醇胺,再用三氯甲烷分别洗涤乳钵,洗液一并移入量筒中,再用三氯甲烷稀释至 100mL,

放置过夜。滤入棕色瓶中贮存。

　　砷标准溶液：精密称取 0.1320g 在硫酸干燥器中干燥过的或在 100℃ 干燥 2h 的三氧化二砷，加 5mL 200g/L 氢氧化钠溶液，溶解后加 10％ 硫酸 25mL。移入 1000mL 容量瓶中，加新煮沸冷却的水稀释至刻度，贮存于棕色玻璃瓶中。此溶液每毫升相当于 0.1mg 砷。

　　砷标准使用液：吸取 1.0mL 砷标准溶液，置于 100mL 容量瓶中，加 1mL 10％ 硫酸，再加水稀释至刻度，此溶液相当于 1μg 砷。

　　硝酸—高氯酸混合液（4＋1）；150g/L 碘化钾溶液；盐酸（1＋1）；200g/L 氢氧化钠溶液，无砷锌粒。

【操作方法】

　　1.样品处理（硝酸—高氯酸—硫酸消化法）

　　(1)粮食、粉丝、粉条、豆干制品、糕点、茶叶等固体食品：称取 5.00g 或 10.00g 的粉碎样品，置于 250～500mL 凯氏烧瓶中，先加水少许使之湿润，再加数粒玻璃珠、10～15mL 硝酸—高氯酸混合液，放置片刻，小火缓缓加热，待作用缓和，放冷。沿瓶壁加入 5mL 或 10mL 硫酸，再加热至瓶中液体开始变成棕色时，不断沿瓶壁滴加硝酸—高氯酸混合液至有机质分解完全。加大火力，至产生白烟，溶液应澄明无色或微带黄色，放冷。在操作过程中，应注意防止爆炸，加 20mL 水煮沸，除去残余的硝酸至产生白烟为止，驱酸处理两次，放冷。移入 50mL 或 100mL 容量瓶中，用水洗涤凯氏烧瓶，洗液并入容量瓶中，加水至刻度，混匀。取与消化样品相同量的硝酸—高氯酸混合液和硫酸，做试剂空白试验。

　　(2)蔬菜、水果：称取 25.00g 或 50.00g 洗净打成匀浆的样品，置于 250～500mL 定氮瓶中，加数粒玻璃珠、10～15mL 硝酸—高氯酸混合液，放置片刻，小火缓缓加热，待作用缓和，放冷。沿瓶壁加入 5mL 或 10mL 硫酸，再加热，至瓶中液体开始变成棕色时，不断沿瓶壁滴加硝酸—高氯酸混合液至有机质分解完全。加大火力，至产生白烟，待瓶口白烟冒净后，瓶内液体再产生白烟为消化完全，该溶液应澄明无色或微带黄色，放冷。在操作过程中应注意防止爆沸或爆炸。加 20mL 水煮沸，除去残余的硝酸至产生白烟为止，如此处理两次，放冷。将冷却后的溶液移入 50mL 或 100mL 容量瓶中，用水洗涤定氮瓶，洗液并入容量瓶中，放冷，加水至刻度，混匀。定容后的溶液每 10mL 相当于 5g 样品，相当于加入硫酸 1mL。取与消化样品相同量的硝酸—高氯酸混合液和硫酸，按同一方法做试剂空白试验。

　　(3)酱、酱油、醋、冷饮、豆腐、腐乳、酱腌菜等：称取 10.00g 或 20.00g 样品(或吸取 10.0mL 或 20.0mL 液体样品)，置于 250～500mL 定氮瓶中，加数粒玻璃珠、5～15mL 硝酸—高氯酸混合液。放置片刻，小火缓缓加热，待作用缓和，放冷。沿瓶壁加入 5mL 或 10mL 硫酸，再加热，至瓶中液体开始变成棕色时，不断沿瓶壁滴加硝酸—高氯酸混合液至有机质分解完全。加大火力，至产生白烟，待瓶口白烟冒净后，瓶内液体再产生白烟为消化完全，该溶液应澄明无色或微带黄色，放冷。在操作过程中应注意防止爆沸或爆炸。加 20mL 水煮沸，除去残余的硝酸至产生白烟为止，如此处理两次，放冷。将冷却后的溶液移入 50mL 或 100mL 容量瓶中，用水洗涤定氮瓶，洗液并入容量瓶中，放冷，加水至刻度，混匀。但定容后的溶液每 10mL 相当于 2g 或 2mL 样品。

　　(4)含乙醇饮料或含二氧化碳饮料：吸取 10.00mL 或 20.00mL 样品，置于 250～500mL 定氮瓶中。加数粒玻璃珠，先用小火加热除去乙醇或二氧化碳，再加 5～10mL 硝酸—高氯酸混合液,混匀后,放置片刻,小火缓缓加热,待作用缓和,放冷。沿瓶壁加入 5mL 或 10mL 硫酸,再加热,至瓶中液体开始变成棕色时,不断沿瓶壁滴加硝酸—高氯酸混合液至有机质完全分解。加大火力,至产生白烟,待瓶口白烟冒净后,瓶内液体再产生白烟为消化完全,该溶液应澄明无色或微带黄色,放冷。在操作过程中,应注意防止爆沸或爆炸。加 20mL 水煮沸,除去残余的硝酸至产生白烟为止,如此处理两次,放冷。将冷却的溶液移入 50mL 或 100mL 容量瓶中,用水洗涤定氮瓶,洗液并入容量瓶中,放冷,加水至刻度,混匀,但定容后的溶液每 10mL 相当于 2mL 样品。吸取 5～10mL 水代替样品,加与消化样品相同量的硝酸—高氯酸混合液和硫酸,按相同操作方法做试剂空白试验。

(5)含糖量高的食品:称取 5.00g 或 10.00g 样品,置于 250～500mL 定氮瓶中,先加少许水使之湿润,加数粒玻璃珠,并加入 5～10mL 硝酸—高氯酸混合液后,摇匀。缓缓加入 5mL 或 10mL 硫酸,待作用缓和停止起泡沫后,先用小火缓缓加热(糖分易炭化),不断沿瓶壁补加硝酸—高氯酸混合液,待泡沫全部消失后,再加大火力,至有机质分解完全,产生白烟,溶液应澄清无色或微带黄色,放冷。加 20mL 水煮沸,除去残余的硝酸至产生白烟为止,如此处理两次,放冷。将冷却后的溶液移入 50mL 或 100mL 容量瓶中,用水洗涤定氮瓶,洗液并入容量瓶中,放冷,加水至刻度,混匀。定容后的溶液每 10mL 相当于 1g 样品,相当于加入硫酸量 1mL。取与消化样品相同量的硝酸—高氯酸混合液和硫酸,做试剂空白试验。

(6)水产品:取可食部分样品捣成匀浆,称取 5.00g 或 10.0g(海产藻类、贝类可适当减少取样量),置于 250～500mL 定氮瓶中,加数粒玻璃珠,并加入 5～10mL 硝酸—高氯酸混合液,混匀后,沿瓶壁加入 5mL 或 10mL 硫酸,再加热至瓶中液体开始变成棕色时,不断沿瓶壁滴加硝酸—高氯酸混合液至有机质完全分解。加大火力,至产生白烟,溶液应澄清无色或微带黄色,放冷。在操作过程中,应注意防止爆炸,加 20mL 水煮沸,除去残余的硝酸至产生白烟为止,驱酸处理两次,放冷。移入 50mL 或 100mL 容量瓶中,用水洗涤凯氏烧瓶,洗涤并入容量瓶中,放水至刻度,混匀。取与消化样品相同量的硝酸—高氯酸混合液和硫酸,做试剂空白试验。

2.测定

(1)标准曲线的绘制

吸取 0.0、2.0、4.0、6.0、8.0、10.0mL 砷标准使用液(分别相当于 0、2、4、6、8、10μg 砷),分别置于 150mL 锥形瓶中,加水至 40mL,再加入 10mL 的硫酸(1∶1)。

于上述各管中加 150g/L 碘化钾溶液 3mL、酸性氯化亚锡溶液 0.5mL,混匀,静置 15min。各管再加入 3g 锌粒后,立即塞上装有乙酸铅棉花的导气管,并使管尖端插入盛有 4mL 银盐溶液的离心管中的液面下,在常温下反应 45min 后,取下离心管,加三氯甲烷补足 4mL。用 1cm 比色杯,以零管调节零点,于波长 520nm 处测吸光度,以各管砷含量对应其吸光度值绘制标准曲线。

(2)样品的测定

吸取一定量的消化后的定容溶液(相当于 5g 样品)及同量的试剂空白液,分别置于 150mL 锥形瓶中,补加硫酸至总量为 5mL,加水至 50mL。

3.计算

$$X = \frac{(A_1 - A_2) \times V_1}{m \times V_2}$$

式中:X——样品中砷的含量,mg/kg 或 mg/L;

A_1——测定用样品消化液中砷的含量,μg;

A_2——试剂空白液中砷的含量,μg;

V_1——样品消化液的总体积,mL;

m——样品质量(体积),g 或 mL;

V_2——测定用样品消化液的体积,mL。

【注意事项与补充】

1.不同形状和规格的无砷锌粒,因其表面积不同而与酸反应的速度不同,这样生成的氢气气体流速就不同,最终将直接影响吸收效率及测定结果。一般标准曲线与试样均用同一规格的锌粒为宜。

2.测砷装置中的锥形瓶与橡皮塞密合时应密封,不应漏气。

【讨论】

1.分光光度法测定食品中总砷的实验原理是什么?

2.样品处理过程中应该注意哪些问题?

任务二　食品中功效成分的检验

背景知识:

　　判断保健食品真假,请看"蓝帽子"　　食药监局发布消费提醒,对于目前比较常见的保健食品体验和会议营销的模式,建议消费者慎重对待,指出这种会销模式最大的隐患是地点不定,一旦买到假劣产品,消费者很难维权,即便产品是合格的,也存在经营企业收了订金后人去楼空的风险。同时,消费者要慎重对待保健食品的宣传,不要轻信夸大的语句。保健食品应当严格按照批准的功能、食用方法、适宜人群及不适宜人群来进行宣传,正规的保健食品,在外包装上均能查看到以上关键信息,消费者只需阅读外包装上的信息,就可以判断其是否合法宣传。判断保健食品的真假最简单的办法就是看是否有蓝帽子标志,消费者可以通过国家食药监局的官网,查询产品上的批准文号是否与国家总局数据库的信息一致。提醒消费者最好到正规药店和医疗机构购买,遇到非法营销保健食品等情况可致电 12331 咨询投诉。

　　保健食品是一类特殊食品,是以增进人体健康为目的,针对有着特定健康需求的特定人群,具有明确保健功能的食品。其有别于普通食品的根本特性是,不以治疗疾病为目的,通过调节人体机能,降低疾病发生的风险因素,增进人体健康。作为食品的一种类型,保健食品必须具有一定的保健功能,而能够证明其具有功能的是产品中含有一定量的功效成分,功效成分必须能定量检测,这些检测方法必须具有一定的可靠性,且其检测的结果要有正确的表达。保健食品是食品的一个种类,具有一般食品的共性,能调节人体的机能,适于特定人群食用,但不能治疗疾病。《保健食品注册与备案管理办法》于 2016 年 7 月 1 日正式实施,对保健食品进行了严格定义:保健食品是指声称具有特定保健功能或者以补充维生素、矿物质为目的的食品,即适宜于特定人群食用,具有调节机体功能,不以治疗疾病为目的,并且对人体不产生任何急性、亚急性或者慢性危害的食品。

一般食品和保健食品的相同之处在于:都能提供人体生存必需的基本营养物质,都具特定色、香、味、形;区别在于:①保健食品含一定量功效成分,能调节人体机能,具有特定功能;而一般食品不强调特定功能;②保健食品一般有特定的食用范围,而一般食品没有。

保健食品与药品的区别:药品是治疗疾病的物质;保健食品的本质仍是食品,虽有调节人体某种机能的作用,但它不是人类赖以治疗疾病的物质。食品中还有一类特殊营养食品,是通过改变食品的天然营养素的成分和含量比例,以适应某些特殊人群营养需要的食品。如适应婴幼儿生理特点和营养需要的婴幼儿食品、添加营养强化剂的食品,都属于这类食品。

保健食品应有与功能作用相对应的功效成分及其最低含量。功效成分是指能通过激活酶的活性或其他途径,调节人体机能的物质,主要包括:

1. 多糖类:如膳食纤维、香菇多糖等;

2. 功能性甜味料(剂):如单糖、低聚糖、多元醇糖等;

3. 功能性油脂(脂肪酸)类:如多不饱和脂肪酸、磷脂、胆碱等;

4. 自由基清除剂类:如超氧化物歧化酶(SOD)、谷光甘酞过氧化酶等;

5. 维生素类:如维生素 A、维生素 C、维生素 E 等;

6. 肽与蛋白质类:如谷胱甘肽、免疫球蛋白等;

7. 活性菌类:如聚乳酸菌、双歧杆菌等;

8. 微量元素类:如硒、锌等;

9. 其他类:二十八醇、植物甾醇、皂苷等。

一、保健食品中红景天苷的测定

红景天为多年生草本植物,主要生长在海拔 1600～4000 米的高寒、干燥、缺氧、强紫外线照射、昼夜温差大的地区,具有极强的环境适应能力和生命力。我国食用红景天很早,在《本草纲目》和藏医《四部医典》均有记载,近年来研究证明红景天苷具有抗疲劳、抗衰老、免疫调节、清除自由基等多种药理作用。红景天苷分子式为 $C_{14}H_{20}O_7$,分子量为 300.3,无色透明针状结晶,味甜,极易溶于水,易溶于甲醇,溶于乙醇,难溶于乙醚。经浓氢氧化钾溶液的分解反应,能生成三甲胺。贮藏方法:2～8℃,避光保存。

保健品中红景天苷的含量可用高效液相色谱法、分光光度法和气相色谱法测定。下面介绍高效液相色谱法的含量测定,该方法抗干扰能力强,准确、简单、快速。

1. 原理　将混匀的试样使用甲醇进行提取,根据高效液相色谱紫外检测器定性定量检测。本方法适用于以红景天为主要原料的保健食品中红景天苷的测定。检出限:0.02μg,线性范围:0.01～0.50μg/mL。本方法规定了保健食品中红景天苷的测定方法。

2. 仪器条件

高效液相色谱仪、附紫外检测器(UV)。

色谱柱:C_{18}柱 4.6mm×250mm,5μm。柱温:室温。

紫外检测器:检测波长 215nm。流速:1.0mL/min,进样量:10μL。

3. 分析步骤

液体试样:准确量取摇匀后的液体试样 20mL 于 50mL 容量瓶中,先加入 25mL 甲醇,超声 10min 后用甲醇定容至刻度,混匀,经 0.45μm 滤膜过滤后供液相色谱分析用。

固体试样:取 20 粒以上片剂或胶囊试样进行粉碎混匀,准确称取适量试样(精确至0.001g)于 50mL 容量瓶中,加入甲醇,超声提取 10min。取出后加入甲醇定容至刻度,混匀后以 3000 转/min 离心 3min,经 0.45μm 滤膜过滤后供液相色谱分析用。

色谱分析:取 10μL 标准溶液及试样溶液注入色谱仪中,以保留时间定性,以试样峰高或峰面积与标准比较定量。

标准曲线制备:分别配制浓度为 0.0、0.01、0.02、0.05、0.20、0.50μg/mL 红景天苷标准溶液,在给定的仪器条件下进行液相色谱分析,以峰高或峰面积对浓度做标准曲线。

计算:

$$X=\frac{h_1 \times c \times V}{h_2 \times m \times 1000}$$

式中:X——试样中红景天苷的含量,mg/g;

　　h_1——试样峰高或峰面积;

　　c——标准溶液浓度,μg/mL;

　　V——试样定容体积,mL;

　　h_2——标准溶液峰高或峰面积;

　　m——试样质量,g。

计算结果保留三位有效数字。

二、食品中总黄酮的测定

总黄酮是植物体中黄酮类化合物的总称,是许多中草药的有效成分。在自然界中最常见的是黄酮和黄酮醇,其他包括双氢黄(醇)、异黄酮、双黄酮、黄烷醇、查尔酮、橙酮、花色苷及新黄酮类等,多以苷类形式存在。黄酮类化合物通常为拥有 15 个碳原子的多元酚化合物,其中两个芳环(A 环、B 环)之间以一个三碳链(C 环)相连,其骨架可用 C_6—C_3—C_6 表示。其中 C 环部分可以是脂链,也可以与 B 环部分形成六元或五元的氧杂环。黄酮类化合物具有多个苯环和酚羟基结构,苯环为疏水基团,而酚羟基为亲水基团。黄酮类化合物能与多种金属离子发生配合;具有还原性和捕获自由基的特性;能与蛋白质结合和诸多衍生化反应活性等。

在保健食品的总黄酮含量测定中,目前通用的是分光光度法,其操作简便、快速。一般有不加显色剂和加显色剂两类方法。前者是将样品提取液直接在 360nm 处测定吸收值,是目前我国《保健食品检验与评价技术规范》推荐方法。后者是在样品提取液中加入显色剂(硝酸铝)后生成红色配合物,最大吸收峰向长波长移动,与芦丁标准系列比较定量。后者抗干扰能力较强,特异性好。此外,对于黄酮类化合物的相互分离以及单一成分的定量分析,常采用高效液相色谱法。

(一)分光光度法

1.原理　保健食品中的总黄酮用乙醇超声波提取,聚酰胺粉吸附柱分离净化,总黄酮用甲醇洗脱,于 360nm 波长处比色定量。

2.样品处理　称取一定量的试样,加乙醇定容,摇匀后,超声提取。吸取上清液加聚酰胺粉吸附,于水浴中挥去乙醇,然后转入层析柱。先用苯洗脱杂质,然后用甲醇洗脱总黄酮,定容。

3.测定方法　于 360nm 波长处测定芦丁标准溶液和样品溶液的吸光度值,依据标准曲线计算样品中总黄酮的含量。

4.方法说明

(1)吸附剂聚酰胺的粒度问题　常用的聚酰胺吸附剂有 30~60 目和 14~30 目两种粒度,这两种粒度的聚酰胺吸附效果有差异。因此,在用该法测定时,应考虑用同一规格的聚酰胺。

(2)样品的预处理　取样前应尽可能研磨至细,以达到较好的提取效果。

(二)铝配合物分光光度法

1.原理　黄酮类化合物中的 3-羟基、4-羟基、5-羟基、4-羰基或邻二位酚羟基,在碱性条件下,可与 Al^{3+} 生成红色配合物,于 510nm 波长处与芦丁标准系列进行比较定量。本法的最低检测限为 $1\mu g/mL$。

2.样品处理　对于固体样品,称取一定量样品,加入乙醚回流提取,过滤,用乙醚洗涤滤渣。将滤渣中乙醚挥干,加入 80%乙醇回流,过滤,用热水洗涤滤渣,合并滤液,冷却定容。

对于液体样品(含酒精的液体样品,先于水浴中挥去乙醇,用水补足至样品原始体积),精密吸取一定量样品,用乙醚萃取脱脂、脱色素,样液供测定。

3.测定　取芦丁标准使用液和样品提取液加 30%乙醇。在标准系列和样液中加 5%$NaNO_2$ 溶液,摇匀,再加入 10% $Al(NO_3)_3$ 溶液,摇匀后加 4% NaOH 溶液摇匀,放置 10~20min,于 510nm 波长处测定吸光度值,依据标准曲线,计算样品中总黄酮的含量。

4.方法说明

(1)$NaNO_2$ 浓度在 2%~8%范围内吸光度相对稳定,当浓度大于 10%时,吸光度有增大的趋势,因此采用 $NaNO_2$ 浓度为 5%为宜。

(2)吸光度值随 $Al(NO_3)_3$ 溶液浓度的增加而升高,当 $Al(NO_3)_3$ 溶液浓度在 8%~12%时,吸光度值相对稳定,故宜选用 10% $Al(NO_3)_3$ 溶液浓度。

(3)显色后,在室温≤25℃的环境中,吸光度值在 2h 内保持稳定,所以应在 10~20min内比色测定。

(三)高效液相色谱法

1. 原理　植物类样品用石油醚脱脂后,经甲醇加热回流提取,以高效液相色谱法分离,在紫外检测器 360nm 条件下,以保留时间定性、峰面积定量。

2. 操作步骤　固体样品称取 2.0g,干燥,研细,置于索氏提取器中,用石油醚 60～90℃提取脂肪等脂溶性成分,弃去石油醚提取液。剩余物挥去石油醚,加入甲醇 50mL 和 HCl 5mL,80℃水浴回流水解 1h,取出后快速冷却至室温转移至 50mL 容量瓶中,甲醇定容,经 0.45μm 滤膜过滤,供分析用。

3. 方法说明

(1)HPLC 法与分光光度法比较,HPLC 法相对干扰少,重现性好,测定结果更为准确可靠,但其操作较为烦琐,费用较高。分光光度法操作简便、快速、易行,所需费用不高,但易受杂质干扰、稳定性稍差。

(2)样品水解后随着放置时间的延长,总黄酮的含量可能会发生变化,因此样品水解后应尽快测定。

(3)随着显色时间的延长,吸光度将略有下降,因此应尽快进行测定。

三、保健食品中人参皂苷和总皂苷的测定

大多数皂苷分子大、不易结晶,易吸潮,具有苦味或辛辣味。皂苷分子极性较大,易溶于热水、热乙醇、甲醇中,且在正丁醇中有较大的溶解度,难溶于丙酮、乙醚、乙酸乙酯等有机溶剂。皂苷能和某些试剂,如浓硫酸、三氯乙酸、五氯化锑等产生颜色反应。

皂苷广泛存在于植物中,在百合科、薯蓣科、玄参科、豆科、远志科、五加科等植物中含量较高。在许多中草药和植物中,如人参、柴胡、远志、大豆等都含有皂苷,并且是它们的主要有效成分,对人体的新陈代谢起着重要的生理作用。皂苷结构复杂,且彼此差异较大。按皂苷元的化学结构,皂苷可分为两大类:甾体皂苷和三萜皂苷。

人参皂苷属于三萜类皂苷,可分为三类:一为人参皂苷二醇型,有人参皂苷 Rb_1、Rb_2、Rc、Rd、Rh_2 等;二为人参皂苷三醇型,有人参皂苷 Re、Rf、Rg_1、Rg_2、Rh_1 等;三为齐墩果酸型,有人参皂苷 Ro、Rh_3、Ri 等。人参皂苷主要来源于人参、西洋参、三七、竹节参、珠子参、羽叶三七、姜状三七、绞股蓝等。

常见的有经典分析方法(重量法、容量法)、分光光度法、薄层色谱法、气相色谱法、高效液相色谱法等。目前我国"保健食品检验与评价技术规范"推荐方法有"保健食品中总皂苷的分光光度法"和"保健食品中的人参皂苷的高效液相色谱法"。

(一)高效液相色谱法测定保健食品中人参皂苷

1. 原理　保健食品中的人参皂苷经提取、净化处理后,采用梯度洗脱,反相 C_{18} 色谱柱分离,紫外检测器检测。根据色谱峰的保留时间定性,外标法定量,可同时用于保健食品中人参皂苷 Re、Rg_1、Rb_1、Rc、Rb_2、Rd 的定量分析。本方法对六种人参皂苷的最低检出浓度为 10mg/kg,最佳线性范围是 0.1～1mg/mL。

2. 样品处理　对于固体试样,取片剂或胶囊内容物研成粉末,并过 20 目筛;精确称取一

定量样品加水超声提取,准确取出一定量样液,通过柱长为 10cm D-101 大孔吸附树脂净化柱(大孔吸附树脂使用前先经甲醇浸泡,水洗)。先用水洗去杂质,弃去水洗脱液,然后用 70% 甲醇洗脱皂苷,收集甲醇溶液,水浴上蒸干,残渣用甲醇溶解并定容、离心、过滤后,进行色谱分析。

对于液体试样,取一定量的试样于水浴上蒸干,残渣加水用超声波提取,余下步骤同固体试样处理。

3. 测定方法色谱条件　　反相 C_{18} 柱,4.6mm×250mm,5μm;检测波长:203nm;流动相:A 液为乙腈,B 液为水;梯度洗脱:0～20min,16% A+84% B→18% A+82% B;20～55min,18% A+82% B→40% A+60% B;55～75min,40% A+60% B→100% A;75～80min,100% A→16% A+84% B;柱温:35℃;流速:1mL/min。

取试样净化液进行高效液相色谱分析,以保留时间定性,用峰面积标准曲线法定量,计算试样中的人参皂苷 Re、Rg_1、Rb_1、Rc、Rb_2、Rd 的含量。

4. 方法说明

(1)经紫外扫描,人参皂苷在 190～200nm 有最大吸收,考虑到检测波长在 200nm 以下多数有机物都有很强的紫外吸收,对测定干扰大,因此,选用 203nm 为检测波长。

(2)本方法适用于人参含片、人参冲剂、人参茶、人参胶囊等以人参为主要原料的保健食品中人参皂苷的含量的测定。

(二)分光光度法测定保健食品中的总皂苷

1. 原理　　保健食品中的总皂苷用水经超声波提取,Amberlite-XAD-2 大孔树脂柱分离净化,提取物中总皂苷在酸性条件下与香草醛生成有色化合物,以人参皂苷 Re 为标准,于 560nm 波长处比色测定。

2. 样品处理

(1)样品提取　　对于固体试样,称取一定量的样品(根据样品中人参皂苷的含量而定),加入一定量水,用超声波提取,用水定容后,摇匀,静置。

对于含有乙醇的液体样品,在水浴上挥干后,用水溶解残渣后,进行柱层析。非乙醇类的液体试样,可根据其浓度高低,稀释后取一定量进行柱层析。

(2)柱层析　　用内装 3cm Amberlite-XAD-2 大孔树脂和少量中性氧化铝的 10mL 注射器作层析管,依次用 70% 乙醇和水洗柱,弃洗脱液。加入已处理好的样液,用水洗柱,弃洗脱液,再用 70% 乙醇洗脱人参皂苷,收集洗脱液于蒸发皿中,置于 60℃ 水浴上挥干。

3. 测定方法　　吸取一定量人参皂苷 Re 标准溶液于蒸发皿中挥干溶剂(低于 60℃)后,与上述处理过的样品同时准确加入香草醛冰乙酸溶液和高氯酸,60℃ 水浴上加热,冰浴冷却后,准确加入冰乙酸,摇匀后,于 560nm 波长处,比色测定。

4. 方法说明

(1)样品提取溶剂的选择　　保健食品成分较为复杂,用水作溶剂,浸提液呈黏稠状不易过滤,宜选用甲醇或乙醇作溶剂,但甲醇毒性大,故采用 70% 乙醇。

(2)净化方法的选择:大孔树脂是一种吸附速度快、选择性好、易解吸附的高分子吸附剂。本方法选用 Amberlite-XAD-2 或 D101 大孔树脂作固相分离净化能达到良好的效果。

四、保健食品中原花青素的测定

原花青素是一大类多酚化合物的总称,由不同数目的黄烷-3-醇或黄烷-3,4-二醇聚合而成。按聚合度大小,二至四聚体称为低聚原花青素,五聚体以上称为高聚原花青素。对于单体原花青素黄烷-3,4-二醇来说,C-4 位具有极强的亲电性,其醇羟基与 C-5,C-7 上的酚羟基组成一个苄醇系统,使得 4 位碳易于生成正碳离子。在强酸作用下,正碳离子失去质子,氧化生成花色素。对于聚合原花青素,其单元间连接键易在酸作用下被打开,下部单元生成黄烷-3-醇,上部单元生成花色素。

葡萄籽提取物原花青素呈白色粉末,溶于水、乙醇、甲醇、丙酮、乙酸乙酯,不溶于乙醚、三氯甲烷、苯等,在 280nm 波长处有强吸收。在酸性溶液中加热可降解和氧化形成花色素。提取可采用甲醇、乙醇、丙酮等极性较大的溶剂冷浸。提取物用乙酸乙酯或其他溶剂萃取,萃取物用柱色谱分离。

原花青素在葡萄、可可豆、山楂、番荔枝、野草莓、银杏、花生等植物中含量丰富。早在 20 世纪 50 年代,法国科学家就发现可以从松树皮中提取大量原花青素,其原花青素含量达 85％。70 年代则发现葡萄籽提取物中原花青素含量可高达 95％,是提取原花青素更好的资源。目前研究最多的是葡萄籽和葡萄皮中的原花青素。原花青素具有抗氧化功能,是迄今为止所发现的最有效的自由基清除剂之一。它还具有保护心血管和预防高血压作用,能够提高血管弹性,降低毛细血管渗透性。同时原花青素还具有抗肿瘤、抗辐射、抗突变、皮肤保健及美容作用和改善视觉功能的保健功能。

目前,国内外关于原花青素的测定一般采用分光光度法、薄层色谱法、HPLC 法、HPLC-MS 等。正丁醇—盐酸法对原花青素化学结构的依赖性比较大,不适宜低聚原花青素的测定。在香草醛—硫酸法中,硫酸的加入会引起反应体系放热,从而导致原花青素的氧化分解,而使测定结果偏低;铁盐催化分光光度法操作简便,是目前我国保健食品检验的推荐方法。香草醛—盐酸法对原花青素的测定具有特异性,特别是对于黄烷醇类物质测定效果较好,但由于葡萄籽的来源不同,因此所用盐酸、香草醛的浓度、显色时间、温度也不同。HPLC 法与分光光度法比较,具有定量准确的优点。

(一)铁盐催化分光光度法

1. 原理　　原花青素经热酸处理,并在硫酸铁铵的催化作用下,水解生成红色的花青素离子。在最大吸收波长 546nm 处测定吸光度值,计算试样中原花青素含量。

2. 样品处理　　对于固体试样,称取研磨、混匀的试样加入甲醇,超声波提取,加甲醇定容,摇匀,离心后取上清液备用。

对于含油试样,用甲醇分数次搅拌洗涤,直至甲醇提取液无色,加甲醇定容,备用。对于口服液,吸取适量样液,加甲醇至刻度,摇匀供分析用。

3.测定方法　原花青素标准品用甲醇溶解并稀释。将正丁醇与盐酸按95∶5的体积比混合后,加入硫酸铁铵溶液,再加入标准溶液或样液,混匀,置沸水浴回流,准确加热40min后,立即置冰水中冷却,于546nm波长处测吸光度,用标准曲线定量。

4.方法说明

(1)原花青素水解氧化为花色素,水解程度随温度的升高而增大,在100℃时达到最大值。该反应随加热时间的增长,花色素含量增加,当加热40min时,花色素含量达到最大值,所以应严格控制标准溶液和样液的水解温度和时间。

(2)在本实验中,硫酸铁铵起催化剂的作用,未使用铁盐与使用铁盐相比较,样品的测定值降低近40%。

(3)本法最低检出量为$3\mu g$,最低检出浓度为$3\mu g/mL$,最佳线性范围:$3\sim150\mu g/mL$。

(二)香草醛—盐酸分光光度法

1.原理　在酸性条件下,原花青素A环的化学活性较高,其上的间苯二酚或间苯三酚可与香草醛发生缩合,产物在浓酸作用下形成有色的正碳离子,在波长500nm处测其吸光度值,根据标准曲线即可得到样品中原花青素的含量。

2.样品处理　称取固体样品,加入甲醇,超声波振荡提取,离心,取上层清液,备用(如浓度过高可稀释)。

3.测定方法　取样品溶液和原花青素标准溶液,加入显色剂,摇匀。避光,在$300\pm1℃$保温30min后,在500nm波长下测定吸光度值,用标准曲线法定量。

4.方法说明　本法所用的显色剂—1%香草醛溶液的配置:称取1.000g香草醛溶于甲醇液中,并定容至100mL,与8%盐酸溶液(取8mL浓盐酸溶于甲醇中,定容到100mL)按1∶1配制,临用现配。

(三)高效液相色谱法

1.原理　将试样中原花青素单体或聚合物在酸性条件下,加热水解使C—C键断裂生成深红色的花色素离子,用高效液相色谱紫外可见检测器进行检测,以保留时间定性,峰高或峰面积定量。

2.样品处理　对于固体试样,加入甲醇超声波提取,用甲醇定容,取上清液备用。对于液体试样,吸取适量样液,加甲醇定容。对于含油试样,用少量二氯甲烷使试样溶解,并洗入容量瓶中,加甲醇至刻度,摇匀。

3.测定方法色谱条件:C_{18}色谱柱:4.6mm×150mm;柱温:35℃;紫外可见检测器,检测波长525nm;流动相:水∶甲醇∶异丙醇∶10%甲酸(73∶13∶6∶8);流速0.9mL/min。将正丁醇与盐酸按95∶5(V/V)体积比混合后,取出一定量,加入硫酸铁铵溶液,再加入经$0.45\mu m$滤膜过滤的样液,混匀,置沸水浴回流,加热40min后,立即置冰水中冷却,进行高效液相色谱分析。

4.方法说明　原花青素在流动相中加入一定量的异丙醇,灵敏度要高于只用甲醇,故在流动相中 13％甲醇的基础上添加 6％的异丙醇。另外，本实验使用甲酸可改善色谱峰的峰形。

五、食品中粗多糖的测定

粗多糖指多个单糖基以糖苷键相连而形成的多聚物。有些多糖的长链是线形，另一些多糖含有支链。各种多糖的差别在于所含单糖单位的性质、链的长度和分支的程度。多糖又称聚糖，可以分为两类。只含有一种单糖单位的多糖，如淀粉叫作同多糖；含有两种或更多种单糖单位的多糖叫作杂多糖，如透明质酸。多糖一般没有精确的分子量，其中的单糖单位可因细胞的代谢需要增加或减少。多糖没有还原性，无甜味，大多不溶于水，有的与水形成胶体溶液。多糖在自然界分布很广，其功能是多种多样的。有些多糖是单糖的贮存形式；许多多糖是单细胞微生物、高等植物细胞壁和动物细胞外部表面的结构单元；另一些多糖是脊椎动物结缔组织和节肢动物外骨骼的组分。结构多糖有保护、支撑的作用。最重要的贮存多糖是淀粉和糖原。

自然界中植物、动物、微生物都含有多糖，按来源可分为：动物多糖、植物多糖和微生物多糖。多糖具有免疫调节、抗肿瘤、抗病毒、抗感染、降血糖等多种生理活性的作用，可用分光光度法进行含量测定。

1. 原理　分子量大于 10000 道尔顿的多糖经 80％乙醇沉淀后，加入碱性铜试剂，可选择性地从其他高分子物质中沉淀出葡聚糖，沉淀部分与苯酚-H_2SO_4 反应，生成有色物质，在 485nm 条件下，有色物质的吸光度值与葡聚糖浓度成正比。适用于检测含有分子量大于 10000 道尔顿葡聚糖的样品。

2. 仪器　分光光度计、离心机、旋转混匀器、恒温水浴锅。

3. 操作方法

(1)样品提取　称取样品 1～5g，加水 100mL，沸水浴加热 2h，冷却至室温，定容至 200mL(V_1)，混匀后过滤，弃初滤液，收集余下滤液。

(2)沉淀高分子物质　准确吸取上述滤液 100mL(V_2)，置于烧杯中，加热浓缩至 10mL，冷却后，加入无水乙醇 40mL，将溶液转至离心管中以 3000 转离心 5min，弃上清液，残渣用 80％乙醇洗涤 3 次，残渣供沉淀葡聚糖之用。

(3)沉淀葡聚糖　上述残渣用水溶解，并定容至 50mL(V_3)，混匀后过滤，弃初始滤液后，取滤液 2.0mL(V_4)，加入 2.5mol/L NaOH 2.0mL、Cu 应用溶液 2.0mL，沸水浴中煮沸 2min，冷却后以 3000 转离心 5min，弃上清液，残渣用洗涤液洗涤 3 次，残渣供测定葡聚糖之用。

(4)测定葡聚糖　上述残渣用 2.0mL 1.8mol/L H_2SO_4 溶解，用水定容至 100mL(V_5)。准确吸取 2.0mL(V_6)，置于 25mL 比色管中，加入 1.0mL 苯酚溶液，10mL 浓硫酸，沸水浴煮沸 2min，冷却比色。从标准曲线上查得相应含量，计算出多糖含量。

标准曲线制备：精密吸取葡聚糖标准应用液 0.10，0.20，0.40，0.60，0.80，1.00，1.50，2.00mL(分别相当于葡聚糖 0.01，0.02，0.04，0.06，0.08，0.10，0.15，0.20mg)，补充水至 2.0mL，加入苯酚溶液 1.0mL、浓硫酸 10mL、混匀，沸水浴 2min，混匀，沸水浴 2min，冷却后用分光光度计在 485nm 波长处以试剂空白溶液为参比，测定吸光度值(A)，以葡聚糖浓度为横坐标,A 为纵坐标绘制标准曲线。

4.注意事项

(1)苯酚-H_2SO_4 溶液可以和多种糖类进行显色反应,常用于总糖的测定,所以测定过程中应注意容器及试剂中其他糖类的干扰。

(2)苯酚-H_2SO_4 溶液和不同类的糖反应,显色的强度略有不同,反映在标准曲线的斜率不同。如果已知样品中糖的结构,应尽量以同类糖的纯品做标准品,或以含有已知浓度的同类产品作对照品进行检测分析;如果样品中糖的类型未知或结构多样,则只能以葡萄糖计或其他糖计报告结果。

(3)试验证明葡萄糖、果糖等单糖,蔗糖、乳糖等双糖,淀粉、糊精等多糖及甜味剂糖精不干扰粗多糖测定。

六、食品中功效成分芦荟苷

芦荟苷,又称为芦荟素,为双子叶植物百合科植物库拉索芦荟、好望角芦荟、斑纹芦荟提取物。黄色或淡黄色结晶粉末,熔点是 148～149℃(乙醇),一水合物熔点为70～80℃。略带沉香气味,味苦,易溶于吡啶,溶于甲酸、冰醋酸、醋酸甲酯、丙酮以及乙醇等有机溶剂。

芦荟有机活性成分中的最主要部分是蒽醌类化合物,主要包括芦荟素、芦荟大黄素、芦荟大黄酚、芦荟素 A 等 20 余种。其中芦荟苷是最基本的成分之一,它在芦荟中大量存在,不是很苦,有致泻作用,但致泻性较弱,只有当芦荟苷被氧化后,即转化为芦荟大黄素时,不但其苦味增加,而且致泻功能也明显增强。常用高效液相色谱法测定食品中芦荟苷的含量。

1.原理　用甲醇＋水(55：45)作为溶剂,提取试样中的芦荟苷,经高效液相色谱仪 C_{18} 柱分离,在紫外 293nm 波长下检测,以芦荟苷保留时间定性,峰面积定量。适用于以芦荟及其制品为原料的保健食品中芦荟苷含量的测定。最低检出量为 10ng。最佳线性范围:0～ $100\mu g/mL$。

2.仪器设备　高效液相色谱仪附紫外检测器、色谱柱 C_{18}(以十八烷基键合硅胶填料为填充剂)或具同等性能的色谱柱(150mm×6mm,$5\mu m$)。

3.分析步骤

①试样制备:将固体试样粉碎成粉末状,混匀。准确称取上述经处理后的试样 1.00g 于 50mL 容量瓶中,加检测用流动相30mL 溶解,经超声振提 5min 加流动相定容 50mL,离心沉淀,上清液经 $0.45\mu m$ 滤膜过滤,芦荟汁饮料直接经 $0.45\mu m$ 滤膜过滤。

②测定步骤:分别精密吸取标准溶液和试样溶液 $10\mu L$ 注入高效液相色谱仪,依上述色谱条件,以保留时间定性,用外标法计算试样中芦荟苷的含量。

4.计算公式

$$X=\frac{A_1\times C\times V}{A_2\times m}$$

式中:X——试样中芦荟苷含量,mg/g(mg/mL);

　　A_1——试样中芦荟苷的峰面积;

　　C——标准液的质量浓度,mg/mL;

　　A_2——标准液中芦荟苷的峰面积;

　　V——试样定容体积,mL;

　　m——试样的质量或体积,g 或 mL。

　　计算结果保留三位有效数字。

　　5.允许误差:同一试样两次测定值之差不得超过两次测定平均值的 10%。

思考题

　　1.食品中常见的微量元素有哪些?

　　2.食品中铅测定的常用方法有哪些? 基体改进剂的作用是什么?

　　3.简述食品中砷的主要来源及危害。食品中砷的测定方法的测定原理及注意事项是什么?

　　4.我国保健食品的定义是什么? 有哪些特征?

　　5.简述高效液相色谱法测定保健食品中人参皂苷的原理。

　　6.黄酮测定有哪些方法? 保健食品中黄体酮常用测定方法的原理是什么?

能力拓展　茶多酚的含量测定——高锰酸钾直接滴定法

【目的】

　　1.掌握采用 $Na_2C_2O_4$ 作基准物标定高锰酸钾标准溶液的方法;

　　2.掌握高锰酸钾直接滴定法测定茶叶中茶多酚含量的方法。

【原理】

　　市售的 $KMnO_4$ 试剂常含有少量的 MnO_2 和其他杂质,如硫酸盐、氯化物及硝酸盐等;另外,蒸馏水中常含有少量的有机物质,能使 $KMnO_4$ 还原,且还原产物能促进 $KMnO_4$ 自身分解,分解方程式如下:

$$4MnO_4^- + 2H_2O \Longrightarrow 4MnO_2 + 3O_2 \uparrow + 4OH^-$$

　　由于见光时分解比较快,$KMnO_4$ 的浓度容易改变,不能用直接法配制准确浓度的高锰酸钾标准溶液,必须正确地配制和保存,如果长期使用必须定期进行标定。

　　标定 $KMnO_4$ 的基准物质较多,有 As_2O_3、$H_2C_2O_4 \cdot 2H_2O$、草酸钠和纯铁丝等。其中以草酸钠最常用,草酸钠不含结晶水,不宜吸湿,宜纯制,性质稳定。用草酸钠标定 $KMnO_4$ 的反应为:

$$2MnO_4^- + 5C_2O_4^{2-} + 16H^+ \Longrightarrow 2Mn^{2+} + 10CO_2 \uparrow + 8H_2O$$

　　滴定时利用 MnO_4^- 本身的紫红色指示终点,称为自身指示剂。

　　茶多酚又名茶单宁、茶鞣质,是茶叶中所含的一类多羟基酚类化合物的总称,约占茶叶干物质的 15%~30%,是决定茶叶风味和品质的主要物质。而且茶多酚具有很强的抗氧化作用、清除自由基以及明显的杀菌能力,同时具有抗癌变、抗肿瘤和预防心血管疾病等多种药理功效,在食品工业、医药行业和日用化工业等领域具有广阔的应用前景。茶多酚能溶于水、乙醇、甲醇、丙酮、乙酸乙酯,微溶于油脂,对热、酸较稳定,2%的溶液加热至120℃并保持30min,无明显变化。在碱性条件下易氧化变质。

目前,用于茶多酚含量的测定方法主要有酒石酸亚铁比色法和高锰酸钾滴定法。前者是测定茶多酚含量的国家标准,但试剂准备费时且消耗量大,实际应用中因方法本身和操作差异,测定结果的重现性、精密度不甚理想。高锰酸钾滴定法以酸性靛红或靛蓝作指示剂,用高锰酸钾进行氧化滴定,样液中能被高锰酸钾氧化的物质基本上都属于茶多酚物质。根据消耗1mL 0.318g/mL的高锰酸钾相当于5.82mg茶多酚的换算系数,可计算茶多酚的含量。

【仪器与试剂】

仪器:分析天平、漏斗、酸式滴定管、电动磁力搅拌器、电热水浴锅、500mL白瓷皿。

试剂:$KMnO_4$(A.R.)、$Na_2C_2O_4$(A.R.)、H_2SO_4(3mol/L)、0.1%靛红溶液[称取靛红1g加入少量水搅匀后,再慢慢加入比重(相对密度)为1.84的浓硫酸50mL,冷却后用蒸馏水定容至1000mL;如果靛红不纯,可称取靛红1g,加浓硫酸50mL,在80℃烘箱或水浴中加热磺化4～6h,用蒸馏水定容至1000mL,过滤后贮于棕色瓶中]。

【方法】

1.高锰酸钾标准溶液的配制　　在台秤上称量1.0g固体$KMnO_4$,置于大烧杯中,加水至300mL(由于要煮沸使水蒸发,可适当多加些水),煮沸约1小时,静置冷却后用微孔玻璃漏斗或玻璃棉漏斗过滤,滤液装入棕色细口瓶中,贴上标签,一周后标定,保存备用。

2.高锰酸钾标准溶液的标定　　用分析天平准确称取0.13～0.16g基准物质$Na_2C_2O_4$三份,分别置于250mL的锥形瓶中,加约30mL水和3mol/L H_2SO_4 10mL,盖上表面皿,在石棉铁丝网上慢慢加热到70～80℃(刚开始冒蒸气的温度),趁热用高锰酸钾溶液滴定。开始滴定时反应速度慢,待溶液中产生了Mn^{2+}后,滴定速度可适当加快,直到溶液呈现微红色并持续半分钟不褪色即终点。根据$Na_2C_2O_4$的质量和消耗$KMnO_4$溶液的体积计算$KMnO_4$浓度。用同样方法滴定其他两份$Na_2C_2O_4$溶液,相对平均偏差应在0.2%以内。

3.供测试液的准备　　准备称取茶叶磨碎样品1g,放在200mL三角烧瓶中,加入沸蒸馏水80mL,在沸水浴中浸提30min,然后抽滤、洗涤,滤液倒入100mL容量瓶中,冷却至室温,最后用蒸馏水定容至100mL,摇匀。

4.测定　　取200mL蒸馏水放入白瓷皿中,加入0.1%深蓝色的靛红溶液5mL,再加入供测试液5mL,开动磁力搅拌器,用已标定的高锰酸钾溶液边搅拌边滴定,滴定速度以1滴/s为宜,接近终点时应慢滴。直到溶液由深蓝色转变为亮黄色为止,记下消耗的高锰酸钾体积。用同样方法滴定其他两份供测试液,相对平均偏差应在0.2%以内。同时做空白测定。

5.结果计算

$$X = \frac{(A-B) \times \omega \times 0.00582/0.318}{m \times V_1/V_2}$$

式中:X——茶多酚的含量,%;

　　A——样品消耗的高锰酸钾毫升数,mL;

　　B——空白消耗的高锰酸钾毫升数,mL;

ω——高锰酸钾的浓度,%;

m——样品的质量 g;

V_1——测定用供测试液的体积,mL;

V_2——供测试液的体积,mL。

【注意事项与补充】

1. 蒸馏水中常含有少量的还原性物质,使 $KMnO_4$ 还原为 $MnO_2 \cdot nH_2O$。市售高锰酸钾内含的细粉状的 $MnO_2 \cdot nH_2O$ 能加速 $KMnO_4$ 的分解,故通常将 $KMnO_4$ 溶液煮沸一段时间,冷却后,还需放置 $2 \sim 3$ 天,使之充分作用,然后将沉淀物过滤除去。

2. 在室温条件下,$KMnO_4$ 与 $C_2O_4^-$ 之间的反应速度缓慢,可通过加热来提高反应速度。但温度又不能太高,如温度超过 85℃ 则有部分 $H_2C_2O_4$ 分解,反应式如下:

$$H_2C_2O_4 = CO_2\uparrow + CO\uparrow + H_2O$$

3. 草酸钠溶液的酸度在开始滴定时,约为 1mol/L,滴定终了时,约为 0.5mol/L,这样能促使反应正常进行,并且防止 MnO_2 的形成。滴定过程如果产生棕色浑浊(MnO_2),应立即加入 H_2SO_4 补救,使棕色浑浊消失。

4. 开始滴定时,反应很慢,在第一滴 $KMnO_4$ 还没有完全褪色以前,不可加入第二滴。当反应生成能使反应加速进行的 Mn^{2+} 后,可以适当加快滴定速度,但过快则局部 $KMnO_4$ 过浓而分解,放出 O_2 或引起杂质的氧化,都可造成误差。如果滴定速度过快,部分 $KMnO_4$ 将来不及与 $Na_2C_2O_4$ 反应,而会按下式分解:

$$4MnO_4^- + 4H^+ = 4MnO_2 + 3O_2\uparrow + 2H_2O$$

5. $KMnO_4$ 标准溶液滴定时的终点较不稳定,当溶液出现微红色,并在 30 秒钟内不褪时,滴定就可认为已经完成,如对终点有疑问时,可先将滴定管读数记下,再加入 1 滴 $KMnO_4$ 标准溶液,产生紫红色即证实终点已到,滴定时不要超过计量点。

6. $KMnO_4$ 标准溶液应放在酸式滴定管中,由于 $KMnO_4$ 溶液颜色很深,液面凹下弧线不易看出,因此,应该从液面最高边上读数。

【观察项目和结果记录】

表 5-1　高锰酸钾标准溶液的标定

项目	第一次	第二次	第三次
$Na_2C_2O_4$ 质量/g			
滴定管终读数/mL			
滴定管初读数/mL			
$KMnO_4$ 标准溶液消耗体积/mL			
$KMnO_4$ 标准溶液浓度/mol/L			
$KMnO_4$ 标准溶液平均浓度/mol/L			
相对平均偏差			

表 5-2　茶多酚的含量测定

项目	第一次	第二次	第三次	空白溶液
滴定管终读数				
滴定管初读数				
消耗的高锰酸钾体积/mL				
茶多酚的含量/%				
相对平均偏差				

【讨论】

1.高锰酸钾法测定茶多酚的原理是什么？

2.高锰酸钾滴定过程中应该注意哪些问题？

（卢　金）

项目六　食品添加剂的分析

1. 了解食品添加剂检验的意义；
2. 熟悉食品添加剂检验的内容与检验方法；
3. 掌握食品添加剂检验的方法。

1. 能正确检测各种食品添加剂；
2. 能熟练使用各种检测仪器。

食品工业的发展使得食品添加剂在改善食品质量、提高食品的营养价值、防止食品腐败变质、满足人们对食品品种日益增多的需要等方面起到了积极作用。但近年来,苏丹红、三聚氰胺等食品安全事件使公众对食品添加剂谈虎色变,食品添加剂的检验分析势在必行。

一、食品添加剂的定义与分类

(一)定义

食品添加剂是指为改善食品品质、延长食品保存期,以及满足食品加工工艺需要而加入食品中的人工合成或天然物质。食品添加剂也包括营养添加剂、食品加工助剂。营养添加剂是指为增强营养成分而加入食品中的天然或人工合成的属于天然营养素范围的食品添加剂。食品加工助剂是指有助于食品加工顺利进行的各种物质,这些物质与食品本身无关,如助滤、澄清、脱模、脱色、脱皮、提取溶剂、发酵用营养物质等。

世界各国包括欧洲经济共同体和联合国食品添加剂法典委员会在内,对食品添加剂的定义不尽相同,其定义均明确规定食品添加剂不包括为改进营养价值而添加的物质。美国联邦法规中还规定食品添加剂可以包括各种间接使用的添加剂,如包装材料中微量可迁移入食品的物质。

总之,食品添加剂具有以下三个特征:一是作为加入到食品中的物质,不单独作为食品来食用;二是既包括人工合成的物质,也包括天然物质;三是加入到食品中的目的是为改善食品品质和色、香、味以及为防腐、保鲜和加工工艺的需要。而苏丹红、瘦肉精、三聚氰胺这类不属于食品添加剂,是违法添加物。

(二)分类

食品添加剂的种类很多,目前全世界批准使用的有 3000 种以上,我国包括香料在内也有 1200 多种。食品添加剂可按其来源、功能和安全性评价的不同进行分类。

按来源分,可分为天然食品添加剂和人工食品添加剂。天然食品添加剂主要以自然界存在的物质为原料,包括动物、植物、矿物或微生物的代谢产物。人工食品添加剂是通过化学合成的方法获得,可分为一般化学合成和人工合成的天然等同物,如天然等同色素、天然等同香料等。

我国 2011 年颁布的"食品添加剂功能类别",按其主要功能作用的不同,其分类和代码分别为:酸度调节剂(E1)、抗结剂(E2)、消泡剂(E3)、抗氧化剂(E4)、漂白剂(E5)、膨松剂(E6)、胶基糖果中基础剂物质(E7)、着色剂(E8)、护色剂(E9)、乳化剂(E10)、酶制剂(E11)、增味剂(E12)、面粉处理剂(E13)、被膜剂(E14)、水分保持剂(E15)、营养强化剂(E16)、防腐剂(E17)、稳定剂和凝固剂(E18)、甜味剂(E19)、增稠剂(E20)、食品用香料(E21)、食品工业用加工助剂(E22)、其他(E23)共 23 类。

此外,食品添加剂还可以按安全性评价来划分,以国外法规为主,食品添加剂与污染物法典委员会(Codex Committee on Food Additives and Contaminants,CCFAC)曾在食品添加剂联合专家委员会(Joint Expert Committee on Food Additive,JECFA)讨论的基础上将食品添加剂以安全性评价分成 A、B、C 三类,每类再细分为两小类。

二、食品添加剂的要求与规定

(一)对食品添加剂的要求

食品添加剂应具备以下条件:

1.食品添加剂需经过《食品安全性毒理学评价程序》评价,应证明在允许使用的范围和限量之内,长期摄入对人体安全无害,不引起慢性中毒。

2.加入食品添加剂后的产品质量必须符合卫生要求,各项理化指标应能通过卫生部门审定,对可能出现有害作用的杂质必须限制其最高允许量。

3.食品添加剂不产生新的有害物质,不影响食品感官性质和原味,不破坏食品的营养成分。

4.食品添加剂达到加入目的后,最好在后续的加工、烹调过程中被破坏或排除,而不被人体摄入。

5.食品添加剂在进入人体后,如果能参加人体正常代谢,或能被正常解毒过程解毒后全部排出体外最佳,也可以因不能被消化道吸收而全部排出。

（二）食品添加剂的安全性评价

各个国家都在科学严谨的毒理学评价基础上，严格规定了食品添加剂的使用范围和限量，以保证使用安全。我国使用的食品添加剂除必须经过卫生部批准外，还应符合《食品添加剂使用标准》。

三、食品添加剂的检测意义与方法

合理使用食品添加剂具有的积极作用包括防止食品腐败变质，改善食品感官性状，满足人们对食品品种日益增多的需要等方面。但是滥用食品添加剂会出现一些卫生问题，甚至造成食品的污染。使用不合格的食品添加剂，还可能会引起中毒。而且，有些添加剂本身对人就有一定的毒性，过量使用时，对人体健康更为有害。因此，检验食品添加剂，对维护消费者权益，保障人们身体健康具有重要意义。

食品种类多，基底成分复杂，不同食品添加剂性质也各不相同，在食品中的含量很低，因此当分析测定时，一般先将被测添加剂从食物样品中分离、富集，以利于进一步的测定。常用的分离手段包括蒸馏、沉淀、萃取、层析、透析等方法。食品添加剂的检测方法主要有可见（紫外）分光光度法、气相色谱法、薄层色谱法、高效液相色谱法、荧光分光光度法、质谱法等。

任务一　食品中甜味剂的测定

背景知识：

郑州市工商局于 2012 年 5 月公布新一批下架信息，共 19 种不合格食品已被全市停售。其中，有 7 种小食品均出自锦绣大地农副产品批发市场。这 7 种不合格小食品大多是调味面制品，也有话梅、豆制品等零食，它们的不合格指标包括甜蜜素、糖精钠超标。记者了解到，甜蜜素是一种高甜度的甜味剂，没有毒，但摄取过量会对人体的肝脏和神经系统造成危害。

一、概述

甜味剂是赋予食品甜味的食品添加剂。甜味剂种类很多，按营养价值可分为营养型和非营养型（或低热值型）甜味剂；按其化学结构和性质可分为糖类甜味剂和非糖类甜味剂；根据其来源又可分为人工甜味剂和天然甜味剂两大类。

天然甜味剂主要是从植物组织中提取出来的甜味物质，主要有蔗糖、葡萄糖、麦芽糖、果糖、甘草、甜叶菊糖苷等。它们的甜味对人体无害，使用安全性高。人工甜味剂主要是一些有甜味但不是糖类的化学物质，甜度一般是蔗糖的数十倍至数百倍，没有任何营养价值，主要包括糖精、环己基氨基磺酸钠（甜蜜素）、天门冬酰苯丙氨酸甲酯（甜味素）和天门冬酰胺酸钠等。

食品中甜味剂的测定方法主要有气相色谱法、薄层色谱法、高效液相色谱法等。

二、食品中糖精（钠）的测定

糖精是我国目前允许使用的人工甜味剂之一，应用最广泛。它的甜度高，是蔗糖的 300 倍，化学名为邻磺酰苯酰亚胺，为白色结晶，微具芳香味，对热不够稳定，在酸性或碱性条件下，长时间加热会逐渐分解，在 pH3.08 以下加热会分解从而失去甜味；在中性或弱碱性条件下较稳定，短时间加热变化不大。糖精易溶于乙醚，难溶于水，故常用其钠盐。

糖精钠，糖精的钠盐，也称为可溶性糖精、水溶性糖精。糖精溶于氨水、氢氧化钠等碱性溶液中可转化为糖精钠。它为含两分子结晶水的白色结晶，空气中可风化成白色粉末。糖精钠易溶于水，溶解度随温度升高而迅速增加，不溶于乙醚。

糖精和糖精钠的结构式为：

糖精　　　　　　　　糖精钠

糖精和糖精钠在酸碱性溶液中能互相转化，酸性环境中转化成糖精，碱性及中性环境中转化成糖精钠。

糖精在体内不能被利用，大部分从尿中排出，不改变体内酶系统的活性，目前尚未发现对人体有毒害作用。毒性试验，口服 LD_{50} 小鼠为 17.5g/kg，大鼠为 17.5g/kg，家兔为 5～8g/kg。2001 年 FAO/WHO 公布，糖精的人体每日容许摄入量（ADI）值定为 0～5mg/kg。我国规定婴儿食品、患者食品和大量食用的主食都不得使用糖精或糖精钠。

我国《食品添加剂使用标准》GB 2760—2011 规定糖精钠可用于冷冻饮品、饮料（固体饮料按冲调倍数增加使用量）、配制酒、腌渍的蔬菜、面包、糕点、饼干和复合调味料等，以糖精计，最大使用量为 0.15g/kg。蜜饯凉果的最大使用量为 1.0g/kg，梅、甘草制品的最大使用量为 5.0g/kg，可与规定的其他甜味剂混合使用。

食品中糖精钠的测定常用的方法有薄层色谱法、离子选择电极法、高效液相色谱法、紫外光光度法、酚磺酞比色法和荧光分光光度法等，前三种方法为国家标准方法。薄层色谱法主要用于饮料、复合调味料、果酱、糕点、饼干等样品的测定，实验条件简单，适用性广，但是样品提取和分离过程烦琐，易受食品成分等因素影响，重现性和回收率差，不能定量分析。离子选择电极法方法简单，成本低，但是干扰多，操作难控制，极易造成产品含量超标，结果不准确。一般来说，高效液相色谱法最常用，可用于饮料、配制酒、糕点、蜜饯凉果等样品的测定，具有操作简便、测定快、灵敏度高、重现性好、结果准确等优点。

（一）薄层色谱法

1.原理　　可用透析法分离出样品中糖精钠，在酸性条件下，用有机溶剂提取、浓缩，点样于聚酰胺薄层板上,使待测组分分离,展开显色后,与标准比较,进行定性和半定量测定。

2.样品处理

(1)糕点、饼干等含蛋白、脂肪、淀粉多的食品样品:取一定量均匀试样加入氢氧化钠溶液进行透析。取透析液,用盐酸使成中性后,加入硫酸铜和氢氧化钠溶液,混匀,静置30min,过滤后备用。

(2)饮料、冰棍、汽水等样品:取一定量试液,含有二氧化碳,先应加热去除;含有酒精,须加氢氧化钠溶液使其呈碱性,在沸水浴中加热除去,备用。

(3)酱油、果汁、果酱等样品:不必透析,直接加入硫酸铜和氢氧化钠溶液去除蛋白。

之后,将以上样液分别加经盐酸酸化的水洗涤,弃去水层,用乙醚提取待测物,并用酸化水洗涤乙醚层,经无水硫酸钠脱水后,挥干乙醚,加乙醇溶解残留物,待分析。

3.测定

(1)点样

将样品提取液和糖精钠标准溶液点样于聚酰胺薄层板上。

(2)展开与显色

用正丁醇+氨水+无水乙醇或异丙醇+氨水+无水乙醇(7∶1∶2)作展开剂展开,取出薄层板,挥干,喷显色剂溴甲酚紫溶液,斑点显黄色,根据样品点和标准点的比值进行定性,根据斑点颜色深浅进行半定量测定,结果如图 6-1 所示。

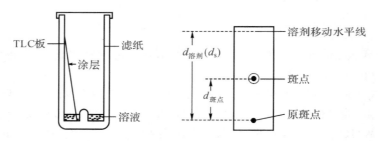

图 6-1　薄层色谱法测定糖精钠的检测结果

4.方法说明

(1)不能存在二氧化碳,否则样品提取时容易产生大量气体,故应先加热去除。

(2)实验前应将脂肪除净,以免干扰。除脂肪的方法包括索氏提取法、皂化法、磺化法、透析法、反萃取法等。

(3)还可用三氯甲烷+苯(95∶5)混合溶剂作萃取剂。

(4)乙醇既可溶于乙醚又可溶于水,提取时容易乳化,故应先除去乙醇。

(5)聚酰胺薄层板干燥后,应 80℃活化后,存放于干燥器内。

(6)喷显色剂后,薄层板的底色以淡蓝色为宜,酸度过大,底色呈黄色,糖精钠斑点仍为容易分解的亮黄色。

(二)离子选择电极法

1.原理　试样经加热除去二氧化碳或用半透膜透析后,调 pH 至酸性,用乙醚萃取、净化、浓缩。以季铵盐所制 PVC 薄膜为感应膜的电极为指示电极,饱和甘汞电极为参比电极,测定食品中糖精钠的含量。当测定温度、溶液总离子强度和溶液接界电位条件一致时,测得的电位遵守能斯特方程式,电位差随溶液中糖精离子的活度(或浓度)改变而变化。

2.样品处理

(1)糕点、饼干等含蛋白、脂肪、淀粉多的食品样品 取一定量均匀试样加入氢氧化钠溶液进行透析。取透析液,用盐酸使样品成中性后,加入硫酸铜和氢氧化钠溶液,混匀,静置 30min,过滤后备用。

(2)饮料、冰棍、汽水等样品 取一定量试液,含有二氧化碳,先应加热去除,备用。

(3)蜜饯类样品 试样切碎均匀,加氢氧化钠透析。取透析液,用盐酸使成中性后,加入硫酸铜和氢氧化钠溶液,混匀,静置 30min,过滤后备用。

之后,将以上样液分别加盐酸,乙醚提取待测物三次,合并乙醚提取液,用盐酸酸化的水洗涤,必要时加无水硫酸钠脱水,摇匀,脱水待分析。

3.测定

(1)取一定量的糖精钠标准溶液按低浓度到高浓度逐个用电极进行测定,以糖精离子浓度的负对数为纵坐标,电位值为横坐标绘制标准曲线。

(2)取一定量试样挥发至干,总离子强度调节缓冲液加入残渣,用水定容后,用电极测定其电位值,查标准曲线求得测定液中的糖精钠含量。

4.方法说明

(1)试样中糖精钠含量在 0.02～1mg/mL 范围内,电极值与糖精离子浓度的负对数成直线关系。

(2)苯甲酸钠的浓度在 200～1000mg/kg 时,本法无干扰。

(3)山梨酸的浓度在 50～500mg/kg 时,糖精钠含量在 100～150mg/kg 范围内,约有 3%～10% 的正误差。

(4)水杨酸及羟基苯甲酸酯等对本法的测定有严重干扰。

(三)高效液相色谱法

1.原理 试样加热除去二氧化碳和乙醇,调节 pH 至近中性,过滤后采用高效液相色谱法,经反相色谱分离,根据保留时间定性,峰面积定量。

2.样品处理

(1)汽水 称取适量样品,微温搅拌除去二氧化碳,用氨水调 pH 约至 7,加水定容后经 0.45μm 滤膜过滤。

(2)果汁 称取适量样品,用氨水调 pH 约至 7,加水定容,离心沉淀,取上清液经 0.45μm 滤膜过滤。

(3)配制酒 称取适量样品,水浴加热除去乙醇,用氨水调 pH 约至 7,加水定容后,经 0.45μm 滤膜过滤。

3.色谱条件 C_{18} 色谱柱,4.6mm×250mm,10μm;流动相为甲醇:乙酸铵溶液(0.02mol/L)(5+95);流速:1mL/min;紫外检测器,检测波长:230nm。

4.测定 取相同体积的试样和标准溶液分别注入高效液相色谱仪,以标准溶液的色谱保留时间为依据进行定性,以其峰面积求出样液中被测物质的含量。

5.方法说明

(1)取样量为 10g,进样量为 $10\mu L$ 时最低检出量为 1.5ng。

(2)被测溶液 pH 值对测定和色谱柱使用寿命有影响,应调至中性。

(3)应用高效液相分离条件可同时测定食品中山梨酸和苯甲酸,出峰顺序为苯甲酸、山梨酸和糖精钠。

(4)若样品为水溶性液体试样,清澈透明,无需预处理。

三、环己基氨基磺酸钠的测定

环己基氨基磺酸钠,又名甜蜜素、环拉酸,化学式为 $C_6H_{12}NO_3SNa$,结构式为:

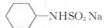

甜蜜素是一种人工合成的非营养型水溶性的甜味剂,甜度是蔗糖的 $30\sim50$ 倍,白色结晶状粉末,无臭,口味极似蔗糖,有良好的水溶解性,几乎不溶于乙醇等有机溶剂,对热、酸、碱稳定。毒性试验,口服 LD_{50} 小鼠为 $10\sim15g/kg$,大鼠为 $6\sim12g/kg$。20 世纪 70 年代,甜蜜素曾被发现对动物有致癌作用,但是目前各国仍有争议,至今没有一致看法。2001 年 FAO/WHO 公布,甜蜜素的 ADI 值定为 $0\sim11mg/kg$。

我国《食品添加剂使用标准》规定其可用于酱菜、调味酱汁、配置酒、糕点、饼干、面包、雪糕、冰淇淋、冰棍、饮料等,最大使用量为 0.65g/kg。蜜饯中最大使用量为 1.0g/kg。陈皮、话梅、杨梅干中最大使用量为 8.0g/kg。此外,甜蜜素也用于制作牙膏、漱口水、唇膏等非食品工业用途。但是不能摄入过量的甜蜜素,否则容易对人体的肝脏和神经系统造成危害。

食品中甜蜜素的测定常用的方法有薄层色谱法、分光光度法、气相色谱法、离子色谱法、高效液相色谱法等。前三种方法为国家标准方法,薄层色谱法适用于饮料、果汁、果酱、糕点中甜蜜素含量的测定;气相色谱法及分光光度法适用于饮料、凉果等食品中甜蜜素含量的测定。气相色谱法较另两种方法操作简便而被广泛采用。

(一)薄层色谱法

1.原理　试样经酸化后,用乙醚提取,将提取液浓缩,点于聚酰胺薄层板上,展开,经显色后,根据薄层板上的比值 Rf 值及显色斑点深浅,与标准比较进行定性、概略定量。

2.样品处理

(1)饮料、果酱等　称取适量混合均匀的样品,汽水需先加热去除二氧化碳,加氯化钠(约 1g)饱和,盐酸酸化。

(2)糕点类　称取适量样品,研碎,用石油醚提取 3 次,挥干后,加入盐酸酸化,再加氯化钠饱和。

之后,将以上样品用乙醚提取两次,经无水硫酸钠脱水后,挥干乙醚,加乙醇溶解残留物,备用。

3.测定

(1)点样　用微量注射器将样品液和环己基氨基磺酸标准溶液点样于聚酰胺薄层板下端。

（2）展开与显色

用正丁醇＋氨水＋无水乙醇或异丙醇＋氨水＋无水乙醇（20＋1＋1）作展开剂展开,取出薄层板,挥干,喷显色剂溴甲酚紫溶液,斑点显黄色,背景为蓝色,试样中环己基氨基磺酸的量与标准斑点深浅比较定量。

4.方法说明

（1）本方法可以同时测定山梨酸、苯甲酸、糖精等成分。

（2）环己基氨基磺酸标准溶液现用现配,若不能现配,使用两周后应重新配制。

（3）重复测定要求相对标准偏差≤2.8％。

（二）分光光度法

1.原理　在硫酸介质中环己基氨基磺酸钠与亚硝酸钠反应,生成环己醇亚硝酸酯,与磺胺重氮化后再与盐酸萘乙二胺偶合生成红色染料,在波长550nm处测其吸光度值,与标准值比较定量。

2.样品处理

（1）液体样品　称取适量样品于透析纸中进行透析,若含有二氧化碳和酒精,需先除去二氧化碳和酒精。

（2）固体样品　与液体样品的处理方法一样,准确吸取适量样品提取液于透析纸中透析。

3.测定

（1）分别取样品透析液和标准液,于冰浴中加入亚硝酸钠和硫酸溶液,摇匀后放入冰水中不时摇动,1h后取出加三氯甲烷,混匀静置,弃上层液,再分别加水、尿素溶液、盐酸溶液、水洗涤三氯甲烷层,最后准确吸出三氯甲烷于2支比色管中。

另取一管加三氯甲烷作参比管。三管都加入甲醇、磺胺,置冰水中,取出恢复常温后加入盐酸萘乙二胺溶液,以甲醇定容。常温下静置一段时间后,于波长550nm处测定样品和标准的吸光度值。

（2）分别取水和透析液,除不加亚硝酸钠外,其他操作同方法（1）,测定试剂和样液空白的吸光度值。

（3）计算样品中环己基氨基磺酸钠的含量。

4.方法说明

（1）可检出含有0.1g/kg环己基氨基磺酸钠的样品,最低检出量为3～4μg环己基氨基磺酸钠。

（2）环己醇亚硝酸酯溶于三氯甲烷,加水、尿素溶液、盐酸溶液可洗去水溶性物质及杂质。

（3）重复测定要求相对标准偏差＜10％,平行测定要求相对允许误差≤10％。

（三）气相色谱法

1.原理　在硫酸介质中,环己基氨基磺酸钠与亚硝酸反应,生成环己醇亚硝酸酯,利用气相色谱法,根据保留时间定性,峰面积定量。

2.样品处理

(1)液体样品　摇匀后直接称取,含二氧化碳的样品先加热除去,含酒精的样品应加氢氧化钠溶液调至碱性,于沸水浴中加热除去后,置于冰浴中。

(2)固体样品　剪碎制成一定量的样品,加少许层析硅胶(或海砂)研磨至干粉状,用水定容,摇匀 1h 后过滤。准确吸取适量试样置冰浴中。

以上试样测定时加入亚硝酸钠和硫酸溶液,摇匀,然后加入正己烷和氯化钠,摇匀,吸出正己烷层,离心后待分析。

$$\text{—NHSO}_3\text{Na} + \text{NHO}_2 \xrightarrow{\text{H}_2\text{SO}_4} \text{—ONO}$$
环己醇亚硝酸酯

3.色谱条件　色谱柱:长 2m,内径 3mm,U 形不锈钢柱。固定相:Chromosorb w AWDMCS 80～100 目,涂以 10% SE-30。柱温:80℃;汽化温度:150℃;检测温度:150℃。流速:氮气 40mL/min;氢气 30mL/min;空气 300mL/min。

4.测定　取相同体积的试样和标准溶液分别注入色谱仪,以标准溶液的色谱保留时间为依据进行定性,峰面积标准曲线法定量。

5.方法说明

(1)可检出含有 0.1g/kg 环己基氨基磺酸钠的样品,最低检出量为 3～4μg 环己基氨基磺酸钠。

(2)用正己烷萃取反应形成的环己醇亚硝酸酯,加入氯化钠可提高萃取效率。

(3)重复测定要求相对标准偏差<7%,平行测定要求相对允许误差≤10%。

思考题

1.什么是食品添加剂?

2.简述食品添加剂的分类及使用要求。

3.简述常用的食品甜味剂的种类与测定方法。

4.请说明糖精钠的主要测定方法原理及注意事项。

5.请说明甜蜜素的主要测定方法原理及注意事项。

能力拓展　高效液相色谱法测定食品中的糖精钠

【目的】

掌握高效液相色谱法测定饮料中糖精钠的基本原理和方法;熟悉高效液相色谱仪的原理及使用方法。

【原理】

样品加热除去二氧化碳和乙醇,调节 pH 至近中性,过滤后采用高效液相色谱法,经反相色谱分离,根据保留时间定性,峰面积定量。

【仪器与试剂】

仪器:高效液相色谱仪、超声波清洗器、pH 广泛试纸、0.45μm 亲水性微孔滤膜。

试剂:

10.0mg/mL 糖精钠标准储备溶液:准确称取 0.4255g 经 120℃烘干 4h 后的糖精钠($C_7H_4NO_3SNa \cdot 2H_2O$),加水溶解并定容至 50mL。

0.02mol/L 乙酸铵溶液:称取 0.771g 乙酸铵,加水溶解并定容至 500mL 容量瓶中。

1+1 稀氨水;20g/L 碳酸氢钠溶液;色谱纯甲醇。

以上所用水为纯水,所用试剂除指明外均为分析纯(AR)。

【方法】

1.样品处理

取 10mL 汽水放小烧杯中,微温搅拌除去二氧化碳,稀氨水调 pH 约至 7。加水定容至 50mL,0.45μm 滤膜过滤。

2.色谱条件

C_{18}色谱柱:4.6mm×250mm;

流动相:甲醇:0.02mol/L 乙酸铵=5:95;

流速:1mL/min;

检测波长:230nm;

进样量:10μL。

3.测定

取标准溶液 0.25、0.50、1.0、2.0、4.0mL 于 10mL 容量瓶中,定容。标准系列浓度为 25.0、50.0、100.0、200.0、400.0μg/mL。每管均进样 10μL,在上述色谱条件下进行 HPLC 测定。以标准溶液浓度为横坐标,峰面积为纵坐标,绘制标准曲线或进行线性回归。

取 10μL 样品滤液进样,得样品溶液色谱图,进行定量分析。

【计算】

用标准曲线法进行定量,以样品的峰面积在标准曲线上查出糖精钠的含量,再根据取样量和稀释倍数计算出样品中的含量。

$$X = \frac{c \times V_0}{V \times 1000}$$

式中:X——样品中糖精钠的含量,mg/mL;

　　c——在标准曲线上查出相应的糖精钠含量,μg/mL;

　　V_0——样品定容体积,mL;

　　V——取样体积,mL。

【注意事项与补充】

1.国家标准允许最大使用量是糖精钠≤0.15g/kg。

2.如果被测溶液含有气泡,对仪器的使用和检测结果都有影响,需先除去二氧化碳。

3.被测溶液 pH 值对色谱柱使用寿命和检测结果都有影响,pH<2 或 pH>8 会影响被测组分的保留时间,并且对仪器有腐蚀作用,应先用稀氨水调节 pH 约至 7,方可进样。

【观察项目和结果记录】

绘制标准曲线,求得方程和 r^2 值后,计算样品中糖精钠的含量。

【讨论】

1.观察实验结果,判断实验结果是否符合国家标准,思考实验中存在的问题。

2.在样品处理中,调 pH 值的意义是什么?

任务二　食品中防腐剂和抗氧化剂的检验

背景知识:

2013 年,新加坡农粮局发布通报,称抽检发现部分进口自台湾的淀粉类产品检出顺丁烯二酸。此次抽检的 66 款食品中,有 11 件食品被检出顺丁烯二酸,问题产品大部分为用于珍珠奶茶的木薯珍珠粉圆。目前该问题食品已通知进口商实施召回。顺丁烯二酸是无色结晶,有涩味,易溶于乙醇和水,是最简单的不饱和二元羧酸,其主要用途是制取农药马拉松、达净松、富马酸、不饱和聚酯树脂、染色助剂以及油脂防腐剂,也可用于合成树脂及农药,具有一定的毒性。2014 年,央视《每周质量报告》也曾报道四川泡菜苯甲酸钠超标。四川泡菜听起来是一种不起眼的小菜,其实它和四川火锅一样,很有名。四川泡菜可以直接吃,也可以作为配料做成酸菜鱼等其他的菜来吃,味道好,还下饭。原本在四川,家家户户几乎每天都离不开泡菜,而现在当地人几乎不敢吃四川泡菜,原因就在于防腐剂过高。

一、食品中防腐剂的测定

(一)概述

防腐剂是指能够防止食品因微生物引起的变质,便于食品保存,延长食品保质期而使用的一种食品添加剂。它是人类使用最悠久、最广泛的食品添加剂。按组成和来源,防腐剂可分为:无机防腐剂、有机防腐剂、生物防腐剂及其他种类。

无机防腐剂主要有亚硫酸及其盐类、亚硝酸盐类、各种来源的二氧化碳等。有机防腐剂主要有苯甲酸及其盐类、山梨酸及其盐类、对羟基苯甲酸酯类、丙酸及其盐类等。其中苯甲酸及其盐类、山梨酸及其盐类、丙酸及其盐类仅当盐类转变为相应的酸后,才起抗菌作用,主要在酸性条件下才有效,也称为酸型防腐剂,是目前食品中最常用的。生物防腐剂主要指由微生物产生具有防腐作用的物质,主要是乳酸链球菌素。其他类防腐剂主要是用于水果和蔬菜贮藏时的杀菌剂等。

我国目前允许使用的防腐剂有:苯甲酸、山梨酸、二氧化硫、焦亚硫酸钠/钾等。

(二)苯甲酸和山梨酸的测定

苯甲酸,又名安息香酸,具有似苯或甲醛气味的白色鳞片状或针状结晶,在 100℃ 迅速升华,有吸湿性,难溶于水,易溶于乙醇、乙醚、三氯甲烷等有机溶剂,在低酸性条件下对多种微生物(酵母、真菌、细菌)有明显抑菌作用,但对产酸菌作用较弱。苯甲酸的防腐效果受 pH 值影响较大,抑菌最适 pH 值范围为 $2.5\sim4.0$,当 pH$>$5.5 时,抑菌效果显著减弱,若 pH 为 4.5 时它对一般微生物完全抑制的最小浓度为 $0.05\%\sim0.1\%$。由于苯甲酸溶解度低,使用不便,实际使用的是其钠盐,抗菌作用是其转化为苯甲酸后起作用。苯甲酸钠为白色颗粒,无臭或微带安息香气味,味微甜,易溶于水和乙醇。

苯甲酸有毒性,进入人体后,大部分与甘氨酸结合生成无害的马尿酸,其余部分与葡萄糖醛酸结合生成苯甲酸葡萄糖醛酸苷而解毒,代谢产物均随尿排出体外。毒性试验,口服 LD_{50} 大鼠为 $1.7\sim4.0g/kg$,最大安全量 MNL 为 $0.5g/kg$,狗为 $2.0g/kg$。苯甲酸钠的急性毒性较小,口服 LD_{50} 大鼠为 $2.7g/kg$,MNL 为 $0.5g/kg$。2001 年 FAO/WHO 公布,苯甲酸及盐的 ADI 值定为 $0\sim5mg/kg$。我国《食品添加剂使用标准》规定,以苯甲酸计,碳酸饮料的最大使用量为 $0.2g/kg$,配制酒(仅限预调酒)的最大使用量为 $0.4g/kg$,果酱(罐头除外)、腌渍的蔬菜、醋、酱油、酱及酱制品、果汁饮料、浓缩果蔬汁的最大使用量以苯甲酸计为 $1.0g/kg$。

山梨酸,化学名为 2,4-己二烯酸,别名 B 二烯酸、花楸酸,白色针状或粉末结晶,无臭,微有酸味,微溶于水,易溶于乙醇和乙醚等多种有机溶剂。对酵母菌、真菌和好气性细菌均有抑菌作用,但对厌氧芽孢杆菌、嫌气性细菌和乳酸菌无作用。如果食品中已有大量细菌生长繁殖,加入山梨酸不但不能抑制细菌生长,反而会被细菌分解成为细菌的养料。山梨酸是一种酸性防腐剂,在 pH 为 8 以下时,防腐作用稳定。因而,其适用范围在 pH5.5 以下,pH 值越低则抗菌作用越强。山梨酸有很强的抑制真菌和腐败菌作用,毒性比其他防腐剂低,是目前国际上公认安全的防腐剂。山梨酸一般是使用易溶于水的钾盐,山梨酸钾为白色鳞片状结晶或结晶状粉末,无臭或微臭。毒性试验,山梨酸口服 LD_{50} 小鼠为 $8g/kg$,大鼠为 $10.5g/kg$。山梨酸钾口服 LD_{50} 小鼠为 $4.2g/kg$,大鼠为 $4.2g/kg$。2001 年 FAO/WHO 公布,山梨酸的 ADI 值定为 $0\sim25mg/kg$。我国《食品添加剂使用标准》规定山梨酸及其钾盐,最大使用量以山梨酸计,熟肉制品、预制水产为 $0.075g/kg$,风味冰、冰棍类、鲜水果、蜜饯凉果、蔬菜及饮料等为 $0.5g/kg$,果酒为 $0.6g/kg$,果酱、豆干制品、面包、糕点、风干水产品、乳酸菌饮料为 $1.0g/kg$。

国家标准分析方法(GB/T 5009.29—2003)测定食品中苯甲酸和山梨酸主要是气相色谱法、高效液相色谱法和薄层色谱法。

1.气相色谱法

(1)原理 样品酸化后,用乙醚提取山梨酸、苯甲酸,用气相色谱仪的火焰离子化检测器进行测定,根据保留时间定性,峰高定量。

(2)样品处理 称取适量混合均匀的样品,加盐酸酸化,用乙醚提取两次,振摇,氯化钠酸性溶液洗涤两次,静置,无水硫酸钠脱水后,挥干乙醚,加石油醚—乙醚溶解残留物,备用。

（3）色谱条件　玻璃色谱柱（内径 3mm,长 2m）；担体：60～80 目的 chromcsorb WAW；固定相：5％ DEGS＋1％ H_3PO_4；进样口温度为 230℃；色谱柱温度为 170℃；检测器温度为 230℃。载气氮气流速 70mL/min,燃气 H_2 流速 40mL/min,助燃气空气流速 300mL/min。

（4）测定　取相同体积的样品处理液和标准液分别注入气相色谱仪,根据保留时间定性,峰面积标准曲线法定量。

（5）方法说明

①本法适用于酱油、果汁、果酱等多种样品,采样量可根据实际情况而定。

②为避免样品处理过程中的乳化现象,应先用碱性硫酸铜或中性醋酸铅沉淀蛋白质再用乙醚提取。

③乙醚提取液需用无水硫酸钠充分脱水,否则会影响测定结果。

2. 高效液相色谱法

（1）原理　试样加热除去二氧化碳和乙醇,调节 pH 至近中性,过滤后采用高效液相色谱法,经反相色谱分离,根据保留时间定性,峰面积定量。

（2）样品处理

①汽水　称取适量样品,微温搅拌除去二氧化碳,用氨水调 pH 约至 7,加水定容后经 $0.45\mu m$ 滤膜过滤。

②果汁　称取适量样品,用氨水调 pH 约至 7,加水定容,离心沉淀,取上清液经 $0.45\mu m$ 滤膜过滤。

③配制酒　称取适量样品,水浴加热除去乙醇,用氨水调 pH 约至 7,加水定容后,经 $0.45\mu m$ 滤膜过滤。

（3）色谱条件　C_{18} 色谱柱,4.6mm×250mm,$10\mu m$；流动相为甲醇：乙酸铵溶液（0.02mol/L）（5＋95）；流速：1mL/min；紫外检测器,检测波长：230nm。

（4）测定　取相同体积的试样和标准溶液分别注入高效液相色谱仪,以标准溶液的色谱保留时间为依据进行定性,以其峰面积求出样液中被测物质的含量。

（5）方法说明

①取样量为 10g,进样量为 $10\mu L$ 时最低检出量为 1.5ng。

②应用高效液相色谱法还能测定食品中糖精钠,出峰顺序依次为苯甲酸、山梨酸和糖精钠。

3. 薄层色谱法

（1）原理　试样经酸化后,用乙醚提取出山梨酸和苯甲酸,将提取液浓缩,点于聚酰胺薄层板上,展开,经显色后,根据薄层板上的比移值 Rf 值及显色斑点深浅,与标准比较进行定性、概略定量。

（2）样品处理　称取适量混合均匀的样品,加盐酸酸化,用乙醚提取两次,振摇,用氯化钠酸性溶液洗涤两次,无水硫酸钠脱水后,挥干乙醚,加乙醇溶解残留物,备用。

（3）测定　将样品液和山梨酸、苯甲酸标准溶液分别点样在聚酰胺薄层板下端,用正丁醇—氨水—无水乙醇或异丙醇—氨水—无水乙醇（7＋1＋2）作展开剂展开,取出挥干后,用显色剂溴甲酚紫的乙醇溶液显色（斑点呈黄色,背景为蓝色）。比较样品斑点与标准斑点颜色深浅进行定量。

（4）方法说明

①本法灵敏度高，但操作烦琐，重现性差。

②样品中应先加热除去二氧化碳、酒精。

③在样品处理中，酸化是为了使苯甲酸钠、山梨酸钾转变为苯甲酸、山梨酸。

④可用盐析、透析、加蛋白质沉淀剂等方法将蛋白质去除。

二、食品中抗氧化剂的检验

（一）概述

抗氧化剂是指能防止或延缓食品氧化变质，延长食品储藏期和提高食品稳定性的一类添加剂。氧化不仅会使食品中的油脂变质，而且还会使食品褪色、变色和破坏维生素等，从而降低食品的感官质量和营养价值，甚至产生有害物质，引起食物中毒。正确合理地使用抗氧化剂可以有效防止油脂的氧化、酸败，提高食品稳定性。

按来源，抗氧化剂可分为天然抗氧化剂和合成抗氧化剂两类。天然抗氧化剂主要有从植物油脂中提取的天然 VE，辣椒中提取的抗氧化物质，香料中提取的抗氧化成分、茶多酚、虾青素及花青素等。合成抗氧化剂主要包括用于食用油脂、干鱼制品的 2,6-二叔丁基甲酚；用于食用油脂的丁基羟基茴香醚（BHA）；用于油炸食品、方便面和罐头的没食子酸丙酯（PG）；用于婴儿食品、奶粉的 VE；用于鱼肉制品、冷冻食品的 VC 和异 VC 等。按溶解性，抗氧化剂可分为油溶性、水溶性和兼容性三类。油溶性抗氧化剂有 BHA、二丁基羟基甲苯（BHT）等；水溶性抗氧化剂有抗坏血酸、茶多酚等；兼容性抗氧化剂有抗坏血酸棕榈酸酯等。按作用机理，抗氧化剂可分为自由基吸收剂、过氧化物分解剂、金属离子螯合剂、氧清除剂、紫外线吸收剂、酶抗氧化剂或单线态氧淬灭剂等。

目前我国允许使用的人工合成抗氧化剂有 BHA、BHT、PG 和 D-异抗坏血酸钠。允许使用的四种抗氧化剂毒性较小。毒性试验，BHA 口服 LD_{50} 大鼠为 2.9g/kg，BHT 为 1.70～1.97g/kg，PG 为 3.8g/kg。2001 年，WHO/FAO 公布 ADI 值，BHA、BHT 均定为 0～0.5mg/kg，PG 定为 0～0.2mg/kg，D-异抗坏血酸钠定为 0～5mg/kg。我国《食品添加剂使用标准》规定脂肪、油、坚果与籽类、油炸面制品、饼干、方便米面制品、杂粮粉、膨化食品、腌腊肉制品类和风干水产品等，BHA 和 BHT 的最大使用量为 0.2g/kg，PG 的最大使用量为 0.1g/kg。D-异抗坏血酸钠的最大使用量，葡萄酒为 0.15g/kg，八宝粥罐头为 1.0g/kg。

（二）常用抗氧化剂的物理性质

1. 丁基羟基茴香醚（BHA）　　BHA 是由 3-叔丁基-4-羟基苯甲醚和 2-叔丁基-4-羟基苯甲醚的混合物组成，结构式分别如下：

2-叔丁基-4-羟基苯甲醚　　　　　3-叔丁基-4-羟基苯甲醚

BHA是白色或微黄色的蜡样结晶粉末,有轻微特殊的酚臭味,分子式$C_{11}H_{16}O_2$,相对分子质量180.2,沸点264~270℃,熔点48~63℃,对热稳定,无吸湿性,在弱碱性条件下不易被破坏,光照后色泽变深。BHA对动物性脂肪的抗氧化作用强于对植物油的抗氧化作用。

2.二丁基羟基甲苯(BHT)　BHT是无臭、无味的白色结晶或结晶性粉末。分子式$C_{15}H_{24}O$,相对分子质量220.4,沸点265℃,熔点69.7℃。BHT能有效延缓植物油的氧化。结构式如下:

3.没食子酸丙酯(PG)　PG,也称为棓酸丙酯,是无臭、无味的白色至淡黄褐色结晶性粉末或乳白色针状结晶。分子式$C_{10}H_{12}O_5$,相对分子质量212.21,熔点146~150℃,对热较敏感,在熔点时即可分解。有吸湿性,光照可促进其分解。难溶于水,易溶于热水、乙醇、乙醚、甘油、丙二醇等。因此,没食子酸丙酯应用于食品中稳定性较差,不耐高温,不宜用于焙烤。结构式如下:

4.D-异抗坏血酸钠　D-异抗坏血酸钠,又名赤藻糖酸钠,是无臭、无味的白色或黄白色晶体颗粒或晶体粉末。分子式$C_6H_7NaO_6 \cdot H_2O$,相对分子质量216.12。在干燥状态下暴露在空气中相当稳定,熔点200℃以上分解。不溶于乙醇,易溶于水,在水溶液中能与空气、金属、热、光发生氧化。它是一种新型生物型食品抗氧、防腐保鲜助色剂。

(三)抗氧化剂的测定

食品中主要有薄层色谱法、气相色谱法、分光光度法和高效液相色谱法测定BHT、BHA和PG。薄层色谱法和分光光度法测定方法简单方便,条件要求不高,但灵敏度、准确度较差;气相色谱法和高效液相色谱法方法灵敏快速,还可实现多种抗氧化剂的同时测定。

1.薄层色谱法

(1)原理　试样用甲醇或石油醚—乙醚提取、浓缩,点样在硅胶G或聚酰胺薄层板上,展开,经显色后,根据薄层板上的比移值及显色斑点深浅,与标准比较进行定性、概略定量。

(2)样品处理　用甲醇提取动物油、植物油样品,用40+10石油醚—乙醚提取其他含油脂食品,挥干溶剂,再用甲醇提取、浓缩,备用。

(3)测定　将样品液和BHT、BHA、PG不同浓度标准点样于硅胶G或聚酰胺薄层板上,硅胶G薄层板用正己烷—二氧六环—冰乙酸(42+6+3)或异辛烷—丙酮—冰乙酸

（70＋5＋12）展开。聚酰胺薄层板芝麻油用甲醇—丙酮—水（30＋10＋10）、菜籽油用甲醇—丙酮—水（30＋10＋12.5）、食品用甲醇—丙酮—水（30＋10＋15）展开。

硅胶 G 薄层板从层析槽中取出，挥干显示灰黑色斑点的 PG，喷显色剂 2,6-二氯醌—氯亚胺的乙醇溶液，置 110℃烘箱中加热 5～10min，根据斑点颜色深浅可概略定量。

聚酰胺薄层板从层析槽中去除，吹干，喷显色剂，再通风挥干，显示 PG 斑点。

（4）方法说明

①此方法是概略定量，以各抗氧化剂在硅胶 G 或聚酰胺薄层板上的最低检出标准色斑与样品 BHA、BHT、PG 的色斑比较。

②硅胶 G、聚酰胺薄层板干燥后，分别于 105℃和 80℃活化，存放干燥器内。

③此方法与温度、湿度有关，展开前应预先对展开槽进行饱和。

2.气相色谱法

（1）原理　石油醚提取 BHA 和 BHT，通过层析柱与杂质分离，二氯甲烷洗脱、浓缩，气相色谱仪的火焰离子化检测器测定，根据峰面积或峰高与标准比较定量。

（2）样品处理　称取适量样品，加石油醚（沸程 30～60℃），放置过夜，滤纸过滤后，残留脂肪用少量石油醚溶解转移到装有 6＋4 硅胶和弗罗里硅土混合物的层析柱中，二氯甲烷分次淋洗，合并淋洗液，减压浓缩至近干时，二硫化碳定容。

（3）色谱条件　玻璃色谱柱（内径 3mm，长 150mm）；担体：80～100 目的 Gas Chrom Q；固定相：10% QF-1；进样口温度为 200℃；色谱柱温度为 140℃；检测器温度为 20℃。载气氮气流速 70mL/min，燃气 H_2 流速 50mL/min，助燃气空气 500mL/min。

（4）测定　取相同体积的样品处理液和标准液分别注入气相色谱仪，根据保留时间定性，峰面积标准曲线法定量。

（5）方法说明

①本方法适用于糕点和植物油中 BHA 和 BHT 的测定。

②最低检测浓度 0.02μg/L，BHA 和 BHT 的平均回收率分别为 94.2%和 81.4%。

③抗氧化剂在层析柱中停留时间不宜太长，洗脱速度以每分钟 72 滴左右为宜。

3.分光光度法（以没食子酸丙酯为例）

（1）原理　试样经石油醚溶解，再用乙酸铵提取其中的 PG，与亚铁酒石酸盐反应生成紫红色物质，540nm 波长处测定吸光度值，与标准比较定量。

（2）样品处理　称取适量样品，用石油醚（沸程 30～60℃）溶解，加乙酸铵溶液，振摇，静置分层，放出水层和乳化层，石油醚层重复用乙酸铵溶液提取，合并水层，石油醚层用水洗涤两次，合并洗涤液和乙酸铵溶液，定容。此溶液用滤纸过滤，弃去初滤液的 20mg，余下滤液供分析用。

（3）测定　样品提取液和 PG 标准溶液系列定容，加显色剂硫酸亚铁和酒石酸钾钠，在540nm 波长处测定吸光度值，标准曲线法定量。

（4）方法说明

①本方法检出限是 50μg。

②萃取时容易乳化，振摇不宜太用力。

③显色剂为 1∶5 的硫酸亚铁（$FeSO_4 \cdot 7H_2O$）和酒石酸钾钠（$NaKC_4H_4O_6 \cdot 4H_2O$）混合溶液，临用前配制。

思考题

1. 简述食品中加防腐剂和抗氧化剂的原因。
2. 常用的防腐剂和抗氧化剂有哪些?
3. 简述山梨酸与苯甲酸的测定方法原理及注意事项。
4. 简述薄层色谱法测定食品中抗氧化剂的原理和注意事项。

任务三　食品中着色剂和漂白剂的检验

背景知识:

　　2011 年 4 月 11 日央视报道,上海盛禄食品有限公司为了增加销量,减少成本,用柠檬黄添加剂将白面染成"黄面",冒充"玉米馒头"销售,同时还将山梨酸钾和甜蜜素添加到馒头中去,以延长馒头保质期时间,增加馒头的甜味,并在馒头外包装上贴上含有维生素 C 和白砂糖字样的标示,吸引消费者购买。据了解,这些添加剂使用后会对人体造成伤害,是被国家严令禁止使用的违规添加剂。上海盛禄食品有限公司将这些添加了有害物质的馒头销往上海华联等超市售卖,并将返厂馒头更换生产日期变成"新馒头"销售,而且每天有三万多的"染色馒头"、"过期回炉加工馒头"和"防腐剂馒头"流向超市等各大市场。该事件引起了上海食品监督部门的严重关注,并对涉案部门进行了严厉的查处。

一、食品中着色剂的检验

(一)概述

　　具有诱人色泽的食品能促进人们的食欲,为了强化食品的感官性状,满足食品多样化的要求,需要对食品进行着色。

　　着色剂又称食用色素,是以为食品着色和改善食品色泽为主要目的的食品添加剂。目前世界上常用的食品着色剂有 60 余种,我国允许使用的有 46 种,按其来源和性质分为天然色素和合成色素两类。

　　天然色素是从一些动、植物组织中提取的,如姜黄素、虫胶色素、红花黄色素、叶绿素铜钠、β-胡萝卜素、酱色等。天然色素的安全性高,但稳定性差,对光、热、酸和碱敏感,易氧化、着色能力不强,难以调出任意的色泽,易造成食品在加工、贮存中变色或褪色,且资源不丰富,难以满足食品工业化生产的需要。

　　合成色素是用人工方法合成得到的,常以苯、甲苯、萘等为原料,资源广泛,同时具有稳定性好、色泽鲜艳、着色力强、能随意调色等优点,因而应用很广。但由于合成色素具有一定毒性和潜在致癌性,因此应限制其使用范围和使用量。

下面分别介绍我国允许使用的九种合成色素。

1.胭脂红　又名食用红色 7 号,染料索引(a)CI 编号 16255,分子式 $C_{20}H_{11}N_2Na_3O_{10}S_3$,相对分子质量 604.48,暗红色颗粒或粉末,易溶于水和丙三醇,难溶于乙醇,不溶于油脂,对光和酸稳定,对热、碱和还原剂稳定性差。结构式为:

2.苋菜红　又名食用红色 9 号,CI 编号 16185,分子式 $C_{20}H_{11}N_2Na_3O_{10}S_3$,相对分子质量 604.48,红棕色的颗粒或粉末,易溶于水、丙二醇和丙三醇,不溶于油脂,对光、热和酸稳定,对氧化剂和还原剂敏感。结构式为:

3.赤藓红　又名樱桃红,CI 编号 45430,分子式 $C_{20}H_6I_4O_5Na_2 \cdot H_2O$,相对分子质量 897.88,红褐色均匀粉末或颗粒,易溶于水,可溶于乙醇和丙三醇,不溶于油脂,耐热、光、碱和酸,性质稳定。结构式为:

4.诱惑红　又名芳香红,CI 编号 16035,分子式 $C_{18}H_{14}N_2Na_2O_8S_2$,相对分子质量 496.42,深红色均匀粉末,易溶于水、甘油和丙二醇,微溶于乙醇,不溶于油脂,耐光和热,对碱、氧化剂和还原剂敏感。结构式为:

5.新红　无 CI 编号。分子式 $C_{18}H_{12}N_3O_{11}S_3Na_3$，相对分子质量 611.36，红色粉末，易溶于水，微溶于乙醇，不溶于油脂，为我国自行研制，其他国家不使用。结构式为：

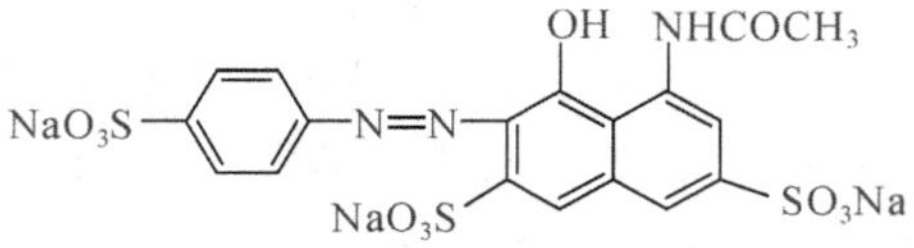

6.日落黄　又名食用黄色 3 号，CI 编号 15985，分子式 $C_{16}H_{10}N_2Na_2O_7S_2$，相对分子质量 452.37，橙红色粉末或颗粒，耐光、热和酸，易溶于水、甘油，不溶于油脂。结构式为：

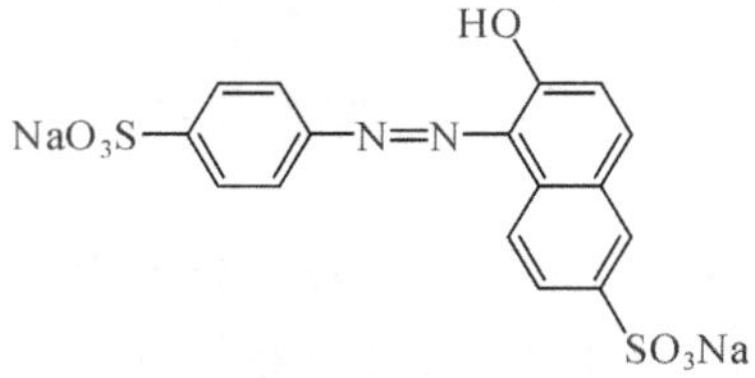

7.柠檬黄　又称食用黄色 5 号，CI 编号 19140，分子式 $C_{16}H_9N_4Na_3O_9S_2$，相对分子质量 534.37，橙黄色颗粒或粉末，易溶于水、丙二醇和丙三醇，微溶于乙醇，不溶于油脂，对光、热、酸和碱稳定，耐氧化性差。结构式为：

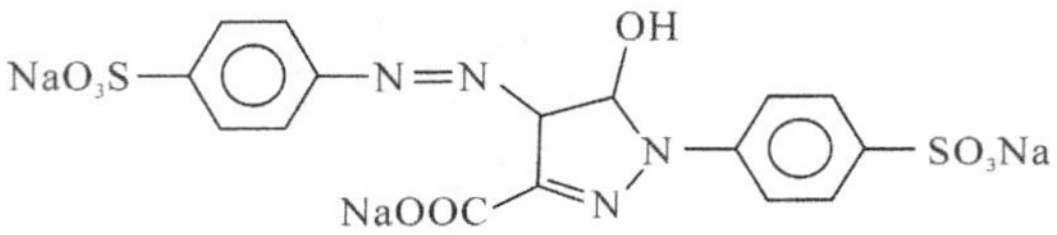

8.靛蓝　又名食用蓝色 1 号，CI 编号 73015，分子式 $C_{16}H_8O_8N_2S_2Na_2$，相对分子质量 466.36，深蓝色粉末，微溶于水、乙醇、甘油和丙二醇，不溶于油脂，稳定性差，对光、热、酸、碱和氧化剂均敏感。结构式为：

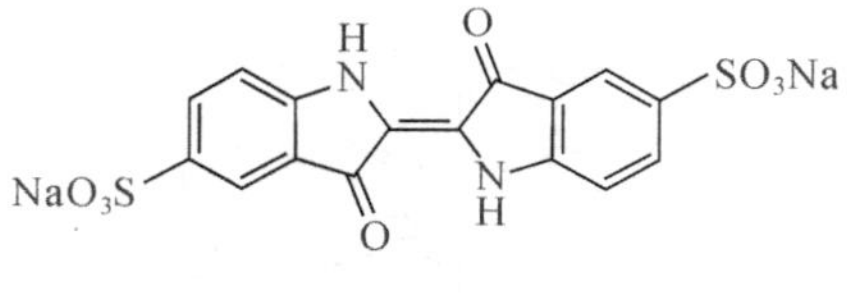

9.亮蓝　又名食用蓝色 2 号，CI 编号 42090，分子式 $C_{37}H_{34}N_2Na_2O_9S_3$，相对分子质量 792.84，有金属光泽的深紫色至青铜色颗粒或粉末，易溶于水、乙醇、甘油和丙二醇，稳定性好，耐光、热、酸和碱。结构式为：

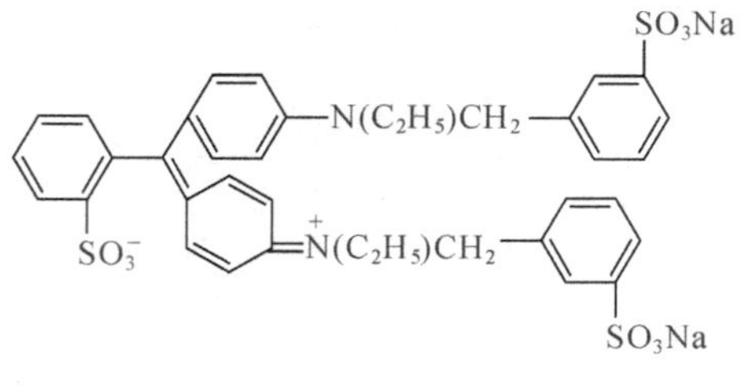

以上合成色素均为酸性水溶性色素，能被聚酰胺和羊毛吸附，在碱性条件下又能解吸附，天然色素无此性质。利用此特性可对天然色素和合成色素加以区别。如下图所示，以

羊毛为例,酸性条件下带正电的氨基可吸附带负电的合成色素母体,在碱性条件氨基上的正电被中和,从而解吸出合成色素。

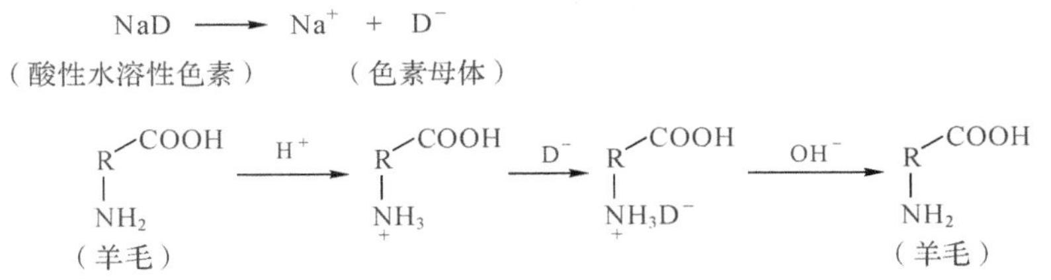

$$NaD \longrightarrow Na^+ + D^-$$

（酸性水溶性色素）　　　（色素母体）

图 6-2　色素吸附及解吸附过程

合成色素的检测方法主要有高效液相色谱法、薄层色谱法、示波极谱法等。高效液相色谱法快速、灵敏度高,还可同时测定多种合成色素;薄层色谱法是经典的色素分析方法,但该方法干扰多,且样品前处理复杂;示波极谱法利用合成色素在电极上的电荷活性在适当条件下产生极谱催化波,方法简单、快速、方便,样品前处理简单,还可连续测定多种色素。

（二）高效液相色谱法检测合成色素

1.原理　食品中人工合成色素用聚酰胺吸附或用液—液分配法提取,制成水溶液,注入高效液相色谱仪,经反相色谱分离,根据保留时间定性,峰面积定量。

2.样品处理

(1)饮料:称取适量样品,加热除二氧化碳,备用。

(2)配制酒:称取适量样品,加热除乙醇,备用。

(3)糖果、蜜饯凉果:称取适量粉碎样品,加水加热溶解,若 pH 过高则应调至 6 左右,备用。

(4)巧克力豆及着色糖衣制品:称取适量样品,用水反复洗涤直至无色素,合并色素漂洗液,备用。

3.色素提取

(1)聚酰胺吸附法　该法适用于不含赤藓红的样品。样品溶液用柠檬酸调 pH 至 6,加热,加糊状聚酰胺,搅拌,G3 垂融漏斗抽滤,60℃、pH＝4 的水洗涤 3～5 次,甲醇—甲酸混合液洗涤 3～5 次,再用水洗至中性。乙醇—氨水溶液解吸,收集解吸液,乙酸中和,蒸发至近干,加水定容,0.45μm 滤膜过滤。

(2)液—液分配法　该法适用于含赤藓红样品。样品溶液用盐酸酸化,5％三正辛胺—正丁醇提取至有机相无色,饱和硫酸钠洗涤,合并提取液,放蒸发皿中,水浴加热浓缩,加正己烷,用氨水提取 2～3 次,合并氨水层,用乙酸调至中性,水浴加热至近干,加水定容,0.45μm 滤膜过滤。

4.色谱条件

C18 色谱柱,4.6mm×250mm,10μm;流动相为甲醇:0.02mol/L,pH＝4 的乙酸铵溶液;梯度洗脱;流速:1mL/min;紫外检测器,检测波长:254nm。

5.测定　取相同体积的试样和标准溶液分别注入高效液相色谱仪,以标准溶液的色谱保留时间为依据进行定性，以其峰面积求出样液中被测物质的含量。

6.方法说明

(1)本方法适用于饮料、配制酒、糖果等食品中合成色素的测定。

(2)方法回收率 91.6%～107.4%，相对标准偏差 1.91%～7.11%，线性范围 0.02～0.20g/kg($r=0.999$)。

(3)检出限　胭脂红 8ng、苋菜红 6ng、赤藓红 18ng、新红 5ng、日落黄 7ng、柠檬黄 4ng、亮蓝 26ng。

(4)若样品含蛋白质较多，应先用 10%钨酸钠沉淀除去蛋白质。若含脂肪较多，用丙酮、石油醚提取除去。若含天然色素较多，用甲醇—甲酸除去。

二、食品中漂白剂的测定

(一)概述

漂白剂是一些化学物品，它通过氧化还原反应破坏、抑制食品的发色因素，使食品褪色或使食品免于褐变，以提高食品品质。一般在食品的加工过程中要求漂白剂除对食品的色泽有一定作用外，对食品的品质、营养价值及保存期均不应有不良的改变。

洁白的食品会带来卫生和高雅的感觉，黑、褐、灰暗则令人感到恶心和反胃。在食品加工时，往往需要先漂白，除去这些不受欢迎的颜色，然后再染上接近天然或有吸引力的色泽，以提高食品的魅力。另外，有些食品原料因为品种、运输、储存的方法的不同，采摘期的成熟度的不同，颜色也不同，这样可能导致最终颜色不一致而影响质量，为了使产品有整齐一致的色彩，也需要使用漂白剂。

根据作用原理分类，食品漂白剂可分为还原型漂白剂和氧化型漂白剂。还原型漂白剂作用缓和，但是被它漂白的色素一旦再被氧化，可能会重新显色，主要包括二氧化硫、亚硫酸钠、低亚硫酸钠、焦亚硫酸钠（后三种试剂可解离成亚硫酸）等。氧化型漂白剂作用较强，但会破坏食品中的营养成分，残留也大，主要包括漂白粉、次氯酸、过氧化氢、过氧化苯甲酰等。

食品中使用较多的是还原型漂白剂，它主要用于果干、菜干、动物胶、果酒、糖品、果汁的漂白，鱼类食品不宜使用该法。常用的漂白方法有气熏法（SO_2）、直接加入法（亚硫酸）、浸渍法等。用还原型漂白剂漂白水果、蔬菜时，以红、紫色果蔬褪色效果最好，黄色次之，绿色最差。亚硫酸能与酶促褐变过程的氧化酶作用，也能与非酶促褐变过程的中间产物结合，抑制食品褐变，另外还能消耗食品组织中的氧，抑制微生物的活性，并对微生物所必需的酶活性有抑制，这些作用与防腐剂作用一样，所以又有防腐作用。

氧化型漂白剂主要是用过氧化苯甲酰。在许多食品中，如小麦、玉米、豆类等原料的胚乳中都含有胡萝卜素等不饱和脂溶性天然色素，由这些原料加工的产品都略带颜色，过氧化苯甲酰可以有效地对这些食品原料进行漂白。过氧化苯甲酰已在国内批准使用多年，由于过氧化苯甲酰活性强，使用时一定要混合使用，在商品中还用硫酸钙、碳酸钙等物质做稀释剂，否则在加热工艺条件下产生的苯基易与氢氧根、酸根、金属离子结合，可能生成苯酚等物质，使制品带有褐色斑点，影响质量。

漂白剂可单一使用,也可混合使用。随着进出口贸易的不断扩大,外国食品不断进入我国市场,日本近几年正使用一种混合漂白剂,其成分为 70％次亚硝酸钠、14％亚硫酸氢钠、3％无水焦磷酸、8％聚磷酸钠、3％偏磷酸钠、2％无水碳酸钠。这种混合漂白剂比上述任意单独漂白剂效果稳定,同时可防止食品变色或褪色。

食品卫生法规对使用食品添加剂的剂量有严格的限制,在低剂量下食用含食品添加剂的食品应该是安全的,但食用过量或长期食用含有食品添加剂的食物(漂白剂、增白剂、防腐剂等)就会对我们的身体造成不同程度的伤害。例如,漂白剂 SO_2,我国国家标准规定饼干、食糖、粉丝、粉条残留 SO_2 含量不得超过 50mg/kg,蘑菇罐头、竹笋、葡萄酒等不得超过 25mg/kg。这是因为 SO_2 本身没有营养价值,不是食品不可缺少的成分,如果食用量过大,对人体的健康会带来一定的影响。当溶液为 0.5％～1.0％时,即产生毒性,一方面有腐蚀作用,另一方面破坏血液凝结作用并生成血红素,最后神经系统发生麻痹现象。

除此之外,一定要严格区分食品漂白剂和违法漂白剂的差别。例如"吊白块",化学名称为甲醛次硫酸氢钠,有强还原性,在工业上用作漂白剂。吊白块在食品加工过程中会分解产生甲醛(细胞原浆毒),能使蛋白质凝固,使蛋白质失去活性,摄入 10g 即可致人死亡。但是由于吊白块对食品的漂白、防腐效果明显,价格低廉,因此被不法商家在米粉、面食加工中长期使用。加入吊白块的食品还有海产品、粉丝、腐竹、银耳等。面条、粉丝、腐竹放入吊白块可使其变得韧性好、爽滑可口、不易煮烂。

一些不法商家加工食品使用纯碱(碳酸钠)、片碱(烧碱或工业氢氧化钠)和双氧水(工业过氧化氢),让食品光滑洁白。双氧水原本是外用消毒药,有很强的氧化和漂白作用。工业双氧水和片碱是强腐蚀剂,里面含有较多的铅、砷等有毒物质。这些物质如果在食品里残留,可腐蚀消化系统,引起肝、肾疾病,最后诱发癌症。

以上这些吊白块也好,纯碱、片碱、双氧水也好,都不是食品漂白剂,而是商家违法使用的漂白剂。对于食品漂白剂,我们不应该谈虎色变,适量的食品漂白剂是无害的。但是也应该在挑选食品的时候加以注意,不要去为了外表而选择可能危害健康的食品,不要去刻意地追求其洁白性,而是要从健康和自然的角度考虑,加以挑选,尽量选一些原色自然的食品,同时警惕过于太白的食品,确保吃得安心放心。

(二)漂白剂的测定

测定还原型漂白剂的方法有:盐酸副玫瑰苯胺比色法(国标法)、滴定法(中和法)、碘量法、高效液相色谱法等。其中,盐酸副玫瑰苯胺分光光度法简单方便、快速,是重要的分析方法;滴定法和碘量法操作简单,无需特殊设备,但是干扰大,灵敏度低;高效液相色谱法特异性好,灵敏度高,还可同时测定多种成分。

测定氧化型漂白剂的方法有:滴定法、比色定量法、高效液相色谱法等。同样,滴定法和比色定量法操作简单,无需特殊设备,但是干扰大,灵敏度低;高效液相色谱法特异性好,灵敏度高,还可同时测定多种成分。

下面主要介绍盐酸副玫瑰苯胺法。

1.原理　亚硫酸盐与四氯汞钠反应生成稳定的配合物,配合物再与甲醛及盐酸副玫瑰苯胺作用生成紫红色络合物,颜色的深浅与析出的 SO_2 浓度成正比,可在 550nm 下比色测定。

2.样品处理

(1)液体样品　吸取一定量样品,以水稀释后,加四氯汞钠后再定容,必要时过滤。

(2)水溶性固体样品　取一定量样品,用水溶解后,加氢氧化钠使 pH 呈碱性,然后用硫酸中和,加四氯汞钠固定。

(3)其他固体样品　取均匀的样品加少量水湿润,用四氯汞钠浸泡,若不澄清,可加亚铁氰化钾和乙酸锌,定容后过滤,备用。

3.测定　吸取不同量的二氧化硫标准液和一定量试样,加入四氯汞钠、氨基磺酸铵、甲醛及盐酸副玫瑰苯胺,混匀,于 550nm 波长下测吸光度。

4.方法说明

(1)最适反应温度是 20～25℃,标准系列管和样品应在相同温度下显色 10～30min。若温度低则灵敏度低,需延长反应时间。

(2)盐酸副玫瑰苯胺加盐酸后,需放置过夜,以空白管不显色为宜。

(3)盐酸副玫瑰苯胺中的盐酸用量对显色有影响,加入盐酸量多,显色浅;加入量少,显色深,配制试剂时一定要按操作要求进行。

(4)甲醛浓度在 0.15％～0.25％时,颜色稳定,一般选择使用 0.20％甲醛溶液。

(5)测定样品颜色较深的样品,可用 10％活性炭脱色。

(6)水溶性固体样品加入氢氧化钠使 pH 呈碱性的目的在于防止亚硫酸损失。

思考题

1.如何区别合成色素和天然色素?

2.简述合成色素的常用测定方法及特点。

3.盐酸副玫瑰苯胺分光光度法测定食品中亚硫酸盐时,使用的标准溶液是什么? 其中,四氯汞钠的作用是什么?

能力拓展　饮料中人工合成色素的测定

【目的】

掌握高效液相色谱法测定饮料中人工合成色素的原理及操作技术;了解食品中人工合成色素使用的卫生标准。

【原理】

饮料中人工合成色素用聚酰胺吸附法提取,制成水溶液,注入高效液相色谱仪,经反向色谱分离,根据保留时间定性,与峰面积比较进行定量。

【仪器与试剂】

仪器:高效液相色谱仪、微量注射器、滤纸、玻璃砂芯漏斗及抽滤装置。

试剂：

0.02mol/L 乙酸铵溶液：称取 1.54g 乙酸铵，加水至 1000mL，溶解。

氨水：量取氨水 2mL，加水至 100mL，混匀。

0.02mol/L 氨水—乙酸铵溶液：量取氨水 0.5mL，加 0.02mol/L 乙酸铵溶液至 1000mL，混匀。

甲醇—甲酸(6＋4)溶液：量取甲醇 60mL，甲酸 40mL，混匀。

柠檬酸溶液：称取 20g 柠檬酸($C_6H_8O_7 \cdot H_2O$)，加水至 100mL，溶解混匀。

无水乙醇—氨水—水(7＋2＋1)溶液：量取 70mL 无水乙醇、20mL 氨水、10mL 水，混匀。

5％三正辛胺正丁醇溶液：量取 5mL 三正辛胺，加正丁醇至 100mL，混匀。

pH＝6 的水：水加柠檬酸溶液调 pH 值到 6。

合成色素标准溶液(储备液)：准确称量按其纯度折算为 100％质量的柠檬黄、日落黄、苋菜红、胭脂红、新红、赤藓红、亮蓝、靛蓝各 0.100g，置 100mL 容量瓶中，加 pH＝6 水到刻度，配成 1.00mg/mL 的水溶液。

合成色素标准使用液：临用时上述溶液加水稀释 20 倍，配成 $50.0\mu g/mL$ 的合成着色剂。

正己烷；盐酸；乙酸；甲醇；聚酰胺粉(200 目)；饱和硫酸钠溶液；2g/L 硫酸钠溶液。

【方法】

1. 样品处理

取 10mL 汽水放于小烧杯中，微温搅拌除去二氧化碳。

2. 色素提取

聚酰胺吸附法：试样用柠檬酸调 pH 至 6，加热至 60℃，加糊状聚酰胺，搅拌，G3 垂融漏斗抽滤，60℃、pH＝4 的水洗涤 3～5 次，甲醇—甲酸混合液洗涤 3～5 次，再用水洗至中性。乙醇—氨水溶液解吸 3～5 次，收集解吸液，用乙酸中和，蒸发至近干，加水定容至 5mL，$0.45\mu m$ 滤膜过滤。

3. 色谱条件

C_{18}色谱柱：4.6mm×250mm；

流动相：甲醇：0.02mol/L 乙酸铵(pH＝4)；

梯度洗脱：20％～35％甲醇，3％/min；35％～98％甲醇，9％/min；98％甲醇继续 6min；

流速：1mL/min；

检测波长：254nm；

进样量：$10\mu L$。

4. 测定

取标准溶液 0.10、0.20、0.50、1.00、2.00、4.00mL 于 10mL 容量瓶中，定容。标准系列浓度为 0.50、1.00、2.50、5.00、10.00、$20.00\mu g/mL$。每管均进样 $10\mu L$，在上述色谱条件下进行 HPLC 测定。以标准溶液浓度为横坐标，峰面积为纵坐标，绘制标准曲线或进行线性回归。

取 $10\mu L$ 样品滤液进样，得样品溶液色谱图，进行定量分析。

【计算】

试样中色素的含量按以下公式进行计算,计算结果保留 2 位有效数字。

$$X = \frac{A \times V_1 \times 1000}{m \times V_2 \times 1000}$$

式中:X——试样中着色剂的含量,g/kg;

　　　A——样液中着色剂的质量,μg;

　　　V_1——试样稀释总体积,mL;

　　　m——试样质量,g;

　　　V_2——进样体积,mL。

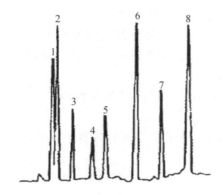

1—新红;2—柠檬黄;3—苋菜红;4—靛蓝;
5—胭脂红;6—日落黄;7—亮蓝;8—赤藓红。

【注意事项与补充】

1. 聚酰胺吸附法不适用于不含赤藓红的样品。

2. 聚酰胺粉吸附样品色素后,需用 60℃、pH＝4 的纯水洗涤以去除水溶性杂质,并且防止部分色素解吸附。

3. 玻璃砂芯漏斗用完后应立即冲洗,需先用清水冲洗,再用 10～20mL 盐酸少量多次抽滤几遍,最后用清水及纯水洗净。

【观察项目和结果记录】

分析样品中的合成色素种类,计算合成色素的含量。

【讨论】

1. 观察实验结果,判断实验结果是否符合国家标准,思考实验中存在的问题。

2. 实验中何时需要使用 pH＝4 的纯水,何时需要使用 pH＝6 的水,为什么?

任务四　化学性食物中毒的快速检验

背景知识：

　　2010 年 4 月 23 日,北京怀柔区发生一起食物中毒事件,有 80 人在就餐之后出现不同程度的中毒症状。北京怀柔区卫生局表示,此次事件初步判定为可乐啶引起的急性中毒,已排除了公共卫生事件的可能,北京公安部门已介入调查。

　　23 日中午 12 点 40 分左右,大概有 200 多名游客在怀柔区雁栖镇长园村的北京水岸山吧餐厅就餐,半小时后有 70 余名游客中毒,陆续出现口干、头晕、乏力、嗜睡等症状,先后到怀柔第一医院治疗。经对游客食用饭菜,患者血、尿样本检测,初步认定为急性可乐啶中毒。307 医院专家表示,这种中毒一般半小时左右发病,2 个小时达到高峰,快速检验、及时抢救非常重要。

　　可乐啶是一种老降血压药(能够抑制中枢神经,降低血压,量大可导致休克,心率缓慢,造成呼吸循环衰竭死亡),现在已很少使用。

一、概述

(一)概念及分类

　　当健康的人摄入了含有生物性、化学性有毒物质的食品,或者把有毒有害物质当作食品摄入后,就有可能出现非传染性的急性亚急性疾病,称为食物中毒,它的特征性表现主要有:①急发性。很多人都在短时间内同时发病或先后发病,其病势急剧,很快形成高峰。②所有患者的临床症状相似。③相近时间内患者都食用过相同食物。④停止食用后,发病立即停止。⑤不属于传染病,无传染性。

　　食物中毒可以分成两类:一类是细菌性食物中毒,它是指人体摄入了被细菌或其毒素污染的食品后所导致的非传染性急性、亚急性中毒症状为主的疾病,细菌性食物中毒类型主要包括毒素(肠毒素)型、感染(细菌侵入)型以及混合型。流行特征主要包括爆发性,潜伏期短而固定,病程短,病死率低,季节性等。中毒的常见原因包括食品变质、食品没有煮熟煮透、生吃食品、食品从业人员没安全操作等。

　　另一类是化学性食物中毒,它是指当人体摄入含有化学性有毒有害物质的食品或者把有毒有害物质误作食品摄入后,出现的非传染性急性、亚急性中毒症状为主的疾病。化学性食物主要有四种,被有毒有害的化学物质污染的食品,误认为食品、食品添加剂、营养强化剂的有毒有害的化学物质,添加非食品级的或伪造的或禁止使用的食品添加剂、营养强化剂的食品以及超量使用食品添加剂的食品,营养素发生化学变化的食品。根据毒物化学分类法,可以分成 7 类:

（1）挥发性毒物　具有较大的挥发性，一般分子量较小，结构简单。常见的有氢氰酸、磷、酚、甲醇、乙醇等化合物。

（2）不挥发性金属毒物　主要是一些金属或类金属化合物，常见的有铅、砷、汞等。

（3）不挥发性有机毒物　不随水蒸气蒸馏出来，在酸性或碱性水溶液中能被有机溶剂萃取。常见的有安眠药、生物碱、兴奋剂等。

（4）水溶性毒物　可溶于水，部分具有强腐蚀性。常见的有强酸、强碱和亚硝酸盐等。

（5）农药和灭鼠药　常见的有有机磷、有机氯、氨基甲酸酯类农药以及安妥、敌鼠、氟乙酰胺、毒鼠强等灭鼠药。

（6）有毒动植物　如河豚中毒、某些鱼类食品引起的组织胺中毒以及苦杏仁和苍耳子中毒。

（7）真菌毒素　常见的有黄曲霉毒素、毒蕈毒素等。

化学性食物中毒，由于各种毒物的性质不同，出现的中毒症状也不同，如表6-1。根据毒物的某些特殊症状，可以推断可能是由什么毒物引起中毒，从而缩小检验范围，为快速、准确地做好检验工作提供有利条件。

表 6-1　常见毒物的中毒症状

症状		毒物
特殊面容	颜面樱红	氰化物、一氧化碳
	颜面潮红	阿托品、河豚、VA
	颜面口唇青紫	亚硝酸盐、苯胺、硝基苯
特殊气味	杏仁味	氰化物、硝基苯
	消毒水味	酚、来苏尔
	蒜臭味	有机磷、磷化锌
	霉臭味	六六六
血液变化	血色正常不凝	敌鼠钠盐
	血色鲜红	氰化物、一氧化碳
	血呈酱色不凝	亚硝酸盐、苯胺、硝基苯
消化、泌尿系统	流涎	有机磷、有机氟、砷、汞
	口鼻冒白沫	有机磷
	口鼻冒灰色或血样沫	安妥
	剧烈腹痛	酚、砷、汞、磷化锌、班蝥、河豚
	口渴	磷化锌、砷
	剧烈呕吐与腹泻	砷、汞、巴豆、桐油、蓖麻
	血尿、尿闭	汞、班蝥、蓖麻、敌鼠

	症状	毒物
神经系统	闪击样昏倒迅速死亡	氰化物、烟碱
	昏睡	安眠镇静药、吗啡、一氧化碳
	痉挛	氰化物、有机碳、氟乙酰胺、毒鼠强、士的宁
	强直性痉挛	有机磷、有机氯、鱼藤
	震颤	颠茄、曼陀罗
	幻觉	氟乙酰胺、曼陀罗、颠茄
	狂躁不安	河豚、蟾酥、大麻
	口唇四肢发麻	甲醇
	视觉障碍、复视、失明	有机磷、吗啡、氯丙嗪、磷化
	瞳孔缩小	锌
	瞳孔散大	颠茄类、大麻、奎宁
呼吸循环及其他	呼吸浅慢、血压下降	安眠镇静药、吗啡
	肺水肿	有机磷
	心跳加剧、心律失常、出汗	氟乙酰胺、强心贰类、氨茶碱
	大量出汗	有机磷
	体温升高	有机磷、有机氯、阿托品
	皮肤发红、起泡	巴豆、强酸
	全身性毛发脱落、视力减退	铊

(二)快速检验及其意义

　　快速检验是一种约定俗成的概念,包括样品制备在内,能短时间内得到结论的检验就是快速检验。一般我们认为,快速检验中,用理化快速检验方法,如果包括样品制备在内,能够在2h以内出具检测结果,即可视为实验室快速检测方法。如果方法能够应用于现场,在30min内出具检测结果,即可视为现场快速检测方法。如果能够在十几分钟甚至几分钟内得到检测结果,可视其为比较理想的现场快速检测方法。用微生物快速检验方法,只要与传统检验方法相比,能够大幅度缩短检测时间,发现阳性结果或超标样品,再用传统方法复检(特殊样品除外),其结果基本相同的方法,可视为快速检验方法。

　　快速检验的意义在于:

　　1.食品安全监管人员的有力工具　在日常卫生监督过程中,除感官检验外,采用现场快速检验方法,及时发现可疑问题,迅速采取相应措施,这对提高监督工作效率和力度,保障食品安全有着重要的意义。

　　2.实验室常规检验的有益补充　在实际工作中,需要检验的产品、半成品以及生产环节很多,采集样品送实验室检验不现实,采用快速检验的方法,可增加样品检验数量,扩大食品安全控制范围。对有问题的食品,必要时送实验室进一步检验,既能提高监督效率,又能提出有针对性的检验项目,可达到现场检验与实验室检验的有益互补,全方位地保障食品安全。

3.大型活动卫生保障与应急事件处理的有效措施 在大型活动卫生保障中,防止发生群发性食物中毒,以及在应急事件处理中,快速筛查食物中毒可疑因子,快速检验方法与设备有其特殊作用可以发挥并加以利用。

4.我国国情所决定的一项重要工作 我国近30年来经济快速发展,而且还会持续相当长的一段时期。在这种迅猛的商品经济运行中,食品安全尤为重要,稍有疏忽就会出现问题。以往的农药、鼠药、甲醇、亚硝酸盐等群发性食物中毒,甲醛、吊白块、注水肉、瘦肉精等问题的发生就是例证。与发达国家相比,我国对现场快速检验有着特殊的需求,需要我们认真对待,做好这项工作。

(三)快速检验程序

快速检验程序是:现场调查作出初步判断→采集样品→快速检验→做出结论。

1.现场调查作出初步判断 当食物中毒事件发生后,应详细调查具体情况,包括中毒时间、原因、人数,患者的临床症状和体征,中毒前摄入的食物,同食者的症状,中毒后采取的措施和效果。此外,还应了解是误食还是误用,是自杀还是他杀,要根据具体情况进行调查判断。

2.采集样品 搜集剩余食品、患者排泄物、洗胃水以及其他必要的检样,进行现场快速定性试验,以初步判定为何种毒物,及时送实验室做进一步检验。采样量要求是分析量的3倍,供测定、复核和留作物证保存。

3.快速检验 因毒物在运输和放置过程中可能会分解或挥发损失,故样品要尽快测定。如不能尽快测定,应将样品低温保存。检验方法应尽可能采用快速可靠的方法。通常是定性或半定量检验,同时用两种以上方法确证试验,并做空白对照试验和阳性对照试验。

4.做出结论 结论主要分为阳性结论和阴性结论。在做结论时,要依照事实,并注意用词严谨。如结果为阴性,应报告为"按××方法试验,未检出××",而不能报告为"无"、"0"等字样。如结果为阳性,应注明"按××方法试验,检出××",而不能报告为"××中毒"或"××致死"等结论。

(四)快速检验方法

细菌性食物中毒的快速检验方法主要有免疫金技术、协同凝集实验、显色培养基分离培养、酶联免疫技术、分子生物学技术、免疫磁珠技术等。

化学性食物中毒的快速检验方法主要有:试纸法、固体试剂法、试管法、溶液法和仪器测定法。其中,仪器测定法是利用毒物的物理化学特性,制成速测卡、速测盒或速测箱等小型仪器进行检验。

快速检验方法快速、简单、方便、灵敏,能迅速判断结果,但是特异性差,很容易出现假阳性或假阴性结果,因此,必要时还应结合其他分析方法进行确证。

本书主要以化学性食物中毒为主介绍其快速检验方法。

二、甲醇的快速测定方法

甲醇和乙醇在色泽与味觉上没有差异,酒中微量甲醇可引起人体慢性损害,高剂量时可引起人体急性中毒。我国发生的多起酒类中毒事件,都是因为饮用了含有高剂量甲醇的工业酒精配制的酒或是饮用了直接用甲醇配制的酒而引起。国家卫生部 2004 年第 5 号公告中指出:"摄入甲醇 5~10mL 可引起中毒,30mL 可致死。"如果按某一酒样甲醇含量 5%计算,一次饮入 100mL(约二两酒),即可引起人体急性中毒。我国发生的多起大范围酒类中毒事件,酒中甲醇含量大多都在 2.4~41.1g/100mL。

(一)酒醇仪测定法

1. 适用范围　适用于蒸馏酒(又称白酒或烧酒)中甲醇急性中毒剂量的现场快速测定。适用于 80 度以下蒸馏酒中甲醇含量超过 1%(0~60%范围内)或 2%(60%~80%范围内)时的快速测定。

2. 方法原理　在 20℃时,不同浓度的乙醇具有固有的折光率,当甲醇存在时,折光率会随着甲醇浓度的增加而降低,下降值与甲醇的含量成正比。按照这一现象而设计制造的酒醇含量速测仪,可快速显示出样品中酒醇的含量。当这一含量与玻璃浮计(酒精度计)测定出的酒醇含量出现差异时,其差值即为甲醇的含量。在 20℃时,可直接定量;在非 20℃时,采用与样品相当浓度的乙醇对照液进行对比定量。

3. 检测试材　酒醇速测仪、玻璃浮计、乙醇对照液。

4. 在环境温度 20℃时的操作方法　用玻璃浮计测定样品的酒精度数后,再用酒醇仪测定样品的酒精度,两者的差值即为甲醇浓度。

5. 在环境温度非 20℃时的操作方法

(1)首先用玻璃浮计测试样品的酒精度数,然后可以根据换算表找到一个在 20℃时配制成的与其相等的乙醇对照液,用玻璃浮计测试这一对照液是否与样品酒精度数相等或相近在±1 度以内,如果超出±1 度,改用临近度数的对照液再测,直至找到一个与样品酒精度数相等或相近在±1 度以内的乙醇对照溶液。

(2)用酒醇仪分别测试样品和选中的对照液的醇含量,如果样品读数低于对照液读数,其差值即为甲醇的百分含量。

(二)速测盒测定法

1. 适用范围　本方法适用于蒸馏酒中微量即 0.02%以上甲醇含量的现场快速测定。

2. 操作方法　用滴管取酒样 6 滴于离心管中,加入 5 滴 A 试剂氧化剂,放置 5min,加入 4 滴 B 试剂还原剂,盖上盖子后上下振摇 20 次以上使溶液充分混匀,打开盖子,等溶液完全褪色,加入 2 滴 C 试剂显色剂后,再加入 15 滴 D 试剂,观察管内颜色变化,3min 后与对照图谱对比判断酒样中甲醇含量。

三、砷、锑、铋、汞、银化物的快速测定方法

本方法源于"雷因须氏",又称"雷因须氏法"。作为食物中毒或预防中毒的快速筛查方

法,发现问题时采取相应措施,条件许可时进一步加以确证。

1.适用范围　本方法适用于食物中毒残留物中砷、锑、铋、汞、银、硫化物的快速检测以及保障性监测。

2.方法原理　在酸性条件下,某些无机化合物可与金属铜作用产生颜色变化,由此推测可能存在的某些有害化合物。

3.操作步骤　取样品 5g 于三角烧瓶中,加入 25mL 纯水,加入 5mL 盐酸,加入约 0.5g 氯化亚锡混合试剂,将三角烧瓶放在加热装置上,使样液微沸约 10min(目的是驱除可能存在的硫化物或亚硫化物),加入 2 片铜片,保持样液微沸约 20min。如果液体蒸发较快,注意补加一些热的纯水。

4.结果判定　若加热 30min 后铜片表面变色,可按表 6-2 推测样品中可能存在的化合物,并保留样品,有条件时分别加以确证。

表 6-2　雷因须氏法的结果判断

铜片变色情况	可能存在的金属毒物
灰色或黑色	砷化物
灰紫色	锑化物
灰黑色	铋化物
银白色	汞化物
灰白色	银化物
黑色	氯化物、亚硫酸盐

四、亚硝酸盐的快速测定方法

亚硝酸盐主要指亚硝酸钠、亚硝酸钾,为白色至淡黄色粉末或颗粒状,味微咸,易溶于水。其外观及滋味都与食盐相似,并在工业、建筑业中广为使用,肉类制品中也允许作为发色剂限量使用。亚硝酸盐具有较强的毒性,人体食入 0.3～0.5g 的亚硝酸盐即可引起中毒甚至死亡。急性中毒原因多为将亚硝酸盐误作食盐、面碱等食用,以及掺杂、使假、投毒等。慢性中毒(包括癌变)原因多为饮用含亚硝酸盐量过高的井水、污水以及长期食用含有超量亚硝酸盐的肉制品和被亚硝酸盐污染了的食品。因此,测定亚硝酸盐的含量是食品安全检测中非常重要的项目之一。

1.适用范围　适用于食物、水及中毒残留物中亚硝酸盐的快速检测。

2.方法原理　按照国标《食品中亚硝酸盐与硝酸盐的测定》(GB 5009.33—2016)显色原理做成的速测管,与标准色卡比对定量。

3.操作方法与结果判断

(1)食盐中亚硝酸盐的快速检测及食盐与亚硝酸盐的快速鉴别:取食盐 1 平勺(约 0.1g),加入到检测管中,加纯净水至 1mL 刻度处,摇溶,10min 后与标准色板对比,该色板上的数值乘上 10 即为食盐中亚硝酸盐的含量。当样品出现血红色且有沉淀产生或很快褪色变成黄色时,可判定亚硝酸盐含量相当高,或样品本身就是亚硝酸盐。

（2）液体样品的检测：取 1mL 液体样品加入到检测管中，操作方法与上相同，与标准色板对比，该色板上的数值即为样品中亚硝酸盐的 mg/kg 含量。液态奶属于乳浊液，具有将近 1 倍的折色特性，所得结果乘以 2 即为样品中亚硝酸盐的近似含量 mg/L。

（3）固体或半固体样品的检测：取均匀的样品（如香肠）1.0g 至 10mL 比色管中，加纯净水至 10mL，充分震摇后放置，取上清液或滤液 1mL 加入到检测管中（乳粉溶解后不用过滤，直接取乳浊液加入到检测管中），将试剂摇溶，10min 后与标准色板对比，找出颜色相同或相近的色阶，该色阶上的数值乘上 10 即为样品中亚硝酸盐的 mg/kg 含量。如果测试结果超出色板上的最高值，可将样品再稀释 10 倍，测试结果乘上 100 即为样品中亚硝酸盐的含量。

4. 注意事项

（1）亚硝酸盐含量较高时，试剂显红色后不久会变为黄色，将黄色溶液再稀释放入另一新的速测管中又会显出红色，由此区分是亚硝酸盐还是食用盐。

（2）当样品反应后的颜色大于标准色板 2.00mg/L 色阶时，应将样品稀释后再测，计算结果时乘上稀释倍数。

五、有机磷和氨基甲酸酯类农药的快速测定方法

在农业生产中，会在很长的一段时间内使用化学性农药，如果不按规定的用药量、次数、方法或安全间隔期施药，或施用了不该使用的农药，就会引起农药超标或农药中毒。食物中毒发生后，快速筛查出是否是由有机磷或氨基甲酸酯类的农药或鼠药所致，对及时抢救伤者具有重要意义。农药的检测重点是有机磷或氨基甲酸酯类农药。

1. 检测方法和步骤

（1）蔬菜表面测定法（粗筛法）：擦去蔬菜表面泥土，滴 2～3 滴浸提液在蔬菜表面，用另一片蔬菜在滴液处轻轻摩擦。取一片速测卡，将蔬菜上的液滴滴在白色药片上。放置 10min 进行预反应，将速测卡对折，用手捏 3min，打开与空白对照实验卡比较判定。

（2）蔬菜整体测定法：选取有代表性的蔬菜样品，擦去表面泥土，剪成 1cm 左右见方碎片，取 5g 放入带盖瓶中，加入 10mL 浸提液，振摇 50 次，静置 2min 以上。取 2～3 滴浸提液滴在速测卡上，以下操作与表面测定法相同。

（3）饮用水的检测：直接取 2～3 滴加到速测卡上进行操作。

（4）中毒残留物的检测：取样品适量于容器中，加入 2 倍量的乙酸乙酯，充分振摇后静置，取澄清液于蒸发皿中，在水浴上蒸干乙酸乙酯，取 1mL 磷酸盐浸提液溶解蒸干后的残渣，取残渣溶液 2～3 滴于速测卡白色药片上进行检测。

2. 注意事项

（1）目前国内外所使用的农药残留测定方法（纸片法和分光光度法）的检验原理基本相同，测定中的干扰物质也基本相同。葱、蒜、萝卜、芹菜、香菜、茭白、蘑菇及番茄汁液中含有对酶有影响的植物次生物质，容易产生假阳性结果。处理这类样品时（包括含叶绿素较高的蔬菜），不要剪得太碎。测定番茄时，可将提取液放在茄蒂处浸泡 2min，取浸泡液测定。测定韭菜或大蒜时，可整根或整粒放入容器中，加入提取液后振摇提取测定。

（2）检测样品的速测卡预反应放置的时间应与空白对照卡放置的时间尽量一致。红色

药片与白色药片叠合反应的时间控制在 3min,打开观察结果的时间应以 1min 内为准。

六、灭鼠药的快速测定方法

(一)毒鼠强的快速检测

毒鼠强又名没鼠命,三步倒,四二四等。不易经完整的皮肤吸收,可经消化道及呼吸道吸收。哺乳动物口服最低致死剂量为 0.10mg/kg。口服 6～12mg 即为人的致死量,剂量大时,3min 即可致死。2004 年我国政府已明令禁止生产与销售毒鼠强产品。在一切食物中不得检出毒鼠强成分。在此后的几年里,在食物中毒事件中,毒鼠强中毒还是占有相当大的比例,是食物中毒事件中主要检测项目之一。

1.速测管测定法

饮用水、无色液体样品中毒鼠强的快速检测:取 5 滴样品到速测管中,加入 1 滴毒鼠强显色剂,小心加入 15 滴毒鼠强检测试剂,样品中含有毒鼠强时,试管底部出现淡紫色,随着毒鼠强浓度的增加,紫色加深。

需要注意的是,有些无色液体样品中可能会含有糖等成分干扰测定,除采用本方法检测外,还应采用其他方法如气相色谱—质谱联用仪的方法做进一步确证。

2.试剂盒测定法

如果是饮用水或无色液体可省去提取步骤,其他样品按以下操作:取 2mL 或 2g 样品放入比色管中,加入 5mL 乙酸乙酯,充分振摇,静置,取上清液 2mL 于试管中或表面皿上,在 85℃左右水浴中加热,待乙酸乙酯剩余 1mL 以下时,提高水浴温度挥干余液,取出冷却至室温后,加入 1mL 的纯净水充分溶解残渣,加入 3 滴毒鼠强显色剂,轻轻摇匀,加入 5mL(约 115 滴)毒鼠强试液,轻轻摇动后,将试管放入 90℃以上水浴中,加热 5min 后取出,观察颜色变化。溶液颜色变为淡紫红色为毒鼠强阳性反应,随着毒鼠强浓度的增加,紫色加深。

需要注意的是,对于呕吐物、胃内容物等样品,一定要增加阳性对照试验。如果毒鼠强对照液的溶剂是乙酸乙酯,使用时应将乙酸乙酯挥干用纯净水定容后使用。

(二)鼠药氟乙酰胺的快速检测方法

氟乙酰胺又称敌蚜胺、1080,也称"一扫光",对人畜具有剧毒性,还会造成人畜二次中毒。10 年前,我国已禁止生产、销售和使用氟乙酰胺这一农药,但至今每年食物中毒事件中,氟乙酰胺中毒仍占有一定的比例,是中毒监测与中毒物筛选的主要项目之一。

1.速测管测定法

饮用水及无色液体样品测定:取样品加入到小试管 0.5mL 处,加入 6 滴氟乙酰胺定性液,盖上盖子摇匀,如果数分钟后溶液出现黄色浑浊,可怀疑样品中含有氟乙酰胺,20min 后出现黄红或橙棕色沉淀,可进一步判定样品中含有氟乙酰胺。

固体或半固体样品测定:用少量水溶解或稀释样品,过滤出 0.5mL 澄清液体到小试管中,其余操作与饮用水测定相同。

需要注意的是,本方法对饮用水中氟乙酰胺的检测具有明显的检测结果,对固体物质中氟乙酰胺的检测也有一定的参考价值,但某些物质随其浓度的增加会对测定产生干扰,对检测出的可疑样品应采用色谱法进一步确认。

2.盐酸羟胺显色测定法

(1)样品处理　无色液体可直接测定。有颜色液体,可加少量活性炭或中性氧化铝振摇脱色,过滤后测定。固体样品研碎后取 2～5g,再加 3 倍量的纯水,振摇提取,过滤,将滤液煮沸浓缩至 1mL 左右测定。中毒残留物或胃内容物样品处理时,可适当加大取样量。

(2)样品测定　取待检液 1mL 左右于试管中,加氢氧化钠溶液 10 滴,加盐酸羟胺溶液 5 滴,置沸水中水浴 5min,取出放冷,加盐酸溶液 9～10 滴(调 pH 至 3～5)后,加三氯化铁溶液 3～10 滴,阳性结果为粉红或紫红色,阴性结果为浅黄或黄色。

(三)敌鼠钠盐的快速检测方法

敌鼠钠盐又名敌鼠,在我国广为使用,是一种抗凝血的高效杀鼠剂,可使老鼠内脏出血不止而死亡。市售的是 1% 敌鼠粉剂和 1% 敌鼠钠盐,对人畜有剧毒。人口服钠盐 0.06～0.25g 可引起中毒,若口服 0.5～2.5g 可致死。

黄色或微黄色液体样品,可直接取液体测定。固体或半固体样品:取 1～5g 样品于带塞的试管或瓶子中,加等量或两倍量的乙酸乙酯振摇,取上清液待测。待测样品溶液 1 滴于试纸上,等试纸上的溶液稍干后,在原点上加 1 滴敌鼠显色剂,如果出现砖红色斑点为强阳性反应,如果出现红色环状为弱阳性反应。

思考题

1.简述食物中毒、细菌性食物中毒、化学性食物中毒的概念。

2.如何进行毒物的快速测定?

3.什么是雷因须氏法? 如何确证是何种毒物?

4.有机磷农药中毒,可用哪些方法进行检验和鉴定?

(张　茵)

项目七　食品中农药与兽药残留检测

知识目标

1. 掌握农药、兽药残留样品的预处理方法和操作技能；
2. 掌握有机氯、有机磷农药的测定原理、方法和操作要点。

能力目标

1. 能用萃取、柱层析对样品进行预处理；
2. 能准确配制标准储备液和使用液；
3. 能正确使用气相色谱法测定食品中有机氯、有机磷残留的含量并能正确处理检测结果；
4. 能正确解读国家标准，并制订方案开展食品中有机氯、有机磷农药残留的测定和评价食品质量状况。

任务一　有机氯农药的检验

背景知识：

有机氯农药是中国最早大规模使用的农药，在 20 世纪 80 年代初达到顶峰。1983 年，我国才开始禁止生产六六六（HCH）、滴滴涕（DDT）等有机氯农药。虽然在中国有机氯农药被禁用了 16 年，但食品中仍然能检测出有机氯农药残留，且平均值远远高于其他发达国家。1992 年，卫生部食品卫生监督检验所对全国食品中有机氯农药进行的大规模调查是国内最近的一次大规模调查。以黑龙江省、北京市、四川省、浙江省和广东省为检测点，分别代表东北、华北、西南、华东和华南地区，选择最能代表中国人群基本膳食的 8 大类食品：粮食、蔬菜、水果、肉禽、水产、植物油、蛋、乳，在市场上采集样品 355 件。355 件样品中有 2 件 HCH 含量超出中国残留限量标准，合格率 99.44％，DDT 合格率 100％。但相当数量样品仍检出 HCH 和 DDT 残留，HCH 检出率 69.02％，DDT 检出率 41.97％，动物性食品中 HCH、DDT 残留量显著高于植物性食品。

食品的物理检测法是根据食品的相对密度、折射率、旋光度等物理常数与食品的组分含量之间的关系进行检测的方法，它也是食品分析及食品工业生产中常用的检测方法之一。

一、概述

有机氯农药是有机分子结构中含有氯原子的农药，是发现和应用最早的一类人工合成杀虫剂。有机氯农药主要可分为以苯为原料和以环戊二烯为原料的两大类。以苯为原料的包括六六六（HCH）、滴滴涕（DDT）和六氯苯（HCB）等；以环戊二烯为原料的包括七氯、艾氏剂、狄氏剂和异狄氏剂等。

20 世纪五六十年代，有机氯农药在全世界广泛生产和应用。其中，当时生产量最大、使用最广泛的品种是滴滴涕和六六六。数十年中，滴滴涕广泛用于灭虱和灭蚊，对控制传染病（如斑疹伤寒和疟疾）的传播起了重大作用，挽救了无数人的生命。

有机氯杀虫剂在环境中性质稳定，广泛使用后，会造成环境污染，并通过食物链进行生物浓缩，破坏生态平衡，对人畜可能导致慢性中毒，对婴儿的健康造成潜在危害。1970 年前后，许多国家都颁布了禁用或限制使用有机氯杀虫剂的规定，只有少数品种，如甲氧滴滴涕、三氯杀虫酯等因对环境污染小，没有累积作用，还在继续应用。我国自 1983 年停止生产、使用农药六六六和滴滴涕，但由于有机氯农药在环境中性质稳定，污染大气、饮用水、土壤、水体底泥等范围很广，其残留物在环境中持留很久，使得该类化合物仍然为我国食品中农药残留的主要监测品种。

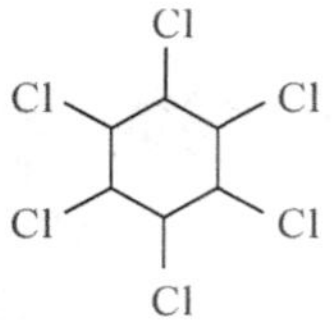

六六六

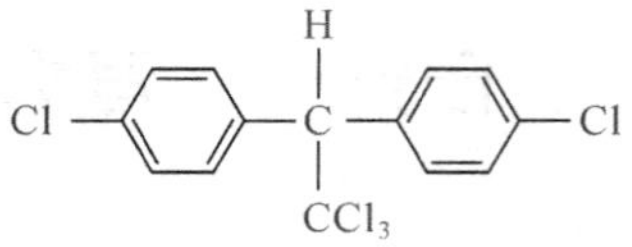

滴滴涕

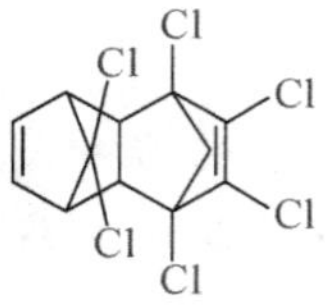

艾氏剂

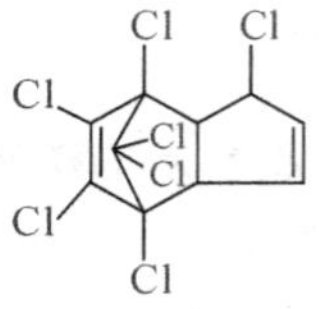

七氯

目前对有机氯农药在食品中残留量的监测主要是针对有代表性的六六六和滴滴涕。我国对各类食品中六六六、滴滴涕的残留限量作了规定（表 7-1）。其中六六六的最大限量以 α、β、γ、δ 四种异构体的总量计,滴滴涕以 p,p'-DDT、o,p-DDT 和 p,p'-DDE 三种同类物的总量计。

表 7-1　食品中六六六和滴滴涕残留限量标准

品种	最大残留限量(mg/kg)	
	六六六	滴滴涕
粮食	0.3	0.2
蔬菜、水果	0.2	0.1
鱼	2	1
肉(脂肪含量在 10% 以下,以鲜重计)	0.4	0.2
肉(脂肪含量在 10% 以上,以脂肪计)	4.0	2.0
蛋(去壳)	1.0	1.0
蛋制品	按蛋折算	按蛋折算
牛乳	0.1	0.1
乳制品	按牛乳折算	按牛乳折算
绿茶及红茶	0.4	0.2

二、分析特点

(一)提取方法

对有机氯杀虫剂残留的提取,根据基质不同,一般采用组织捣碎法、超声波法、索氏提取法、浸渍振荡法、固相提取法以及液—液分配法、洗脱法、消化法等。

一般采用组织捣碎法或索氏提取法提取谷类、蔬菜、水果等植物样品中有机氯农药,有时也采用浸渍振荡法。物料的性质影响提取的效率,所以干样或水分含量低的样品常需要粉碎到20～60目的细度,再进行提取。常用的提取溶剂有正己烷、石油醚、丙酮、乙腈、正己烷(石油醚)—丙酮,或乙腈—水,其中提取效果以乙腈和乙腈—水为最佳。

在使用极性较强的溶剂,如丙酮或乙腈作提取溶剂时,常需要把提取液通过液—液分配法,使其中的有机氯农药转移到非极性溶剂石油醚、正己烷中,以免极性溶剂影响净化或检测。

(二)净化方法

净化过程主要是利用基体中的分析物与干扰物质的理化特性的差异,在能正常检测目标残留农药的情况下将干扰物质的量减少到最少。由于有机氯的结构特点,有机氯农药残留的测定多用GC-ECD法。由于ECD检测器是一种非常灵敏的检测器,因而也很容易被样品中的干扰物质污染。因此,必须通过净化处理,防止杂质对电子捕获检测器的污染。食品中常见的干扰物质包括脂类、色素等。

净化的方法有多种,一般采用柱层析法、磺化法、液—液分配法等。

1. 柱层析法

柱层析法是利用固体吸附剂将液体样品中的目标化合物吸附,与样品的基体和干扰化合物分离,然后再用洗脱液洗脱,达到净化的目的。

弗罗里硅土是由硫酸镁与硅酸钠作用生成的沉淀物,其作为填料的柱层析法在有机氯杀虫剂净化分析中广泛采用,弗罗里硅土能很好地去除样品中的脂肪。目前常用的弗罗里硅土柱,装柱时上下各加1～2cm无水硫酸钠层,中间装弗罗里硅土。使用时先用正己烷预淋洗,加入待测浓缩的试样后,即可用淋洗液进行淋洗。淋洗液一般采用一定含量的二氯甲烷的正己烷溶液,对多数有机氯农药有很好的分离净化效果。

中国疾病预防中心营养与食品所建立了有机氯农药多组分残留分析方法,本方法用凝胶作为柱层析的填料,可除去样品中一些大分子的污染物。

其他如氧化铝柱层析、活性炭柱层析、硅胶柱层析等也有应用。

2. 磺化法

磺化法是向分液漏斗中的石油醚提取液中缓缓加入约1/10体积的浓硫酸溶液,开始时要轻轻振摇,注意打开活塞放气以免压力过大发生分液漏斗爆碎,然后猛烈振摇1min,静置分层,弃去硫酸层。对于高脂质的试样,要按上述步骤反复数次,直至硫酸层无色,以除去某些脂类、色素等杂质对方法的干扰。磺化法主要用于净化对酸稳定的有机氯农药,如滴滴涕、六六六等,但不宜用于狄氏剂等。

使用磺化法时,加硫酸次数视提取液中杂质多少而定,一般1～3次。磺化后,再加2%硫酸钠溶液,除去有机液中的剩余硫酸和其他水溶性杂质,用量为提取液的3～6倍,洗涤多次直至提取液为中性,最后脱水、定容。

3.液—液分配法

这种方法经常用于高脂肪类及动物组织样品中各种杂质的去除。

用正己烷提取含脂类样品中有机氯农药后,如采用液—液分配净化,则选用极性溶剂,其中以DMF效果最佳,其次为二甲基亚砜,也可用乙腈、丙酮等。

对于大多数样品中有机氯农药残留的测定,在用N,N-二甲基甲酰胺(DMF)分配后,即可进行检测。但对于高脂肪类样品,在用DMF分配后,需经活性氧化铝柱层析净化,或将高脂肪样品先经低温冷冻以除去大部分脂肪,再经DMF分配。

(三)检测方法

气相色谱法分析有机氯农药残留,一般采用ECD检测器进行检测。该检测器对有机氯农药具有很高的灵敏度和选择性,最小检测量可达10^{-14}～10^{-11}g。但对于其他卤化物、含硫、含磷化合物以及过氧化物、硝基化合物、多环芳烃、共轭羰基化合物等电负性物质,都具有很高的灵敏度和选择性,所以在分析中需要注意这些杂质带来的干扰,分析时对这些物质通常可用辅助技术进行净化消除。

GB/T 5009.19—2008食品中有机氯农药多组分残留量的测定用填充柱作为分离柱,但是目前多采用毛细管气相色谱法取代填充柱气相色谱法。常用的毛细管气相色谱柱固定液种类有OV-1、OV-101、OV-17、OV-210、QF-1、SE-30、SP-2250、SP-2401、SP-5、DB-5、DB-608、SPB-608、DC-200等。主要针对检测化合物的性质来进行选择,极性化合物选择极性固定液,弱极性化合物选择弱极性或无极性固定液。

能力拓展　食品中六六六、滴滴涕残留量的测定

【目的】

学习气相色谱法测定食品中六六六、滴滴涕的原理、步骤及注意事项。

【原理】

试样中六六六、滴滴涕经提取、净化后用气相色谱法测定,与标准比较定量。电子捕获检测器对于电负性强的化合物具有较高的灵敏度。利用这一特点,可分别测出痕量的六六六和滴滴涕。不同异构体和代谢物可同时分别测定。

出峰顺序:α-HCH、γ-HCH、β-HCH、δ-HCH、p, p'-DDE、o, p'-DDT、p, p'-DDD、p, p'-DDT。

【试剂】

(1)丙酮(分析纯,重蒸)。

(2)正己烷(分析纯,重蒸)。

(3)石油醚(沸程 30～60℃,分析纯,重蒸)。

(4)苯(分析纯)。

(5)硫酸(优级纯)。

(6)无水硫酸钠(分析纯)。

(7)硫酸钠溶液(20g/L)。

(8)农药标准品[六六六(α-HCH、γ-HCH、β-HCH、δ-HCH)纯度＞99％,滴滴涕(p,p'-DDE、o,p'-DDT、p,p'-DDD、p,p'-DDT)纯度＞99％]。

(9)六六六、滴滴涕储备溶液　准确称取 α-HCH、γ-HCH、β-HCH、δ-HCH、p,p'-DDE、o,p'-DDT、p,p'-DDD、p,p'-DDT 各 10.0mg,溶于苯中,分别移入 100mL 容量瓶中,用苯稀释至刻度,混匀,每毫升含农药 100.0μg,储存于冰箱中。

(10)六六六、滴滴涕标准工作液　分别量取上述标准储备溶液于同一容量瓶中,以正己烷稀释至刻度。a-HCH、γ-HCH 和 δHCH 的浓度为 0.005mg/L,β-HCH 和 p,p'-DDE 浓度为 0.01mg/L,o,p'-DDT 浓度为 0.05mg/L,p,p'-DDD 浓度为 0.02mg/L,p,p'-DDT 浓度为 0.1mg/L。

【仪器】

植物样本粉碎机、调速多用振荡器、离心机、匀浆机、旋转浓缩蒸发器、吹氮浓缩器、气相色谱仪(具有电子捕获检测器)。

【方法】

1.试样制备　谷物制成粉末,其制品制成匀浆;食用油混匀后,待用。

2.提取

①称取具有代表性的各类食品样品匀浆 20g,加水 5mL(视水分含量加水,使总水约 20mL),加丙酮 40mL,振荡 30min,加氯化钠 6g,摇匀。加石油醚 30mL,再振荡 30min 静置分层。取上清液 35mL 经无水硫酸钠脱水,于旋转蒸发器中浓缩至近干,以石油醚定容至 5mL,加浓硫酸 0.5mL,振摇 0.5min,于 3000r/min 离心 15min,取上清液进行 GC 分析。

②称取具有代表性的粉末样品 2.00g,加石油醚 20mL,振荡 30min,过滤,浓缩,定容至 5mL,加浓硫酸 0.5mL,振摇 0.5min,于 3000r/min 离心 15min,取上清液进行 GC 分析。

③称取具有代表性的均匀食用油样品 0.50g,以石油醚溶解于 10mL 试管中,定容至 10.0mL,加浓硫酸 1.0mL,振摇 0.5min,于 3000r/min 离心 15min,取上清液进行 GC 分析。

3.气相色谱测定　色谱柱:内径 3mm,长 2m 的玻璃柱,内装涂以 OV-17 和 QF-1(20g/L)的混合固定液的 80～100 目硅藻土。载气:高纯氮气,流速 110mL/min。温度:色谱柱 185℃,检测器 225℃,进样口 195℃。进样量 1～10μL,外标法定量。

【结果计算】

电子捕获检测器的线性范围窄,为了便于定量,应选择样品进样量使之适合各组分的线性范围。根据样品中六六六、滴滴涕存在形式,相应地制备各组分的标准曲线,从而计算出样品中的含量。

试样中六六六、滴滴涕及异构体或代谢物的单一含量按下式计算。

$$X = (A_1/A_2) \times (m_1/m_2) \times (V_1/V_2) \times (1000/1000)$$

式中：X——试样中六六六、滴滴涕及其异构体或代谢物的单一含量，mg/kg；

A_1——被测定试样各组分的峰值（峰高或峰面积）；

A_2——各农药组分标准的峰值（峰高或峰面积）；

m_1——单一农药标准溶液的含量，ng；

m_2——被测定试样的取样量，g；

V_1——被测定试样的稀释体积，mL；

V_2——被测定试样的进样体积，μL。

计算结果保留两位有效数字。

【注意事项与补充】

如果采用弱极性的 DB-5 石英毛细管术测定，其出峰顺序为 α-HCH、β-HCH、γ-HCH、δ-HCH、p,p'-DDE、o,p'-DDT、p,p'-DDD、p,p'-DDT。

【讨论】

1.简述气相色谱测定六六六、滴滴涕的基本原理。

2.采用 OV-17 和 DB-5 两种色谱柱，六六六和滴滴涕各异构体出峰顺序有什么不同？

3.采用浓硫酸对试样提取液进行净化处理，其目的是去除什么物质的干扰，这种处理会对结果造成影响吗？

4.简述不同基质中有机氯农药的残留分析方法。

任务二　有机磷农药的测定

背景知识：

2003 年 11 月 16 日，中央电视台《每周质量报告》揭露了个别金华火腿生产厂家为生产"反季节火腿"，使用农药敌敌畏浸泡猪腿防止蚊子苍蝇和生蛆的内幕。业内人士称：金华市此前的一次调查发现，使用违禁药物生产火腿的企业有 25 家之多。

一、概述

20 世纪末，在我国农药生产种类中，杀虫剂占了农药总产量的近 70%，而在杀虫剂总产量中，有机磷农药又占了近 70%，有机磷农药在我国农药生产和使用中有着特殊的地位。

有机磷农药是一大类具有磷酸酯结构的有机杀虫剂。无机磷酸结构上的羟基被不同的有机基团取代，就构成了品种繁多的有机磷化合物。有机磷农药品种在结构上具有许多共性，主要分为五种结构类型：磷酸酯型，如敌敌畏、久效磷等；硫代和二硫代磷酸酯型，如对硫磷、乐果等；磷酰胺和硫代磷酰胺型，如甲胺磷、棉安磷；焦磷酸酯型，如治螟磷；膦酸酯和硫代膦酸酯型，如敌百虫、苯硫磷等。

$$(C_2H_5O)_2P(O)—O—C(=CHCl)—\text{（2,4-二氯苯基）}$$

敌敌畏　　　　　　　　　　　乐果

甲胺磷　　　　　　　　　　治螟磷　　　　　　　　　　敌百虫

有机磷农药的性质如下：

1. 性质不稳定、易于分解　无论纯品、制剂还是残留于环境、作物介质中的大多数有机磷农药都比较容易氧化、水解或降解，环境温度、pH 值、水分能影响这种过程。在碱性条件下，容易水解成相应的酸、醇和酚类物质。因此，在标准样制备保存时，应注意标准溶液的稳定性，一般配置 0.5～1.0mg/mL 溶液，放在冰箱中，低温避光贮存，每 6 个月需要配一次。如果是稀释液(0.5～1.0μg/mL)，每 2～3 个月配一次。

从毒理角度来看，有机磷农药在体内不蓄积，但急性毒性较大。其在生物体内往往会氧化成比原来农药毒性更大的化合物。比如，由于溴的作用或者在紫外光照射下，硫代磷酸酯中的硫原子被氧原子取代，生成相应的普通磷酸酯，后者对酶的抑制作用更强。因此，在有机磷农药的残留分析中，应注意其有毒理学意义的氧化物的分析，如乐果和氧乐果、甲基对硫磷和甲基对氧磷等。

2. 极性　有机磷农药的极性关系到提取溶剂、薄层色谱展开系统、气相色谱柱的固定液选择等。在不同的有机磷农药类别中，以磷酰胺型、磷酸酯型极性比较大；硫醇型有机磷农药极性一般强于硫酮型；甲基同系物强于乙基同系物。一种极性弱的有机磷农药（如辛硫磷、杀螟松）在提取时可以用弱极性溶剂（如石油醚）作为提取溶剂，以减少杂质的干扰；在净化柱上可以用弱极性溶剂进行淋洗；在薄层展开时，可以用弱极性溶剂系统进行展开；在气相色谱选择固定液时，可选用弱极性的固定液，如 DC-200、DEGA、OV-101，反之亦然。

3. 胆碱酯酶的抑制力　体内胆碱酯酶的一个重要的生理功能是调节体内乙酰胆碱的浓度。乙酰胆碱的体内浓度的升高，会破坏正常的生理机制。由于不同有机磷农药对胆碱酯酶的抑制力不同，在薄层—酶抑制技术和目前应用广泛的酶源速测技术中，不同农药、不同酶源表现出的检出极限可差几个数量级。

从有机磷农药的毒性、稳定性及其对胆碱酯酶的抑制作用可以看出，有机磷农药对环境安全和人、畜健康的主要威胁在于其残留的急性中毒等方面。因此，其残留分析也较多地集中于水、果品、蔬菜、作物等食品或饲料的残留分析。当然，土壤等环境介质中的残留研究也是很重要的。

二、分析特点

(一)提取方法

农药残留物的提取选择提取溶剂时,根据相似相溶的原理,极性农药选择极性溶剂,非极性农药选择非极性溶剂。

有机磷农药的品种很多,目前大量生产和使用的至少有数十种,它们在水和有机溶剂中的溶解性能各不相同,差异较大。大多数有机磷农药为油状液体,具有中等极性,不溶于水,易溶于丙酮、苯、三氯甲烷、二氯甲烷、乙腈、二甲亚砜等极性有机溶剂。常用的混合提取溶剂有乙腈—石油醚、丙酮—石油醚、丙酮—正己烷、丙酮—苯、丙酮—二氯甲烷等,一般而言,混合溶剂作为有机磷农药的提取溶剂比单一溶剂效果好。

就提取方法而言,一般采用振荡法、洗脱法(柱层析淋洗)、超声波法、捣碎法等。由于某些有机磷农药的热稳定性较差,索氏提取法一般不宜采用。

①如脂肪含量不高的样品(小于2%),可以直接用中极性或弱极性溶剂提取后进行柱层析,不需经过液—液分配。

②脂肪含量较高(一般在2%~10%)、含水量高的样品(一般大于75%),最好用一种与水混溶的溶剂进行提取,如乙腈、丙酮,然后再与一种有机溶剂进行液—液分配,如极性较弱的可用石油醚,极性较强的可用二氯甲烷。

③残留农药含水量小于75%的样品,可用含水35%的乙腈或丙酮(补足水分)提取,再用有机溶剂提取,这样将乙腈或丙酮层弃去后,水溶性或极性的物质便随之去除。

④高脂肪含量的样品(脂肪含量2%~10%),可加入丙酮使脂肪颗粒沉淀,用玻璃纤维过滤后,滤液再用二氯甲烷或石油醚提取。

⑤如脂肪含量大于20%时,可用丙酮—甲基纤维素—甲酰胺(5:5:2)提取。

⑥糖分含量高的样品会使水和乙腈或丙酮层分开,使提取溶剂分层,可用加入部分水(加入25%~35%水)或将乙腈或丙酮加热的方法解决。

提取时样品中加入无水硫酸钠有助于水溶性较强的化合物的释出。

(二)净化方法

这里主要介绍柱层析法。常见的层析柱有弗罗里硅土吸附柱层析、中性氧化铝吸附柱层析、凝胶柱层析、活性炭吸附柱层析等。

1. 弗罗里硅土吸附柱层析

弗罗里硅土吸附柱层析法是弱、中极性有机磷农药净化步骤中经常采用的一种净化方法,淋洗液常采用二氯甲烷—正己烷溶液。采用乙酸乙酯—正己烷为淋洗液,对于对硫磷、乙硫磷、杀螟硫磷、二嗪农、马拉硫磷、亚胺硫磷、甲基对硫磷等多种有机磷农药的淋洗效果也很好。美国PAM柱(目前国际上常用的弗罗里硅土柱之一),内径为2.2cm,柱内填充约10cm。高弗罗里硅土,其上覆盖一层1cm厚无水硫酸钠,使用40~50mL石油醚预淋洗,然后按下面程序进行淋洗:200mL 20%二氯甲烷—80%正己烷、200mL 50%二氯甲烷—0.35%乙腈—49.65%正己烷、200mL 50%二氯甲烷—1.5%乙腈—48.5%正己烷。

采用这种淋洗溶剂系统对分离测定含脂肪、油等杂质的多种有机磷农药效果都很好。

以下几点应予注意：

(1)含有硫醇(RSH)基团的有机磷农药在弗罗里硅土柱上容易被氧化,因此如像三硫磷、甲拌磷等有机磷农药,用弗罗里硅土柱净化时损失率可达到 20%～80%。乙拌磷、内吸磷也不可用此柱净化,因在柱上可全部或大部氧化成亚砜,再进一步氧化成砜。同样,一些亚砜类农药如丰索磷和砜吸磷可氧化成砜类,而牢固地被吸附在柱上,但在用水脱活的柱上,这些情况可获一定程度的改善。

(2)一些有机磷农药的氧化同系物如对氧磷、杀螟氧磷、马拉氧磷、苯氧磷,以及乐果,在弗罗里硅土柱上可损失 20%～100%。

(3)高极性的磷酸酯型和膦酸酯型农药在弗罗里硅土柱上可被吸附,因此回收率低。

2. 中性氧化铝吸附柱层析

中性氧化铝是农药残留分析中广泛应用的一种吸附剂。其优点是:价格便宜;吸附脂肪、蜡质的效果不亚于弗罗里硅土;淋洗溶剂用量少;以及可去除样品中存在的可溶于三氯甲烷的有机磷农药干扰物质的特殊功效。中性氧化铝的活化温度不可超过 528℃,否则就会使活性表面显著减少,而且在高温下活化的氧化铝会有游离的碱,使中性氧化铝变为碱性,易引起农药的分解。使用前放在 130℃下活化 3～6h,然后加入 5%～15%的水脱活。中性氧化铝的吸附性能比弗罗里硅土强,因此不脱活的中性氧化铝会使农药的回收率降低。中性氧化铝易吸水,活化后的氧化铝在密闭容器中可保持一周有效活性,过期使用需要重新进行活化。

3. 凝胶柱层析法

凝胶(简称 GPC)作为柱层析填料广泛应用于农药残留分析的净化。这种方法的原理是利用化合物分子大小进行分离,因此,在农药残留分析中主要用于去除样品中色素、脂类等大分子化合物杂质,从而达到与小分子农药达到净化分离的目的。

常用的凝胶如聚苯乙烯凝胶填料 Bio-Beads SX-2、Bio-Beads SX-3 等,淋洗剂用乙酸乙酯、甲苯、环己烷等。葡聚糖(SpHadex)作为有机磷农药的净化柱也有应用,因大多数农药的分子量在 200～400,而植物中的干扰物质分子量在 500～900 内(叶绿素为 706,胡萝卜素为 536)。常用于有机磷农药净化的葡聚糖为 SpHadex LH-20,其优点是一根柱可长期连续使用。

4. 活性炭吸附柱层析

活性炭柱在有机磷农药残留量分析中用得较多,用乙腈:苯(1:1)作淋洗剂,能有效净化许多有机磷农药。一般认为效果优于弗罗里硅土柱。活性炭柱对色素的吸附力很强,但对脂肪、蜡质的吸附不强,因此最好将活性炭和吸附脂肪、蜡质较好的中性氧化铝或弗罗里硅土混合装柱,净化效果会更好。

活性炭在使用前,一般要经过适当的处理才能使用,具体的活性炭处理法如下:200g 活性炭用 500mL 浓盐酸调成浆状,煮沸 1h,并不断搅拌,然后加入 500mL 水,搅拌后再煮沸 30min～1h,过滤,活性炭在布氏漏斗上,用水洗至中性,在 130℃下烘干备用。

(三)测定方法

有机磷农药残留的测定方法主要是气相色谱法,应用的检测器有火焰光度检测器

(FPD)、氮磷检测器(NPD)以及质谱检测器(MSD),根据化合物结构特点,也有用电子捕获检测器进行检测的情况,例如杀螟硫磷、甲基对硫磷、对硫磷等。毒死蜱可以应用上述任何一种检测器进行检测。另外,有机磷农药测定方法还有高效液相色谱法和薄层色谱法。

1.气相色谱法

在有机磷农药残留量的气相色谱测定中,如果被分离的物质是非极性化合物,则选用非极性固定液的色谱柱;如果被分离的物质是极性化合物,则应选用极性固定液的色谱柱。用非极性固定液的色谱柱时,按沸点高低出峰,低沸点化合物先出峰;用强极性固定液的色谱柱时,出峰次序一般为极性弱的化合物先出峰,极性强的化合物后出峰。

气相色谱仪配备电子捕获检测器(ECD)、火焰光度检测器(FPD)、氮磷检测器(NPD),检测有机磷农药残留最小检出量可达 ng 级水平。由于所有有机磷农药均含有磷元素,因此,一般而言,FPD 和 NPD 比 ECD 更适于有机磷农药残留量的检测。前两种检测器具有不易污染,寿命比 ECD 长、选择性较好,干扰小,可以在较高温度下操作,线性范围较宽,操作比较简便等优点。

2.高效液相色谱法

有机磷杀虫剂残留的高效液相色谱分析方法中,常用的检测器为紫外检测器,适于测定某些热稳定性较差的农药如辛硫磷等。但因为紫外检测器的灵敏度比较低,在检测痕量残留时有一定困难,从而限制了此方法在农药残留分析中的应用。随着新型、灵敏度高的检测器不断出现,HPLC 方法在有机磷杀虫剂残留分析中的应用会越来越普遍。

能力拓展　粮谷中甲胺磷、久效磷残留分析

【目的】

学习气相色谱法测定食品中甲胺磷、久效磷的原理、步骤及注意事项。

【原理】

试样中有机磷农药用有机溶剂提取,再经液液分配、微型柱净化等步骤除去干扰物质,用氮磷检测器检测,根据色谱峰的保留时间定性,外标法定量。

【试剂】

(1)农药标样(甲胺磷、久效磷)。

(2)硅镁吸附剂 60～100 目,650℃灼烧 4h,用前 140℃烘 3h,备用。

(3)无水硫酸钠(分析纯),650℃灼烧 4h,干燥,备用。

(4)丙酮(分析纯、重蒸)。

(5)标准溶液的配制　分别准确称取 50.0mg(精确到 0.1mg)的农药标准品,用丙酮定容至 50mL 得到 1mg/mL 农药单标标准溶液。根据 NPD 对各种农药的响应,决定其混合标准溶液的浓度。

【仪器】

(1)气相色谱仪,其中包括 NPD 检测器、空气发生器和氢气发生器,分析柱为 Rtx-1701 (30m×0.32mm×0.25μm)。

(2)旋转蒸发仪。

(3)离心机。

(4)超声波清洗器。

(5)分析天平。

【方法】

1.样品处理　称取过 40 目的样品 5.00g(精确到 0.01g)于 100mL 玻璃离心管中,加入 3.0g 无水硫酸钠,40.0mL 丙酮,超声提取 20min,离心 5min(3000r/min),将上层清液转入 250mL 的圆底烧瓶中,再次向离心管中加入 40.0mL 丙酮,超声提取 20min,离心 5min(3000r/min),两次的提取液合并于 250mL 圆底烧瓶中,旋转蒸发仪(40℃)浓缩近干,用正己烷:乙酸乙酯=1:1(V/V)定容至 5mL,过柱(层析柱中依次装入 2cm 无水硫酸钠,5.0g 硅镁吸附剂,2cm 无水硫酸钠),用 40mL 正己烷:乙酸乙酯=4:1(V/V),正己烷:乙酸乙酯=1:1(V/V),40mL 正乙烷:乙酸乙酯=1:4(V:V)依次淋洗,将滤液在旋转蒸发仪(40℃)浓缩近干,用丙酮定容至 2mL,用 0.45μm 的过滤器过滤,待测。

2.测定条件　分析柱为 Rtx-1701(30m×0.32mm×0.25μm),载气 He,柱流量为 2.20mL/min,分流进样,分流比为 5:1,气化室温度为 240℃;升温程序为:70℃ (0.1min)—39℃/min—210℃(1.0min)—5℃/min—260℃(3.0min);检测器温度:290℃, 保持恒流状态,电流:2.0pA,尾吹气(He):30mL/min,氢气:3.5mL/min,空气: 145mL/min;进样量:1μL。

【结果计算】

试样中甲胺磷、久效磷的单一含量按下式计算。

$$X = (A_1/A_2) \times (m_1/m_2) \times (V_1/V_2) \times (1000/1000)$$

式中:X——试样中甲胺磷、久效磷的单一含量,mg/kg;

A_1——被测定试样各组分的峰值(峰高或峰面积);

A_2——各农药组分标准的峰值(峰高或峰面积);

m_1——单一农药标准溶液的含量,ng;

m_2——被测定试样的取样量,g;

V_1——被测定试样的稀释体积,mL;

V_2——被测定试样的进样体积,μL。

【讨论】

1.对于含脂肪、油等杂质的有机磷农药,采取弗罗里硅土柱层析净化时,应注意哪些问题?

2.在蔬菜试样中甲胺磷、久效磷残留分析的样品处理步骤中加入无水硫酸钠的目的是什么?

3.常用于食品中有机磷农药残留的气相色谱检测器有哪些类型?

4.常见的吸附柱填料有哪些?

5.凝胶渗透色谱净化法其基本原理是什么?

任务三　拟除虫菊酯杀虫剂的检验

背景知识:

郑阿姨最近碰上了烦心事。罪魁祸首"储物害虫"导致退休在家的她,每天都借着装修梯爬上爬下。

记者第一次见到郑阿姨,她正握着放大镜捉虫。"不要看这虫子小,但数量多,都不知从哪里冒出来,有十多天了,看着就心烦。我现在就想知道,这是什么虫子,为什么会出现在家里,怎么才能除掉。"

这种虫子体积较小,有2毫米长,通体呈褐色或黑色,多出现在郑阿姨家卧室和客厅的天花板上,就连雪白的墙围也"虫迹斑斑"。郑阿姨说,她家天花板四个角落出现很多霉点,不知道和小虫有没有关系。带着郑阿姨的疑问和捉到的虫子,记者走访了相关部门。

"这种虫子并不是卫生部门重点观测研究的'卫生害虫',因为它们没有传播疾病的迹象,不是有害媒介生物。国内将此类虫子统称为'储物害虫'。"市消毒站骆站长还告诉记者:"依据目前掌握的数据,这类虫子对人类没有害处,市民不必太过担心。当然,必要的治理和预防措施必不可少。"

有关药物的选择,骆站长推荐:"以前我们使用的都是毒性较大的药品,例如敌敌畏,此类药品虽然具有杀虫效果,但也对人体产生伤害。现在我们提倡使用'拟除虫菊酯'类药物,这类药品与环境亲和度高,且不会在室内残留很久,高效低毒。现在市面上能够买到由该类药物配置的多种药品,市民可以根据实际情况进行选择。"

一、概述

拟除虫菊酯是仿天然除虫菊素合成的化学杀虫剂,杀虫效力比常用杀虫剂要高1~2个数量级,但是其在生物体内易代谢,不会通过生物浓缩富集,对环境和生态系统影响较小,而且在杀虫毒力及对日光的稳定性均优于天然除虫菊素,广泛用于农作物害虫和卫生害虫的防治。天然除虫菊酯从结构来看是一种酯类化合物,目前有效成分已经确定的有六种。1973年,第一个拟除虫菊酯(氯菊酯)被合成出来,其光稳定性远远大于天然除虫菊酯。目前,拟除虫菊酯从结构上已经摆脱了酯的结构,而是醚或者是肟醚等结构。

氯菊酯

二、分析特点

(一)提取方法

拟除虫菊酯类农药水溶性较小,动植物和环境中拟除虫菊酯杀虫剂残留的提取一般采用加有机溶剂,组织捣碎,振荡提取。常用的溶剂有正己烷、石油醚、乙腈、丙酮及其混合溶剂。各类样品中拟除虫菊酯杀虫剂残留提取通常使用的有机溶剂如下。

蔬菜水果类样品:丙酮、石油醚、丙酮—石油醚、丙酮—正己烷、石油醚—乙醚、正己烷、乙腈、乙腈—水、乙酸乙酯、二氯甲烷、苯等;

烟草:石油醚、正己烷、丙酮—石油醚、乙腈、乙腈—水等;

中药材:石油醚、丙酮—石油醚等;

粮谷类:石油醚、正己烷、丙酮—石油醚、乙腈—水、丙酮—水等;

茶叶:丙酮—石油醚、丙酮—正己烷、苯等;

动物组织:石油醚、正己烷、丙酮—石油醚、乙腈、乙腈—水、乙腈—乙醇等。

除溶剂提取法外,超临界提取也是一种有效的手段,当物质处于其临界温度和压力以上时,向该状态气体加压,气体不会液化,只是密度增大,具有类似液态对溶质有较大溶解度的性质,同时还保留气体易于扩散和运动的性能,这种状态称为超临界流体。超临界流体用于有机化合物的溶解一般能增加几个数量级。

超临界提取效率高、耗时短,分析周期在 1h 以内。Nguyen 等曾用超临界 CO_2 提取动物组织中胺菊酯、氯菊酯、百树菊酯、氯氰菊酯、氰戊菊酯等拟除虫菊酯杀虫剂。

(二)净化方法

一般采用柱层析净化,常用的吸附剂有弗罗里硅土、氧化铝、硅胶等。其中最常用的是弗罗里硅土,其次是中性氧化铝。用于各种净化柱洗脱拟除虫菊酯杀虫剂残留的有机溶剂如下。

弗罗里硅土:乙酸乙酯—石油醚(5∶95)、乙酸乙酯—石油醚(10∶90)、乙酸乙酯—石油醚(20∶1)、正己烷—丙酮(90∶10)、乙醚—正己烷(6∶94)、己烷—苯—乙酸乙酯(171∶19∶10)、正己烷—苯(80∶20)、正己烷—苯—乙酸乙酯(180∶19∶1)、正己烷—苯—乙酸乙酯(176∶19∶5)、正己烷—苯—乙酸乙酯(171∶19∶10);

中性氧化铝:石油醚、乙醚—正己烷(6∶94)等;

弗罗里硅土/硅胶:乙醚—石油醚(20∶80);

活性炭/中性氧化铝:正己烷—丙酮(2∶1);

中性氧化铝/弗罗里硅土:乙酸乙酯—石油醚(5∶95)、苯—乙酸乙酯(5∶95)、二氯甲烷—乙酸乙酯—石油醚(35∶10∶55)、石油醚—丙酮(4∶1)、苯等；

弗罗里硅土—活性炭：石油醚—乙酸乙酯(95∶5)；

Biobeads SX-3 凝胶：环己烷—二氯甲烷(1∶1)；

Sep-Pak 硅胶柱＋Sep-Pak 硅镁柱：丙酮—正己烷(3∶97)。

(三)测定方法

1. 气相色谱法

气相色谱是目前测定拟除虫菊酯残留的主要手段,检测器大多使用电子捕获检测器(ECD)、质谱(MS),以及 FID 检测器等。常用的色谱柱有：10％ SE-30-Chromosorb W AW DMCS(80～100 目)、3％ OV-101-Chromosorb Q(80～100 目)、3％ OV-101-Chromosorb Q(60～100 目)、2％ OV-101-Chromosorb W AW DMCS(60～80 目)、3％ OV-101-Chromosorb W AW DMCS(80～100 目)等填充柱以及 HP-5、HP-17、OV-101、DB-5MS、DB-5、PE-5、HP-1701、BP-1 等毛细管柱。

2. 高效液相色谱法

拟除虫菊酯杀虫剂残留测定也有利用高效液相色谱为检测手段。如蔬菜中甲氰菊酯、氰戊菊酯、溴氰菊酯、氟氯氰醚菊酯、氟丙菊酯、氟胺氰菊酯、联苯菊酯残留；糙米中氯氰菊酯、氰戊菊酯、溴氰菊酯、氯菊酯残留；牛奶中七氟菊酯、高胺菊酯、苯醚氰菊酯、百树菊酯、氟氰菊酯、氟胺氰菊酯、溴氰菊酯、生物丙烯菊酯、甲氰菊酯、三氟氯氰菊酯、氯菊酯、氯氰菊酯、氰戊菊酯、氯溴氰菊酯残留的测定。

能力拓展　食品中氯氰菊酯、氰戊菊酯和溴氰菊酯残留量的测定

【目的】

学习气相色谱法测定食品中氯氰菊酯、氰戊菊酯和溴氰菊酯的原理、步骤及注意事项。

【原理】

试样中氯氰菊酯、氰戊菊酯和溴氰菊酯经提取、净化、浓缩后用电子捕获—气相色谱法测定。氯氰菊酯、氰戊菊酯和溴氰菊酯经色谱柱分离后进入电子捕获检测器中,便可分别测出其含量。利用被测物的峰高或峰面积与标准的峰高或峰面积比进行定量。

【试剂】

(1)石油醚(分析纯,沸程 30～60℃,重蒸)。

(2)丙酮(分析纯,重蒸)。

(3)无水硫酸钠(分析纯,550℃灼烧 4h 备用)。

(4)色谱用中性氧化铝(550℃灼烧 4h 后备用,用前 140℃烘烤 1h 加 3％水脱活)。

(5)色谱用活性炭(550℃灼烧 4h 后备用)。

(6)脱脂棉(经正己烷洗涤后,干燥备用)。

(7)农药标准品　氯氰菊酯(纯度≥96％)、氰戊菊酯(纯度≥94.3％)、溴氰菊酯(纯

度≥7.5%)。标准溶液的配制:用重蒸石油醚或丙酮分别配制氯氰菊酯 $2×10^{-7}$g/mL、氰戊菊酯 $4×10^{-7}$g/mL、溴氰菊酯 $1×10^{-7}$g/mL 的标准溶液。吸取 10mL 氯氰菊酯、10mL氰戊菊酯、5mL溴氰菊酯的标准液于 25mL 容量瓶中摇匀,即成为标准使用液,浓度为氯氰菊酯 $8×10^{-8}$g/mL、氰戊菊酯 $16×10^{-8}$g/mL、溴氰菊酯 $2×10^{-8}$g/mL。

【仪器】

(1)气相色谱仪附电子捕获检测器。

(2)高速组织捣碎机。

(3)电动振荡器。

(4)高温炉。

(5)K-D 浓缩器或恒温水浴箱。

(6)具塞三角烧瓶。

(7)玻璃漏斗。

(8)10μL 注射器。

【方法】

1.提取 称取 10g 粉碎的谷类样品,置于 100mL 具塞三角瓶中,加入石油醚 20mL,振荡 30min 或浸泡过夜,取出上清液 2～4mL 待过柱用(相当于 1～2g 样品)。

2.净化 对于大米,可用内径 1.5cm、长 25～30cm 的玻璃色谱柱,底端塞以经处理的脱脂棉。依次从下至上加入 1cm 的色谱用无水硫酸钠,3cm 的色谱用中性氧化铝,2cm 的无水硫酸钠,然后以 10mL 石油醚淋洗柱子,弃去淋洗液,待石油醚层下降至无水硫酸钠层时,迅速将样品提取液加入,待其下降至无水硫酸钠层时加入淋洗液淋洗,淋洗液用量 25～30mL 石油醚,收集滤液于尖底定容瓶中,最后以氮气流吹,浓缩体积至 1mL,供气相色谱用。

对于面粉、玉米粉,可使用大米净化所用的净化柱,只是在中性氧化铝层上边加入 0.01g 色谱用活性炭粉(可视其颜色深浅适当增减色谱用活性炭粉的量)进行脱色净化,其操作与大米净化的操作相同。

3.测定 用具有 ECD 的气相色谱仪。色谱柱:玻璃柱 3mm(内径)×1.5m 或 2m,内填充 3% OV-101-Chromosorh W AW DMCS(80～100 目)。柱温 245℃,进样口和检测器 260℃。载气:高纯氮气,流速 140mL/min。

【结果计算】

用外标法定量。按下列公式计算:

$$C_x = [(h_x C_s Q_s V_x × 1000)/(h_s m Q_x)] × 1000$$

式中:C_x——试样中农药含量,mg/kg;

$\quad\quad h_x$——试样溶液峰高,mm;

$\quad\quad C_s$——标准溶液浓度,g/mL;

$\quad\quad Q_s$——标准溶液进样量,μL;

$\quad\quad V_x$——样品的定容体积,mL;

h_s——标准溶液峰高,mm;

m——试样质量,g;

Q_x——试样溶液的进样量,μL。

【注意事项与补充】

1.对于已经重蒸的石油醚,在使用前应在测定条件下检查有无干扰峰,检查氯氰菊酯、氰戊菊酯和溴氰菊酯出峰处有无杂质峰,如果有需要,需将溶剂重新处理。

2.在测定含色素较多样品时加活性炭的量要反复预试,淋洗液略带黄色而不干扰主峰是允许的,活性炭装柱时要小心铺均匀。

3.标准方法是使用填充柱,可以用毛细管柱来代替,可选用 DB-5 或性质相似的毛细管柱。

【讨论】

1.不同基质中的拟除虫菊酯农药提取方法如何？测定主要手段是什么？

2.对于已经重蒸的石油醚,如何检验其是否符合实验要求？

3.怎样判断固相萃取中农药已经完全被洗脱了？

任务四　　氨基甲酸酯杀虫剂的测定

背景知识:

在南京众彩农副产品物流中心,一车来自潍坊的生姜在快速定性检测时,疑似"氨基甲酸酯"残留超标,市场立即封存后取样送省和南京市农产品质量检验检测中心进行定量检测。定量检测结果显示,送检的 6 吨生姜"氨基甲酸酯"含量为 0.0014mg/kg,远低于国家标准 0.03mg/kg,确认为合格产品可上市销售。两次检测结果存在差异的原因是,快速定性检测是对农产品农药残留的初步筛查,有时样品上的泥巴等物质会干扰检测结果,出现"假阳性",导致判定结果出现误差,此时就需要定量检测,与国家标准一一比对。

一、概述

氨基甲酸酯杀虫剂是以毒扁豆碱为结构母体而进行人工合成的一类杀虫剂。从结构来看,氨基甲酸酯类杀虫剂主要可分为 N-甲基氨基甲酸酯类和 N,N-二甲基氨基甲酸酯类两大类。其中,与酯基对应的羟基化合物 R^1OH 往往是弱酸性,R^2 是甲基,R^3 是氢或者是一个易于被化学或生物方法断裂的基团。对于氨基甲酸酯整体而言,结构上的变化主要在酯基上,一般要求酯基的对应羟基化合物具有弱酸性,如烯醇、酚、羟肟等;结构的另一个可变部分是氮原子上的取代基,氮原子上的氢可以被一个或两个甲基取代,也可以被酰基取代。

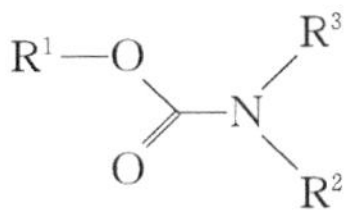

氨基甲酸酯类结构通式

N-甲基氨基甲酸酯类杀虫谱广、作用强,因此此类农药品种较多。氨基甲酸酯农药的毒性机理与有机磷农药类似,也是抑制生物体内胆碱酯酶的活性,从而达到杀死病虫害的目的,同时也是造成人类中毒的原因。与有机磷农药不同的是,有机磷杀虫剂对胆碱酯酶的抑制是不可逆的,而氨基甲酸酯杀虫剂对胆碱酯酶的抑制是可逆的。

使用氨基甲酸酯杀虫剂后,其母体在植物体中易被代谢,大多数的氨基甲酸酯在施用后较短的时间内,就可被降解成相应的代谢产物,这些代谢产物通常具有与母体化合物相同或更强的活性,例如涕灭威亚砜比涕灭威本身具有更有效的抗胆碱酯酶作用。从 20 世纪 70 年代以来,由于部分有机氯和有机磷杀虫剂引起严重的环境生态问题而受到禁用或限用,而氨基甲酸酯杀虫剂的用量却逐年增加,这就使得其残留状况备受关注。近年来,针对不同基体(如水、土壤、水果、蔬菜)中氨基甲酸酯及其代谢产物的残留测定,已经发展了很多的分析方法。

在我国农业生产上大量使用的氨基甲酸酯杀虫剂主要有克百威、异丙威、灭多威、涕灭威、抗蚜威、速灭威、混灭威、仲丁威、害扑威等,国外除了这些品种外还大量使用甲萘威。

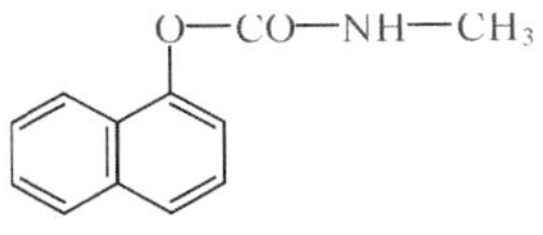

甲萘威 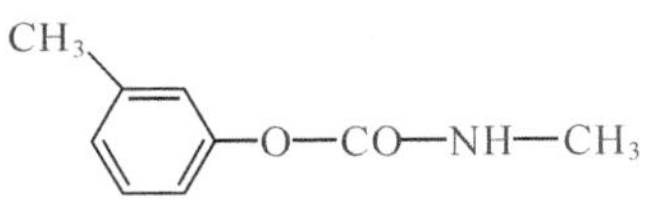　　　　　　　　　　速灭威

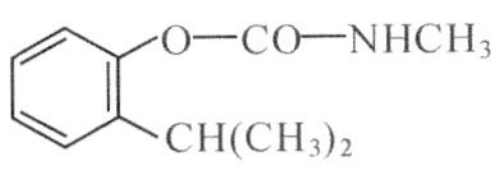

异丙威 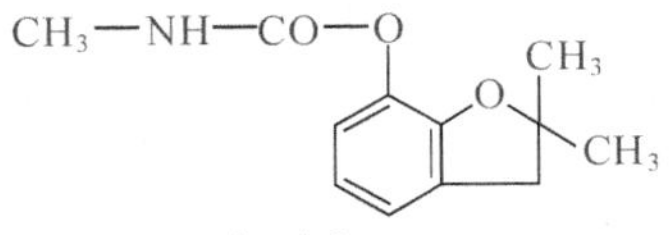　　　　　　　　　　克百威

二、分析特点

氨基甲酸酯杀虫剂的残留分析有其独特性,表现如下:

第一,氨基甲酸酯杀虫剂虽然是含氮有机物,可以在气相色谱仪中用 NPD 检测器选择性地被检出,但由于其中大多数化合物在高温条件下不稳定,需进行衍生化后才能在 GC 上进行检测,或是使用 HPLC 等其他方法进行分析,例如大多数芳基-N-甲基氨基甲酸酯农药在 GC 上测定时,由于高温其在柱上会发生分解。

第二,氨基甲酸酯杀虫剂的代谢产物在毒理学上有重要的意义。有的研究认为,氨基甲酸酯类杀虫剂若经酶的作用会产生 N-羟基氨基甲酸酯能抑制 DNA 的复制。因此,在分析亲体氨基甲酸酯化合物残留量的同时,还必须将这些有毒理学意义的代谢产物的检测也包括在内。

第三,大多数氨基甲酸酯杀虫剂在碱性介质中不稳定,且是极性化合物,因此在样品制备过程中,不能简单地采用一般的样品制备方法。

第四,氨基甲酸酯杀虫剂用氮磷检测器进行 GC 分析或紫外检测器进行 HPLC 分析,都存在灵敏度问题,但可以通过衍生化后用电子捕获检测器进行 GC 分析来降低检测限,或是在样品制备过程中采用固相提取法来富集浓缩农药,以此解决这一问题。

因此,对于这类杀虫剂的残留检测,必须先了解其理化性质,同时也要求掌握它的降解、代谢途径与形成的衍生物的结构和特性。氨基甲酸酯类杀虫剂残留分析样品的制备,主要应考虑此类农药易于水解、对热不稳定等特点。在提取和浓缩操作过程中,温度不能过高,提取液的 pH 值应避免高于中性,以免引起水解。

(一)提取

大多数氨基甲酸酯类杀虫剂易溶于多种有机溶剂中,但在水中溶解度较小,只有少数涕灭威、灭多虫等甲氨基甲酸肟酯例外。

溶剂提取法在氨基甲酸酯杀虫剂残留的提取中是主要的方法,一般使用组织搅碎器或其他方法将试样制成匀浆。最常用的提取溶剂有甲醇、丙酮、乙腈、乙酸乙酯、二氯甲烷、石油醚等,提取液经过净化后除去干扰物,最后进行色谱分析。用索氏提取法时,要注意防止农药的热分解和挥发。

植物组织中农药的提取,大多数选择二氯甲烷作为提取溶剂,主要原因是氨基甲酸酯类农药在这种溶剂中溶解度较大。但是,乙腈作为提取溶剂也被使用,有时在溶剂中加水可提高提取效能,例如用 50% 乙醇溶液提取马铃薯中涕灭威效果就要好得多,待测的干样品用含 35% 水分的乙腈溶液提取效果也很好。有的试验结果表明,为了提高溶剂提取纤维产品中的残留甲萘威,可先将样品放在水中浸泡 6~24h。对于动物组织中的残留农药,由于动物体不同组织物理性状有显著差异,提取处理要比植物组织困难得多,一般加无水硫酸钠可避免在研磨处理时或组织捣碎时产生乳化现象。提取动物体内氨基甲酸酯农药也可用二氯甲烷溶剂为主。

(二)净化

最常用的净化方法有液—液分配法、柱色谱法和沉淀法。液—液分配常用的溶剂体系有丙酮—己烷和乙腈—己烷(石油醚)等,但由于氨基甲酸酯极性较大,采用液—液分配法净化具有很大的局限性,回收率往往很低,这是由于极性化合物的分配系数或 p 值(溶质存在于非极性相中的份数)较小(0.01~0.09)。但是,许多氨基甲酸酯杀虫剂在 80% 丙酮—异辛烷溶剂对中有较大的 p 值(0.09~0.41)。因此,用丙酮提取后,再与异辛烷分配可得到满意的净化效果。

柱色谱法常用的有弗罗里硅土、硅胶、氧化铝或氨基丙基键合硅胶等正相柱,以及 C_{18} 柱等反相柱。若用正相柱,则有两种净化方式。一种方式是将氨基甲酸酯类农药从柱上淋洗下来而让杂质留在柱中,此时常用二氯甲烷和氯仿作淋洗剂,而对极性较强的酚类代谢物常用甲醇作淋洗剂。另一种方式,如果农药的极性比大多数杂质的极性更强,如在柑橘、马铃薯、胡萝卜、玉米、饲料中的涕灭威和它的代谢物,可先用二氯甲烷将色素等杂质淋洗下来,然后再用丙酮—正己烷混合液将农药及其代谢物洗脱、回收。如果使用反相柱,则可用不同比例的甲醇—水、乙腈—水或其他混合溶剂淋洗。

例如,氨基丙基键合硅胶柱用于谷物、水果、蔬菜中氨基甲酸酯杀虫剂残留中有机干扰物的净化,洗脱剂为1%的甲醇—二氯甲烷溶液,接着换成含有稀盐酸的甲醇溶液淋洗,最后进行 HPLC 分析。当添加水平为 $20\mu g/kg$ 时,氨基甲酸酯及其代谢产物的回收率为 $60\%\sim103\%$。

沉淀法是在过滤后的丙酮或乙腈提取液中加入0.1%氯化铵和0.2%磷酸溶液,使植物蜡质、色素和其他干扰物质凝聚或沉淀下来,通过过滤而除去,然后将氨基甲酸酯类化合物分配入疏水性溶剂(如二氯甲烷)中。

(三)测定方法

1.气相色谱测定

由于许多氨基甲酸酯类农药热稳定性差,即使在色谱柱选择条件方面做很多尝试,仍不可避免会产生氨基甲酸酯的分解,同时也缺乏灵敏度高的选择性检测器,于是对在高温下不发生分解的氨基甲酸酯类农药(如克百威、涕灭威、灭多威、异丙威、杀线威、灭定威、双硫威、丁苯威、残杀威等)可以直接进行 GC 测定。而对于易热分解的氨基甲酸酯(如甲硫威),或是考虑将其完全水解,以测定氨基甲酸酯的烷基胺或酚类部分,或是通过热稳定衍生化后测定其衍生物。

(1)直接测定

对担体、固定液、色谱柱的色谱条件和老化条件予以特别注意,可直接用气相色谱仪测定某些氨基甲酸酯类农药。一般选择低极性的固定液如甲基或苯基硅酮(SE-30、DC-200、OV-101、OV-17),并采用较短的玻璃柱或石英柱,工作温度适中(140~190℃)。

例如,在柱温为 180℃工作条件下用 5%或 10%的 DC-200 柱,以电解电导检测器(ELCD)进行测定,有些氨基甲酸酯类化合物和它的代谢物并不分解或很少被分解。但是应该特别指出,用 GC 直接检测氨基甲酸酯类农药时,对样品制备要求很高,如果样品净化处理不好,引起进样口的污染,则助长氨基甲酸酯类(特别是甲萘威)的分解。

GC 测定中所用的检测器有专一性检测器,如氮磷检测器(NPD),以及非专一性检测器,如电子捕获检测器(ECD),但前者的检测灵敏度较低,且存在基体中其他含氮和含磷化合物的干扰。近年来,GC 上开始较多地使用质谱检测器(MSD),它是通用型检测器,检测灵敏度略高于 NPD,虽然其目前价格较昂贵,但被认为是取代 NPD 等检测器的强力手段。

(2)衍生化法

衍生化法是通过化学反应将样品中难以分析检测的氨基甲酸酯化合物定量地衍生为另一种易于分析检测的化合物。这种方法虽可制备成适合 GC 检测的化合物或提高检测的灵敏度和化合物的热稳定性,但它无法将农药亲体和它的降解产物在测定中区分开来,同时操作复杂、耗时长,具有很大的局限性。

氨基甲酸酯的衍生化途径有多种,其中主要的有以下几种途径。

①酰化制备衍生物:化合物的亲体用三氟醋酸酐进行酰化,形成的酰化衍生物用电子捕获检测器测定。该类衍生物热稳定性提高,峰形对称,滞留时间较短,检测可至 ng 级,在

ng 级范围内呈线性关系。N-甲基氨基甲酸酯的五氟丙酰衍生物比三氟乙酰检测灵敏度更高。另外，由于五氟丙酰酐与 N-甲基氨基甲酸酯的反应是在吡啶催化下、室温条件中进行，较低的反应温度可显著减少 GC 干扰峰。

②化合物亲体水解后产物再制备衍生物：氨基甲酸酯类水解形成烷基胺与酚类，并放出二氧化碳，制备的衍生物可以由烷基胺形成，也可以由酚类形成。从烷基胺制备衍生物时，N-甲基和 N,N-二甲基氨基甲酸酯水解产生的甲胺或二甲胺，分别形成 N-甲基和 N,N-二甲基-2,4-二硝基苯胺。这一衍生过程包括两个步骤：一是在碱性条件下水解氨基甲酸酯；二是加碱和缓冲液，在微碱性体系中进行二硝基苯基化反应，然后将衍生物分配入溶剂正己烷。在电子捕获检测器上检测灵敏度为 ng 级水平，但如有多余的未反应的1-氟-2,4-二硝基苯(FDNB)存在，能产生严重的干扰。

当从酚类制备衍生物时，也可用 FDNB 使氨基甲酸酯水解后的酚类衍生物反应形成2,4-二硝基苯醚。这些衍生物用电子捕获检测时，最小检出量为 $0.1\sim0.2ng$。酚类化合物的 FDNB 衍生反应可在 pH=11 时一步完成。测定时可以用 2,4-二硝基酚-4-特丁基苯基酯作内标物。为了避免发生干扰，提取液中的游离酚，在氨基甲酸酯进行衍生化以前，需加硫酸铈[$Ce(SO_4)_2$]进行氧化去除。

③硅烷化制备衍生物：通过硅烷化后形成适于 GC 检测的衍生物，所有硅烷化试剂制备衍生物后可直接进行气相色谱分析，这样节省了样品制备时间。例如，灭虫威用高锰酸钾氧化形成砜后，再硅烷化过夜，可产生用火焰光度检测器(FPD)测定的衍生物。

硅烷化的 N-甲基氨基甲酸酯

④转换酯化制备衍生物：Maye 等描述了在柱上的氨基甲酸酯的转换酯化作用，使 8 种氨基甲酸酯杀虫剂，在含有催化数量的氢氧化钠甲醇液中，转换为甲基-N-甲基氨基甲酸酯，用 Porapak P 柱连接硫酸铷的氮磷检测器(NPD)，可检测至 ng 级水平。

甲基-N-甲基氨基甲酸酯

2.高效液相色谱测定

氨基甲酸酯的残留分析也可以用高效液相色谱法进行，特别是在常温下分析不会导致其分解。但目前使用广泛的紫外检测器灵敏度较低，导致检测限较高，对样品中含农药浓度较低时检测困难。解决这一问题的方法：一是通过将化合物衍生转化为荧光物质，以使用更高灵敏度的荧光检测器；二是利用新型的质谱检测器；三是通过固相提取柱对样品中残留农药进行富集，提高样品浓度。

目前大多数氨基甲酸酯的 HPLC 测定所使用的色谱柱都是反相 C_{18} 或 C_8 柱，常用的流动相为甲醇—水或乙腈—水。甲醇—水具有较低的紫外截止点，比较便宜，但黏度大；乙腈—水的黏度仅为相应比例的甲醇—水混合物的一半，在较高流速下使用不会产生严重的反压,但价格较高且毒性大。在氨基甲酸酯测定中,早期常用的检测手段就是紫外吸收检测。复杂基质中氨基甲酸酯残留分析常用的检测波长是254nm,而在分析测定克百威及其代谢产物的残留时波长多采用280nm。样品经SPE处理后,再用LC-UV检测,结果优于GC-火焰离子化检测器(FID)或HPLC-S-化学发光检测。近年来,采用二极管阵列紫外检测器,样品经SPE净化后,测定马铃薯中涕灭威及其代谢产物,其检测限达15μg/kg。

能力拓展　蔬菜和水果中氨基甲酸酯类农药残留的检验

【目的】

学习液相色谱法测定食品中氨基甲酸酯类农药的原理、步骤及注意事项。

【原理】

经乙腈提取,样品中多类多组农药同时被提取,测定氨基甲酸酯类农药的样品。采用固相萃取技术分离、净化,经浓缩后,使用高效液相色谱(带荧光检测器和柱后衍生系统)进行检测。外标法同时定性、定量。

【试剂】

(1)乙腈。

(2)丙酮:重蒸。

(3)甲醇:色谱纯。

(4)氯化钠:检验不含有机干扰物,在140℃下烘烤4h。

(5)试剂1:0.05mol/L NaOH溶液。

(6)试剂2:OPA稀释溶液[邻苯二甲醛(o-phthaladehyde,OPA);巯基乙醇]。

(7)农药标准品:纯度≥96%。

(8)农药标准溶液配制:

①单个农药标准溶液:准确称取一定量农药标准品,用甲醇稀释,逐一配制成1000μg/mL的单一农药标准储备液,储存在冰箱中(−18℃)。使用时根据各农药在对应检测器上的响应值,吸取适量的标准储备液,用甲醇稀释配制成所需的标准工作液。

②农药混合标准溶液:根据各农药在仪器上的响应值,逐一吸取一定体积的单个农药储备液分别注入同一容量瓶中,用甲醇稀释至刻度配制成农药混合标准储备溶液,使用前用甲醇稀释成所需浓度的标准工作液。

【仪器】

(1)食品加工器。

(2)恒温水浴锅(六孔或八孔)。

(3)旋涡混合器。

(4)匀浆机。

(5)氮吹仪。

(6)液相色谱仪(梯度淋洗)、配有柱后衍生反应装置和荧光检测器(FLD)。

(7)具塞量筒:100mL。

(8)玻璃注射器:5.0mL。

(9)玻璃漏斗:60°,φ9cm,短颈10～13cm。

(10)刻度离心试管:15mL。

(11)定量滤纸:φ15cm。

(12)烧杯:150mL。

(13)移液管:10mL。

(14)固相萃取柱:氨基柱,6mL,500mg。

(15)滤膜:0.2μm,0.45μm。

(16)色谱柱:HPLC预柱,C_{18}预柱(4.6mm×4.5cms);HPLC分析柱,C_8 4.6mm×25cm,5μm或C_{18} 4.6mm×25cm,5μm。

【方法】

1.样品制备 蔬菜水果样品重量不少于1000g,取可食部分,用干净纱布轻轻擦去样品表面的附着物,采用对角线分割法,取对角部分,将其切碎,充分混匀,切样品时,菜板上要垫牛皮纸,每个样品换一张,菜刀切每个样品后要冲洗一次,要保证样品均匀有代表性。将切碎后的样品用食品加工器粉碎(不可太碎,不能制成匀浆),制成待测样,放入分装容器中备用。

2.提取 准确称取25.0g在食品加工器中加工好的样品放入匀浆机容器中,加入50mL乙腈,在匀浆机中高速匀浆2min。在100mL具塞量筒内放5～7g NaCl,放一铺有滤纸的玻璃漏斗,过滤匀浆好的样品,收集滤液于100mL具塞量筒内,盖上塞子,剧烈震荡1min,在室温下静置约10min,使乙腈相和水相分层。

3.净化 从100mL具塞量筒中准确吸取10mL乙腈相溶液(上层),放入150mL烧杯中,将烧杯放在水浴锅(80℃)上加热,杯内缓缓通入氮气或空气流,将乙腈蒸发近干;加入2mL 1‰甲醇/二氯甲烷溶液(V/V),盖上铝箔以免蒸发,用于CARB检测。

将氨基柱用4mL 1‰甲醇/二氯甲烷(V/V)预洗条件化,当溶剂液面到达柱吸附层表面时,立即加入2mL 1‰甲醇/二氯甲烷(V/V)溶解的样品溶液,用15mL离心管收集洗脱液,靠溶液重力过柱,逐滴流下;用2mL 1‰甲醇/二氯甲烷(V/V)洗烧杯,过柱,并重复一次。将15mL离心管收集的洗脱液置于氮吹仪(50℃)上,在缓缓的氮气或空气流下蒸发至近干(应小于0.1mL,以保证除尽二氯甲烷),用甲醇准确定容至2.5mL。在混合器上混匀后,用0.2μm滤膜放在5mL注射器顶端,将甲醇溶液过滤,进行HPLC分析。

4.测定条件

(1)进样顺序:溶剂、低浓度混标、高浓度混标、溶剂、样品、低浓度混标。

(2)氨基甲酸酯类HPLC测定:

①仪器配置:HPLC装有四元泵溶剂梯度淋洗系统,自动进样器,化学工作站。

②处理机:柱后衍生和双试剂系统,荧光检测器。

③进样量:20μL。

④柱后衍生:

试剂 1:0.05mol/L NaOH 溶液,流速 0.3mL/min;

试剂 2:OPA 试剂,流速 0.3mL/min;

反应器温度:水解温度,100℃;衍生温度:室温。

⑤仪器参考条件:柱温:42℃;荧光检测器:λ_{ex} 330nm,λ_{em} 465nm;溶剂梯度与流速见表 7-2。

表 7-2　溶剂梯度与流速

时间(min)	水(%)	甲醇(%)	流速(mL/min)
0.00	85	15	0.5
2.00	75	25	0.5
8.00	75	25	0.5
9.00	60	40	0.8
10.00	55	45	0.8
19.00	20	80	0.8
25.00	20	80	0.8
26.00	85	15	0.5

【结果计算】

1.定性:样品中未知组分的保留时间(RT)与标样在同一色谱柱上的保留时间(RT)相比较,如果样品中某组分的保留时间与标准中某一农药的保留时间误差≤0.15min 可认定为该农药。

2.定量:

$$X_i = \frac{A_1 \times A_i \times V_3}{V_2 \times A_{si} \times m} \times C_{si}$$

式中:X_i——样品中 i 组分农药的含量,mg/kg;

V_1——提取溶剂总体积,mL;

A_i——样品中 i 组分的峰面积;

V_3——样品定容体积,mL;

V_2——吸取出用于检测的提取溶液的体积,mL;

A_{si}——标准溶液中 i 组分的峰面积;

m——样品质量,g;

C_{si}——标准溶液中 i 组分农药的含量,mg/L。

【讨论】

1.氨基甲酸酯类杀虫剂残留分析有何特点?

2.有机磷农药和氨基甲酸酯农药标准品可不可以混合一起测定?

3.什么是回收率,回收率实验如何开展?

任务五　兽药残留检测

一、概述

兽药是指用于预防、治疗和诊断动物疾病或者有目的地调节动物生理机能并规定作用、用途、用法、用量的物质（含药物饲料添加剂），主要包括血清制品、疫苗、诊断制品、微生态制品、中药材、中成药、化学药品、抗生素、生化药品、放射性药品、外用杀虫剂及消毒剂等。兽药残留是指用药后蓄积或存留于畜禽机体或产品（如鸡蛋、奶品、肉品等）中原型药物或其代谢产物，包括与兽药有关的杂质的残留，一般以 $\mu g/mL$ 或 $\mu g/g$ 计量。动物性食品是肉、乳、蛋、禽、鱼、水产及其制品和蜂蜜等的统称，其中主要残留的兽药有抗生素类、合成抗生素类、激素类和驱虫类。

随着现代食品工业的发展，食品动物养殖集约化已经成为一种养殖趋势。在养殖生产的各个环节，需要使用各种兽药和饲料添加剂，如各种抗生素、驱虫剂、防腐剂、激素、促生长素、氨基酸、微量元素、多种维生素及调味剂等。合理使用兽药和饲料添加剂，可以预防、治疗和诊断动物疾病，调节动物生理机能，促进动物生长和繁殖，改善动物性食品或乳制品的品质，满足人们对动物性食品的需求。然而，由于养殖人员对科学知识的缺乏以及一味地追求经济利益，致使滥用兽药现象在当前畜牧业中普遍存在。滥用兽药极易造成动物源食品中有害物质的残留，这不仅对人体健康造成直接危害，而且对畜牧业的发展和生态环境也造成极大危害。归纳起来，食品中兽药残留的主要原因有以下几个方面：

其一，防治畜禽疾病用药。在养殖过程中，往往需要通过口服、注射、局部用药等方法给食品动物用药。如果用药不当或不遵守休药期，则兽药可在动物体内残留。

其二，饲料中加入兽药添加剂。将低于治疗剂量的抗生素和其他化学药物作为添加剂加入饲料中。由于长时间使用这种饲料，造成兽药残留超标。

其三，动物性食品保鲜。在动物性食品运输和保存的过程中，为了保鲜，有时加入某种抗生素以抑制微生物的生长、繁殖，这会造成药物污染和残留。

动物性食品中兽药残留引起的危害主要有以下几个方面。

(一)毒性作用

1. 急性中毒　当一次摄入大量含有残留兽药的食品，会出现急性中毒反应。例如，摄入含瘦肉精(盐酸克伦特罗)残留的猪肉或其肝、肺等内脏后，会产生心悸、恶心、头晕、肌肉震颤等急性中毒反应。

2. 慢性中毒　长期食用含有残留兽药的动物性食品，兽药可在人体内不断蓄积，到一定程度后，就会对人体产生毒性作用。如磺胺类药物可引起肾损害，特别是乙酰化磺胺在尿中溶解度低，对肾脏损害大。

3. "三致"作用　即致癌、致畸、致突变作用。如苯并咪唑类抗蠕虫药能引起细胞染色体突变和致畸胎作用，妊娠妇女在特定的妊娠阶段，摄入含过量苯并咪唑类药物残留的动物性食品，可能发生胎儿畸形。

(二)耐药性

动物反复接触某种抗菌药物后，体内耐药菌株大量繁殖。在某些情况下，动物体内耐药菌株可通过动物性食品传递给人，可能会给治疗带来困难。已发现长期食用低剂量的抗生素能导致金黄色葡萄球菌和大肠杆菌耐药菌株的产生。某些残留兽药可能对人的胃肠道菌群造成影响，杀灭有益菌，导致致病菌大量繁殖，使机体易感染疾病。

(三)过敏反应

某些抗菌药物如青霉素、磺胺类药物、四环素及某些氨基糖苷类抗生素能使部分人群发生过敏反应。当这部分人摄入含这些抗菌药物残留的动物性食品时，会致敏，产生抗体。当这些被致敏的个体再次接触到这些抗菌药物或用这些药物进行治疗时，这些抗生素就会与抗体结合形成抗原抗体复合物，可能再次发生过敏反应。

(四)激素样作用

具有性激素样活性的同化剂的法定埋植部位是在屠宰时废弃的动物组织(如耳根部)，而深部肌肉注射同化剂属非法用药。若埋植同化性激素或注射后不久就将动物宰杀，则在肝、肾和注射或埋植部位会有大量同化激素残留，一旦被人食用后可产生一系列激素样作用。如潜在致癌性、发育毒性(儿童性早熟)等现象。

(五)污染环境，影响生态

许多研究表明绝大多数兽药排入环境后，仍然具有活性，会对土壤微生物、水生生物及昆虫等造成影响。如广谱抗寄生虫药伊维菌素主要通过粪便和乳汁排泄，其排泄物对低等水生动物和土壤中的线虫等仍有较高的毒性作用。

二、兽药残留质量标准

为防止兽药及其代谢物在食品动物组织或产品中残留,对人类健康产生有害影响和对环境造成污染,许多发达国家已建立了动物性食品中兽药残留限量标准和检测方法。我国自 20 世纪 90 年代开始进行食品兽药残留的监控工作,经多次修订,2014 年农业部与国家卫生计生委联合发布了食品安全国家标准《食品中农药最大残留限量》(GB 2763—2014),该标准规定的残留限量,覆盖了哺乳动物肉类、蛋类、禽内脏和肉类等 12 大类作物或产品。我国已对 135 种兽药做出了禁限规定,其中有兽药残留限量规定的兽药 94 种,涉及限量值1548 个,允许使用不得检出的兽药 9 种,禁止使用的兽药 32 种;建立了兽药残留检测方法标准 519 项。我国动物性食品部分兽药最高残留限量标准见表 7-3。

表 7-3 动物性食品部分兽药最高残留限量标准

药物	食品部分	最高残留限量(mg/kg)	检测依据
四环素	畜禽、肌肉	≤0.1	GB/T 9959.2—2008
	肝	≤0.3	
	肾	≤0.6	
氯霉素	畜禽肉、水产品	不得检出(检出限 0.01)	GB/T 9959.2—2008 GB 18406.4—2001 NY 5029—2008
磺胺类	畜禽	≤0.1	GB/T 9959.2—2008
	水产品	≤0.1	GB 18406.4—2001
	猪肉	≤0.1(以总量计)	NY 5029—2008
	鸡蛋	≤0.1(以总量计)	NY 5029—2008
	牛肉	≤0.1(以总量计)	NY 5029—2008
盐酸克伦特罗	畜禽肉	不得检出(检出限 0.01)	GB/T 9959.2—2008
己烯雌酚	畜禽肉、水产品	不得检出(检出限 0.05)	GB/T 9959.2—2008

农兽药残留标准是根据药物的毒性、农产品中药物的残留量、我们的食物消费结构,利用风险评估技术计算得出的。一般至少要经过四个步骤:一是通过哺乳动物试验来测定农药、兽药的毒性,并确定每日允许摄入量,即人每日从食物或饮水中摄取某种农药和兽药而对健康没有明显危害的量;二是通过规范的残留试验研究确定农药在植物中、兽药在动物体内的代谢和降解过程,以明确农药、兽药在作物或动物体内的主要代谢产物与分布,进而确定其残留量;三是根据中国人膳食消费的量和结构,确定每一个人一天要摄入各类农产品的量及其在全部食物中所占的比值;四是通过风险评估计算确定最大残留限量值。

需要指出的是,在制定残留标准时,以最大可能的安全风险为基础,也就是以一个人一生天天吃某种农产品和可能吃的最大量来计算;在此基础上,考虑到物种间的差异以及孕妇和儿童的安全,在计算时增加了 100 倍的安全系数,也就是说,标准值通常为风险评估安全值的百分之一,因此标准是十分严格的,而且有很大的保险系数。所以,食品含有农药、兽药残留不可怕,只要残留量低于标准就是安全的。

由于历史原因,目前我国农兽药残留标准数量还比欧美发达国家少,但欧美许多残留标准并不是仅仅为食品安全而制定,对于本地区和本国不生产的农产品制定的大量标准主要是为贸易壁垒服务。目前我国是制定标准最快的国家,而且主要根据食品安全需要而制定,现有的农药和兽药残留标准基本覆盖了百姓经常消费的植物性和动物性食品种类,为我国食品安全提供了保障。

三、分析特点

动物源食品中兽药残留分析属于复杂基质中痕量组分的分析技术,其难点在于样品基质与待测物的不确定性,要从复杂的基质中准确地分离和测出低至 ppb(10^{-9})乃至 ppt(10^{-12})水平的残留组分,需要建立适宜的前处理方法和良好的检测条件以及适宜的检测技术,其中分离是前处理和检测技术的核心。由于动物种类多,个体差异大,不同组织检测的目标物多样,药物代谢存在差异且不确定等,致使样品前处理和残留分析复杂,检测周期长,费用高,多组分残留分析较单组分前处理和分析的难度更大。

到目前为止,我国已建立了近百种动物源性食品中兽药残留标准检验方法,其中包括了国家标准和农业部标准。不同特性的分析方法用于不同的检测目的,并以保障动物源食品安全为目标,共同构成完整的残留监控分析体系。目前,美国对兽药残留的分析方法分为三类,即三级,这种分级方法为国际分析化学家学会公认的方法。三级(Ⅲ Level)为定性或半定量方法,采用快速并能大量检测样品的筛选分析方法,能鉴别出含有残留物的阳性样品,主要有免疫分析法、微生物法,目前研究和使用较多、发展较快的是酶联法和蛋白芯片法。对于三级的分析结果,需有一级和二级分析方法进行确认检验。二级(Ⅱ Level)为常规定量方法,采用可靠的分析方法,残留量的测定值不具有确证性,但具有相应的准确度和有效性,能确定样品中残留物存在的定量信息,一般为高效液相法(HPLC)、气相法(GC)等。一级(Ⅰ Level)为确证法,能明确提供残留物的确证信息并能进行准确定量,分析结果具有最高的确认性,通常采用色谱和质谱的联用技术,如气质法(GC-MS)、液质法(LC-MS、LC-MS/MS、UPLC-MS/MS)等。我国按检测目的和分析方法特性,对残留检测方法研究、标准制定以及残留监控,采用与国际公认的方法对应为筛选、定量和确证三类方法。

(1)ELISA 法具有选择性强、灵敏度高、分析过程简单、分析速度快等特点,常常作为兽药残留检验的筛选方法,目前几乎所有重要的兽药残留都逐步建立起了酶联免疫分析法,如氯霉素、四环素、链霉素、己烯雌酚、盐酸克伦特罗等。ELISA 法的缺点在于影响因素较多,易出现假阳性结果。

(2)GC 法和 HPLC 法准确度高,灵敏度能满足大多数残留检测的要求,是兽药残留的常规分析法。GC 法检测限一般为 μg/kg 级,但是大多数兽药极性或沸点偏高,需烦琐的衍生化步骤,因而限制了 GC 法的应用。目前大多数动物源性食品中兽药残留分析采用 HPLC 法。但是对于某些兽药残留,HPLC 法的检出限达不到要求,如水产品中氯霉素的最高残留限量,欧盟要求小于 0.1μg/kg。

（3）质谱仪器联用技术集分离、定性和定量于一体，灵敏度、准确度、选择性都高，是目前国际上公认的确认方法。

 **思考题**

1.兽药残留如何分类？请举例说明。

2.兽药残留常用的分析方法有哪些？

能力拓展 1　畜禽肉和水产品中呋喃唑酮的测定

【目的】

学习液相色谱法测定食品中硝基呋喃类抗生素的原理、步骤及注意事项。

【原理】

呋喃唑酮又名痢特灵，是一种广谱抗菌类物质，具有抑菌性和杀菌性。呋喃唑酮曾在动物源产品的养殖、防病和提高产量等方面起过重要的作用。然而，其在动物体内的残留是一个颇为严重、也是比较普遍且能直接影响消费者身心健康的问题。目前，美国、欧盟、日本等国都限定呋喃唑酮不得检出。我国农业部也在水产品中鱼药残留限量中明文规定呋喃唑酮不得检出。呋喃唑酮残留控制不仅是保证人类社会安全，也是克服"绿色壁垒"、"技术壁垒"的重要手段。样品中呋喃唑酮用二氯甲烷提取，经无水硫酸钠柱净化，用正己烷去脂肪后，$0.45\mu m$ 微孔滤膜过滤，滤液在反相 HPLC 上分离，紫外检测器 365nm 处测定。

【试剂】

（1）乙腈：优级纯，为流动相。

（2）乙腈：色谱纯。

（3）乙腈水溶液：乙腈＋水（80＋20，V/V）。

（4）正己烷。

（5）甲醇：色谱纯。

（6）无水硫酸钠：经 650℃灼烧 4h 后，贮于密闭容器中备用。

（7）无水硫酸钠柱：6cm×1.8cm，内装 5cm 高的无水硫酸钠（如果无合适的玻璃柱，可以用 10mL 注射器代替）。

（8）二氯甲烷。

（9）磷酸。

（10）呋喃唑酮标准品：纯度 99.7％。

（11）呋喃唑酮标准储备液：称取 10.0mg 呋喃唑酮，用乙腈水溶液溶解并稀释定容至 50mL 棕色容量瓶中，保存于冰箱中。该液 1.0mL 相当于 200μg 呋喃唑酮。

(12)呋喃唑酮标准应用液系列:精确吸取呋喃唑酮标准储备液 2.0mL 于 50mL 棕色容量瓶中,加水至刻度,摇匀,即得 8.0μg/mL 的溶液,然后精确吸取此溶液 0.05mL,0.10mL,0.20mL,0.50mL,1.00mL,2.00mL,分别放在 10.0mL 棕色容量瓶内,分别加水至刻度,摇匀,即得每毫升含 0.04、0.08、0.16、0.40、0.80、1.60μg 呋喃唑酮的标准系列溶液。

【仪器】

(1)高效液相色谱仪:附紫外检测器。
(2)超声波清洗器。
(3)旋涡混匀器。
(4)离心机。
(5)旋转蒸发仪。
(6)微量进样器:25μL。

【方法】

1.样品制备与提取

取 200g 试样绞碎,称取混匀的绞碎的试样 10g(精确至 0.01g),于 100mL 具塞锥形瓶中,加 25mL 二氯甲烷,超声提取 5min,提取液通过无水硫酸钠柱滤入 100mL 蒸发瓶中,继续用 25mL 二氯甲烷重复提取一次,均通过无水硫酸钠柱滤入同一蒸发瓶中,用二氯甲烷 15mL 淋洗无水硫酸钠柱。淋洗液合并于同一蒸发瓶,滤液于旋转蒸发仪上蒸发至干(水浴温度为 30～35℃)。

2.净化

准确加入 1.0mL 乙腈水溶液和 1.0mL 正己烷于旋涡混匀器上混匀 2min,转入 5mL 离心管中,3000r/min 离心 2min 后(鳗鱼需离心 10min),用吸管移去上层正己烷层,再向离心管中加入 1mL 正己烷,混匀 2min,离心,用吸管移去上层正己烷层,下层清液通过 0.45μm 微孔滤膜过滤,滤液供 HPLC 分析用。

3.色谱测定

(1)液相色谱参考条件

①色谱柱:HPLC 预柱,C_{18} 预柱(4.6mm×4.5cm);HPLC 分析柱,C_{18} 4.6mm×25cm,粒径 5μm;

②流动相:乙腈+水(40+60),每 1000mL 加 1.0mL 磷酸;

③流速:1.0mL/min;

④检测波长:365nm;

⑤柱温:室温。

(2)呋喃唑酮标准曲线的制备

依照上述色谱条件,分别进标准工作液各个点。每个标准液进 20μL,测定其峰面积,然后以标准液浓度对峰面积作校准曲线,求出回归方程及相关系数。

(3)样品测定

在上述色谱条件下,准确吸取 20μL 试样溶液,进行 HPLC 分析。

【结果计算】

将标准曲线各点的浓度与对应的峰面积进行回归分析,然后按以下公式计算样品中呋喃唑酮的含量。

$$X = c \times V / m$$

式中:X——样品中呋喃唑酮的含量,mg/kg;

　　　c——被测液中相当于标准曲线的呋喃唑酮浓度,μg/mL;

　　　V——被测液的体积,mL;

　　　m——样品质量,g。

本方法的检测限为 0.01μg/mL,当取样量为 10g 时,最低检测量为 1.0μg/kg,同一分析者同时或相继两次测定结果之差不得超过均值的 15%。

【注意事项与补充】

1. 呋喃唑酮药物在作标准曲线时,有时因标准储备液放置时间长,导致图形变形。故标准储备液放置时间不宜过长,建议 4℃放置时间不超过半个月。标准工作液需现用现配。

2. 在浓缩时,滤液于旋转蒸发仪上蒸发至干(水浴温度为 30~35℃),这一步不要蒸得过干,否则会对残渣溶解造成影响,从而影响回收率。

【讨论】

归纳总结进行呋喃唑酮药物 HPLC 检测时,样品的前处理方法。

能力拓展 2　　水产品中孔雀石绿和结晶紫残留量的测定

【目的】

学习水产品中孔雀石绿及其代谢物隐色孔雀石绿、结晶紫及其代谢物隐色结晶紫残留量的高效液相色谱的测定方法。

【原理】

孔雀石绿(MG)、结晶紫(CV)等属于三苯甲烷类化合物,许多国家曾将其作为水产养殖的杀菌剂,用于控制鱼和鱼苗真菌的生长,控制高发的水霉病、原虫病等。但是 MG 等进入人体和动物机体后,可产生致癌、致畸、致突变等副作用。因此,在水产品的国际商贸中,孔雀石绿、结晶紫属类药物成为必检并限制极严的一项指标。其中,HPLC 因具有快速、高效、高灵敏度等优点,已成为测定孔雀石绿的首选方法。试样中的残留物用乙腈—乙酸盐缓冲溶液提取,乙腈再次提取后,液液分配到二氯甲烷层并浓缩,经酸性氧化铝柱净化后,高效液相色谱二氧化铅柱后衍生测定,外标法定量。

【试剂】(除另有规定外,试剂均为分析纯,水为重蒸馏水。)

(1)乙腈:液相色谱纯。

（2）二氯甲烷。

（3）甲醇：液相色谱纯。

（4）乙酸盐缓冲液：溶解 4.95g 无水乙酸钠及 0.95g 对甲苯磺酸于 950mL 水中，用冰乙酸调节溶液 pH 到 4.5，最后用水稀释到 1L。

（5）20％盐酸羟胺溶液。

（6）1.0mol/L 对甲苯磺酸：称取 17.2g 对甲苯磺酸，用水稀释至 100mL。

（7）50mmol/L 乙酸铵缓冲溶液：称取 3.85g 无水乙酸铵溶解于 1000mL 水中，用冰乙酸调 pH 到 4.5。

（8）二甘醇。

（9）酸性氧化铝：80～120 目。

（10）二氧化铅。

（11）硅藻土 545：色谱层析级。

（12）标准品：孔雀石绿（MG）、隐色孔雀石绿（LMG）、结晶紫（CV）、隐色结晶紫（LCV），纯度＞98％。

（13）标准溶液：准确称取适量的孔雀石绿、隐色孔雀石绿、结晶紫、隐色结晶紫，用乙腈分别配制成 100μg/mL 的标准储备液，再用乙腈稀释配制 1μg/mL 的标准溶液。－18℃避光保存。

（14）混合标准应用液：用乙腈稀释标准溶液，配制成每毫升含孔雀石绿、隐色孔雀石绿、结晶紫、隐色结晶紫均为 20ng 的混合标准溶液。－18℃避光保存。

【仪器】

（1）高效液相色谱仪：配有紫外—可见光检测器。

（2）匀浆机。

（3）离心机：4000r/min。

（4）固相萃取装置。

（5）25％二氧化铅氧化柱：不锈钢预柱管[5cm×4mm（内径）]，两端附 2μm 过滤板，抽真空下，填装含有 25％二氧化铅的硅藻土，添加数滴甲醇压实，旋紧。临用前用甲醇冲洗，并将二氧化铅氧化柱连接在紫外—可见光检测器与液相色谱柱之间。

（6）酸性氧化铝柱：1g/3mL，使用前用 5mL 乙腈活化。

【方法】

1. 提取　称取 5.00g 鱼肉样品于 50mL 离心管内，加入 1.5mL 20％的盐酸羟胺溶液、2.5mL 1.0mol/L 的对甲苯磺酸溶液、5.0mL 乙酸盐缓冲溶液，用匀浆机以 10000r/min 的速度均质 30s，加入 10mL 乙腈剧烈振摇 30s。加入 5g 酸性氧化铝，再次振摇 30s。3000r/min 离心 10min。把上清液转移至装有 10mL 水和 2mL 二甘醇的 100mL 离心管中。然后在 50mL 离心管中加入 10mL 乙腈，重复上述操作，合并乙腈层。

2. 净化　在离心管中加入 15mL 二氯甲烷，振摇 10s，3000r/min 离心 10min，将二氯甲烷层转移至 100mL 的梨形瓶中，再用 5mL 乙腈、10mL 二氯甲烷重复上述操作一次，合并二氯甲烷层于 100mL 梨形瓶中。45℃旋转蒸发至约 1mL，用 2.5mL 乙腈溶解残渣。

将酸性氧化铝柱安装在固相萃取装置上,将梨形瓶中的溶液转移至柱上,再用乙腈洗涤梨形瓶两次,每次 2.5mL,把洗涤液依次通过柱,控制流速不超过 0.6mL/min,收集全部流出液,45℃旋转蒸发至近干,残液准确用 0.5mL 乙腈溶液,过 0.45μm 滤膜,滤液供液相色谱测定。

3.测定

(1)液相色谱条件

色谱柱:C$_{18}$柱,250mm×4.6mm(内径),粒度 5μm,在 C$_{18}$ 色谱柱和检测器之间连接 25%二氧化铅氧化柱。

(2)流动相:乙腈和乙酸铵缓冲溶液,梯度洗脱参数见表 7-4。

(3)流速:1.0mL/min。

(4)柱温:室温。

(5)检测波长:618nm(孔雀石绿),588nm(结晶紫)。

(6)进样量:50μL。

表 7-4　流动相梯度表

时间/min	乙腈/%	乙酸铵缓冲溶液/%
0	60	40
4.0	80	20
15.0	80	20
15.1	95	5
17.0	95	5
17.1	60	40
20.0	60	40

根据样液中被测孔雀石绿、隐色孔雀石绿、结晶紫和隐色结晶紫含量情况,选定峰高相近的标准工作溶液。标准工作溶液和样液中孔雀石绿、隐色孔雀石绿、结晶紫和隐色结晶紫响应值均应在仪器检测线性范围内。对标准工作溶液和样液等体积参插进样测定。在上述色谱条件下,孔雀石绿、隐色孔雀石绿、结晶紫和隐色结晶紫的保留时间分别约为 6.10min、7.88min、17.77min、18.22min,标准品色谱图参见图 7-1。同时,做空白试验(除了不加试样外,均按上述测定步骤进行)。

【结果计算】

按下列公式计算样品中孔雀石绿、隐色孔雀石绿、结晶紫和隐色结晶紫残留量,计算结果需要扣除空白值。

$$X=(A/A_1)\times c\times(V/m)$$

式中:X——样品中待测组分残留量,mg/kg;

　　A——样品中待测组分的峰面积;

　　A$_1$——待测组分标准工作液的峰面积;

　　c——待测组分标准工作液的浓度,μg/mL;

V——样液最终定容体积,mL;

m——最终样液所代表的试样量,g。

本方法孔雀石绿的残留量测定结果是指孔雀石绿和它的代谢物隐色孔雀石绿残留量之和,以孔雀石绿表示;本方法结晶紫的残留量测定结果是指结晶紫和它的代谢物隐色结晶紫残留量之和,以结晶紫表示。本方法孔雀石绿、隐色孔雀石绿、结晶紫和隐色结晶紫的检测限均为 $2.0\mu g/kg$。

【注意事项与补充】

1. 配制标准溶液时,隐色孔雀石绿及隐色结晶紫称量完毕,需马上将其低温避光保存。

2. 进行取样步骤时,取鱼样前先要将样品解冻,应尽量把鱼肉反复剁碎。匀浆操作注意尽量不要使匀浆机连续操作 1 分钟以上,因其发热,匀浆时间过长容易导致机器的损坏。若鱼肉确实没有打碎,也应停顿后再继续匀浆。每次使用匀浆机前,需要拆卸刀头,先用自来水清洗,再用蒸馏水清洗。处理鱼样前,先用小杯乙腈清洗刀头数十秒,此时匀浆机应处于工作状态。每一次处理鱼样后,需要重复上述步骤。

3. 第一次使用移液管时,应先用自来水洗,再用蒸馏水洗,最后用待移取的溶液润洗 3次,再贴好标签,每支移液管只取对应的一种溶液,不要混用,以后每次使用移液管时不必再进行清洗。

4. 提取步骤中,加入对甲苯磺酸是出于补偿酸性缓冲乙酸铵溶液的需要。

5. 氧化铝可处理鱼肉中的脂肪等物质,应该根据鱼样的质量来决定氧化铝的用量,一般 5g 的鱼样需要大约 10g 的氧化铝,若鱼样较多或脂肪较多,应适当增加氧化铝的用量,否则实验会失败。

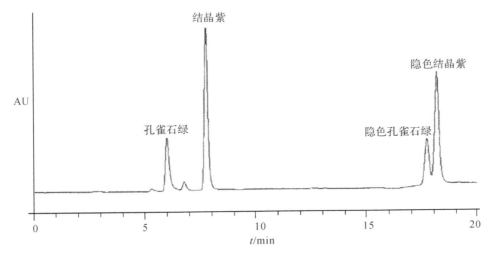

图 7-1　孔雀石绿、隐色孔雀石绿、结晶紫和隐色结晶紫的液相色谱图

（李　诚,方　辰）

项目八　食品接触材料的卫生检验

知识目标

1. 掌握常见食品接触材料的检验方法；
2. 熟悉常见食品接触材料的主要理化指标和检测项目。

能力目标

1. 掌握食品接触材料样品的采集、制备及浸泡方法；
2. 熟悉中国食品接触材料标准，能对食品用接触材料进行卫生检验。

通俗地讲，食品接触材料是指和食品发生接触的材料。食品接触材料不仅包括传统的食品包装材料，而且包括食品的生产、加工、传输、运送、存储等各个环节中和食品接触到的材料。如家庭中的餐具、厨房辅具，食品加工厂的盛装容器，生产、运输、输送工具等都是食品接触材料。食品在和接触材料接触的过程中，材料中的金属、塑料助剂、材料单体等在食品中的水、盐酸、乙醇、油脂等成分作用下，会进入食品。其中，纸、竹、木、天然纤维的卫生问题主要是微生物污染；金属、搪瓷、陶瓷、玻璃的卫生问题主要是有害金属的溶出；塑料、橡胶、化学纤维、涂料的卫生问题主要是低聚物、游离单体、添加剂和降解产物向食品迁移等。这些物质进入食品量超过某一定值后，会对人体造成慢性中毒或急性中毒，还会改变食品的口感和风味，甚至引起食品的腐败变质。因此，对食品接触材料的卫生检验，主要是检验食品接触材料在和食品接触过程中，材料中的有毒有害物质向食品迁移的量。

我国对食品容器、包装材料和食品用工具、设备等进行了规范化管理，制定有相应的卫生标准和检验方法。本章主要介绍常用的塑料及橡胶制品、涂料、陶瓷及搪瓷、铝制品及包装用纸。针对食品容器和包装材料的理化特点，其检验的方法常采用浸泡试验，即用蒸馏水、乙酸、乙醇和正己烷来分别模拟水性、酸性、酒性、油性等食品对容器或材料进行浸泡，然后对浸泡液做综合检验及有毒有害成分的单项检验，以检测可能溶出的各种有害物质含量。

任务一　常见的食品接触材料

背景知识：

食品接触材料的安全隐患　　豆浆机润滑油污染、紫砂煲重金属超标、荧光爆米花桶、氧化钙干燥剂爆炸……近年来,因食品接触材料含有有害物质而引发的安全事件,犹如一颗"定时炸弹",屡屡冲击着公众敏感的神经。当前,食品接触材料的有害物质主要有双酚 A、增塑剂、甲醛及三聚氰胺、挥发性有机物、重金属等,这些物质具有致癌、致畸、致突变的潜在毒性,可引发系统功能紊乱,特别是影响新生儿童的神经系统的发育。例如,果汁中的酸性物质可能会腐蚀金属包装,使铅、镉和汞等金属离子进入果汁,累积在人体之中无法完全代谢,极易造成肝肾等器官功能衰竭。

一、食品接触材料的种类

根据食品接触材料的用途,食品接触材料可以分为以下五类。

(一)食品外包装材料

这类接触材料是生活中最常见的。如饮料瓶、方便面包装袋、饼干袋、面包袋、薯条袋等。这类包装材料主要具有隔水、隔绝空气的功能,能够保持食品的干燥及风味。这类材料主要由塑料、纸、铝箔等构成。

(二)餐具

人们就餐时直接使用到工具有筷子、刀叉、碗、盘子等。这些物品主要由塑料、不锈钢、竹子、木材、塑料等组成。

(三)家庭食品加工用具

此类用具主要指家庭厨房用品,如锅、菜刀、切菜板、盆、坛、罐等。这类物品主要由金属(钢铁、不锈钢、铝)、塑料、木材、陶瓷(硅酸盐)等组成。

(四)食品企业生产、加工中的设备、容器和工具

此类物品主要指食品加工厂在生产过程中,用到的盛装容器,切割、粉碎、挤压、过滤、抽提、蒸煮、搅拌、输送等工具。这类物品主要由金属(钢铁、不锈钢、铝)、塑料等组成。另外,由于机器设备需要润滑,食品还可能在生产加工过程中被润滑油所污染。

(五)功能性食品接触材料

这类材料是指为了延长食品的保质期,在食品包装袋内放置的干燥剂、脱氧剂、温度指示剂等。这类材料在使用过程中,也和食品有直接接触的机会。随着经济发展,长期保存的食品种类越来越多,这类功能性材料种类也越来越多。

二、食品接触材料的原料及可能迁移的有害物质

现在,用于食品接触材料的常见原料有金属、塑料、玻璃、陶瓷、纸、橡胶、竹子、木材、黏结剂和涂层等。不同原料在生产加工中,用到的辅助和食品接触时,会迁移出不同的化学物质,造成污染的原因各不相同。

(一)金属

人类文明的发展史,也是人类发现金属材料、使用金属材料的历史。人类发现金属后,最直接的应用,就是在食品加工或运输中使用。所以,金属材料是一类重要的食品接触材料。例如,做饭用的锅的材料有生铁、铸铁、不锈钢、铜、铝等不同材质的金属,加工机械用的钢材料、不锈钢等,马口铁制作的罐头、烧烤用的铝箔、刀叉等。我们日常生产已经离不开金属食品接触材料。

金属食品接触材料具有高阻隔性、良好的导热导电能力、方便回收、来源丰富等优点,因此在食品接触行业的应用越来越广。但是,金属在一定条件下,容易发生化学变化。例如,在用金属包装高酸性食品、高盐性食品时,极易被腐蚀,生成的金属离子随之进入食品中,从而影响食品风味和安全性。金属食品接触材料的安全问题主要来自以下两个方面:

1.金属制品迁移出重金属离子　金属制品在酸性条件下,容易和酸性溶液中的氢离子反应,生成离子进入到溶液中。如在和高盐性食品或有盐的汤水接触时,易发生电化学腐蚀反应,生成金属离子进入食品。如用马口铁制作的罐头盒在存放酸性或含氯化钠食品时,其中的锌会溶解进入食品。金属制品的焊接口也会因为焊接材料、焊接助剂的不同,造成重金属离子的析出。

2.金属表面涂层　为了防止金属腐蚀,或者改善金属的表面性质,往往在金属表面涂上有机材料。如:不粘锅涂聚四氟乙烯,马口铁罐头盒内壁涂上环氧酚醛等。

(二)塑料

塑料分热塑性塑料和热固型塑料两种。食品包装中常用的塑料有聚乙烯(PE)、聚丙烯(PP)、聚苯乙烯(PS)、聚碳酸酯(PC)、聚对苯二甲酸乙二醇酯(PET)、三聚氰胺—甲醛树脂(MF)等。纯的塑料,对人体无毒,但因为塑料在生产过程中,可能因为聚合不彻底,还会有部分聚合单体残留,尽管聚合体无毒,但聚合塑料的单体,往往有毒。例如,酚醛树脂可能存在游离的甲醛。另外,在聚合过程中,还需要加入催化剂,而催化剂中往往含有重金属镍、铜等。塑料在加工成型过程中,还需要加入增塑剂、稳定剂、着色剂等。有些增塑剂具有一定的毒性,会对生殖系统造成伤害,甚至致癌。在塑料加工业用量最大的邻苯二甲酸酯类就是这样一类增塑剂。

(三)玻璃

玻璃常用作饮料瓶、酒杯、酒瓶、茶具等。玻璃的主要原料是纯碱、石灰石、石英。根据生产目的不同,可以加入不同的成分。常见的玻璃有钠玻璃、钾玻璃、钴玻璃、铅玻璃等。一些特殊用途的玻璃,会加入一些金属氧化物,从而带来一些安全隐患。如一些高档酒杯由人造水晶制成,而人造水晶中氧化铅的含量高达 30%。

(四)陶瓷

陶瓷常用作碗、盘、碟子、酒瓶,是人类使用历史悠久的一类无机材料。陶瓷以黏土为主要原料,加入长石、石英等物质,经高温烧结而成。与金属、塑料等材料制成的容器相比,陶瓷容器更能保持食品的风味。一般认为,陶瓷容器是无毒、卫生、安全的,不会与所包装食品发生任何不良反应。但陶瓷表面釉层中往往含有铅、镉等重金属,当用上有彩釉的陶瓷制品盛装醋、果汁和酒时,重金属容易进入食品,带来潜在的健康风险。

(五)纸

在塑料刚刚兴起时,纸有被塑料所取代的趋势。近几年,人们意识到塑料作为食品接触材料造成了严重的"白色污染",已对环境造成了严重的危害。纸质包装材料因其具有来源广泛、易降解、可回收利用、容易印刷等特点重新在食品包装行业大量使用。目前常用的食品包装纸制品有:蛋糕包装纸、面包包装纸、饼干包装纸、纸袋、纸杯、纸盒等。因为造纸过程中需要加入增白剂、消泡剂、杀菌剂、防油剂、防霉剂、着色剂、染色剂等。印刷的过程中还要使用油墨。因此,当食品和食品包装纸接触时,这些助剂存在析出进入食品的风险。

(六)橡胶

橡胶由于具有密度小、绝缘性好、耐酸、碱腐蚀,对流体渗透性低、弹性好、能够适应食品加工过程中的温度变化等特性,广泛用于食品工业。作为食品接触材料的橡胶主要是天然橡胶和硅橡胶。天然橡胶是线型天然高分子化合物,不易被消化酶分解,也不易被细菌、真菌的酶分解,又不会被人体所吸收,一般认为对人体无毒,但在橡胶加工过程中添加的活性剂、减活剂、交联剂、引发剂和促进剂等化工助剂对人体有害。另外,由于天然橡胶中含有少量蛋白质和糖类,所以有极少数人对橡胶会产生过敏反应。食品接触用橡胶制品广泛应用于人们的日常生活,如橡胶奶嘴、高压锅垫圈、食品容器橡胶垫片和垫圈材料、铝背水壶橡胶密封垫片、吸取输送食品用的胶管、食品加工设备橡胶密封件等。

三、世界各国对食品接触材料的检测标准

(一)　中国食品接触材料标准

我国依据《食品安全法》,制定颁布了一批食品容器、器具等食品接触材料国家卫生标准、对应的国家检测方法标准及食品接触材料加工助剂的国家卫生标准。食品接触材料的国家卫生标准强制性规定了食品接触材料必须符合的卫生限量要求,以"GB"开头,检测方

法大多为推荐性国家标准，以"GB/T"开头。

我国食品接触材料的标准部分是 20 世纪 80 年代末与 90 年代初制定的，部分是经过修订于 2003 年重新发布，技术内容变化不是很大。目前，我国食品接触材料标准主要涉及塑料制品、纸制品、玻璃制品、陶瓷制品、金属制品、竹木制品、橡胶制品、涂层类制品等产品的卫生（限量）标准 45 项，国家检测方法标准 70 余项，共涉及的化学物质限量指标约 30 个。我国主要的食品接触材料技术法规与标准是：《食品安全法》《食品容器、包装材料用添加剂使用卫生标准》（GB 9685—2008）。《食品容器、包装材料用添加剂使用卫生标准》（GB 9685—2008）发布于 2008 年 9 月 9 日，该标准最大特色是与国际标准接轨：它参考了美国联邦法规和欧盟食品接触塑料指令等相关法规，是目前我国最重要的强制性标准。该标准适用于中华人民共和国境内所有食品容器、包装材料用添加剂的生产者、经营者和使用者，对食品接触用塑料、纸制品、橡胶等材料用到的增塑剂、增韧剂、固化剂、引发剂、防老剂等有关胶黏剂、油墨、颜料等作出了明确规定。该国家强制标准规定：使用的添加剂应在良好生产规范的条件下生产，产品必须符合相应的质量规格标准；参考相关国家的批准物质名单，将添加剂的品种扩充到 1000 种左右，这大大扩大了受限物质的数量。另外，本标准引入了"特定迁移限量"及"最大残留量"等定义。

1. 塑料、涂料、树脂类食品接触材料的检测项目

（1）常规项目　蒸发残渣（蒸馏水、65％乙醇、4％乙酸、正己烷）、高锰酸钾消耗量（蒸馏水）、重金属（以 Pb 计）。

（2）特定迁移项目　特定迁移项目一般是针对样品材质而专门需要测试的单体、增塑剂、有毒有害元素的迁移等。例如：甲醛、酚、氯乙烯、偏二氯乙烯、苯乙烯、锑、锗、丙烯腈、己内酰胺、双酚 A、邻苯二甲酸酯类等。

国标中食品接触材料检测项目及其限值见表 8-1。

表 8-1　国标中食品接触材料检测项目及其限值

检测的项目	限量要求
蒸发残渣（蒸馏水）	$\leqslant 2\text{mg/dm}^2$
高锰酸钾消耗量	$\leqslant 2\text{mg/dm}^2$
甲醛单体迁移量	$\leqslant 2.5\text{mg/dm}^2$
三聚氰胺单体迁移量	$\leqslant 0.2\text{mg/dm}^2$
重金属（以 Pb 计）	$\leqslant 0.2\text{mg/dm}^2$
脱色试验	阴性
感官指标	成型品应色泽正常、光滑，无异臭，无异物。

2. 纸制品（食品包装用原纸）的检测项目　铅（以 Pb 计）、砷（以 As 计）、荧光性物质、脱色试验、大肠菌群、致病菌（志贺氏菌、沙门氏菌、金黄色葡萄球菌、溶血性链球菌）。

3. 玻璃、金属、陶瓷/搪瓷的检测项目　重金属溶出量测试（4％乙酸）、铅（Pb）、镉（Cd）、铬（Cr）、镍（Ni）、砷（As）、锑（Sb）、锌（Zn）。

（二）日本食品接触材料及制品标准体系

日本在《食品卫生法》中规定，禁止生产、销售、使用可能含有危害人体健康物质的食品接触材料及制品，日本厚生省可根据需要，制定相应的食品接触材料标准。其制定的标准分为一般标准、类别标准和专门用途标准三类。一般标准，规定了食品接触材料及制品中重金属，特别是铅的含量要求；建立了金属罐、玻璃、陶瓷、橡胶、聚合物的类别标准；专门用途标准对于具有特定用途的材料进行规定，如巴氏杀菌牛奶采用的包装、街头食品用包装等标准。

（三）美国食品接触材料及制品标准体系

《联邦食品、药品、化妆品法（FFDCA）》是美国对食品包装材料和制品监管的法律依据，以联邦法规为技术标准，通过食品接触材料通告公布新产品和相关要求。采用阳性表形式进行管理，凡属于该表所列产品和原料，可以用于与食品直接接触或作为生产食品接触产品的原料。目前已制订4000多种允许与食品接触的物质，包括原材料、间接添加剂和成型品。美国联邦法规对聚合物、黏合剂和涂层成分、纸和纸板成分、佐剂、生产助剂和消毒杀菌剂等食品接触材料及制品进行了详细规定。同时，美国食品药品局为了进一步确保食品接触材料及制品的质量安全，颁布实施了食品接触材料及制品的良好生产规范。同时，美国国家标准协会、美国材料和实验协会等组织制定了系列的食品接触材料和制品的标准。

（四）欧盟食品接触材料及制品标准体系

欧盟非常重视食品安全问题，已建成了比较完善的食品接触材料及制品法规和标准体系。法规和标准体系包括框架法规、专项法规和单独法规3种。框架法规对食品接触材料及制品的管理范围、一般要求、评估机构等作了规定。专项法规对黏着剂、陶瓷、橡胶、软木塞、玻璃、金属及合金、离子交换树脂、树胶、纸及纸板、影印墨水、硅化物、再生纤维素（如人造丝或玻璃纸）、油漆、纺织品、蜡、木头等17类材料及制品制定了专门的管理要求，包括生产食品接触材料及制品允许使用的物质名单、质量性能标准、暴露量资料、迁移量资料、检验和分析方法等。特殊法规规定了框架法规中列举的每一类物质的特殊要求，目前欧盟针对再生纤维素、陶瓷、塑料制定了3项特殊法规，规定了陶瓷制品中的铅、镉的限量，再生纤维素薄膜的应用范围，加工中允许使用的物质及使用要求，用于生产塑料制品的单体和原料名单，用于生产塑料制品的添加剂名单，质量规格要求等六部分。单独法规还根据单独的某一种物质的特殊需要做出有针对性的规定，目前欧盟针对氯乙烯单体、亚硝基胺类、环氧衍生物分别制定了单独法规。

 **思考题**

食品容器和包装材料指的是什么？为什么要对它们进行卫生检验？

（马少华　刘　展）

任务二　样品的采集、制备与浸泡试验

一、样品的采集与制备

采样时要根据不同的食品容器及包装材料进行采集。

1.对塑料成型品及金属、瓷器类食品容器，常按产量或批次的 0.1％ 随机采样。其中一般塑料制品 ≥10 件，容量小于 500mL 的则为 20 件；金属、瓷器类制品 ≥6 件，容量小于 500mL 的采 10 件。重点抽取色彩浓重或面积体积比较小的容器。

2.对食品包装用原纸、橡胶制品则按重量采样，通常随机取样 500g（纸张要随机截取 10cm×10cm，共 10 张）；管材（如橡胶管）按长度采集，随机截取材质、内径相同并有一定长度 [$L=$ 所需浸泡液毫升数/(πr^2)] 的管材 5 根。

3.对塑料树脂颗粒，每批随机取包装数的 10％，总量 ≥3 包，每包再随机取 2kg 颗粒混匀，用四分法分为 500g/份；对食品容器涂料则由生产厂按该产品相同工艺条件制备全覆盖涂料的试片 10cm×10cm 或 5cm×15cm、厚度小于 2mm 的金属片共 6～10 片供检验。若所提供的试片为单面覆盖涂料的，则应同时提供基材作为对照。

4.所采样品应完整、无变形、画面无残缺、容量一致，不具有影响检验结果的其他瑕疵点。部分样品须先用餐具洗涤剂清洗后，经自来水、蒸馏水洗净，晾干或烘干，保持洁净以备检验。

二、样品的浸泡检验

浸泡试验模拟所接触食品的性质，选择适当的溶剂，在一定的温度和时间内，对食品容器、食具和包装材料（或其原料）进行浸泡，然后对浸泡液中有害物质进行分析。

1.溶剂选择　按容器、食具和包装材料接触食品的种类而定，分别用蒸馏水（代表中性食品）、4％乙酸（代表酸性食品）、20％或 65％乙醇（代表含酒精的食品）和正己烷（代表油脂类食品)四种溶剂进行浸泡试验。

2.浸泡液用量 对空心制品及袋形制品,取浸泡液加入容器中或用烧杯支撑的袋中,令液面至离容器上缘(溢出面)0.5～1.0cm 处;对扁平制品、板材、薄膜、试片、吸管和橡胶制品等,直接用浸泡液单面或全部浸泡(其浸泡面积以两面计算)。溶剂用量一般按接触面积以 2mL/cm² 计算;无法计算接触面积的样品,按重量以 20mL/g 加浸泡液;空心制品直接按盛装体积计算用量。

3.浸泡条件 不同的样品其浸泡温度与时间不同,通常浸泡温度为室温(>20℃,下同)、60℃、100℃,浸泡时间为 0.5h、1.0h、2.0h、6.0h、24.0h,具体条件依样品和检验项目而定。

4.检验项目 特殊项目的检验视样品性质而定,如塑料制品中游离单体的检测,金属和陶瓷制品中铅、镉、砷等有害元素的测定,涂料中游离酚和甲醛的检测等。综合项目的检验有下列四项:

(1)高锰酸钾消耗量 样品经水溶液浸泡后,测定其高锰酸钾消耗量,表示样品向食品迁移的可溶出有机物质及易被氧化物质的含量。

(2)蒸发残渣(提取物) 样品经上述四种溶剂浸泡、蒸发、干燥后,其残渣可表明样品在不同条件下向食品迁移的溶出物质的总量。

(3)重金属(以铅计) 样品经乙酸浸泡后,其含有的铅可被溶剂溶出,在酸性条件下与硫化钠形成黄棕色,与标准比较定量,显示了样品中的重金属向食品中迁移的情况。

(4)脱色试验 反映样品中色素向食品转移的情况,样品如有脱色,则浸泡液会显示颜色。

5.浸泡注意事项

(1)浸泡液选用 4%乙酸时,应先将一定量的水加热至浸泡所需温度,再加入 36%乙酸,使其浓度达到 4%。

(2)浸泡液总量不能太少,应能满足各测定项目的需要。一般高锰酸钾消耗量的测定,每份浸泡液应≥100mL;蒸发残渣的测定,每份浸泡液应≥200mL。

(3)浸泡时可适当搅动,样品表面如附有气泡要清除。浸泡后,如溶剂有蒸发损失,则应加入相同溶剂补至原体积。

(4)对外边缘带有彩饰的容器、食具(如碗、杯、盘等)进行卫生检验时,应将其倒扣于浸泡液中,使浸泡液浸泡至离边缘 2cm 处。

三、样品体积、面积的计算

1.空心制品体积的计算 按浸泡要求,加水至距容器上缘(溢出面)5mm 处,记录其用量。

2.形状简单样品面积的计算 可直接量度计算,如对圆形扁平制品,可量取其直径进行计算,其他扁平制品可将其放于有平方毫米的标准计算纸上,沿边缘画下轮廓,求出面积。

3.形状不规则样品面积的计算 可先将其划分为若干便于计算和测量的几何图形,分别计算后再汇成总面积。

四、结果和评价

1.结果表示　按体积、面积进行浸泡的样品,结果以 mg/L 表示;按称量加入浸泡液的样品,结果以 mg/kg 表示。

2.计算公式　按体积加入浸泡液的空心制品可直接以测定值表示结果;按面积浸泡的样品,以下式进行计算。

$$X=\frac{C\times V}{A\times 2}$$

式中:X——浸泡试验结果,mg/L;

c——测定值,mg/L;

V——浸泡体积,mL;

A——浸泡面积,cm^2;

2——以每平方厘米加 2mL 浸泡液计算结果,mL/cm^2。

3.评价　检验中如有一项指标不符合卫生标准,应从备检样中再抽取样品进行复检;复检结果如有一项或多项指标不符合卫生标准,产品即为不合格。

 思考题

1.何谓浸泡试验? 试验选用的浸泡试剂有哪些,用以模拟哪些食品?

2.食品容器和包装材料卫生检验的综合项目有几项? 有何意义?

（马少华　秦志伟）

任务三　常见食品接触材料的卫生检验

背景知识:

PVC 整圈　苏黎世州检验中心于 2007 年 6 月对包括中国"老干妈"(油浸式食物,采用玻璃罐装、金属旋盖式包装,内加塑胶圈)在内的 10 种亚洲食品实施禁售。PVC(聚氯乙烯)垫圈是导致多个亚洲产品被禁售的"罪魁祸首"。下架原因是密封材料中含有邻苯二甲酸盐,其易被油质吸收,不利于健康。PVC 是使用最广泛的塑料材料之一,曾经被制成软玩具,风靡全球。不久前人们开始关注孩子嘴嚼这些软塑玩具时,有害物质(软化剂)渗出的问题。

一、食品用塑料制品的卫生检验

塑料是以树脂为原料,加入(或未加入)助剂、增强材料和填料,在特定温度和压力下,加工得到的高分子材料或成型品。树脂的基本原料是乙烯、丙烯、丁二烯、乙炔、苯、甲苯、二甲苯等低分子量有机化合物,这些物质有的能直接反应制得合成树脂,有的要在一定条件下与其他物质先合成各种单体,再由单体聚合成树脂。

塑料种类繁多,按受热后的性能变化,分为热固性和热塑性塑料。热塑性塑料可以再生,但不得用回收塑料再加工成食品用容器。

(一)常用塑料的种类

1. 聚乙烯(polyel,hylene,PE)　在催化剂作用下,由乙烯聚合而成的高分子化合物。一般无残留单体,也很少加添加剂。高压聚乙烯质地柔软,多制成薄膜,其透气性好,但不耐高温和油脂。低压聚乙烯坚硬、耐高温,可煮沸消毒,适合做食品的包装材料、食具、医疗器械等,属于常用的低毒级塑料。我国卫生标准规定食品包装用 PE 树脂的正己烷提取物 $\leqslant 2\%$,灼烧残渣 $\leqslant 0.20\%$,干燥失重 $\leqslant 0.15\%$。

2. 聚丙烯(polypropylene,PP)　由丙烯聚合而成的高分子化合物。透明度好,透气性差,制品能在沸水中消毒,有优良的刚性和延伸性。常用于制成薄膜、编织袋、食品周转箱和各种管材等,属于常用的低毒级塑料。我国卫生标准规定食品包装用 PP 树脂的正己烷提取物 $\leqslant 2\%$。

3. 聚苯乙烯(polystyrene,PS)　由苯乙烯单体聚合而成,可制成碗、盘、勺等,其制品不宜盛装奶、酱油、饮料等液体食品。主要问题是含有未完全聚合的苯乙烯单体和甲苯、乙苯等挥发性物质,具有慢性毒性。发泡聚苯乙烯(曾用作快餐饭盒,现已禁用)由于添加发泡剂而含有二氟二氯甲烷。我国卫生标准规定食品包装用聚苯乙烯树脂中的苯乙烯单体含量 $\leqslant 0.5\%$,乙苯含量 $\leqslant 0.3\%$。

4. 聚氯乙烯(polyvinyl chloride,PVC)　其是氯乙烯的聚合物,化学稳定性好,能耐酸碱和部分化学药物的侵蚀。其制品多用于制作薄膜、容器与管道。主要的问题为:一是未聚合的氯乙烯单体和降解产物具有致癌作用;二是含有多种添加剂且部分毒性较大;三是含有毒的副产物二氯乙烷。我国卫生标准规定食品包装用 PVC 树脂及成型品中氯乙烯单体含量 $\leqslant 5mg/kg$ 和 $\leqslant 1mg/L$;乙炔法生产的 PVC 树脂中 1,1-二氯乙烷残留量 $\leqslant 150mg/kg$,乙烯法生产的 PVC 树脂中 1,2-二氯乙烷残留量 $\leqslant 2mg/kg$.

5. 聚碳酸酯(polycarrbonate,PC)　树脂本身无毒,制品韧性好、透光率高,耐高温、低温和油脂,可用于制造接触食品的容器、模具、包装材料等,但不宜接触高浓度乙醇液。因含有游离酚等有害物质,故我国卫生标准规定以溶融法聚合而成的双酚 A 型 PC 树脂游离酚含量 $\leqslant 0.05mg/L$。

6. 三聚氰胺甲醛(melamine-formaldehyde,MF)　由三聚氰胺与甲醛缩聚而成,本身无毒,质坚、耐水、耐 120℃ 高温,可作食品容器及包装材料。常含有一定量的游离甲醛,具有细胞原浆毒作用。同类塑料中的酚醛塑料(PF)和脲醛塑料(UF)(分别由苯酚和尿素与甲醛缩聚而成)甲醛含量更高。我国卫生标准规定 PF 和 UF 不得用于食品容器及包装材料,

MF 中甲醛含量≤30mg/L。

(二)塑料鉴别的常用方法

随着塑料工业的发展,塑料品种越来越多,在进行食品包装用树脂及其成型品的卫生检验时,应先鉴别塑料的材质。鉴别方法有:密度,硬度,煮沸试验(用于区分三聚氰胺甲醛MF 与脲醛塑料 UF),燃烧试验,热裂解气试验,吡啶试验(用于区分 PVC 与 PDC 聚偏二氯乙烯),单体测定等(气相或液相色谱法,仅作定性鉴别时可省略)。

1. 燃烧试验鉴别法 不同的塑料,其燃烧的难易程度、火焰颜色、燃烧状态和产生的气味等都不相同,根据塑料燃烧的特性可以进行鉴别。如聚乙烯和聚丙烯燃烧无黑烟,火焰上黄下蓝,有石蜡味;聚苯乙烯燃烧有浓烟生成,乙烯样臭味;聚氯乙烯燃烧呈黄色火焰,离火后即刻熄灭,有刺鼻的臭味等。鉴别时把塑料剪一小块用酒精灯点燃,仔细观察其燃烧时发生的各种现象。

2. 热裂解气试验鉴别法 热裂解气是指热裂解过程中生成的挥发物质。试验时,取试样数粒,加热产生裂解气,用不同的试纸检查,根据试纸的颜色变化进行鉴别,如聚丙烯可使 pH 试纸显中性、使氧化汞试纸显黄色,聚碳酸酯、聚酰胺分别使对二甲氨基苯甲醛试纸显蓝色及红色,聚苯乙烯、聚乙烯使 2,6-二溴氯醌亚胺试纸显蓝色或蓝褐色等。

(三)食品用塑料制品的卫生检验

1. 综合项目的检验

(1)高锰酸钾消耗量 取定量水浸泡液(有残渣则需过滤),加入硫酸及高锰酸钾标准溶液,精确煮沸 5min 后,趁热加入草酸标准溶液,再以高锰酸钾标准液滴定至微红色,维持5s 以上不褪色,同时做空白试验。因高锰酸钾易分解,故加热的时间不宜过长。

(2)蒸发残渣 每种浸泡液取 200mL,分别放于已恒量的蒸发皿或蒸馏瓶(回收正己烷)中,水浴蒸干后,于 100±5℃ 干燥至恒量,同时进行空白试验。试验时最好用石英或铂金蒸发皿,如用玻璃或瓷蒸发皿,应事先用浸泡液浸泡过夜,以防有溶出物影响结果;试验中应防止灰尘落入。

(3)重金属 取定量乙酸浸泡液,用水稀释后,加硫化钠溶液 2 滴,混匀并静置 5min,目测比色。如样品管显色大于标准管,则重金属值(以 Pb 计)>1mg/L。因硫化钠在酸性溶液中可缓慢产生硫的白色沉淀,故比色应在静置 5min 后马上进行。

(4)脱色试验 取待测食具,洗净,用棉球分别蘸无色食用油和 65% 乙醇,选接触食品处,用力往返擦拭 100 次,棉花上不得染有颜色。

上述所有四种浸泡液浸泡后均不得染有颜色。

2. 单项指标的检验

(1)甲醛的检测 适用于食品包装用 MF 为原料制作的各种食具、容器及食品用工具的卫生检验,采用国家标准分析方法——盐酸苯肼分光光度法。

①原理:甲醛与盐酸苯肼在酸性条件下经氧化生成醌式结构的红色化合物,甲醛含量与颜色深度成正比,与标准系列比较定量。

②样品测定:样品经乙酸浸泡后,取定量浸泡液加水稀释,混匀后取一定量稀释液加入盐酸苯肼,放置 20min,依次加入铁氰化钾溶液和盐酸,甲醛与盐酸苯肼在酸性条件下氧化

生成红色化合物,于520nm波长处测吸光度值,与标准曲线比较定量。

③说明:样品中甲醛的溶出量主要取决于温度,温度越高,溶出量越大,因此浸泡应严格按限定温度进行;盐酸苯肼溶液配制后出现棕色沉淀时,应滤除后再用;测定时可根据甲醛含量高低来确定浸泡液的吸取量,以防止因试剂用量不当,引起测定液浑浊。

(2)灼烧残渣的检测　适用于食品包装用聚乙烯树脂原料的卫生检验。

样品经高温灼烧后恒量,其残渣量表示无机物污染的情况。取定量样品,置于已恒量的坩埚中,小心炭化后,再放800℃高温灼烧,残渣恒量后,计算样品的灼烧残渣值。样品先在电炉上加热至炭化,然后在马弗炉内灼烧,达到恒量为止(两次称量之差≤2.0mg);操作时注意不要落入灰尘等异物。

(3)乙苯类化合物(以苯乙烯计)的检测　适用于以多元醇、饱和及不饱和二元羧酸酐等为主要原料生产的聚酯,再加入苯乙烯所制得的液体不饱和聚酯树脂,和用该树脂制成的玻璃钢制品的卫生检验。通常采用气相色谱法测定。

用二硫化碳提取样品中的乙苯类化合物,以正十二烷为内标物,然后用气相色谱法以火焰离子化检测器测定,内标法定量。色谱柱用不锈钢柱长2m,内径3mm,内装涂渍过5%聚乙二醇6000的担体;柱温60%,气化室温度150℃;流速:氮气20mL/min,氢气50mL/min,空气800mL/min。

(4)苯乙烯及乙苯等挥发成分的检测　适用于食品包装用聚苯乙烯树脂原料及成型品的卫生检验。

样品经二硫化碳溶解后,以正十二烷作为内标物,气相色谱法,火焰离子化检测器测定,根据样品的峰高与标准品比较定量。色谱条件:不锈钢柱长4m,内径4mm,内装涂有20%聚乙二醇丁二酸酯的60～80目釉化6201红色担体;柱温130℃,汽化温度200℃;流速:氢气50mL/min,空气700mL/min。若无内标物,可采用外标法,但各组分的加入量应尽量接近实际含量。

(5)氯乙烯单体的检测　适用于食品包装用PVC树脂及成型品的卫生检验。采用气相色谱法检测。

用N,N-二甲基乙酰胺(DMA)将样品溶解于密封的顶空瓶中,70±1℃水浴中恒温30min,达到平衡后取液上气体注入气相色谱仪,火焰离子化检测器检测,标准曲线法定量。色谱条件为不锈钢柱长2m,内径4mm;固定相:407有机担体,60～80目;柱温100℃,汽化温度1500℃;流速:氮气20mL/min,氢气30mL/min,空气300mL/min。

样品配制时应在通风橱中进行;进样时所用的注射器应预热到与样品相同的温度;在相同色谱条件下,DMA中不应检出与氯乙烯相同保留值的任何杂峰,否则应重蒸馏纯化。

(6)锑(Sb)的测定　适用于食品容器及包装材料用热可塑性聚酯树脂及其成型品的卫生检验,也可用于搪瓷餐具、容器中锑的测定,国家标准分析方法为石墨炉原子吸收光谱法(第一法)和孔雀绿分光光度法(第二法)。

①石墨炉原子吸收光谱法:在酸性介质中,被碘化钾还原成三价的锑能和吡咯烷二硫代甲酸铵(APDC)配合,经4-甲基戊酮(甲基异丁基酮,MIBK)萃取后用石墨炉原子吸收光谱法测定。

样品经乙酸浸泡后,样液中依次加入碘化钾和盐酸溶液,混匀后静置,加APDC溶液,混匀,再加MIBK,剧烈振摇静置分层,弃水相,将MIBK层经脱脂棉过滤,同时用乙酸做试剂空白试验。取 $20\mu L$ 有机相进行测定,与标准曲线比较定量。仪器工作条件为:波长 231.2nm,灯电流 20mA,狭缝 0.7nm,背景校正方式为塞曼/氘灯,测量方式为峰面积,积分时间为 5s。

树脂样品须在沸水浴上加热回流 2h,过滤、定容。成型品加乙酸,60℃(受热容器则 95℃)下浸泡 30min。

②孔雀绿分光光度法:用氯化亚锡将样品浸泡液中四价锑还原为三价锑,再用亚硝酸钠将其氧化成五价锑。五价锑离子能与孔雀绿作用形成绿色配合物,在一定 pH 介质中被乙酸异戊酯提取后,在 628nm 波长处测定,与标准比较定量。同时做试剂空白试验。

二、食品用橡胶制品的卫生检验

橡胶制品是以橡胶基料为主要原料,加入橡胶助剂加工而成的高分子化合物。随着食品工业的发展,橡胶用于食品容器及包装材料的范围已越来越广,如奶嘴、瓶盖垫片、罐头垫圈、高压锅垫圈、食品输送管带等。由于橡胶制品长期与食品接触,特别是在高温、水蒸气、酸性、油脂存在的条件下,其中的化学物质,特别是橡胶助剂与合成橡胶中的单体有可能向食品中转移,造成食品的化学污染。我国要求食品用的橡胶制品及生产过程中加入的各种助剂和添加剂必须符合相应的卫生标准;禁止再生胶、乌洛托品(促进剂 H)、乙撑硫脲、乙苯基-β 萘胺(防老剂)、对苯二胺类、苯乙烯化苯酚等材料和助剂在食品用橡胶制品中使用。

(一)常用橡胶的种类与鉴别

橡胶分天然与合成两大类,天然橡胶主要是由橡胶树采集橡浆经加工而成,其主要成分为异戊二烯,具有良好弹性、耐水性、耐酸、碱性等,不受消化酶分解,也不被人体吸收,本身无毒。合成橡胶的种类繁多,用于食品用橡胶制品的主要有硅橡胶(聚二甲基硅烷)、乙丙橡胶、丁基橡胶、丁苯橡胶、丁腈橡胶等。我国规定制作奶嘴必须以天然橡胶、硅橡胶为主要原料,其他橡胶不得作为其原料。

橡胶种类的鉴别可通过①燃烧试验:观察其自燃性、燃烧现象和气味来鉴别;②热裂解气试验:利用橡胶的热裂解生成物与不同的试剂或试纸的显色反应来鉴别;③气相色谱法:根据橡胶裂解产物的气相色谱指纹图来鉴别;④红外光谱法:将胶料剪碎后裂解或抽提烘干后裂解,取裂解液涂膜进行红外光谱分析。

(二)橡胶制品的检验

1.橡胶制品的检验及卫生标准　食品用橡胶制品外观检查应色泽正常、均匀,无异味、异臭及异物;样品浸泡液不应着色、混浊、沉淀及异臭、异味,自然光下无荧光。含丙烯腈橡胶还必须测定残留丙烯腈量。橡胶制品的检验项目及卫生标准见表8-2。

2.样品的采集与制备　食品用橡胶垫片(圈)、奶嘴,以日产量作为一个批号,从每批中采 500g;食品用高压锅密封圈,从每批中取 9 只。橡胶管的采集以能灌入 250mL 浸泡液的长度为准,共 5 根。所有样品均需洗净晾干备用。

表 8-2　橡胶制品的卫生标准

（单位：mg/L）

项目	高压锅密封圈	奶嘴	其他
蒸发残渣：			
蒸馏水	≤50	≤30	≤30
4%乙酸	—	≤120	≤2000
65%乙醇	—	—	≤40
正己烷	≤500	—	≤2000
高锰酸钾消耗量	≤40	≤30	≤40
重金属（以 Pb 计）	≤1	≤1	≤1
锌（以 Zn 计）	≤100	≤30	≤20
丙烯腈（mg/kg）	≤11	—	≤11

取样品 20g，按每克样品加浸泡液 20mL 进行浸泡。橡胶奶嘴分别用蒸馏水、4%乙酸，60℃浸泡 2h；橡胶管为管内浸泡，分别加入 65%乙醇、正己烷，室温下浸泡 2h。其他食品用橡胶制品则用蒸馏水、4%乙酸、20%乙醇、正己烷分别进行浸泡，条件为 60℃，30min，其中正己烷为回流，30min。

3. 橡胶制品重金属的测定　浸泡液中重金属（以铅计）与硫化钠作用，在酸性条件下形成黄棕色硫化铅，与标准比较定量。

测定中加入柠檬酸铵可防止钙、镁等金属离子生成氢氧化物沉淀；加入氰化钾可以和铜、锌等金属离子生成配合物而不与硫化钠作用，排除其干扰。

4. 橡胶制品中锌的测定　在酸性条件下锌离子与亚铁氰化钾作用生成亚铁氰化锌，产生白色混浊，与标准混浊度比较定量。

5. 橡胶制品添加剂的检测　采用薄层色谱法（TLC）和高效液相色谱法（HPLC）可对橡胶制品中防老剂和促进剂进行定性检验。TLC 的主要步骤是用三氯甲烷对样品浸泡液进行提取和浓缩后，取样液点于薄层板上，展开后观察荧光斑点并加试剂显色确证，与标准比较定性。HPLC 的主要步骤是用苯和甲醇提取样品浸泡液后，反相色谱分离，紫外检测器检测，与标准品保留时间比较定性。

三、食品容器涂料及食品包装用纸的卫生检验

（一）食品容器涂料的种类

涂料一般由化学成膜物质和助剂组成，可涂覆于物体表面，干燥后能形成一层具有耐酸、耐碱、耐油、抗腐蚀等作用的薄膜。食品容器涂料系指盛放酒、酱油、食用油、发酵食品及腌制食品等的各种容器内壁所使用的涂料以及食品容器的防粘涂料。它既可防止食品对容器或材料的腐蚀，又可防止容器或材料中的有害物质向食品迁移。由于这类涂料直接与食品接触，其质量将影响食品的安全性。使用涂料涂覆接触食品的容器时，必须按涂料

生产所规定的原料、配方、涂覆及处理工艺使用,不得任意改动;不得用沥青作为食品容器内壁涂料。目前我国容许使用的食品容器内壁涂料简介如下:

1.聚酰胺环氧树脂涂料　以二酚基丙烷(双酚 A)与环氧氯丙烷聚合,并加入聚酰胺作为固化剂的环氧树脂类涂料,常用于储藏调味品和酒等大池(罐)的内壁。这种涂料的主要问题是环氧树脂的质量、固化剂的配比以及固化度。如环氧树脂涂料的聚合程度越高,固化剂配比适当、固化度越高则越稳定,越不易有有害物质溶出,安全性也就越高。

2.过氯乙烯涂料　以过氯乙烯树脂为主要原料,配以溶剂、增塑剂等助剂而成,用途同上。因树脂中含有能致癌的氯乙烯单体,故成膜后的涂料中仍可能有氯乙烯的残留。

3.漆酚涂料　以我国传统的生漆为主要原料,经精炼加工成清漆,或在清漆中加入一定量的环氧树脂,并以醇、酮为溶剂稀释而成,用途同上。可能含有游离酚、甲醛等杂质,涂料成膜后其杂质可向食品迁移。

4.环氧酚醛涂料　为环氧树脂与苯酚甲醛树脂的共聚物,常喷涂在食品罐头内壁,具有抗酸、抗硫特性。虽经高温烧结,但成膜后的聚合物中仍可能含有游离酚和甲醛等未聚合单体和低分子化合物,与食品接触时可向食品迁移。

5.有机氟涂料　加有一定助剂的氟涂料,如聚氟乙烯、聚四氟乙烯、聚六氟丙烯涂料等,常喷涂在铝材、铁板等金属表面,具有防黏、耐腐蚀(但耐酸性较差)特性,主要用于不粘炊具等表面。该类涂料对被涂覆的坯料清洁度要求较高,坯料在喷涂前常需铬酸盐处理,从而造成涂膜中有铬盐的残留。

6.水基改性环氧涂料　以环氧树脂、苯乙烯为主要原料,配以一定的助剂形成,主要用于啤酒、碳酸饮料的全铝易拉罐(二片罐)的内壁。因涂料中含有环氧酚醛树脂,故存在游离酚和甲醛等的单体和低分子化合物。

7.有机硅防粘涂料　以含羟基的聚甲基硅氧烷或聚甲基苯基硅氧烷为主要原料,配以一定的助剂而成,常用于面包、糕点等食品工具、模具表面,具有耐腐蚀、防黏等特性。该涂料属高分子化合物,化学性质稳定,无毒,一般不控制其单体残留,主要控制杂质的迁移。

针对食品容器涂料的卫生要求,我国规定涂料在浸泡试验中各种溶剂的高锰酸钾消耗量≤10mg/L;蒸发残渣≤30mg/L;重金属(以 Pb 计)≤1.0mg/L;感官检查涂膜浸泡液应无色、不浑浊,无异臭、异味,涂膜无脱落现象。成膜后的过氯乙烯涂料中氯乙烯单体残留量≤1mg/kg。成膜后的漆酚涂料中游离酚、甲醛的残留量分别≤0.1mg/L 和≤5mg/L;环氧酚醛涂料和水基改性环氧涂料成膜后游离酚和甲醛残留量均应≤0.1mg/L。聚四氟乙烯涂料中铬和氟的溶出量分别≤0.01mg/L 和≤0.2mg/L。同时,涂料中所使用的助剂必须符合有关规定。

(二)食品容器涂料的检验

常用一定规格的金属板或玻璃板为底材,按实际施工工艺将其涂成样片做浸泡试验;罐头容器按采样原则采空罐及涂料铁皮做浸泡试验。检验的综合项目为高锰酸钾消耗量、蒸发残渣、重金属测定和感官检查;特殊检验项目中砷的检测用银盐法,氟的测定用氟离子选择电极法,铬参照不锈钢制品中铬的测定,氯乙烯单体的测定参照塑料制品相应的检验项目进行等。

1. 游离酚的检测

国家标准分析方法有硫代硫酸钠滴定法和 4-氨基安替吡啉分光光度法,适用于环氧酚醛涂料或树脂的卫生检验。下面简要介绍硫代硫酸钠滴定法。

酚与溴反应生成三溴苯酚,多余的溴与碘化钾作用,析出定量的碘,用硫代硫酸钠滴定析出的碘,根据其消耗量,计算出酚的含量。

称取一定量样品放入蒸馏瓶中,用乙醇溶解(水溶性树脂用水溶解),用水蒸气蒸馏出样品中的游离酚,收集馏出液进行测定。同时做试剂空白试验。对于含酚量较高的样品,可采用本法测定。分析用水不得含有酚和氯,一般用经活性炭处理后的蒸馏水。样品在加热蒸馏时,最后取少许新蒸出样液,加 1~2 滴饱和溴水,如无白色沉淀,表明游离酚已蒸完,即可停止蒸馏。

2. 游离甲醛的检测

采用变色酸分光光度法,甲醛和变色酸在硫酸介质中呈紫色化合物,其颜色的深浅与甲醛含量成正比,与标准比较定量。

取定量样品水浸泡液于蒸馏瓶中,加硫酸进行蒸馏。取一定量蒸馏液,加变色酸溶液显色,冷却至室温,在波长 575nm 处测吸光度值,与标准曲线比较定量。同时做试剂空白试验。用于接收蒸馏液的容量瓶中要预先加入硫酸,蒸馏时,接收管插入硫酸溶液液面下。如果浸泡液澄清可以不蒸馏。本法适用于环氧酚醛涂料的检验。

(三)食品包装用纸的检验

食品包装用纸是指直接接触食品的各种包装纸及其制品。包装纸有原纸、版纸、玻璃纸、涂塑纸、涂蜡纸等,纸制品有纸杯、纸盒、纸袋、纸筒、纸罐等。食品包装用纸的卫生质量与纸浆、添加剂、油墨等因素有关,其卫生问题主要是细菌污染及化学物污染。其中,化学物污染的来源有:造纸原料中的农药残留;制纸时添加了有毒的荧光增白剂或助剂;涂蜡纸如用工业级石蜡可含多环芳烃;纸上印刷图案或彩色油墨、颜料的污染;回收纸中含有铅、镉、多氯联苯等有害物质的残留。

采样时应以无菌操作法抽取纸样,检验项目有①铅、砷含量:试样经干法灰化后,可分别用原子吸收光谱法和砷斑法检测;②荧光物质:从试样中随机取 5 张 100cm 的纸样,置于波长 365nm 和 254nm 紫外灯下检查荧光;③脱色试验;④致病菌,大肠菌群测定。

我国规定食品包装用原纸不得采用回收废纸作为原料,禁止添加荧光增白剂等有害助剂;涂蜡纸用蜡应采用食品级石蜡;纸上印刷的油墨、颜料应符合食品卫生要求,油墨颜料不得印刷在接触食品面。食品包装用纸检测要求,经 4% 乙酸液浸泡后,铅≤5mg/L,砷≤1mg/L;任何一张纸样中最大荧光面积≤5cm。水、正己烷浸泡后不得染有颜色;不得检出致病菌,大肠菌群≤30 个/100g。

四、陶瓷、搪瓷、不锈钢和铝制品的检验

(一)概述

1. 陶瓷 以黏土为主,加入长石、石英调节其工艺性能并挂上釉彩后经高温烧制而成。

一般的陶瓷器本身没有毒性，由于陶瓷器的釉彩均为金属氧化颜料，含有较多的铅、镉等重金属，与食品接触时这些金属会向食品迁移，造成食品污染。

2.搪瓷　以铁皮冲压成铁坯、喷涂搪釉、800～900℃高温烧结而成，具有耐酸、耐高温等特性。搪瓷表面的釉彩成分复杂，为降低釉彩熔融温度，往往加入硼砂、氧化铅等，釉彩颜料采用金属盐类，如钛釉、锑釉等。因此，可能有重金属溶出。

3.不锈钢　食品用的不锈钢主要为奥氏体型不锈钢，可用于各种存放食品的容器和食品加工机械，而餐具则常用马氏体型不锈钢。由于不锈钢中一般都含有铬和镍。如果使用劣质不锈钢餐具或者使用方法不当，就有可能造成重金属对人体健康的危害。

4.铝制品　以铝为原料冲压或浇铸成型，再经整形、抛光而成。安全问题主要在于回收铝制品和原料不纯。回收铝来源复杂，往往含有铅、镉等有害金属或其他化学毒物。我国规定各种铝制食具容器必须是纯铝制品，不得用回收铝来制作。

上述四种制品的外观检查一般要求器形端正，表面光洁，釉彩、涂搪均匀，花饰无脱落，无裂纹、缺口、蚀斑、油斑、碱渍等不良现象。检验项目的卫生标准见表8-3。

表8-3　陶瓷、搪瓷、不锈钢和铝制品的卫生标准

（单位：mg/L）

名称	Pb	Cd	As	Zn	Cr	Ni	Sb
陶瓷制品	≤7.0	≤0.50					
搪瓷制品	≤1.0	≤0.50	≤0.70				
不锈钢制品	≤1.0	≤0.02	≤0.04	≤0.5	≤0.5	≤1.0	
铝制品　精铝	≤0.2	≤0.02	≤0.04	≤1.0			
回收铝	≤5.0						

（二）样品的采集与浸泡

1.陶瓷　从每批调配的釉彩花饰产品中选取试样，小批采样一般不得少于6个，如样品形小，按检验需要增加采样量，经洗净晾干后备用。浸泡时加入沸腾4％乙酸至距上缘1cm处边缘，有花饰者则要浸过花面，室温下浸泡24h。

2.搪瓷　按产品批次数量的0.1％抽取样品，小批量生产，每次取样不少于6只（以500mL/只计，更小的样品相应增加样品量），其余步骤同陶瓷。

3.不锈钢　采样方法同搪瓷。对形态规则的样品，直接加浸泡液浸泡；形态不规则、难以测量计算表面积或容积较大的样品，可采其原材料或与取同批制品有代表性的原料板块作为样品，浸泡面积以总面积计（≥50cm²）。每批取样3块，用4％乙酸浸泡，微沸0.5h，室温24h，取浸泡液供检验用。

4.铝制品　取样方法同搪瓷。炊具类加入4％乙酸至距上缘0.5cm处，浸泡同不锈钢；食具类加入沸腾的4％乙酸至距上口缘0.5cm处，加玻璃盖，室温放置24h。不能盛装液体的扁平器皿的浸泡液体积，按2mL/cm²计算。

（三）陶瓷、搪瓷、不锈钢和铝制品的检验

1.陶瓷、搪瓷及铝制品中铅、镉的检测　铅和镉的国家标准分析方法首选火焰原子吸收光谱法。测定铅时，如灵敏度不足，可取浸泡液浓缩后进行测定。检测镉时，取定量样品浸泡液或其稀释液，直接导入火焰原子吸收光谱仪中进行测定，与标准曲线比较定量。此外，铅、镉的检测还可采用二硫腙分光光度法。

2.不锈钢制品中铬、铅、镍、砷的检验　主要用石墨炉原子吸收分光光度法进行检验，分别取定量试剂空白、标准系列和样品浸泡液注入石墨炉原子化器，经干燥、灰化后原子化，所产生的原子蒸气吸收特定波长的辐射，其吸收量与金属元素含量成正比，样品含量与标准系列比较定量。不锈钢制品中重金属的检验还可用二苯碳酰二肼分光光度法测定铬，二硫腙分光光度法测定铅，丁二酮肟分光光度法测定镍，砷斑法测定砷。

3.铝制品中锌、砷的检测　取一定量铝制品的乙酸浸泡液，分别采用二硫腙分光光度法和砷斑法进行测定。

 **思考题**

1.食品用塑料制品中甲醛的检测适用于何种塑料？试述检测的原理和方法。

2.简述食品用橡胶制品和食品包装用纸主要存在哪些安全问题？

3.何种食品容器涂料需要检测游离酚，其国家标准分析方法的原理是什么？

4.陶瓷、搪瓷、不锈钢和铝制品的卫生检验项目主要是什么？

（马少华　刘　展）

项目九 食品掺伪的检验

知识目标

1. 掌握常见食品中掺伪掺假成分的判断和检测的方法;
2. 熟悉各类食品掺伪鉴别的方法及基本原理;
3. 了解各类食品商品的感观特性、理化指标、检验方法及发展动态。

能力目标

1. 精通鉴别掺伪食品的方法、操作技能;
2. 学会运用理论知识解决实际问题,培养发现、分析、解决问题的能力。

任务一 常见食品的掺伪检验

背景知识:

阜阳的假奶粉事件 奶粉是纯牛乳经蒸干加工而成,基本是用8.5吨牛奶蒸干成1吨奶粉,超过80%的中档和低档奶粉都需要大量勾兑,勾兑的原料通常是淀粉和乳清粉。一些被称为"糊精"的纯粹淀粉降解物进入市场,其中根本无"奶"可言,甚至它们又被掺进亚硝酸盐之类的杂质。在安徽等劣质奶粉流经地,有些患儿嘴唇青紫,这种肠源性青紫就是中毒的表征。

在食品的生产和销售过程中,掺假、掺杂、伪造现象屡有发生,严重影响食品的安全,危害消费者的身体健康。《中华人民共和国食品卫生法》明确规定:禁止生产经营掺假、掺杂、伪造,影响营养、卫生的食品。因此,食品掺伪的检验是食品监测工作的重要任务之一。

一、概述

(一)食品掺伪的概念

食品掺伪是食品掺假、掺杂和伪造的总称。

食品掺假是指向食品中非法掺入物理性状或形态与该食品相似的物质。其掺假物质可以以假乱真,有时仅凭感官检验不易鉴定,要借助一定的设备和分析方法才能确定。例如,牛乳中掺入豆浆、米汤,面粉中掺入滑石粉,食醋中掺入游离矿酸,从面粉中抽提出面筋后掺入正常面粉中销售等。

食品掺杂是指向食品中非法掺入杂物,以增加食品的重量。如大米中掺入砂石,木耳中加明矾、铁屑等。

食品伪造是指人为地用一种或几种物质进行加工仿造,冒充某种食品销售的违法行为。如用色素、香精和糖精配制的"三精水"冒充果汁,用番薯、莲子香精和色素制作成所谓的纯莲蓉饼馅等。

食品掺假、掺杂和伪造三者之间没有严格的界限,在一种食品中,可能三者或两者兼而有之。

(二)食品掺伪的特点

食品掺伪的手段多样复杂且日趋巧妙,掺入的成分与数量也不相同,但仍具有一定的特点。

1.掺入的物质往往是价廉易得,具有与被掺食品相似的物理性状。如在酱油、牛乳中掺水,在味精中掺入石膏等。

2.掺伪食品的感官性状、保存期、包装质量和正常食品不同。掺伪食品的色、香、味、组织形态常有异常,如加入马尿的鲜奶,其奶的均匀程度比不上正常奶,而且有臊味。掺入塑料的粉条煮沸后与正常者相比,透明度好,有弹性,不易断条;有些掺入非食用防腐剂的食品保质期比正常食品长,如用甲醛处理的水发海产品、加入硼砂的肉制品等;掺伪食品的包装从总体上讲不如正常食品的包装,大多数较差,有经验的人能看出其包装的漏洞。

3.掺伪食品的产、销也有其特点。多数是小厂、个体作坊或地下工厂生产出来的;销售渠道非常复杂,最终的销售地点不固定,多数是集贸市场、偏僻的小店、乡村销售店等。

(三)食品掺伪的检验程序

食品掺伪的检验应通过现场调查收集有关的证据和线索,采集样品,拟定检验方案进行分析判断。

1.现场调查 食品掺伪的现场调查包括销售现场和制造现场的调查。销售现场一般通过消费者、知情人士提供的线索,或工商执法及技术监督管理部门到农贸市场、食品批发销售商店等地方的巡回检查,了解有无食品掺伪的可疑情况。对可疑食品首先进行感官检查,仔细观察食品的色、香、味、形态、质地和组织结构,做出初步的判断。如味精是外观呈透明状的结晶物,晶体长度为 2~5mm,掺入白色粉末或其他形态的盐类后可观察出来。如果怀疑掺伪,应采样进一步检验,同时查找食品的来历,顺藤摸瓜找到掺伪食品的制造现场。制造现场的调查,主要检查有无生产许可证、卫生许可证等,并且对制造食品的配方、使用的原料、生产工艺等进行调查,对食品掺伪做出结论。

2. 采样　掺伪食品的样品采集要求样品能代表掺伪的本质,具有典型性。因此,样品采集时要选择掺入量明显的部分,如掺杂木耳要选择附着物最多、重量较大的。采集的数量应满足检验项目的需要,一式三份,供检验、复验、备查或仲裁用。由于食品掺伪的检验项目难预测,样品量相对要多些,每一份不少于 0.5kg。

3. 检验方案的拟订及结果分析　食品掺伪的检验一般从两方面进行:一是对食品中不应含有的物质进行定性检验,如牛乳中不应含有豆粉、啤酒中不应含有洗衣粉。用定性方法进行检验时,需同时进行正常样品与阳性样品的对照试验,才能说明问题。二是对食品本身含有或有规定含量的物质进行检验,如某些海产品、糖类、酒类等自身存在甲醛,只凭定性结果不足以判定是否人为掺入了甲醛或次硫酸氢钠甲醛。对于这类食品的掺伪检验,须结合限量或定量方法进行综合分析,才能判定是否掺伪。

具体的检验方案应根据现场调查的初步判断,应用理化检验的相关知识进行拟定。尽量选用能在现场进行的检验方法,如果现场不能完成,则应将样品按要求保存带回实验室进一步检验。

二、乳与乳粉掺伪的检验

(一)牛乳掺伪的检验

牛乳掺伪物质种类繁多,除水外按其性质分为以下几类,电解质类:如食盐、硝酸钠、芒硝、碳酸铵、碳酸氢钠、石灰水、氢氧化钠等。非电解质类:如尿素、蔗糖等。胶体物质:如米汁(米汤)、豆浆等。防腐剂类:如甲醛、硼酸及其盐类、苯甲酸、水杨酸等。抗生素类:如青霉素等。其他杂质:如白陶土、牛尿、人尿等。

正常牛乳理化指标比较稳定:相对密度(20℃/4℃)为 1.028~1.032,酸度为 16°T~18°T,电导率在 25℃时为 $(33\sim47)\times10^{-4}\ Ω^{-1}cm^{-1}$,冰点为 $-0.59\sim-0.53$℃,乳清比重为 1.027~1.030。当掺入上述物质时,会发生不同的改变,据此初步判断可能掺入物质的种类,以便进一步的检验鉴定。

1. 掺入中和剂的检验　在牛乳中掺入中和剂的目的是降低牛乳的酸度以掩盖牛乳的酸败,常见有碳酸铵、碳酸钠、碳酸氢钠、石灰水、氢氧化钠等碱性物质。可用溴麝香草酚蓝法检验。溴麝香草酚蓝的乙醇溶液在 pH6.0~7.6 溶液中,颜色由黄变蓝,含碱量越多,颜色越深(黄绿色—绿色—青色—蓝色)。

2. 掺入食盐的检验　牛乳中掺入食盐,可通过鉴定氯离子的方法检验。由于正常牛乳中氯离子含量低(0.09%~0.12%),在一定量的牛乳中,加入硝酸银与铬酸钾时生成红色铬酸银沉淀。如牛乳中掺有氯化钠,则与硝酸银反应生成氯化银沉淀,并且被铬酸钾染成黄色。取样量为 1mL,乳中 Cl^- 的含量大于 0.14% 可检出。

3. 掺入芒硝的检验　牛乳中掺芒硝($Na_2SO_4\cdot10H_2O$),可通过鉴定硫酸根离子来检验。在正常鲜乳中,加入氯化钡与玫瑰红酸钠时反应生成红色的玫瑰红酸钡沉淀,如牛乳中掺入芒硝,Ba^{2+}首先与SO_4^{2-}反应生成$BaSO_4$白色沉淀,并被玫瑰红酸钠染色而显现黄色。

4.掺入蔗糖的检验 利用蔗糖与间苯二酚反应生成红色化合物,或利用蔗糖与蒽酮试剂反应生成蓝绿色化合物进行检验。

5.掺豆浆的检验

(1)加碱检验法:豆浆中含有皂角素,与浓氢氧化钠或氢氧化钾反应显黄色。此法灵敏度不高,取样量 20mL 时,在豆浆掺入量超过 10%时才能检测出。

(2)脲酶检验法:豆浆中含有脲酶,脲酶催化水解碱-镍缩二脲试剂后,与二甲基乙二肟的酒精溶液反应,生成红色沉淀。

6.掺入淀粉或米汤的检验 淀粉遇碘变蓝色。取 5mL 牛乳注入试管中,稍稍煮沸,待冷却后,加入数滴碘的酒精溶液或 0.1mol/L 碘液,掺入淀粉或米汤时,则有蓝色或青蓝色沉淀物出现。

(二)乳粉掺伪的检验

乳粉有全脂乳粉、全脂加糖乳粉和脱脂乳粉三种,每种乳粉都有卫生质量标准,如果不符合要求,可判断是掺伪。乳粉中掺伪物质有的来源于原料牛乳,有的是直接向乳粉中添加的。乳粉中掺伪物质的检验同牛乳中掺伪物质的检验。

三、调味品掺伪的检验

调味品是一类能够调节食品的色、香、味感官性状的物质。常用的调味品有食盐、味精、酱油、酱、食醋等。本节仅讨论酱油与味精掺伪的检验。

(一)酱油掺伪的检验

酱油按制造方法不同,可分为酿造酱油和配制酱油。酿造酱油是以大豆或脱脂大豆、小麦或麸皮为原料,经微生物发酵制成的具有特殊色、香、味的液体调味品;配制酱油是以酿造酱油为主体,与酸水解植物蛋白调味液、食品添加剂等配制而成的液体调味品。酸水解植物蛋白调味液是以含有食用植物蛋白的脱脂大豆、花生粕、小麦蛋白或玉米蛋白为原料,经盐酸水解,再由碱中和制成的液体鲜味调味品。

酱油的掺伪主要有:酱油中掺入酱色、食盐水、味精、尿素;违法使用食盐、酱色、味精废液或毛发水解液勾兑的伪造酱油;配制酱油冒充酿造酱油等。可通过以下方法进行检验:

1.氨基酸态氮的测定

氨基酸态氮是评价酱油质量优劣的重要指标,其含量的多少影响酱油的鲜味程度。一般酱油的氨基酸态氮含量为 0.4%~0.8%,如果未检出氨基酸态氮则是勾兑的伪造酱油。如果氨基酸态氮含量低于国家卫生标准、质量标准规定值,则是在酱油中掺杂掺假。氨基酸态氮测定有酸度计法、分光光度法及荧光法等。酸度计法是我国国家标准《酿造酱油》(GB 18186—2000)规定测定氨基酸态氮的第一法,准确快速,简单易行。

(1)原理 氨基酸具有酸性的羧基和碱性的氨基,当加入甲醛时,其与氨基结合,使氨

基碱性消失,而使羧基显示出酸性。以酸度计指示终点,用氢氧化钠标准溶液滴定,计算氨基酸态氮含量。反应式为:

$$\underset{H_2N}{\overset{R}{\underset{|}{}}}CHCOOH + HCHO \longrightarrow \underset{CH_2=N}{\overset{R}{\underset{|}{}}}CHCOOH + H_2O$$

$$\underset{CH_2=N}{\overset{R}{\underset{|}{}}}CHCOOH + NaOH \longrightarrow \underset{CH_2=N}{\overset{R}{\underset{|}{}}}CHCOONa + H_2O$$

(2)操作　取一定量稀释后的样品,用氢氧化钠标准溶液滴定至酸度计指示 pH8.2,加入甲醛溶液,混匀,再用氢氧化钠标准溶液滴定至 pH9.2,记录此次滴定消耗的体积,同时做空白试验,计算样品中氨基酸态氮的含量。

(3)说明

①浑浊及色深的样液可不经处理而直接测定。

②用氢氧化钠标准溶液滴定至酸度计指示 pH8.2 时,若记录所消耗氢氧化钠标准溶液的体积,可计算酱油总酸含量。

③加入甲醛后应立即滴定,防止甲醛聚合,影响结果的准确性。

④要同时测定铵盐含量,计算时应扣除铵盐氮,因为酱油中的铵盐与甲醛反应产生酸,可使氨基酸态氮测定结果偏高,反应式如下:

$$4NH_4Cl + 6HCHO \longrightarrow (CH_2)_6N_4 + 4HCl + 6H_2O$$

2. 掺入尿素的检验

正常酱油中不含有尿素,但为了掩盖掺伪酱油的缺点,有掺入尿素以增加酱油无盐固形物及氨基酸态氮含量的情况。可采用二乙酰肟法检验:尿素在强酸条件下与二乙酰肟共同加热,反应生成红色化合物。

3. 酿造酱油和配制酱油的鉴别检验

植物蛋白水解过程中产生的乙酰丙酸是鉴别酿造酱油与配制酱油,检验是否用蛋白水解液进行掺伪的主要特征成分。鉴别检验方法为:酱油样品在碱性条件下用乙醚抽提,蒸发除去乙醚后加硫酸,使之显酸性,再用乙醚提取,蒸发乙醚后溶解于水。乙酰丙酸与香草醛硫酸接触生成特有的蓝绿色,颜色的深浅与乙酰丙酸含量成正比。

(二)味精掺伪的检验

味精是最常用的鲜味剂,主要成分是谷氨酸钠,其余成分主要为食盐、水分。不同等级的味精这三种成分有规定的含量,如相差过大,可怀疑为掺伪。掺伪物质一般有面粉、淀粉、食盐、石膏、碳酸盐、碳酸氢盐、硫酸镁及氯化铵等,检验方法如下。

1. pH 值测定　正常味精 10g/L 的水溶液 pH 约为 7,小于 6 时可考虑掺入强酸弱碱盐类;pH 大于 8 时可考虑掺入强碱弱酸盐类;当 pH 值为 7,而谷氨酸含量不足时,可考虑掺了中性盐类。pH 值的测定可用酸度计,也可用 pH 试纸。

2. 水不溶物检验　味精易溶于水,样品溶液应透明。取味精样品约 1g,加 50mL 水溶解,观察澄清情况。如样品溶液混浊或出现沉淀可考虑掺入了不溶性物质,如石膏等。要确定掺入的物质应进一步做各种离子的定性试验。

3. 化学检验

(1)掺入石膏的检验　石膏的主要成分是硫酸钙,可通过水不溶物试验、硫酸根和钙离子的检验进行鉴定。如水不溶物试验阳性,同时又检出硫酸根和钙离子则可认为掺有石膏。

硫酸根检验:取上述水不溶性试验中溶液 5mL,加盐酸 1 滴,混匀,加氯化钡溶液数滴,如出现白色混浊或沉淀,则检出硫酸根。

钙离子检验:取上述水不溶性试验中溶液 5mL,加 10g/L 草酸溶液 1mL,混匀,如出现白色混浊或沉淀,则认为检出钙。

(2)掺入碳酸盐及碳酸氢盐的检验　取样品少许,加少量水溶解后,加数滴稀盐酸或稀硫酸,如有碳酸盐或碳酸氢盐掺入,即有气泡发生。

(3)掺入铵盐　取样品少许,加入纳氏试剂,如掺入铵盐即出现显著的橙黄色或生成橙黄色沉淀。反应式为:

$$2(HgI_2 \cdot 2KI) + 4KOH + NH_4^+ \longrightarrow O\big\langle{}^{Hg}_{Hg}\big\rangle NH_2I + 3H_2O + 7KI + K^+$$

橙黄色

(4)掺入乙酸盐　乙酸盐在酸性条件下,与乙醇反应生成具有特定香气的乙酸乙酯。取样品 1g,加入 1mL 无水乙醇及 1mL 浓硫酸,在水浴上加热振荡,冷却后,嗅其气味,若掺入有乙酸盐,则有香气产生。反应式为:

$$2CH_3COONa + H_2SO_4 \longrightarrow Na_2SO_4 + 2CH_3COOH$$
$$C_2H_5OH + CH_3COOH \longrightarrow CH_3COOC_2H_5 + H_2O$$

(三)木耳掺伪的检验

木耳的掺伪物质主要有:糖、硫酸镁、盐卤、矾、食盐、铁粉等,可通过以下试验进行检验。

1. 吸水量与减重率的测定

木耳的吸水量系指用 50℃温水浸泡木耳 30min 后,每克木耳吸水的体积。正常木耳的吸水量≥10mL。称取一定量的木耳置于烧杯中,加入 50℃水 200mL,室温下放置 30min,然后将浸泡液倾入量筒内,记录剩余水的体积,计算吸水量。

减重率系说明木耳中不可食部分的比例,不可食部分包括木屑、石块、砂土、河泥、铁屑等掺伪物质。减重率越大,说明木耳中不可食部分越多、质量越差。将测定吸水量的木耳捞出,用水冲数次,沥干,置于 100℃烘箱中干燥至恒重,计算减重率。正常木耳减重率≤20%,>20%可认为掺伪。

2. 化学检验

通过化学检验可判断木耳中掺入的化学物质。如镁离子、硫酸根离子和氯离子检验均为阳性,说明木耳中掺有盐卤(化学成分为硫酸镁、氯化镁)。如掺有明矾(硫酸铝钾),可进行铝离子和硫酸根离子的检验。

取一定量的样品，加入适量的水浸泡，过滤，铁粉等不溶物留在滤纸上，滤液供可溶性掺伪物质的检验。

（1）氯离子的检验　氯离子与银离子反应生成白色的氯化银沉淀，此沉淀不溶于任何酸而溶于氨水。

（2）镁离子的检验　镁离子与碱反应生成白色的氢氧化镁沉淀，在过量的氢氧化钠溶液中不溶，但在氯化铵溶液中溶解。

（3）铝离子的检验　在中性或乙酸酸性条件下，铝离子可与桑色素反应生成胶态的内络盐，在阳光或紫外灯下，可以呈现很强的绿色荧光。

（4）铁屑的检验　样品中铁屑在盐酸溶液中加热溶解生成三价的铁离子，与硫氰酸盐反应生成红色配合物。

（四）食品中掺非食用油的检验

1. 桐油的检验

桐油由油桐树的果实（桐籽仁）加工制取，其主要成分为桐酸的甘油酯，桐酸为9,11,13-十八碳三烯酸，具有α型和β型两种异构体。天然存在的一般为α型桐酸，α型桐酸在氧化剂、光、热等作用下，能异构为β型桐酸。正常桐油是琥珀色的透明液态油，凝固点为2～3℃，易溶于有机溶剂，而β异构化桐油透明性差，呈白色絮状物或黄色固体，不易溶于有机溶剂。当人体摄入桐油时，可引起呕吐、腹泻、腹痛，严重者出现便血、呼吸困难、抽搐虚脱等症状。

食用植物油中掺入桐油的鉴别检验方法常用的有以下三种，应根据不同植物油及掺入桐油的量，选择相应的检验方法。

（1）亚硝酸法　利用亚硝酸促使桐油中α型桐酸很快转变成β型桐酸，而不溶于水和有机溶剂，呈白色浑浊。本法适用于豆油、棉油等深色油中桐油的检出，但不适用于芝麻油中桐油的检出。

取油样5～10滴于试管中，加2mL石油醚，使油溶解，有沉淀物时过滤，加亚硝酸钠结晶少许，加入1mL硫酸（1＋1）摇匀，静置。如有桐油存在，则油液浑浊，并有白色絮状物，放置后变成黄色。

（2）三氯化锑三氯甲烷法　量取混匀试样1mL注入试管中，然后沿管口内壁加入1%三氯化锑三氯甲烷溶液1mL，使管内溶液分为两层。在温度40℃水浴中加热，如有桐油存在，则在两层溶液分界面上出现紫红色至深咖啡色环。

本法适宜于菜籽油、花生油、茶籽油中混入桐油的检验，检出限可达0.5%。

（3）硫酸法　取样品数滴，置于白瓷板上，加硫酸2滴，如有桐油存在，则呈现深红色并凝成固体，颜色渐加深，最后呈炭黑色。

2. 矿物油检验

矿物油是分馏石油或干馏某些矿物所得的油质产品的统称，如汽油、煤油、润滑油、柴油及石蜡等。矿物油是工业用油，不得食用。近年，在食用植物油、大米、葵花子、饼干等食品中掺入矿物油的事件时有发生。目前主要采用皂化法进行检验。

（1）原理　油脂的主要成分是甘油三酯，加热时能被过量的氢氧化钾完全皂化生成甘油和钾肥皂，两者均溶于水，呈透明溶液；而矿物油不被皂化，又不溶于水，所以溶液浑浊或液面有油状物。

（2）方法　将大米、葵花子、饼干等食品先加石油醚浸提过夜，挥去有机溶剂得到脂溶性成分，备用。取 1mL 上述样液或植物油样品，加入 1mL 30％氢氧化钾溶液及 25mL 乙醇，接空气冷凝管回流皂化 5min。皂化时应振摇使加热均匀，皂化后加 25mL 沸水，摇匀，如混浊或有油样物析出，表示有不能皂化的矿物油存在。

油脂中存在矿物油以外的不皂化物时，也能出现混浊或有油样物析出，出现假阳性。因此，对于可疑的结果应采用气相色谱—质谱联用等技术进行进一步定性和定量分析。

（五）食品中掺洗衣粉的检验

有些商贩在油条等制作过程中掺入洗衣粉，有的利用洗衣粉的发泡特性，伪造啤酒等饮料。洗衣粉中含有十二烷基苯磺酸钠阴离子表面活性剂，不属于食品添加剂。

1.荧光法　十二烷基苯磺酸钠在 365nm 波长的紫外线照射下，会发出银白色荧光。取油条（饼）浸渍滤液于试管中，在暗室内于 365nm 波长的紫外线分析仪下观察，如发出银白色荧光，则说明掺有洗衣粉。正常的油条（饼）浸渍滤液应为不产生荧光的黄色液体。

2.亚甲蓝法　十二烷基苯磺酸根可与亚甲蓝生成一种易溶于三氯甲烷的蓝色化合物。吸取一定量样品液，加入亚甲蓝溶液、三氯甲烷，振摇，分层后，观察三氯甲烷层颜色，同时做阳性及阴性对照试验，根据有无显色及颜色的深浅，判断有无阴离子表面活性剂及其大致含量。

思考题

1.食品掺伪的概念及特点是什么？如何拟定食品掺伪的检验方案？

2.为什么要测定酱油的氨基酸态氮？说明其常用测定方法和原理。

3.说明牛乳、乳粉、酱油、味精、木耳等食物中常见掺伪物质的检验方法。

4.食品中掺入桐油、矿物油或洗衣粉如何检验？

能力拓展　肉制品中淀粉含量的测定——碘量法

【目的】

使学生了解肉制品中淀粉含量的测定方法，并掌握碘量法的操作。

【原理】

在试样中加入氢氧化钾—乙醇溶液，在沸水浴上加热后，滤去上清液，用热乙醇洗涤沉淀，除去脂肪和可溶性糖。沉淀经盐酸水解后，淀粉水解生成葡萄糖，然后用碘量法测定形成的葡萄糖，计算淀粉含量。

【仪器与试剂】

仪器:带塞锥形瓶(碘量瓶);滴定管;粉碎机等。

试剂:所用试剂均为分析纯,水为蒸馏水或相当纯度的水。

(1)氢氧化钾—乙醇溶液:将氢氧化钾50g溶于95%乙醇溶液中,稀释至1000mL;

(2)80%乙醇溶液;

(3)1.0mol/L盐酸溶液;

(4)10g/L溴百里酚蓝乙醇溶液;

(5)300g/L氢氧化钠溶液;

(6)蛋白沉淀剂:

溶液 I:将铁氰化钾106g用水溶解,并定容到1000mL。

溶液 II:将乙酸锌220g用水溶解,加入冰乙酸30mL,用水定容到1000mL。

(7)碱性铜试剂

①将硫酸铜($CuSO_4 \cdot 5H_2O$)25g溶于100mL水中。

②将碳酸钠144g溶于300～400mL 50℃的水中。

③将柠檬酸($C_6H_8O_7 \cdot H_2O$)50g溶于50mL水中。

将溶液③缓慢加入到溶液②中,边加边搅拌,直到气泡停止产生。将溶液①加到此混合液中并连续搅拌,冷却至室温后,转移到1000mL容量瓶中,定容至刻度。放置24h后使用,若出现沉淀要过滤。

取1份此溶液加入到49份新煮沸的冷蒸馏水,pH为(10.0±0.1)。

(8)淀粉指示剂:将可溶性淀粉1g、碘化汞(保护剂)1g和30mL水混合加热溶解,再加入沸水至100mL,连续煮沸3min,冷却后放入冰箱备用。

(9)0.1mol/L硫代硫酸钠标准溶液。

①配制:将硫代硫酸钠($Na_2S_2O_3 \cdot 5H_2O$)26g溶于1000mL煮沸并冷却到室温的蒸馏水中,再加入碳酸钠($Na_2CO_3 \cdot 10H_2O$)0.2g。该溶液应静置一天后标定。

②标定:准确称取0.10～0.15g $K_2Cr_2O_7$三份,分放在250mL带塞锥形瓶中,加少量水,使其溶解,加1g KI,8mL 6mol·L^{-1} HCl,塞好塞子后充分混匀,在暗处放5min。稀释至100mL,用$Na_2S_2O_3$标准溶液滴定。当溶液由棕红色变为淡黄色时,加2mL的5g·L^{-1}淀粉,边旋摇锥形瓶边滴定至溶液蓝色刚好消失即到达终点。同时做空白试验。硫代硫酸钠标准滴定溶液的浓度$c(Na_2S_2O_3)$,数值以摩尔每升(mol/L)表示,反应方程式为:

$$Cr_2O_7^{2-} + 14H^+ + 6I^- \longrightarrow 3I_2 + 2Cr^{3+} + 7H_2O$$

$$2S_2O_3^{2-} + I_2 \longrightarrow S_4O_6^{2-} + 2I^-$$

重铬酸钾的摩尔质量的数值为294.19g/mol。

(10)10%碘化钾溶液。

(11)25%盐酸:取100mL浓盐酸稀释至160mL。

【方法】

1.淀粉的分离

称取试样25g(精确到0.01g)于500mL烧杯中(如果估计试样中淀粉含量超过1g应适

当减少试样量），加入热氢氧化钾—乙醇溶液 300mL,用玻璃棒搅匀后盖上表面皿,在沸水浴上加热 1h,不时搅拌。然后完全转移到漏斗中过滤,用 80%乙醇溶液洗涤沉淀数次。

2.水解

将滤纸钻个孔,用 1.0mol/L 热盐酸溶液 100mL 将沉淀完全洗入 250mL 烧杯中,盖上表面皿,在沸水浴中水解 2.5h,不时搅拌。

溶液冷却到室温后,用氢氧化钠溶液中和,pH 值不超过 6.5。将溶液移入 200mL 容量瓶中,加入蛋白沉淀剂溶液Ⅰ 3mL,混合后再加入蛋白沉淀剂溶液Ⅱ 3mL,定容到刻度,混匀,再用不含淀粉的扇形滤纸过滤。向滤液中加入 300g/L 氢氧化钠溶液 1～2 滴,使之对溴百里酚蓝呈碱性。

3.测定

取一定量滤液(V_2)稀释到一定体积(V_3),然后取 25.0mL(含葡萄糖 40～50mg)移入碘量瓶中,加入 25.0mL 碱性铜试剂,装上冷凝管,在电炉上于 2min 内煮沸。随后改用温火继续煮沸 10min,迅速冷却到室温,取下冷却管,加入碘化钾溶液 30mL,再小心加入 25%盐酸溶液 25.0mL,盖好盖待滴定。

用硫代硫酸钠标准溶液滴定上述溶液中释放出来的碘。滴定至溶液变成浅黄色时,加入淀粉指示剂 1mL,继续滴定至蓝色消失,记下所消耗硫代硫酸钠溶液的体积。

同一试样进行两次测定并做空白试验。

【注意事项与补充】

1.肉制品富含脂肪和蛋白质,加入 KOH-乙醇溶液,是利用碱与淀粉作用生成醇不溶性的络合物,以分离淀粉与非淀粉物质。

2.滴定时,应在接近终点时才加入淀粉指示剂。如淀粉指示剂加入太早,则大量的碘与淀粉结合生成蓝色物质,这一部分碘就不容易与硫代硫酸钠反应,而产生误差。

【观察项目和结果记录】

1.葡萄糖量(m_1)计算

按下式计算消耗硫代硫酸钠的物质的量(X_1,mol):

$$X_1 = 10 \times c \times (V_0 - V_1)$$

式中:X_1——消耗硫代硫酸钠的物质的量,mmol;

c——硫代硫酸钠溶液的浓度,mol/L;

V_0——空白试验消耗硫代硫酸钠溶液的体积,mL;

V_1——试样消耗硫代硫酸钠的体积,mL。

根据 X_1 从表 9-1 中查出相应的葡萄糖量(m_1/mg)。

表 9-1   硫代硫酸钠的物质的量(X_1)与葡萄糖量(m_1)的换算关系

X_1/mmol	相应的葡萄糖量		X_1/mmol	相应的葡萄糖量	
	m_1/mg	Δm_1/mg		m_1/mg	Δm_1/mg
1	2.4	2.4	13	33.0	2.7
2	4.8	2.4	14	35.7	2.7
3	7.2	2.4	15	38.5	2.8
4	9.7	2.5	16	41.3	2.8
5	12.2	2.5	17	44.2	2.9
6	14.7	2.5	18	47.1	2.9
7	17.2	2.5	19	50.0	2.9
8	19.8	2.6	20	53.0	3.0
9	22.4	2.6	21	56.0	3.0
10	25.0	2.6	22	59.1	3.1
11	27.6	2.6	23	62.2	3.1
12	30.3	2.7			

2. 淀粉含量的计算

$$X_2(\%)=\frac{m_1\times V_3\times 200\times 0.9}{m_0\times V_2\times 25\times 1000}\times 100=\frac{0.72\times m_1\times V_3}{m_0\times V_2}$$

式中: X_2——淀粉含量,%;

　　　m_1——葡萄糖含量,mg;

　　　V_2——原液的体积,mL;

　　　V_3——稀释后的体积,mL;

　　　m_0——试样的质量,g;

　　　0.9——葡萄糖折算成淀粉的换算系数。

当符合允许差要求时,则取两次测定的算术平均值作为结果,精确到 0.1%。

注:同一分析者同时或相继两次测定允许差不超过 0.2%。

【讨论】

1. 硫代硫酸钠溶液为什么要预先配制?为什么配制时要用刚煮沸过并已冷却的蒸馏水?为什么配制时要加少量的碳酸钠?

2. 重铬酸钾与碘化钾混合在暗处放置 5min 后,为什么要用水稀释至 100mL,再用硫代硫酸钠溶液滴定?如果在放置之前稀释行不行,为什么?

3. 为什么不能早加淀粉,又不能过迟加?

（马少华　曹国洲）

任务二 掺伪食品中非食用添加剂的检验

背景知识：

　　龙口粉丝掺假 国家标准中明确规定,生产龙口粉丝的淀粉原料必须是绿豆或者豌豆。部分厂家在绿豆粉丝里掺玉米淀粉,来降低成本,但是由于玉米淀粉颜色发黄发暗,所以厂家还要对淀粉进行特殊处理。黑商家向淀粉中添加增白剂(过氧化苯甲酰、化肥碳酸氢铵、氨水等),从黑淀粉浆里提取的淀粉,颜色雪白,看起来和正常的淀粉没什么区别。

　　在食品的生产加工中,违规使用添加剂的现象较为严重,一是超量超范围使用食品添加剂,二是在食品中掺入非食用添加剂。凡是国家未允许在食品中使用的添加剂均为非食用添加剂。

一、食品中非食用色素的检验

　　目前我国允许在食品中使用的食用色素按来源可分为两大类,即食用天然色素和食用人工合成色素。食用人工合成色素基本是水溶性酸性色素,而违规用于食品的非食用色素主要有碱性色素、直接色素、无机染料等。

　　1.碱性色素的检验　在碱性条件下,碱性色素可使脱脂羊毛染色;在酸性条件下,碱性色素会褪色。样品除去酒精、二氧化碳、脂肪、蛋白质、淀粉等杂质,加10%氢氧化铵溶液使呈碱性,加脱脂羊毛振摇,于水浴中加热,取出羊毛用水冲洗,将此染色羊毛放入1%乙酸溶液中,加热数分钟,除去羊毛。在溶液中加氢氧化铵液使之呈碱性。另新加入脱脂羊毛,水浴中加热,如羊毛仍然着色,则证明有碱性色素存在。

　　2.直接色素的检验　直接色素在氯化钠溶液中,可使脱脂棉染色。此染色棉用氨水溶液洗涤也不会褪色。取样品处理液10mL,加10%氯化钠溶液1mL,摇匀。加脱脂棉,在水浴上加热片刻,脱脂棉用水冲洗后,加1%氢氧化铵溶液10mL,再在水浴上加热数分钟,取出脱脂棉用水冲洗,如脱脂棉染色,则证明有直接色素存在。

　　3.无机染料的检验　无机染料由金属(铬、铅、镉、锌、铁、钛、汞等)盐类或其氧化物组成,一般可采用测定金属的方法进行检验。如假汽水中加入地板黄,地板黄是由铁的氧化物和铬酸铅组成,通过铬酸根、铅、铁的定性试验进行判断。

　　4.其他非食用色素的检验　非食用色素的品种较多,除水溶性色素外,还有油溶性色素,如非法用于红辣椒制品、番茄酱等食品中的苏丹红染料。苏丹红属人工合成的偶氮染料,主要用于油彩、蜡、燃料油、塑料等化工产品中。苏丹红对动物有致癌性,易在人体内累积而对人体健康造成损害,所以不允许用于食品中。

　　我国国家标准规定,苏丹红的测定采用高效液相色谱法:样品经正己烷提取,氧化铝层析柱净化后，用反相 C_{18} 柱分离并梯度洗脱，采用紫外可见检测器检测，与标准比较从而定性、定量。

二、食品中禁用漂白剂的检验

有些食品生产加工者为了改变产品的感官性状、提高产量、延长食品保存期，在米粉、粉丝、馒头、面条、腐竹、水发产品等食品中加入禁用漂白剂，如次硫酸氢钠甲醛及甲醛等。次硫酸氢钠甲醛俗名"吊白块"，分子式为 $NaHSO_3 \cdot CH_2O \cdot 2H_2O$，为半透明白色结晶或块状，易溶于水，它在水中或高温潮湿的环境中能分解产生二氧化硫和甲醛，工业上常将其用作还原剂和漂白剂。甲醛进入人体，可引起人体过敏、肠道刺激反应，长期接触者发生肿瘤、癌变的机会明显增加。因此，我国不允许"吊白块"及甲醛作为食品添加剂使用。

（一）甲醛的检验

甲醛的定性检验可用乙酰丙酮法、亚硝基亚铁氰化钠法及三氯化铁法等方法，目前有根据这些方法原理研发的速测仪、速测管、试剂盒等现场快速测定方法。其中乙酰丙酮法也是常用的定量方法，选择性和重现性较好。

1. 原理 在 pH5.5～7.0 时，甲醛与乙酰丙酮及铵离子反应生成 3,5-二乙酰基-1,4 二氢吡啶化合物。该物质呈黄色，据此进行定性试验。于最大波长 415nm 处测吸光度，与标准系列比较进行定量。

2. 测定方法 取适量粉碎固体样品，加蒸馏水浸泡，取滤液，加入乙酰丙酮和乙酸铵溶液，混匀，在沸水浴中加热，如果样品中存在甲醛，溶液变为黄色。

也可用水蒸气蒸馏法：样品用硫酸或磷酸酸化后，经水蒸气蒸馏，取馏出液进行定性试验及定量测定。

3. 说明 某些食物本底存在微量的甲醛，大约在 1～100mg/kg 的范围，用水浸取法提取时，食品中本底存在的微量甲醛溶出较少，用蒸馏法时不仅本底存在的甲醛蒸出，而且还可能使醛糖类等物质，经酸化处理分解出甲醛，增加甲醛的测定结果。因此，当定性试验阳性时，最好采用蒸馏法处理样品，进行定量测定，与本底比较，进行分析判断。

（二）次硫酸氢钠甲醛的检验

1. 乙酸铅试纸法 于磨碎样品中，加入 10 倍量的水，混匀，加入盐酸溶液（1+1）及锌粒，迅速用乙酸铅试纸密封，放置，观察其颜色的变化，同时做对照试验。如果乙酸铅试纸不变色，二氧化硫定性试验为阴性，说明样品中不含次硫酸氢钠甲醛，如果乙酸铅试纸变为棕色至黑色，二氧化硫定性试验为阳性，样品可能含次硫酸氢钠甲醛。

当样品中甲醛与二氧化硫的定性结果均为阳性时，应进一步进行二氧化硫及甲醛的定量测定，并与正常样品的本底值进行比较，当两者均高于本底值时，结合两者的质量比，进行综合判断。

2. 离子色谱法 离子色谱法可对次硫酸氢钠甲醛进行定性及定量分析，其原理是：添加到食品中的次硫酸氢钠甲醛在碱性条件下被过氧化氢氧化成甲酸根和硫酸根，过滤后用离子色谱分离测定，根据样品中甲酸根和硫酸根色谱峰的保留时间与相同条件下测得标准溶液的离子色谱图进行比较，保留时间一致，即初步确定样品中存在次硫酸氢钠甲醛。然后根据两个峰的峰面积确定物质的量之比(摩尔比)是否符合或接近1∶1的关系,进一步确定次硫酸氢钠甲醛的有无,并换算成次硫酸氢钠甲醛的含量。

(三)食品中禁用防腐剂的检验

在食品中掺入的禁用防腐剂有硼酸或硼砂、水杨酸、甲醛等。在此重点讨论硼酸和硼砂的检验。硼酸化学式 H_3BO_3,为白色片状结晶,微溶于水。硼砂化学式为 $Na_2B_4O_7 \cdot 10H_2O$,是无色半透明结晶或白色结晶性粉末,易溶于水,不溶于醇,常采用以下方法进行定性检验。

1.姜黄试纸法　姜黄素与硼酸或硼砂在酸性条件下反应,能生成橙红色化合物,加碱时变为蓝绿色。将样品加碳酸钠至呈碱性,炭化后置高温炉中灰化。取一部分灰分,加少量水及盐酸至酸性,溶解灰分,用姜黄试纸浸入,然后任其干燥,观察试纸的变化,若试纸条显红色,氨熏即变为蓝绿色,表示有硼砂或硼酸存在。

2.焰色反应　取适量上述灰分于坩埚中,加入浓硫酸数滴及乙醇 $1\sim2mL$,混匀,点火,如有硼酸或硼砂存在,则火焰显绿色。

3.硼酸与乙醇反应生成极易挥发的硼酸乙酯,燃烧时火焰显绿色。反应式为:

$$Na_2B_4O_7 + H_2SO_4 + 5H_2O \longrightarrow Na_2SO_4 + 4H_3BO_3$$

$$3C_2H_5OH + H_3BO_3 \longrightarrow B(OC_2H_5)_3 + 3H_2O$$

思考题

说明常见非食用色素、禁用漂白剂及防腐剂的检验原理与方法。

能力拓展 1　蜂蜜掺假的快速鉴别

【目的】

了解掌握蜂蜜掺假的快速、简易的鉴别方法。

【仪器与试剂】

仪器:50mL 烧杯、波美计、量筒、试管、滤纸。
试剂:95%乙醇、间苯二酚、1%硝酸银溶液、1%碘化钾溶液、盐酸、1%硫酸铜溶液。

【方法】

1.感官检验

量取 30mL 样品,倒入 50mL 清洁、干燥的无色玻璃烧杯中,观察其颜色(以白底为背景)。然后嗅、尝样品之味。气味和滋味的测定应在常温下进行,并在开瓶倒出后 10min 内完成。同时比较标准样品与待检样品的色泽、气味、滋味和结晶状况。

(1)看色泽:每一种蜂蜜都有固定的颜色,如刺槐蜜、紫云英蜜为水白色或浅琥珀色,芝麻蜜呈浅黄色,枣花蜜、油菜花蜜为黄色琥珀色。纯正的蜂蜜一般色淡、透明度好,如掺有糖类或淀粉则色泽昏暗,液体混浊并有沉淀物。

(2)品味道:质量好的蜂蜜,嗅、尝均有花香;掺糖加水的蜂蜜,花香皆无,且有糖水味;好蜂蜜吃起来有清甜的葡萄糖味,而劣质的蜂蜜蔗糖味浓。

(3)试性能:纯正的蜂蜜用筷子挑起来可拉起柔韧的长丝,断后断头回缩并形成下粗上细的塔头并慢慢消失;低劣的蜂蜜挑起后呈糊状并自然下沉,不会形成塔状物。

(4)查结晶:纯蜂蜜结晶是呈黄白色,细腻、柔软;假蜂蜜结晶粗糙,透明。

下面介绍几种常见的蜂蜜色香味及结晶情况,据此可初步判断是哪种蜂蜜。

紫云英蜜:呈淡白微显青色,有清香气,味鲜洁,甜而不腻,不易结晶,结晶后呈粒状。

苕子蜜:色味均与紫云英蜜相似,但不如紫云英蜜味鲜洁,甜味也略差。

油菜蜜:浅白黄色,有油菜花清香味,稍有混浊,味甜润,最易结晶,浅黄色,呈油状结晶。

棉花蜜:呈浅黄色,味甜而稍涩,结晶颗粒较粗。

乌桕蜜:呈浅黄色,具轻微酵酸甜味,回味较重,润喉较差,易结晶,呈粗粒状。

芝麻蜜:呈浅黄色,味甜,一般清香。

枣黄色:呈中等琥珀色,深于乌桕蜜,蜜汁透明,味甜,具有特殊浓烈气味,结晶粗粒。

荞麦蜜:呈金黄色,味甜细腻,吃口重,有强烈荞麦气味,颇有刺激性,结晶呈粒状。

柑橘蜜:品种繁多,色泽不一,一般呈浅黄色,具有柑橘香甜味,食之微有酸味,结晶粒粗,呈油脂状结晶。

槐花蜜:色淡白,香气浓郁,带有杏仁味,甜味鲜洁,结晶后呈细粒状。

枇杷蜜:微黄或淡黄色,具有荔枝香气,有刺喉粗浊之感。

龙眼蜜:淡黄色,具有龙眼花香气味,纯甜、没有刺喉味道。

橙树蜜:浅黄或金黄色,具有令人悦口的特殊香味。

葵花蜜:浅琥珀色,味芳香甜润,易结晶。

荆条蜜:白色,气味芳香,甜润,结晶后细腻色白。

草木樨蜜:浅琥珀或乳白色,浓稠透明,气味芳香,味甜润。

甘露蜜:暗褐或暗绿色,没有芳香气味,味甜。

山花椒蜜:深琥珀或深棕色,半透明黏液体,味甜,有刺喉异味。

桉树蜜:深琥珀色或深棕色,味甜有桉树异臭,有刺激味。

百花蜜:颜色深,是多种花蜜的混合蜂蜜,味甜,具有天然蜜的香气,花粉组成复杂,一般有5~6种以上花粉。

结晶蜂蜜:此种蜜多称为春蜜或冬蜜,透明度差,放置日久多有结晶沉淀,结晶多呈膏状,花粉组成复杂,风味不一,味甜。

2.掺水的检验

方法一(定性检验法):取蜂蜜数滴,滴在滤纸上,观察滴落后是否很快润湿滤纸。同时比较标准样品与待检样品的现象。优质的蜂蜜含水量低,滴落后不会很快浸渗入滤纸中;掺水的蜂蜜滴落后很快浸透、消散。

方法二(波美计检验法):将蜂蜜放入口径4~5cm的500mL玻璃量筒内,待气泡消失后,将清洁、干燥的波美计轻轻放入,让其自然下降,待波美计停留在某一刻度上不再下降时,即指示蜂蜜的浓度。测定时蜂蜜的温度保持在15℃,纯蜂蜜浓度在42°Bé以上。若蜂蜜的温度高于15℃,则要以增加的度数乘以0.05,再加上所测得的数值,即为蜂蜜的实际浓度。例如,蜂蜜温度为 25℃时,波美计度数为 41°Bé,则实际浓度为:41+(25-15)×0.05=41.5°Bé。温度低于 15℃时则相反。例如,蜜温为 10℃时,波美计读数为 41°Bé,则蜂蜜实际浓度为:41-(25-10)×0.05=40.25°Bé。

3.掺饴糖的检验

(1)原理:饴糖不溶于 95％乙醇溶液,出现白色絮状物。

(2)操作步骤:取蜂蜜 2mL 于试管中加 5mL 蒸馏水,混匀,然后缓缓加入 95％乙醇溶液数滴,观察是否出现白色絮状物。若呈现白色絮状物,则说明有饴糖掺入;若呈混浊则说明正常。另外,掺有饴糖的蜂蜜味不甜。

4.掺蔗糖的检验

(1)物理检验

将少许样蜜置于玻璃板上,用强烈日光曝晒(或用电吹风吹),掺有蔗糖的蜜会因为糖浆结晶而成为坚硬的板结块;纯蜂蜜仍呈黏稠状。

(2)理化检验

①原理:蔗糖与间苯二酚反应,产物呈红色;与硝酸银反应,产物不溶于水。

方法 1:取 1mL 蜂蜜加 4mL 水,充分振荡搅拌。若有混浊或沉淀,滴加数滴(2 滴)1％的硝酸银溶液,出现絮状物者,证明掺入了蔗糖。

方法 2:取蜂蜜 2mL 于试管中,加入间苯二酚 0.1g。若呈现红色则说明掺入了蔗糖。同时做空白对照。

5.掺淀粉的检验

(1)感官检验

向蜂蜜中掺淀粉时,一般是将淀粉熬成糊并加些蔗糖后,再掺入蜜中。因此这种掺伪蜜混浊而不透明,蜜味淡薄,用水稀释后仍然混浊。

(2)理化检验

①原理:淀粉遇碘液呈蓝、紫色。

②操作步骤:取样蜜 5mL,加 20mL 蒸馏水,煮沸后放冷,加入碘试剂(取 1～2 粒碘溶于 1％碘化钾溶液 20mL 中制成)2 滴,如出现蓝色、紫色,则说明掺入了淀粉类物质;如呈现红色,则说明掺有糊精;若保持黄褐色不变,则说明蜂蜜纯净。

6.掺羧甲纤维素钠的检验

(1)感官检验

掺有羧甲基纤维素钠的蜂蜜,一般都颜色深黄、黏稠度大,近似于饱和胶状溶液;蜜中有块状脆性物悬浮且底部有白色胶状颗粒。

(2)理化检验

①原理:羧甲基纤维素钠不溶于乙醇,与盐酸反应生成白色羧甲基纤维素沉淀;与硫酸铜反应产生绒毛状浅蓝色羧甲基纤维素沉淀。

②操作步骤:取样蜜 10g,加 20mL95％乙醇溶液,充分搅拌 10min,即析出白色絮状沉淀物。取白色沉淀物 2g,置于 100mL 温热蒸馏水中,搅拌均匀,放冷备检。

取上清液 30mL,加入 3mL 盐酸后若产生白色沉淀为阳性。

取上清液 50mL,加入 100mL1％硫酸铜溶液后若产生绒毛状浅蓝色沉淀为阳性。

若上述两项试验皆呈现阳性结果,则说明有羧甲基纤维素钠掺入。

能力拓展2　饮料的掺假检验

【目的】

通过亚甲蓝、果胶试验可定性判断产品中的掺杂物质、还原糖、转化糖、果胶的存在。了解真果汁中必含成分,对果汁真假的进一步鉴别做好准备。

【内容】

(一)汽水中掺洗衣粉的检验

1.原理　洗衣粉是含十二烷基苯磺酸钠阴离子的合成洗涤剂。十二烷基苯磺酸钠与亚甲基蓝试剂反应,产物在三氯甲烷层呈现蓝色。

2.仪器、用具及试剂　带塞比色管(50mL)、吸管;亚甲基蓝溶液:称取亚甲蓝30mg,溶于500mL蒸馏水中,再加入浓硫酸68mL和磷酸二氢钠50g,溶解后用蒸馏水稀释至100mL。

3.操作步骤　取饮料2mL置于50mL的带塞比色管中,加水至25mL,再加入亚甲基蓝溶液5mL,剧烈振摇1min,静置分层。如果三氯甲烷层呈现蓝色,则为阳性,说明其中掺入了洗衣粉。

(二)果胶质的检验

1.原理　成熟果实中果胶质主要以可溶性果胶形式存在。果胶质可以从其水溶液中被酒精沉淀出来,由此可检验果胶质的存在。假果汁中没有果胶质存在。

2.仪器、用具及试剂　100mL烧杯、吸管、量筒;5mol/L的H_2SO_4溶液、95%乙醇溶液。

3.操作步骤　取待检果汁10mL于100mL烧杯中,加入蒸馏水10mL、5mol/L H_2SO_4溶液1mL及95%乙醇溶液40mL,搅拌均匀后放置10min。如无絮状沉淀析出,则证明没有果胶质存在,即为伪造果汁饮料。同时用真果汁饮料做对照。

(三)还原糖的检验

1.原理　果汁中的还原糖与斐林试剂反应,生成Cu_2O砖红色沉淀。

2.仪器、用具及试剂　试管、电炉;斐林试剂甲、乙液。

3.操作步骤:

取样品3mL,置于试管中,加斐林试剂甲液(取硫酸铜7g,溶于水成100mL制成)、乙液(取酒石酸钠35g、氢氧化钠10g,溶于水成100mL制成)各2mL,加热观察。如含有真果汁就呈砖红色沉淀;如无砖红色沉淀则为假果汁。

注:本法可查证真假果汁水、真假含果汁汽酒等。真的果汁中应含有还原糖,因而可以通过检验还原糖的有无来识别真假果汁。但以蜂蜜代替果汁的则出现假阳性,此时可用镜检法来检查其沉淀物中的花粉。

附:"三精水"的检验方法

"三精水"也称"颜色水",系指以糖精、香精、色素代替蔗糖和果汁调配而成的假饮料。可以通过检验饮料中是否含有蔗糖来鉴别是不是"三精水"。

操作步骤:取驱除二氧化碳后的样品 50mL 于 250mL 容量瓶内加水稀释至刻度,摇匀。取稀释液约 10mL,置于 50mL 锥形瓶中,加入浓盐酸 0.6mL,置于水浴加热 15min,取出放冷,滴加 30% 氢氧化钠溶液,调至中性,加斐林试剂甲、乙液,加热观察。如含有蔗糖则呈砖红色沉淀;如无砖红色沉淀则为"三精水"。

(马少华　陈树兵)

参考文献

[1] 肖晶. 国内外食品检验方法的标准及规范分析——理化篇[M]. 北京：中国标准出版社，2017.

[2] 黎源倩，叶蔚云. 食品理化检验[M]. 北京：人民卫生出版社，2015.

[3] 黄彩娇，方明圆，侯芳妮，等. 食品理化检验实验室内部质量控制[J]. 中国卫生检验杂志，2013(6)：1603.

[4] 李岩. 食品理化检验质量控制与微量元素检验方法[J]. 中国卫生产业，2017(9)：44.

[5] 贾东，王金玲，徐大军，等. 食品安全检测标准样品体系的研究[J]. 标准科学，2013(10)：27.

[6] 陈晓平，黄广民. 食品理化检验[M]. 北京：中国计量出版社，2008.

[7] 姜黎. 食品理化检验与分析[M]. 天津：天津大学出版社，2010.

[8] 郭智文. 食品样品的采集与储存[J]. 现代食品，2018(1)：98.

[9] 王朝臣，吴君艳. 食品理化检验项目化教程[M]. 北京：化学工业出版社，2013.

[10] 王世平. 食品理化检验技术[M]. 北京：中国林业出版社，2009.

[11] 刘雄，陈宗道. 食品质量与安全[M]. 北京：化学工业出版社，2011.

[12] 张拥军. 食品理化检验[M]. 北京：中国质检出版社，2015.

[13] 夏云生，包德才. 食品理化检验技术[M]. 北京：中国石化出版社，2014.

[14] 刘丹赤. 食品理化检验技术[M]. 大连：大连理工大学出版社，2014.

[15] 质量技术监督行业职业技能鉴定指导中心. 食品检验[M]. 北京：中国质检出版社，2013.

[16] 周光理. 食品分析与检验技术[M]. 北京：化学工业出版社，2015.

[17] 肖芳，刘春娟. 理化检验技术[M]. 北京：中国质检出版社，2017.

[18] 高峡. 食品接触材料化学成分与安全[M]. 北京：北京科学技术出版社，2014.

[19] [英]巴恩斯，[英]辛克莱，[英]沃森. 食品接触材料及其化学迁移[M]. 北京：中国轻工业出版社，2011.

[20] 彭珊珊. 食品掺伪鉴别检验[M]. 北京：中国轻工业出版社，2017.

[21] 白满英，张金诚. 掺伪粮油食品鉴别检验[M]. 北京：中国标准出版社，1996.